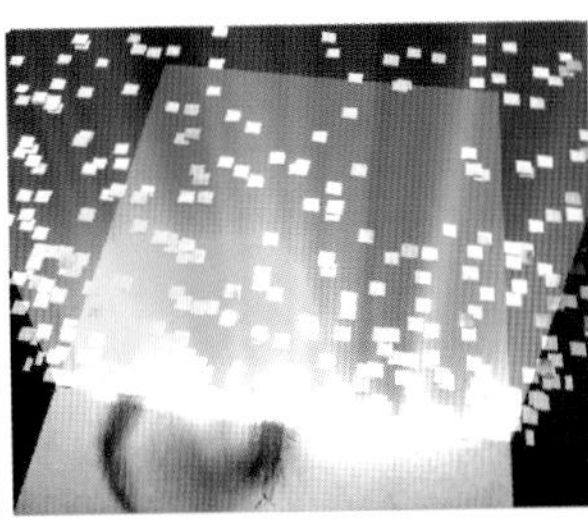
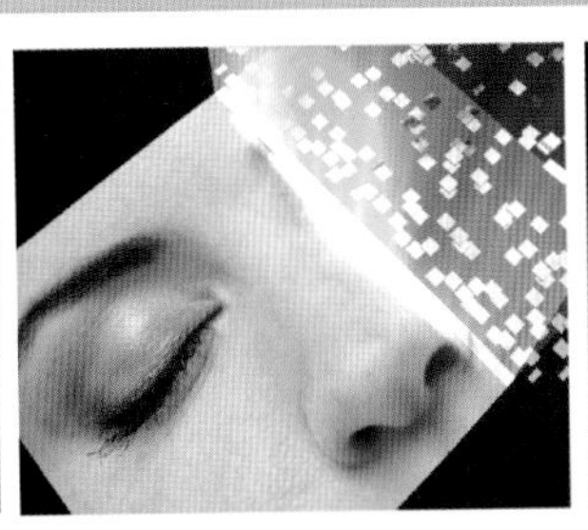
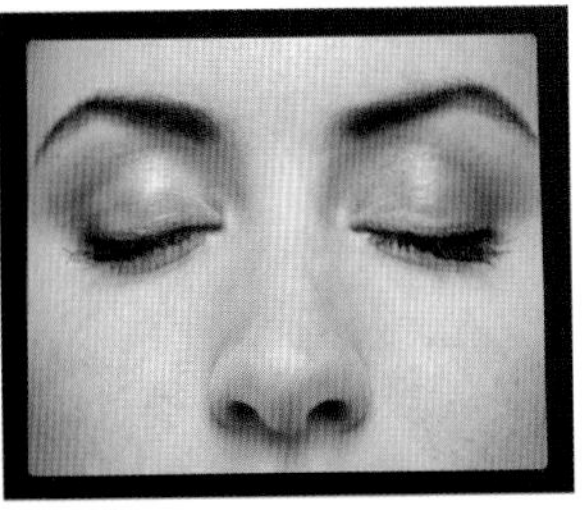

彩色粒子生成图像效果

飞龙穿越水幕效果

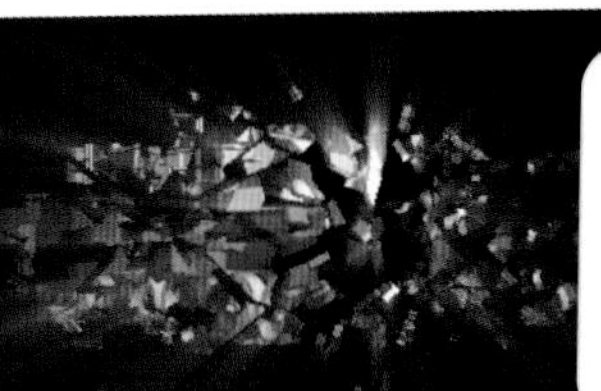

坦克爆炸

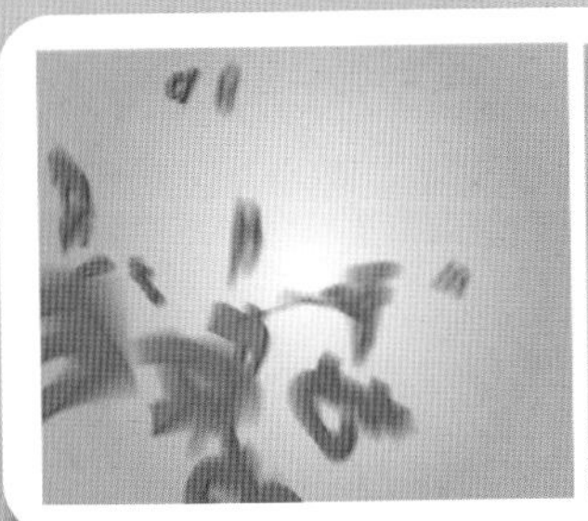

飞舞的文字效果

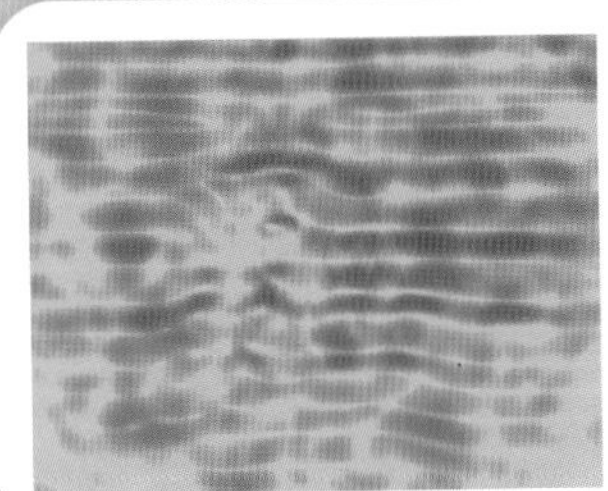
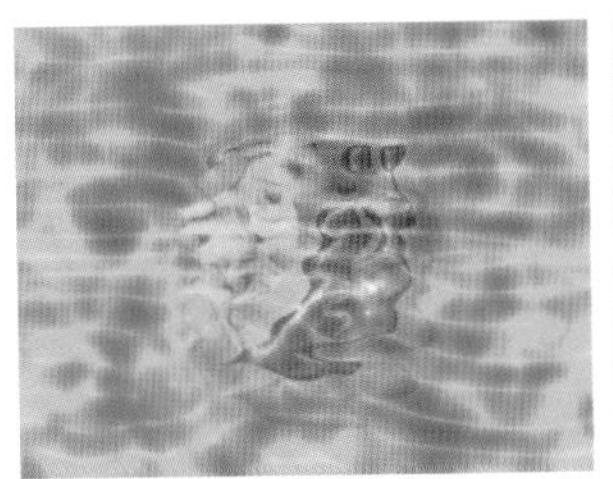
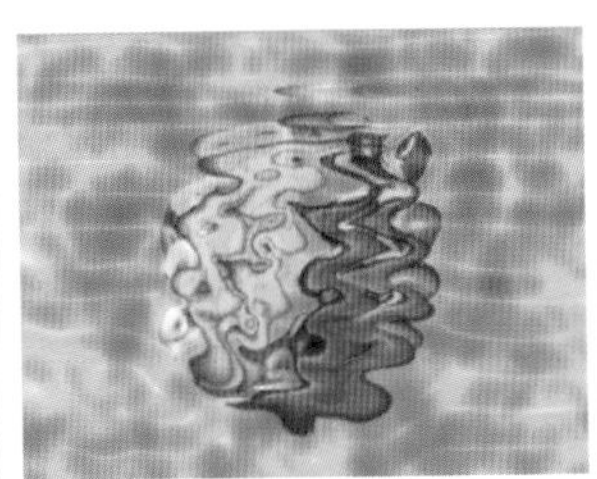
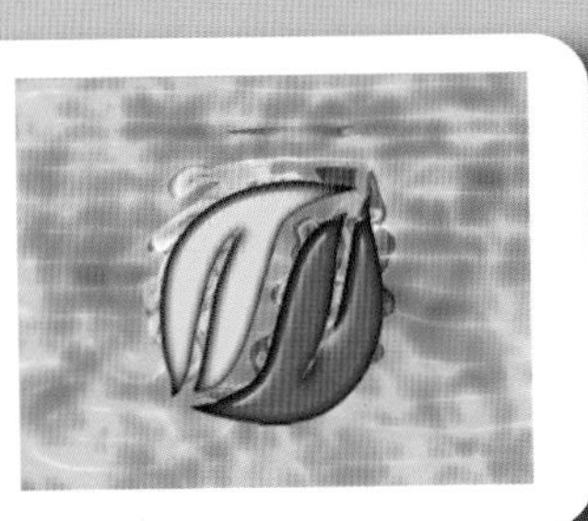

浮出水面的logo

变色的汽车

变脸动画

金属和玻璃字效果

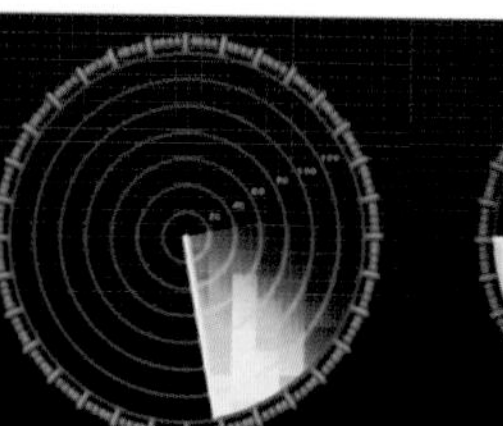
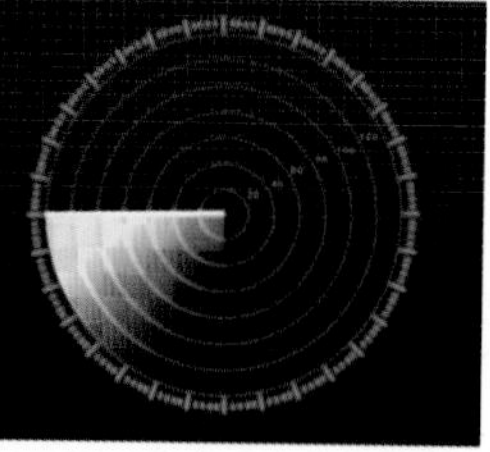

雷达扫描

三维图层的使用和灯光投影

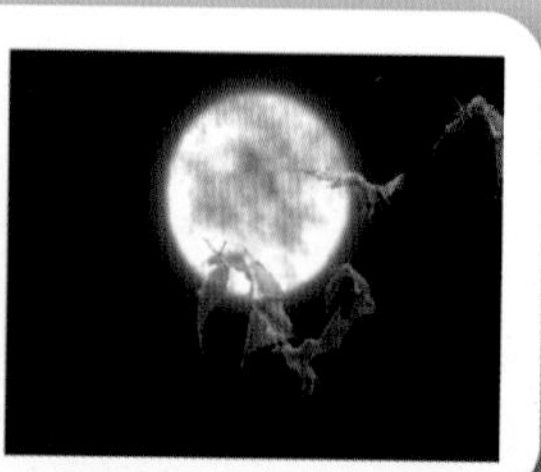

飞龙在天效果

指针转动

三维光环

按钮运动

逐个打碎的文字

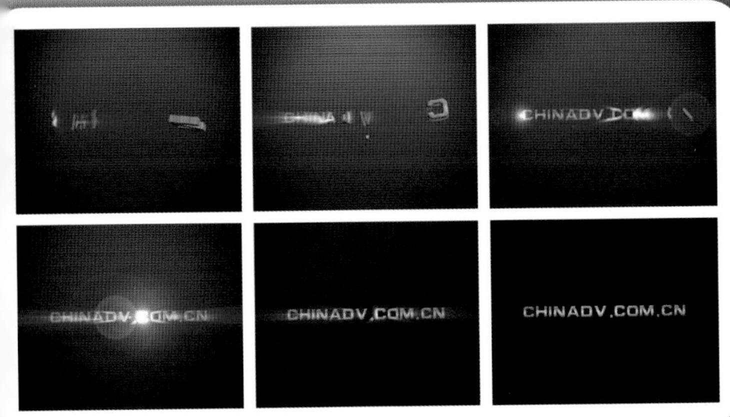

逐个字母飞入动画

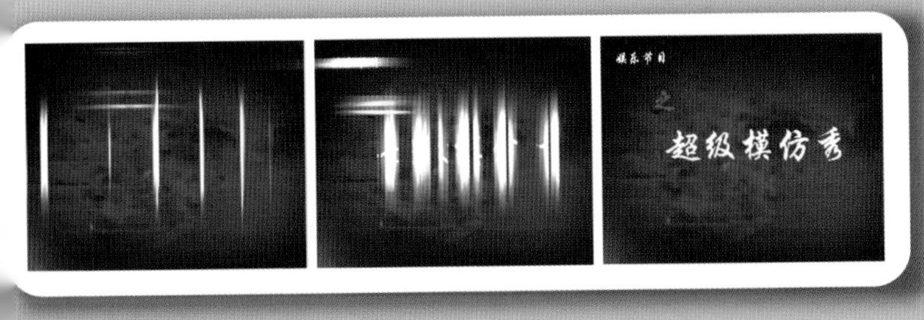

光芒变化的文字效果

玻璃质感/跳动的文字

飘动的白云效果

三维光栅

飘落的树叶

电视画面汇聚效果

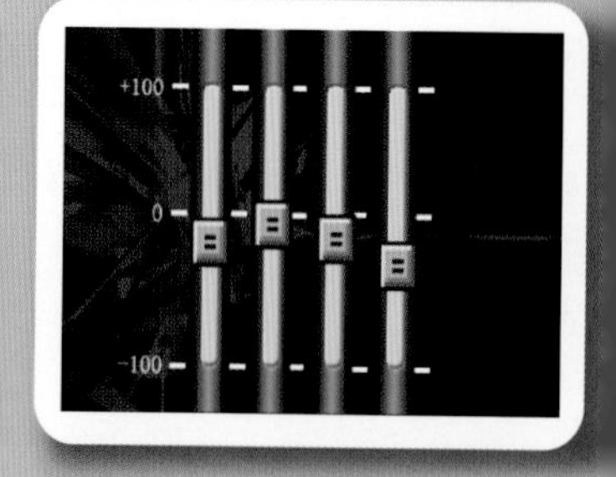

音频控制

局部马赛克效果

奇妙奶广告动画

蓝屏抠像

水墨画效果

手写字效果

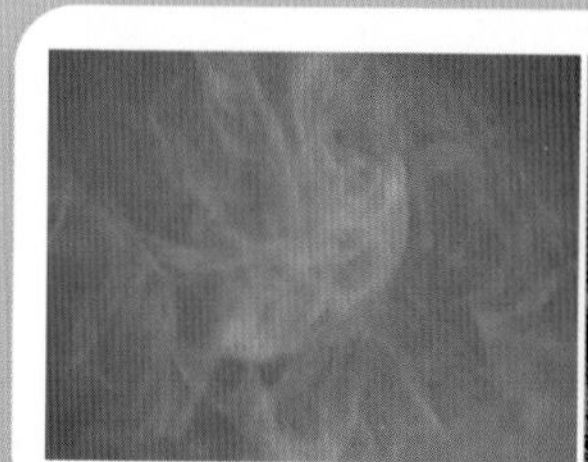

晨雾中的河滩

风景图片调色

电脑艺术设计系列教材

After Effects CS6 基础与实例教程

第 4 版

张 凡　　等编著

设计软件教师协会　　审

机 械 工 业 出 版 社

本书属于实例教程类图书。全书分为基础入门、基础实例、特效实例、高级技巧和综合实例5个部分，内容包括：After Effects的基础知识、After Effects CS6的基本操作、色彩调整、遮罩效果、云雾效果、破碎效果、文字效果、动感光效、三维效果、变形效果、抠像与跟踪、表达式及影视广告片头制作。本书将艺术设计理念和计算机制作技术结合在一起，系统全面地介绍了After Effects CS6的使用方法和技巧，展示了After Effects的无穷魅力，旨在帮助读者用较短的时间掌握该软件。本书配套光盘中还包含了大量高清晰度的教学视频文件及电子课件。

本书既可作为本、专科院校相关专业师生或社会培训班的教材，也可作为平面设计爱好者的自学参考用书。

本书配套授课电子课件，需要的教师可登录www.cmpedu.com免费注册，审核通过后下载，或联系编辑索取（QQ：2966938356，电话：010-88379739）。

图书在版编目（CIP）数据

After Effects CS6基础与实例教程/张凡等编著
．—4版．—北京：机械工业出版社，2015.4（2018.3重印）
电脑艺术设计系列教材
ISBN 978-7-111-50161-9

Ⅰ．①A… Ⅱ．①张… Ⅲ．①图像处理软件—教材
Ⅳ．①TP391.41

中国版本图书馆CIP数据核字（2015）第094047号

机械工业出版社（北京市百万庄大街22号 邮政编码100037）
策划编辑：郝建伟 责任编辑：郝建伟
责任印制：常天培 责任校对：郝建伟
涿州市京南印刷厂印刷
2018年3月第4版·第4次印刷
184mm×260mm·18.75印张·10插页·488千字
6701-8600册
标准书号：ISBN 978-7-111-50161-9
ISBN 978-7-89405-792-1（光盘）
定价：49.90元（含1CD）

凡购本书，如有缺页，倒页，脱页，由本社发行部调换
电话服务
服务咨询热线：（010）88379833
读者购书热线：（010）88379649
网络服务
机工官网：www.cmpbook.com
机工官博：weibo.com/cmp1952
教育服务网：www.cmpedu.com
金书网：www.golden-book.com

电脑艺术设计系列教材

编审委员会

编委会委员

前　言

近年来，随着图形图像处理技术的迅速发展，电影、电视相关的影视制作技术有了长足的进步，同时也带动了影视特效合成技术的发展。After Effects作为一款优秀的视频后期合成软件，现在被广泛应用于影视和广告制作。另外，国内传媒行业的快速发展,使得影视制作从业人员的需求量不断增加。

本书由设计软件教师协会Adobe分会组织编写。编委会由Adobe授权专家委员会专家、各高校多年从事After Effects教学的教师及优秀的一线设计人员组成。本书通过大量的精彩实例,将艺术和计算机制作技术结合在一起，全面讲述了After Effects CS6的使用方法和技巧。

与上一版相比，改版后书中实例与实际应用的结合更加紧密，除了保留了上一版的浮出水面的logo、变脸动画、逐个字母飞入动画等相关实例外，还添加了飞龙在天效果、飞龙穿越水幕墙效果、手写字效果等多个实用性更强、视觉效果更好的实例。

本书属于实例教程类图书,旨在帮助读者用较短的时间掌握After Effects软件的使用。本书分为5个部分，共13章，每章均有"本章重点"和"课后练习"，以便读者学习该章内容，并进行相应的操作练习。每个实例都包括要点和操作步骤两部分，对于步骤过多的实例还有制作流程的介绍，以便读者理清思路。

本书内容丰富，结构清晰，实例典型，讲解详尽，富有启发性。书中的实例是由多所高校（北京电影学院、北京师范大学、中央美术学院、中国传媒大学、北京工商大学传播与艺术学院、首都师范大学、首都经贸大学、天津美术学院、天津师范大学艺术学院等）具有丰富教学经验的优秀教师和有丰富实践经验的一线制作人员从多年的教学和实际工作中总结出来的。

参与本书编写的人员有张凡、李岭、谭奇、冯贞、顾伟、李松、程大鹏、关金国、许文开、宋毅、李波、宋兆锦、于元青、孙立中、肖立邦、郭开鹤、王世旭、谌宝业、刘若海、韩立凡、王浩、尹棣楠、张锦、曲付、李羿丹、刘翔、田富源。

本书可作为本、专科院校艺术类专业或相关培训班的教材，也可作为影视制作爱好者的自学或参考用书。

由于作者水平有限，书中难免有不妥之处，敬请读者批评指正。

编　者

目　　录

第2部分 基础实例

第3部分 特效实例

第4部分　高级技巧

第5部分　综合实例

第1部分　基础入门

第1章　After Effects的基础知识

本章重点：

After Effects CS6 是一款优秀的视频特效软件。在学习该软件之前，先要对 After Effects 及其相关基础理论有一个整体和清晰的认识。本章将详细讲解 After Effects 及视频的相关基础知识。

1.1　After Effects简介

After Effects 是一款用于高端视频特效系统的专业特效合成软件，它借鉴了许多优秀软件的成功之处，将视频特效合成技术上升到了一个新的高度。

Photoshop 中层概念的引入，使 After Effects 可以对多层的合成图像进行控制，制作出完美的视频合成效果；关键帧、路径等概念的引入，使 After Effects 对于控制高级的二维动画游刃有余；高效的视频处理系统，确保了高质量的视频输出；功能齐备的特技系统使得 After Effects 几乎能够实现使用者的一切创意。

After Effects 保留了 Adobe 软件与其他图形图像软件的优秀的兼容性。在 After Effects 中可以非常方便地调入 Photoshop、Illustrator 的层文件，也可以近乎完美地再现 Premiere 的项目文件，还可以调入 Premiere 的 EDL 文件。

1.2　初始化设置

After Effects 软件的初始化设置是根据美国电视制式设置的，在中国国内使用的时候，需要重新进行设置。所谓的初始化是针对电视而言的，如果是为网页等其他的视频作品服务，则需要使用其他的初始化设置。

1.2.1　项目设置

在每次启动 After Effects CS6 时，系统会自动建立一个新项目。同时，会建立一个“Project (项目)”窗口。也可以选择“File (文件) | New (新建) | New Project (新建项目)”命令，新建一个项目。

在每次工作之前，有可能根据工作需要对项目进行一些常规性的设置。选择“File (文件) | Project Settings (项目设置)”命令，在弹出的对话框中进行设置即可，如图 1-1 所示。

1) Timecode：用于设置时间位置的基准，表示每秒放映的帧数。例如选择 25 帧/秒，即每秒放映 25 帧。在一般情况下，电影胶片选择 24 帧/秒；PAL 或 SECAM 制式视频选择 25 帧/秒；NTSC 制式视频选择 30 帧/秒。

2) Frames：按帧数计算。

3) Use Feet+Frames：用于胶片，计算 16 毫米和 35 毫米电影胶片每英寸的帧数。16 毫米胶片为 16 帧/英寸；35 毫米胶片为 40 帧/英寸。

4) Frame Count：仅在“Frames (帧)”或“Use Feet+Frames (英尺 + 帧)”方式下有效，表示计时的起始时间，数值框中输入的数值时间显示基数。

5)“Color Settings”选项组：用于对项目中所使用的色彩深度进行设置。在计算机上使用时，8bit/通道的色彩深度就可以满足要求。当有更高的画面要求时，可以选择16bit/通道的色彩深度。在16bit/通道的色彩深度项目下，可导入16bit色图像进行高品质的影像处理，这对于处理电影胶片和高清晰度电视影片是十分重要的。当图像在16bit色的项目中导入8bit色图像进行特殊处理时，会导致一些细节的损失，系统会在其特效控制对话框中显示警告标志。

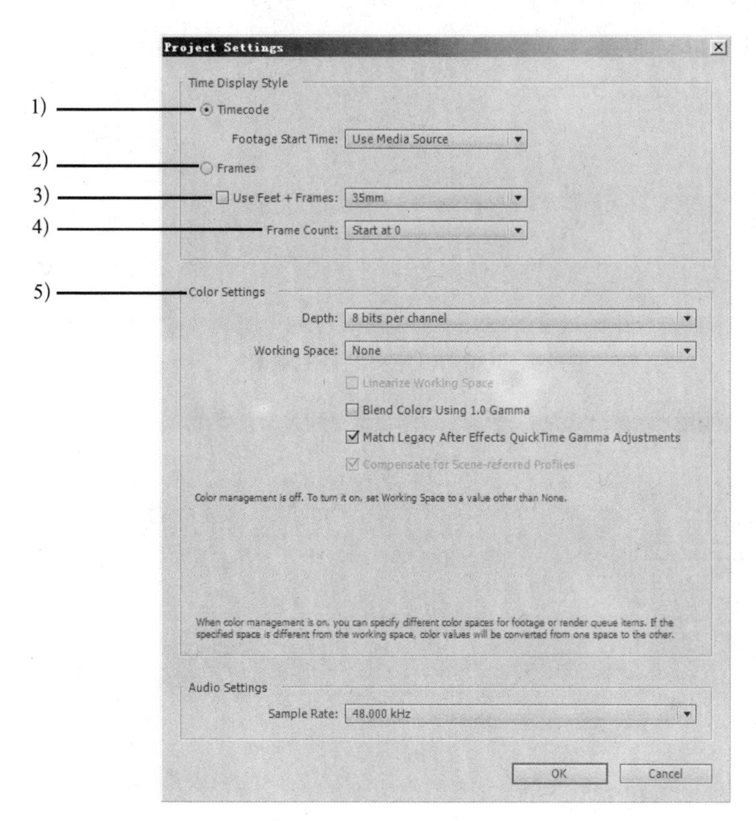

图 1-1　“Project Settings（项目设置）”对话框

1.2.2　首选项设置

“首选项”有很多类别可用于对 After Effects 进行自定义设置，这里只列出初始化时需要调整的项目。

在“Import（导入）”类别中，将“Sequence Footage（序列素材）”的导入方式改为25帧/秒，如图1-2所示。

提示：我国电视标准是PAL-D制，帧速率为25帧/秒。

在“Media&Disk Cache（媒体与磁盘缓存）”类别中，可以设置“Disk Cache（磁盘缓存）”和“Conformed Media Cache（媒体缓存）”的大小和缓存文件放置的位置，如图1-3所示。默认“Disk Cache（磁盘缓存）”为4GB，如果计算机的内存和磁盘空间足够大，可以设置得更大。单击 Empty Disk Cache 按钮，可以清除磁盘缓存文件夹中的所有缓存文件。单击 Clean Database & Cache 按钮，可以清除数据和媒体缓存文件夹中的所有文件。

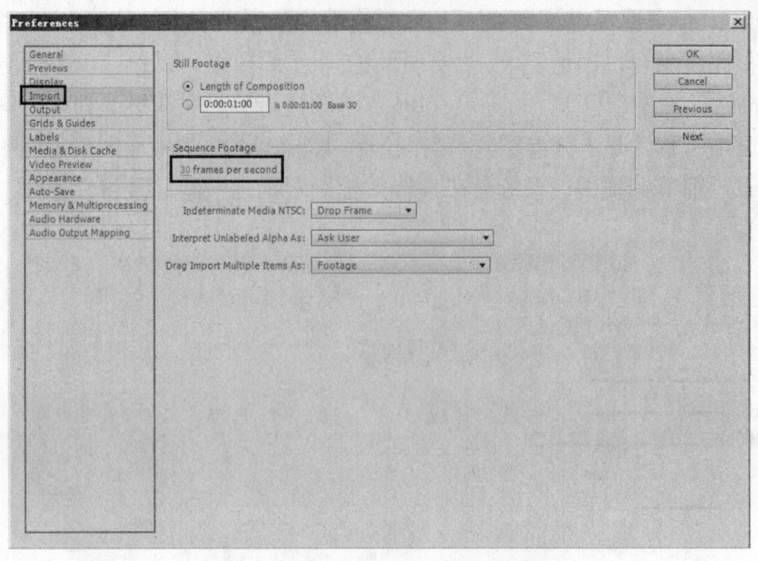

图 1-2 “Import (导入)” 类别设置

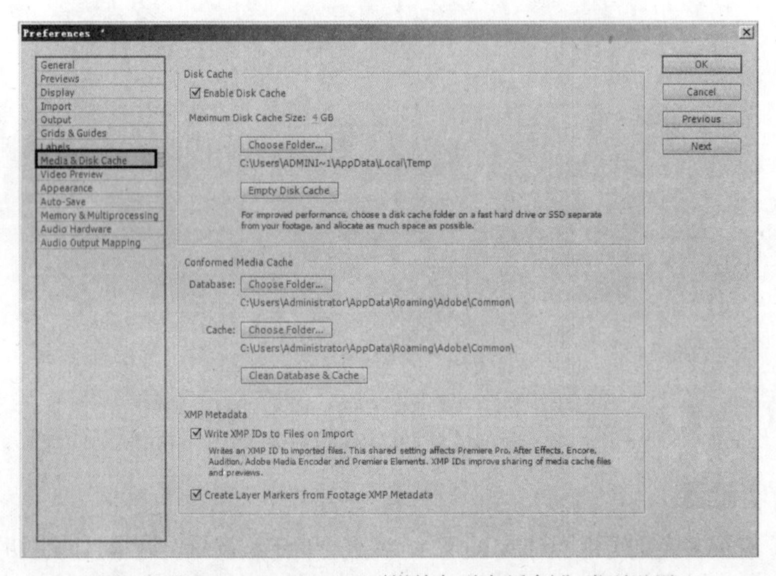

图 1-3 “Media&Disk Cache (媒体与磁盘缓存)” 类别设置

1.2.3 合成窗口设置

在 After Effects 中，要在一个新项目中编辑、合成影片，首先要产生一个合成图像。在合成图像时，通过使用各种素材进行编辑、合成。合成的图像就是将来输出的成片。

合成图像以时间和层的方式工作。合成图像中可以有任意多个层，After Effects 还可以将一个合成图像添加到另一个合成图像中作为层来使用。

当建立一个合成图像以后，会打开一个“Composition（合成）”窗口和与其相对应的“Timeline（时间线）”窗口，如图 1-4 所示。After Effects 允许在一个工作项目中同时运行若干个合成图像，而每个合成图像既可以独立工作，又可以嵌套使用。

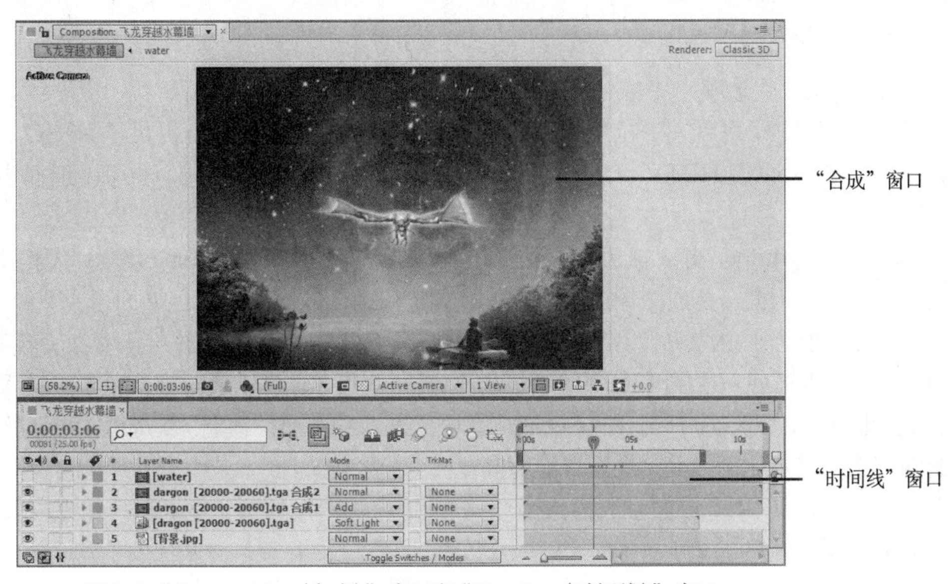

图 1-4 "Composition (合成)" 窗口和 "Timeline (时间线)" 窗口

在项目中制作影片，首先要建立一个合成图像。在建立合成图像时，应该以最终输出的影片标准来进行设置。创建和设置合成图像的方法如下：

选择"Composition（图像合成）|New Composition（新建合成组）"命令（快捷键为〈Ctrl+N〉），或者单击"Project (项目)"窗口下方的（新建合成）按钮，弹出"Compostion Settings (图像合成设置)"对话框，如图 1-5 所示。

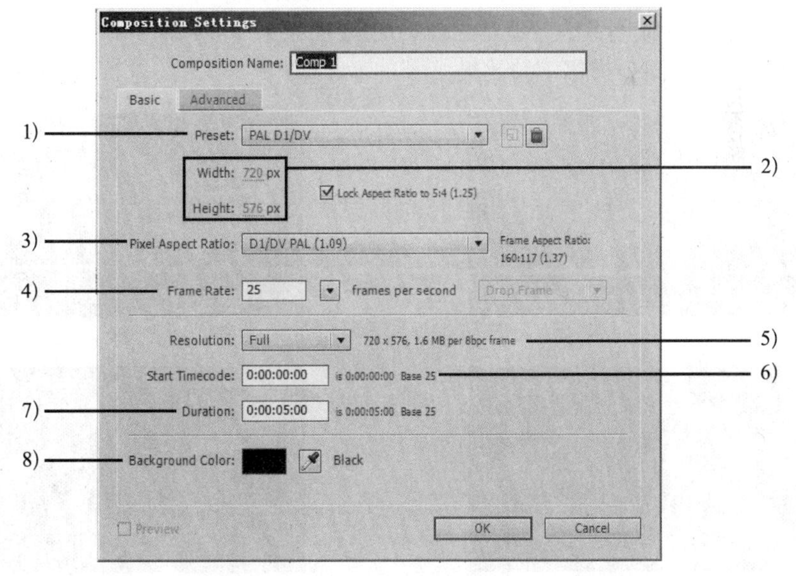

图 1-5 "Compostion Settings (图像合成设置)" 对话框

其中 Composition Name (合成组名称) 用于设置合成图像的名称。如果需要跨平台操作，应保证文件名兼容 Windows 和 Mac OS。"Compostion Settings (图像合成设置)" 对话框包括用于参数设置的 "Basic (基本)" 和 "Advanced (高级)" 两个选项卡。

1. “Basic（基本）”选项卡

“Basic（基本）”选项卡中的主要参数含义如下。

1) Preset (预置)：可以在下拉列表中选择预制的影片设置。Adobe 提供了 NTSC、PAL 制式等标准电视规格，以及 HDTV（高清晰度电视）、胶片等常用的影片格式。也可以选择“Custom（自定义）”。

2) Width/Height (宽/高)：帧尺寸，用于设置合成图像的大小。After Effects 以素材的原尺寸将其导入系统。因此，合成图像窗口分为显示区域和操作区域。显示区域即合成图像的大小，系统只播放显示区域内的影片。用户可以通过操作区域对素材进行缩放、移动、旋转等操作。After Effects 支持从 (4×4) 到 (30000×30000) 像素的帧尺寸。可以通过在数值框中输入帧尺寸来设置显示区域的大小，选中数值框右方的“纵横比以 5:4 (1.25) 锁定”复选框，按比例锁定帧尺寸的宽高比。锁定比例为上一次设置的宽高比。

3) Pixel Aspect Ratio (像素纵横比)：用于设置合成图像的像素宽高比。可以在其右边的下拉列表中选择预置的像素比。

4) Frame Rate (帧速率)：用于设置合成图像的帧速率。

5) Resolution (分辨率)：分辨率以像素为单位决定图像的大小，它影响合成图像的渲染质量，分辨率越高，合成图像渲染质量越好。在“图像合成设置”对话框中共有 4 种分辨率设置，分别如下。

- Full：渲染合成图像中的每一个像素，质量最好，渲染时间最长。
- Half：渲染合成图像中 1/4 的像素，时间约为全屏的 1/4。
- Third：渲染合成图像中 1/9 的像素，时间约为全屏的 1/9。
- Quarter：渲染合成图像中 1/16 的像素，时间约为全屏的 1/16。

如图 1-6 所示为不同分辨率下的效果。

图 1-6　不同分辨率下的效果
a) 全屏　b) Half　c) Third　d) Quarter

另外，还可以选择“Custom（自定义）”选项，在弹出的“自定义分辨率”对话框中指定分辨率。

6）Start Timecode（开始时间码）：用于设置合成图像的开始时间码。在默认情况下，合成图像从 0s 开始，可以在此数值框中输入一个时间。例如输入 0:00:04:00，则合成图像的起始时间为 4s。

7）Duration（持续时间）：在此数值框中可以输入合成图像的持续时间长度。

8）Background Color（背景色）：用于设置合成图像的背景颜色。

2. "Advanced（高级）"选项卡

单击"Advanced（高级）"标签，即可切换到"Advanced（高级）"选项卡，如图 1-7 所示。

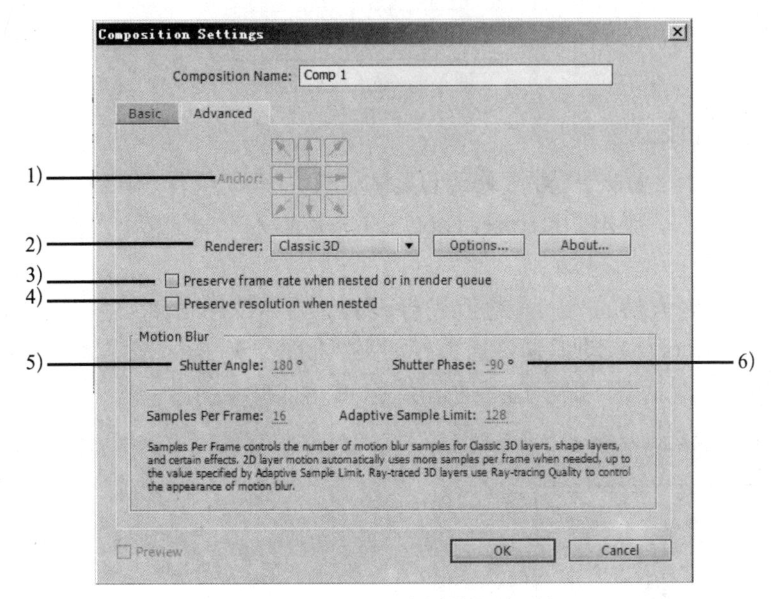

图 1-7 "Advanced（高级）"选项卡

"Advanced（高级）"选项卡中的主要参数含义如下。

1）Anchor（定位点）：当需要修改合成图像的尺寸时，中心点的位置决定了如何显示合成图像中的影片。

2）Renderer（渲染插件）：该选项决定 After Effects CS6 在渲染时所使用的渲染引擎。

3）Preserve frame rate when nested or in render queue（在嵌套或在渲染队列中时保持帧速率）：选中该复选框，则当前合成图像嵌套到另一个合成图像中后，仍然使用原来的帧速率。不选中该复选框，则当前合成图像嵌套到另一个合成图像中后，使用新合成图像的帧速率。

4）Preserve resolution when nested（在嵌套时保持分辨率）：选中该复选框，则当前合成图像嵌套到另一个合成图像后，使用新合成图像的帧分辨率。

5）Shutter Angle（快门角度）：它决定当打开运动模糊效果后模糊量的强度。

6）Shutter Phase（快门相位）：它决定运动模糊的方向。

单击"OK"按钮，关闭对话框，此时在"Project（项目）"窗口中出现了一个新的合成图像，同时打开了一个"Composition（合成图像）"窗口和与其相对应的"Timeline（时间线）"窗口。

在建立合成图像后，可对其设置重新进行修改。具体操作方法为：选择"Composition（图像合成）|New Composition（新建合成组）"命令，在弹出的"Composition Settings（图像合

成设置)”对话框中进行修改。

可将自定义的合成图像设置存储起来，以备重复使用。具体操作方法为：设置完成后，在“Basic (基本)”选项卡中单击按钮，在弹出的对话框中输入设置名称，如图 1-8 所示，然后单击“OK”按钮，则以后可在“预置”中找到存储的自定义设置。

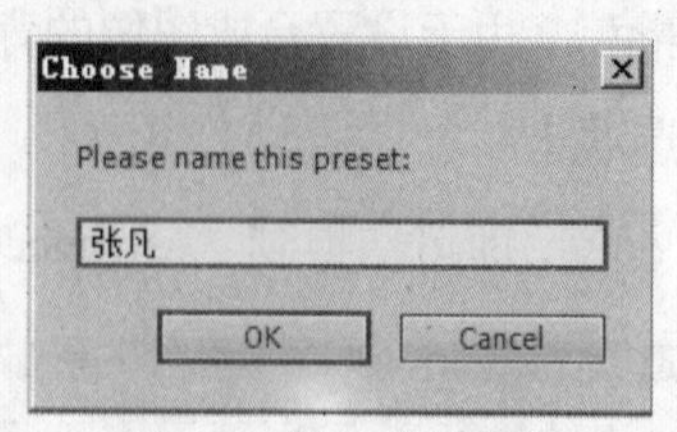

图 1-8 输入设置名称

1.2.4 对素材进行设置

在“Project (项目)”窗口中选中要修改的素材，选择“File (文件) |Interpret Footage (定义素材) | Main (主要)”命令，弹出“Interpret Footage (定义素材)”对话框，如图 1-9 所示。在这里可以对选中的素材进行一些设置。

1) Alpha：用于对素材的 Alpha 通道进行设置。在 After Effects 中导入带有 Alpha 通道的文件时，After Effects 会自动识别该通道。如果 Alpha 通道未标记类型，将弹出“Interpret Footage (定义素材)”对话框，提示选择通道类型，如图 1-10 所示。

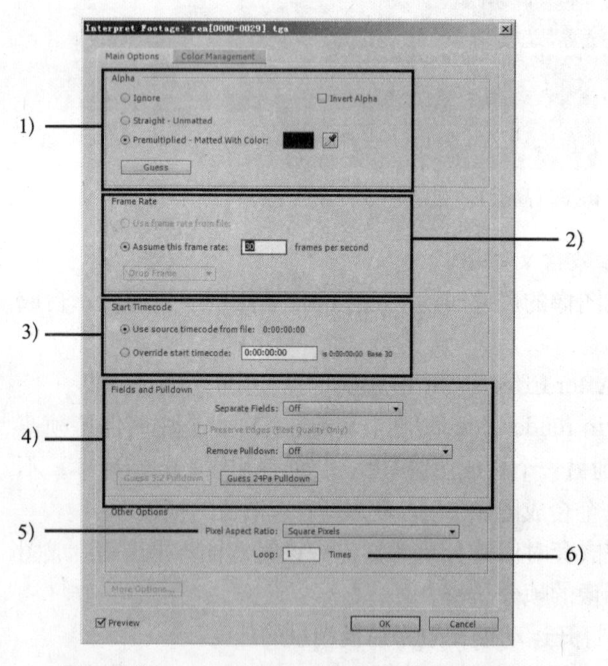

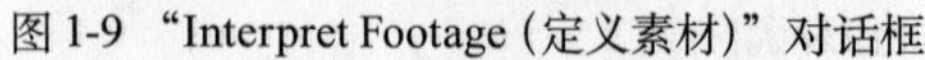

图 1-9 “Interpret Footage (定义素材)”对话框

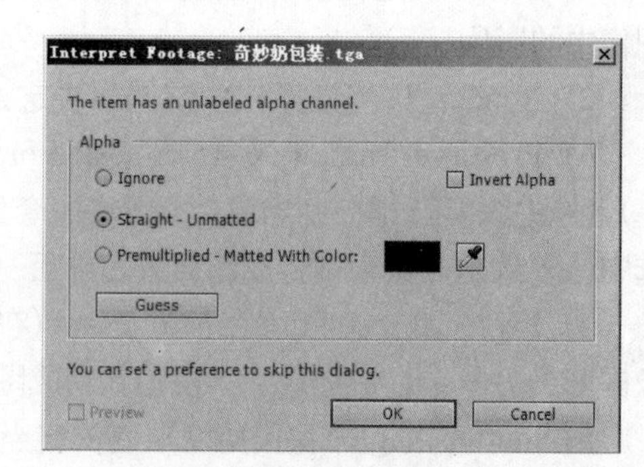

图 1-10 提示选择通道类型

● Ignore (忽略)：忽略透明信息。

● Straight-Unmatted (直通 - 无蒙版)：将 Alpha 通道解释为“Straight-Unmatted (直通 - 无蒙版)”类型。如果用于生成素材的应用程序不能产生“Straight (直通)”类型的 Alpha 通道，则选择该单选按钮。

● Premultiplied-Matted With Color（预乘 - 无蒙版）：将 Alpha 通道解释为“Premultiplied-Matted With Color（预乘 - 无蒙版）”类型。

● Guess（自动预测）：由系统决定 Alpha 通道类型，如果不能决定，则发出蜂鸣声。

● Invert Alpha（反转 Alpha 通道）：反转透明区域和不透明区域。

提示：解释Alpha通道非常重要，解释的正确与否将直接影响影片的输出质量。例如，经常有人提到：“使用 Illusion（一个非常方便的粒子制作软件）制作的很漂亮的发光粒子文件，为什么导入到 After Effects 中后，粒子外面会笼罩着一层黑色？”其实，只需要将Alpha通道解释为“Premultiplied-Matted With Color（预乘 - 无蒙版）”通道，问题就解决了。

2）Frame Rate（帧速率）：用于改变动画素材的帧速率。选中“Assume this frame rate（假定该帧速率）”单选按钮，则可以输入新的帧速率。

3）Start Timecode（开始时间码）：用于设置合成图像的开始时间码。

4）Fields and Pulldown（场与下变换）：在该选项组中可以对素材的场设置进行调整。在使用视频素材时，会遇到交错视频场的问题，它会严重影响最后的合成质量。在 After Effects 中，对场控制提供了一整套的解决方案。

解决交错视频场的最佳方案是分离场。After Effects 可以将下载到计算机中的视频素材进行场分离。方法是从每个场中产生一个完整帧再分离视频场，并保存原始素材中的全部数据。在对素材进行缩放、旋转和效果等加工时，场分离是极为重要的。After Effects 通过场分离将视频中两个交错帧转换为非交错帧，并最大程度地保留图像信息。使用非交错帧是 After Effects 在工作中实现最佳效果的前提。

可以在“Separate Fields（场分离）”下拉列表中选择场顺序，如图 1-11 所示。

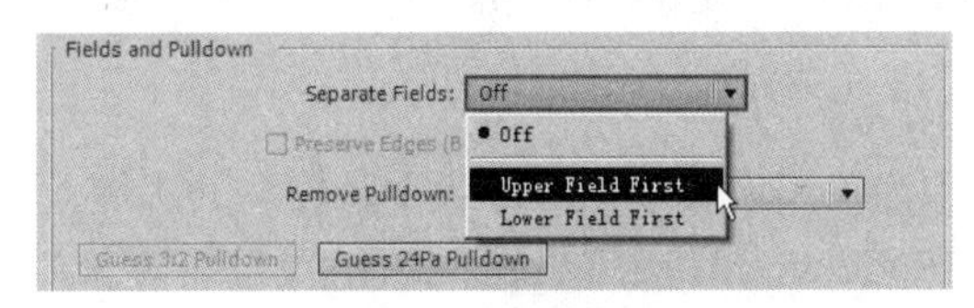

图 1-11　选择场顺序

“Upper Field First（上场优先）”称为奇场优先；“Lower Field First（下场优先）”称为偶场优先。在隔行扫描时，如果先扫描屏幕的奇数行再扫描偶数行就是“Upper Field First（上场优先）”。不同的硬件设备，隔行扫描的顺序会有所不同，因此，从不同的视频采集卡中采集到的含有场的视频文件，既有可能是奇场优先，也有可能是偶场优先，这种现象在使用模拟方式的采集卡时很常见。

在 After Effects 中，要判断一个视频文件的奇、偶场优先，可以使用“预测”的方法。具体操作过程如下：在“Project（项目）”窗口中选中该文件。然后选择“File（文件）|Interpret Footage（定义素材）| Main（主要）”命令（快捷键为〈Ctrl+F〉），弹出“Interpret Footage（定义素材）”对话框，在“场分离”下拉列表中选择“Upper Field First（上场优先）”选项，单击“OK”按钮。接着在“Project（项目）”窗口中按住〈Alt〉键，同时双击该文件，打开素材预览窗口，再在素材预览窗口中拖动时间滑块，找到一段含有运动的画面。最后选择“Window（窗口）|Preview（预览控制台）”命令（快捷键为〈Ctrl+3〉），调出“Preview（预览控制台）”面板，如图

1-12 所示。使用▶(下一帧）按钮一帧一帧地对素材进行播放。如果画面中的运动区域都是朝着一个方向运动的，则该段视频是“Upper Field First（上场优先）”；如果运动区域一会向前一会向后，则该段视频是“Lower Field First（下场优先）”。

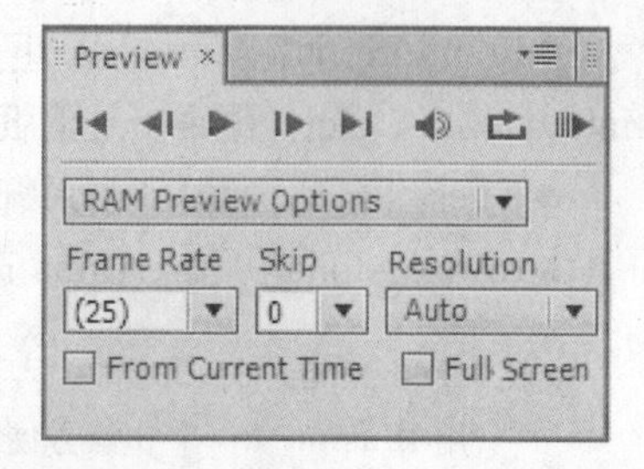

图 1-12 “Preview（预览控制台）”面板

5）Pixel Aspect Ratio（像素纵横比）：像素纵横比是指图像中一个像素的宽度与高度之比。帧纵横比则是指一帧图像的宽度与高度之比。

某些视频输出使用相同的帧纵横比，但可以使用不同的像素纵横比。例如，某些 NTSC 数字化压缩卡采用 4∶3 的帧纵横比，但使用方形像素（1.0 像素纵横比）及 640×480 像素的分辨率，D1 NTSC 采用 4∶3 的帧纵横比，但使用矩形像素（0.9 像素纵横比）及 720×486 像素的分辨率。

如果在一个显示方形像素的显示器上不做处理地显示矩形像素，则会出现变形现象。如图 1-13 所示，从左到右分别为 1∶1 像素纵横比、4∶3 帧纵横比和 16∶9 帧纵横比。

图 1-13　不同纵横比显示的图像

6）Loop（循环）：当素材的持续时间短于合成图像的总时间时，After Effects 可以对视频素材进行循环播放。在“Loop（循环）”数值框中可以输入循环的次数。

1.2.5　渲染输出设置

合成好的影片往往会因为输出设置不当，得到质量较差的影片，所以渲染输出设置也是很重要的。下面首先来认识“Render Settings Templates（渲染设置模板）”对话框。选择“Edit（编辑）| Templates（模板）| Render Settings（渲染设置）”命令，即可弹出该对话框，如图 1-14 所示。

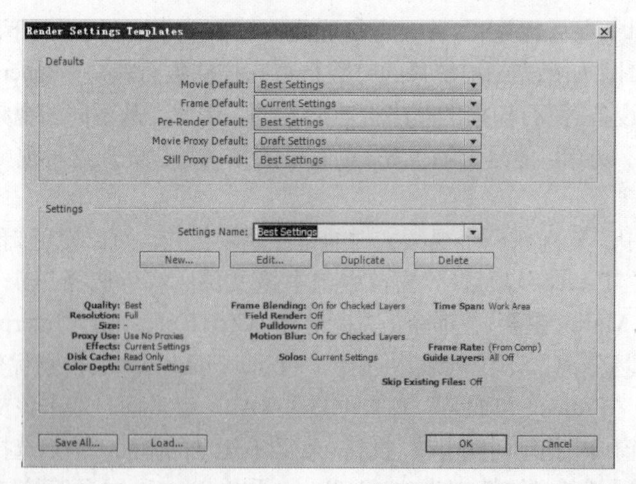

图 1-14 “Render Settings Templates（渲染设置模板）”对话框

如果对 After Effects 不是特别了解，最好按照“Best Settings (最佳设置)”进行操作，这样基本上可以保证合成后的片子不会有太大的技术问题。

单击“渲染设置模板”对话框中的 Edit... 按钮，弹出“Render Settings (渲染设置)”对话框，如图 1-15 所示。下面以“Quality (品质)”为“Best (最佳设置)”为例，说明渲染设置的具体情况。

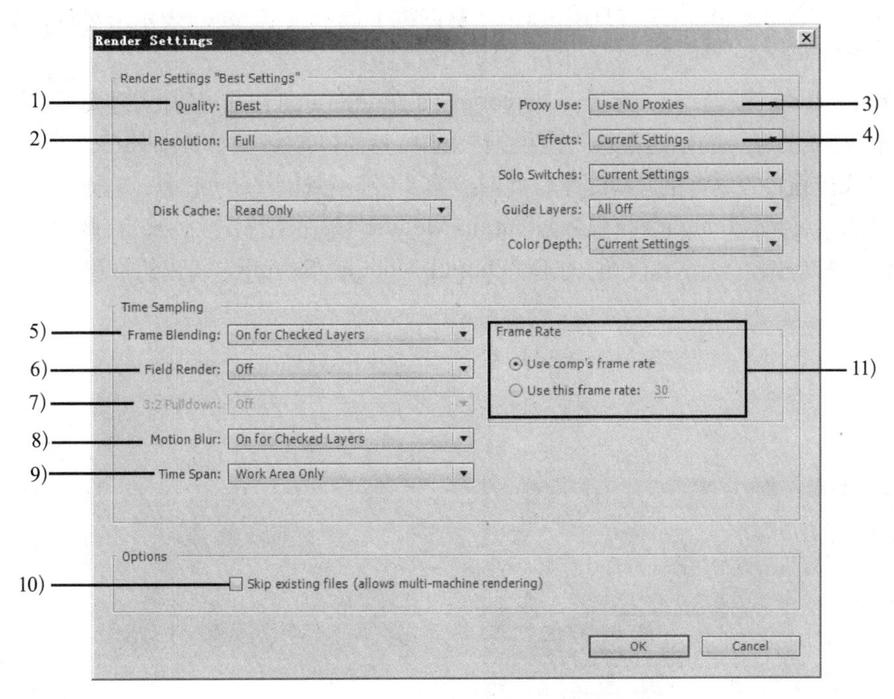

图 1-15　“Render Settings (渲染设置)”对话框

1) Quality (品质)：选择“Best (最佳)”选项，表示渲染时，素材的品质最高。一共有“Best (最佳)”“Draft (草稿)”和“Wireframe (线框图)”3 个选项供用户选择，分别对应 After Effects 中素材品质的 3 个档次。

2) Resolution (分辨率)：选择“Full (全屏)”表示渲染时，将使用最高分辨率。“Full (全屏)”“Half (1/2)”“Third (1/3)”和“Quarter (1/4)”这 4 个选项对应的分辨率是依次降低的。另外，用户还可以选择“Custom (自定义)”选项，自行进行设置。

3) Proxy Use (代理使用)：询问是否使用代理，该选项可以以操作习惯来决定。

4) Effects (效果)：对当前代理使用情况的设置。选择“Current Settings (当前设置)”表示渲染时，保持当前滤镜的设置。

5) Frame Blending (帧融合)：帧融合的设置。选择“On for Checked Layers (打开已选中图层)”选项，表示渲染时，只针对检测到打开了“Frame Blending (帧融合)”开关的层进行帧融合处理。

6) Field Render (场渲染)：场渲染的设置，只有在渲染隔行扫描的视频文件时才会使用。

7) 3:2Pulldown (3:2 下变换)：在电视与电影视频进行转换时使用的一种方式。

8) Motion Blur (动态模糊)：运动模糊的设置。选择“On for Checked Layers (打开已选

中图层）”选项，表示渲染时，只针对检测到打开了“Motion Blur（动态模糊）”开关的层进行运动模糊处理。

9）Time Span（时间范围）：渲染时间范围的设置。在右侧下拉列表中选择“Work Area Only（仅工作区域栏）”选项，表示只渲染工作区范围内的合成内容；选择“Length For Comp（合成长度）”选项，将渲染全部“Composition（合成图像）”时间长度范围内的内容。

10）“Skip existing files（跳过现有文件）”复选框：选中该复选框，表示渲染时，如果文件已经存在则跳过不渲染，建议大多数情况下选中该复选框。

11）Frame Rate（帧速率）：选择“Use comp’s frame rate（使用合成帧速率）”单选按钮，将使用当前“合成图像”的帧速率作为渲染结果的帧速率；选择“Use this frame rate（使用这个帧速率）”单选按钮，可以自定义帧速率，此时应将30帧/秒改为25帧/秒，以适应PAL制式。

选择“Edit（编辑）|Templates（模板）|Output Module（输出组件）”命令，在弹出的如图1-16所示的对话框中单击 Edit... 按钮，打开“Output Module Settings（输出组件设置）”对话框，如图1-17所示。

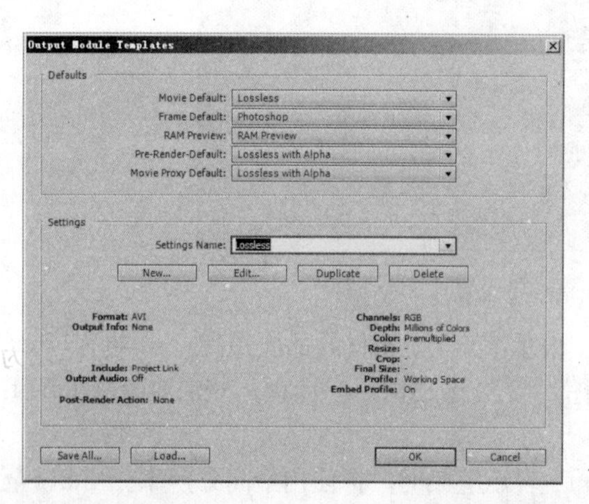

图1-16 “Output Module Templates（输出组件模板）”对话框

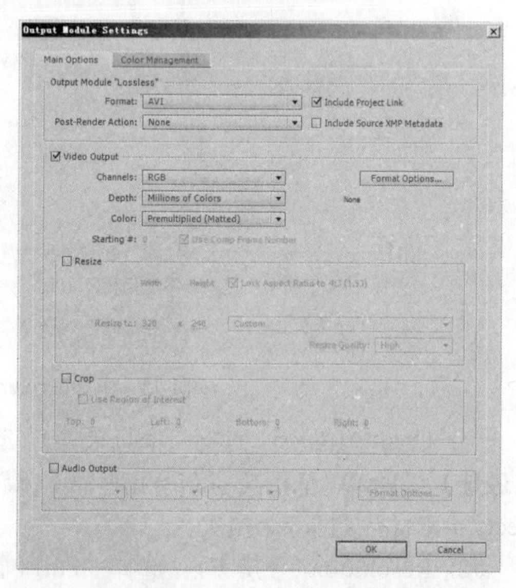

图1-17 “Output Module Settings（输出组件设置）”对话框

“Format（格式）”下拉列表中有很多格式可供选择，在向广播级目标输出时，如果机器有硬件输出卡，可以选择“Windows Media”格式，然后单击 Format Options... 按钮，在弹出的对话框中即可看到机器的硬件输出卡显示在下拉列表中。如果没有硬件输出卡，则不要选择“Windows Media”，而应选择“Targa Sequence”或“TIFF Sequence”这种比较通用的图片序列格式。若选择“Targa Sequence”，可在弹出的如图1-18所示的对话框中选择输出分辨率。

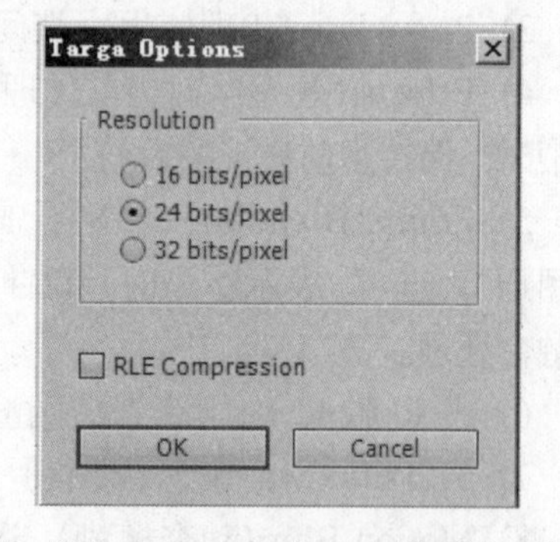

图1-18 “Targa Options（Targa选项）”对话框

如果要对渲染出来的图像进行再次合成，应选择“32 bits/pixle (位 / 像素)”单选按钮，保留其中的“Alpha”通道；如果渲染的是最终结果，则应选择“24bits/pixle (位 / 像素)”单选按钮。“RLE Compression (RLE 压缩)”是无损压缩，勾选后表示不会对图像有任何损伤。

1.3 视频基础知识

1.3.1 逐行扫描和隔行扫描视频

如果想把视频制作成可以在普通电视机中播放的格式，还需要对视频的帧频有所了解。非数字的标准电视机显示的都是逐行扫描的视频，在电子束接触到荧光屏的同时，会被投射到屏幕的内部，这些荧光成分会发出人类所能看到的光。在最初发明电视机的时候，荧光成分只能持续极短的时间，最后，在电子束投射到画面的底部时，最上面的荧光成分已经开始变暗。为了解决这个问题，初期的电视机制造者设计了隔行扫描的系统。

也就是说，电子束最初是逐行隔开进行投射，然后再次返回，对中间忽略的光束进行投射。轮流投射的这两条线在电视信号中称为“上”扫描场(奇场) 和“下”扫描场(偶场)。因此，每秒显示 30 帧的电视实际上显示的是每秒 60 个扫描场。

在使用计算机制作动画时，为了制作出更自然的动作，必须使用逐行扫描的图像。Adobe Premiere 和 Adobe After Effects 可以准确地完成这项工作。通常，只有在电视机上显示的视频中才会出现帧或者场的问题。如果在计算机上播放视频，因为显示器使用的是隔行扫描的视频信号，所以不会发生这种问题。

1.3.2 纵横比

纵横比指画面的宽高比。TV 显示器的纵横比一般为 4:3 或者 16:9。如果是计算机中使用的图形图像数据，像素的纵横比是一个正方形形态。电视 NTSC 制式是由 486 条扫描线和每条扫描线 720 个取样 (720×486 像素) 构成的。在 720 个取样中，由于信号的上升和消隐，实际上能够看到的只有 711 个。因此，当画面的构成比是 4:3 的时候，像素的纵横比为 486/711 × 4/3=0.911。

所以，运行旋转圆的 DVE (交互式数字视频系统) 时，必须考虑像素的纵横比，使圆不会变成椭圆，而一直保持圆的形态。其关键是计算机和电视机之间的图像移动问题。因为计算机通常使用正方形的像素，所以必须要根据电视机来调整计算机的纵横比。

电影、SDTV 和 HDTV 具有不同的纵横比格式。SDTV 的纵横比是 4:3 或比值为 1.33；HDTV 和扩展清晰度电视 (EDTV) 的纵横比是 16:9 或比值为 1.78；电影的纵横比已从早期的 1.333 发展到宽银幕的 2.77。

1.3.3 播放制式

基带视频是一种简单的视频模拟信号，由视频模拟数据和视频同步数据构成，用于接收端正确地显示图像。信号的细节取决于应用的视频标准或者“制式”。目前，全世界正在使用 3 种电视制式，它们分别是：全国电视标准委员会 (National Televistion Standard Committee, NTSC)、逐行倒相 (Phase Alternate Line，PAL) 和顺序传送与存储彩色电视系统 (SEquential Couleur Avec Memoire，SECAM)，这 3 种制式之间存在一定的差异。在各个地区购买的摄像机或者电视机，以及其他一些视频设备，都会根据当地的标准来制作。但如果是要制作在国际上使用的视频，或者想在自己的作品上插入外国制作的内容，则必须要考虑制式的问题。虽然各种制式相互之间可以转换，但因为存在帧频和分辨率的差异，在品质方面仍存在一定的问题。如表 1-1 所示为基本模拟视频制式的比较。

表 1-1　基本模拟视频制式的比较

播放制式	国　家	水平线/线	帧　频/（帧/秒）
NTSC	美国、加拿大、日本、韩国、墨西哥	525	29.97
PAL	澳大利亚、中国、欧洲各国	625	25
SECAM	法国、大部分非洲国家	625	25

1.3.4　场的概念

视频素材分为交错式和非交错式。当前大部分广播电视信号是交错式的，而计算机图形软件（包括 After Effects）是以非交错式显示视频的。交错视频的每一帧由两个场（Field）构成，称为“上”扫描场和“下”扫描场，或奇场（Old Field）和偶场（Even Field）。这些场依顺序显示在 NTSC 或 PAL 制式的监视器上，能产生高质量的平滑图像。

场以水平分隔线的方式保存帧的内容，在显示时先显示第一个场的交错间隔内容，然后再显示第二个场来填充第一个场留下的缝隙。每一个 NTSC 视频的帧大约显示 1/30 秒，每一场大约显示 1/60 秒，而 PAL 制式视频一帧的显示时间为 1/25 秒，每一个场为 1/50 秒。

在非交错视频中，扫描线是按从上到下的顺序全部显示的，计算机视频一般是非交错式的，电影胶片类似于非交错视频，它们是每次显示整个帧的。

如果在 After Effects 中输出广播电视使用的交错视频产品，则要求在其他图像软件中不要进行场渲染或产生交错的视频素材，确保源素材在合成中的场顺序，以便 After Effects 能正确地渲染。来自计算机的视频素材为非交错式能够最大限度地保持图像的质量，并在 After Effects 的合成中省去分离场的过程。当然，当需要使用其他图像软件渲染一段素材时，可以用 50 帧/秒的帧渲染格式（非交错式）进行渲染，当导入到 After Effects 中进行合成时，After Effects 可以用高质量的场渲染方式产生广播级的 25 帧/秒的视频产品。最后需要输出的视频是交错式还是非交错式，则由它的最终用途来决定。如果用于广播电视，要输出成交错式的；如果在视频流或者在计算机上观看，要输出成非交错式的；如果是转成电影胶片，最好由专业的公司用专业的设备来完成。

1.3.5　SMPTE时间码

视频素材的长度及其开始帧、结束帧，是由时间码单位和地址来度量的。时间码区别录像带的每一帧，以便在编辑和广播时进行控制。在编辑视频时，时间码可精确地找到每一帧，并同步图像和声音元素。SEPTE 以“小时:分钟:秒:帧”的形式确定每一帧的地址。

不同的 SMPTE 时间码标准用于不同的帧率（如电影、视频和电视工业标准），PAL 制式或采用的是 25 帧/秒的标准。NTSC 制式由于广播电视的技术原因，采用了 29.97 帧/秒的标准，而不是早期黑白电视使用的 30 帧/秒的标准，但 NTSC 制式的时间码仍采用 30 帧/秒，这就造成了实际播放和测量的时间长度有 0.1% 的差异。为了定位，由 SMPTE 时间码测量播放时间与实际播放时间之间的差异，开发出一个名为 Drop Frame（掉帧）的格式。多数视频编辑系统既装有掉帧，也装有不掉帧时间码格式。注意：用哪种格式记录视频资料，就用哪种格式编辑录像带，以便知道时间码所代表的真实时间。

1.3.6 数字视频

数字视频的形成过程是：先用摄像机之类的视频捕捉设备，将外界影像的颜色和亮度信息转变为电信号，然后将其记录到存储介质（如录像带）中。在播放时，视频信号被转变为帧信息，并以约 30 帧/秒的速度投影到显示器上，使人类的眼睛误认为它是连续不间断地运动着的。电影播放的帧率大约是 24 帧/秒。如果用示波器（一种测试工具）来观看，未投影的模拟电信号的山峰和山谷必须通过数字/模拟（D/A）转换器来转变为数字的“0”或“1”，这个转变过程就称为视频捕捉（或采集过程）。要在电视机上观看数字视频，需要一个从数字到模拟的转换器，将二进制信息解码成模拟信号。

1. 模拟

传统的模拟摄像机是把实际生活中看到、听到的内容录制成模拟格式。如果用模拟摄像机或者其他模拟设备（使用录像带）进行制作，还需要能将模拟视频数字化的捕获设备，一般计算机中安装的视频捕获卡就具有这种作用。模拟视频捕捉卡有很多种，它们之间的差异表现在可以数字化的视频信号的类型、被数字化视频的品质等方面。Premiere 或者其他软件都可以进行数字化制作。一旦视频被数字化之后，就可以使用 Premiere、After Effects 或者其他软件在计算机中进行编辑了。编辑结束以后，为了方便，也可以再次通过视频进行输出。在输出时，可以使用 Web 数字格式，或者 VHS、Beta-SP 等模拟格式。

2. 数字

随着数码摄像机价格的不断下调，其使用也越来越普及。使用数码摄像机可以把录制方式保存为数字格式，然后将数字信息载入到计算机中进行制作。使用最广泛的数码摄像机采用的是 DV 格式。将 DV 传送到计算机上要比模拟视频更加简单，因为视频保存方式已经被数字化了。所以，只需要一个连接计算机和数据的通路即可。最常见的连接方式就是使用 IEEE 1394 卡，使用 DV 设备的用户普遍使用这种格式。当然，也可以通过其他方式接收，不过这个方法是最普通、最常用的。

1.3.7 编码解码器

编码解码器的主要作用是对视频信号进行压缩和解压缩。计算机工业定义通过 24 位测量系统的真彩色，这就定义了百万种颜色，接近人类视觉的极限。现在，最基本的 VGA 显示器有 640×480 像素。这意味着如果视频需要以 30 帧/秒的速度播放，则每秒要传输高达 27MB 的信息。在如此速度下，1GB 容量的硬盘仅能存储约 37 秒的视频信息。因而，必须对信息进行压缩处理。通过抛弃一些数字信息或精选出容易被人类的大脑和眼睛忽略的可视化信息的方法，使视频消耗的硬盘容量减小。这个视频压缩过程就要用到编码解码器。编码解码器的压缩率从 2:1 到 100:1 不等，使处理大量的视频数据成为可能。

如果用在数字多媒体上，解码器则包括视频解码器和音频解码器。数字媒体的图像和声音均使用特殊的软件编码格式，例如视频的 MPEG4，音频的 MP3、AC3、DTS 等，这些编码器可以将原始数据压缩存放。除此之外，还有一些专业的编码格式，一般家庭基本不会用到。为了在家用设备或者计算机上重放这些视频和音频，需要用到解码软件，一般称为插件。例如 MPEG4 解码插件 ffdshow、AC3 解码插件 ac3 fliter 等。只有安装了各种解码插件，用户的计算机才能重放这些图像和声音。

1.3.8 帧频和分辨率

帧频指每秒显示的图像数（帧数）。如果想让动作比较自然，每秒大约需要显示 10 帧。如果帧数小于 10，画面就会突起；如果帧数大于 10，播放的动作会更加自然。制作电影通常采用 24 帧/秒的帧频，制作电视节目通常采用 25 帧/秒的帧频。根据使用制式的不同，各国之间也略有差异。

影像的画质并不是只由帧频来决定的。分辨率是通过普通屏幕上的像素数来显示的，显示的形态是“水平像素数 × 垂直像素数”（例如 640×480 像素，800×600 像素）。在其他条件相同的情况下，分辨率越高，图像的画质越好。当然，这也需要硬件条件的支持。

1.3.9 像素

像素（Pixels）是指形成图像的最小单位，如果把数码图像不断放大，就会看到，它是由小正方形的集合构成的。像素具有颜色信息，可以用 bit（比特）来度量。像素分辨率是由像素含有几比特的颜色属性来决定的，例如，1 比特可以表现白色和黑色两种颜色；2 比特则可以表示 2^2（即 4）种颜色。通常所说的 24 位视频，是指具有 2^{24}（即 16777216）个颜色信息的视频。

1.3.10 After Effects CS6 所支持的常用文件格式

After Effects CS6 支持大部分视频、音频、图像及图形文件格式，还能将记录三维通道的文件调入进行修改。下面是 After Effects 支持的文件格式。

●BMP：在 Windows 下显示和存储的位图格式。可简单地分为黑白、16 色、256 色和真彩色等形式。大多采用 RLE 进行压缩。

●AI：这是 Adobe Illustrator 的标准文件格式，是一种矢量图形格式。

●EPS：封装的 PostScript 语言文件格式。可以包含矢量图形和位图图像，被所有的图形、示意图和页面排版程序所支持。EPS 格式用于在应用程序间传输 PostScript 语言线稿。在 Photoshop 中打开由其他应用程序创建的包含矢量图形的 EPS 文件时，Photoshop 会对此文件进行栅格化，将矢量图形转换为像素。

●JPG：用于静态图像标准压缩格式，支持上百万种颜色，不支持动画。

●GIF：8 位（即 256 色）图像文件，多用于网络传输，支持动画。

●PNG：作为 GIF 的免专利替代品，用于在 World Wide Web 上无损压缩和显示图像。与 GIF 不同的是，PNG 格式支持 24 位图像，产生的透明背景没有锯齿边缘。但是，一些早期版本的浏览器可能不支持 PNG 图像。PNG 格式支持带一个 Alpha 通道的 RGB、灰度模式和不带 Alpha 通道的位图、索引颜色模式。

●PSD：Photoshop 的专用存储格式，采用 Adobe 的专用算法。可以很好地配合 After

Effects 进行使用。

● MOV：是 Macintosh 计算机上的标准视频格式，可以用 Quick Time 打开。

● TGA：是 Truevision 公司推出的文件格式。被国际上的图形、图像工业广泛接受，已经成为数字化图像、光线追踪和其他应用程序（如 3ds max）所产生的高质量图像的常用格式。TGA 属于一种图形、图像数据通用格式，大部分文件为 24 位或 32 位真彩色。由于它是专门为捕捉电视图像所设计的一种格式，所以，TGA 图像总是按行进行存储和压缩，从而使它成为计算机产生的高质量图像向电视转换的一种首选格式。

● AVI：是 Microsoft 公司制定的计算机标准视频格式。

● WAV：将音频记录为波形文件的格式。

● RLA、RPF：是可以包括 3D 信息的文件格式，通常用于特效合成软件中的后期合成。该格式中可以包含对象的 ID 信息、Z 轴信息和法线信息等。RPF 可以比 RLA 包含更多的信息，是一种较先进的文件格式。

● SGI：是基于 SGI 平台的文件格式，可以用于 Combustion。

● Softimage：是 Softimage 中输入的可以包括 3D 信息的文件格式（文件扩展名为 PIC），其 3D 通道信息存放在 ZPIC 文件中。

1.4 课后练习

1. 填空题

(1) 在 After Effects 的“Project Settings（项目设置）”对话框中，“Timecode（时间码基准）”决定了时间位置的基准，表示每秒播放的帧数。针对电影胶片应选用 _____ 帧/秒；PAL 或 SECAM 制式视频应选用 _____ 帧/秒；NTSC 制式视频选择帧模式为 _____ 帧/秒。我国电视标准是 _____ 制，以 _____ 帧/秒作为帧速率。

(2) 在 After Effects 的“Composition Settings（图像合成设置）”对话框中有 4 个分辨率选项，它们分别是 _____、_____、_____ 和 _____。

2. 选择题

(1) 在 After Effects 中导入带有“Alpha”通道的文件时，将弹出“Interpret Footage（定义素材）”对话框，提示选择通道类型，下列哪个选项属于可选择的通道类型？（ ）

A. Ignore B. Guess C. Premultiplied-Matted With Color D. Straight-Unmatted

(2) 下列哪些属于 After Effects CS6 所支持的常用文件格式？（ ）

A. AVI B. TGA C. JPG D. MOV

3. 简答题

(1) 简述场的概念。

(2) 简述帧频和分辨率的概念。

第2章 After Effects CS6的基本操作

本章重点:

本章将详细讲解 After Effects CS6 的基本操作及相关知识。通过本章的学习，读者应掌握 After Effects CS6 的基本操作。

2.1 初识After Effects CS6界面

选择“开始 | 程序 |After Effects CS6”命令，进入 After Effects CS6 操作界面。然后选择“File（文件）|Open Project（打开项目）”命令，打开配套光盘中的“源文件 \ 第 5 部分 综合实例 \ 第 13 章 影视广告片头制作 \13.2 飞龙在天效果 folder\ 飞龙在天 .aep”文件，操作界面如图 2-1 所示。

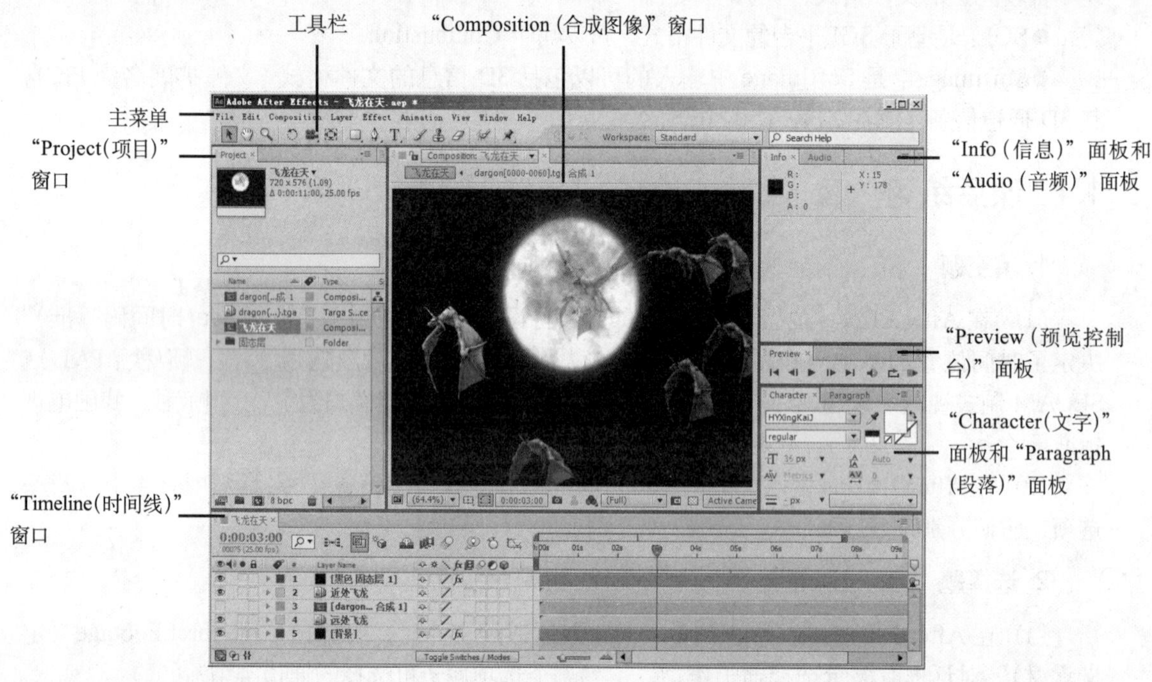

图 2-1 After Effects CS6 界面

1. 主菜单

After Effects CS6 主菜单与标准的 Windows“文件”菜单的模式和用法相同，单击其中任意一个命令，都会出现供用户选择的下拉菜单。

2. “Project（项目）”窗口

“Project（项目）”窗口的功能是打开电影、静态、音频、固态层和项目文件等，如图 2-2 所示。可以把它看成在制作过程中所需基本元素的集中地。从“Project（项目）”窗口中把需要的素材拖动到“Timeline（时间线）”窗口或者“Composition（合成图像）”窗口上，就可以工作了。在“Project（项目）”窗口中，可以查看被打开文件的一般属性，只需要了解各种选项的作用就可以了。

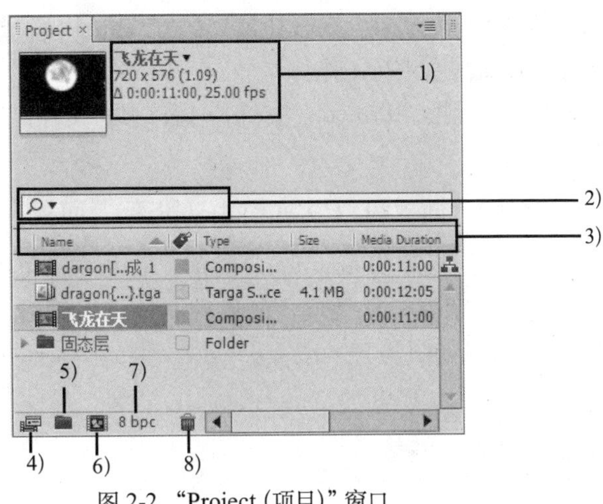

图 2-2 “Project (项目)” 窗口

1) 显示当前 “Composition (合成图像)” 设置值的有关信息。在这里可以查看工作区域的大小、时间，以及每秒播放的帧数等信息。

2) 查找：当 “Project (项目)” 窗口中有很多文件时，会出现查找困难的情况。这时，在其中输入要查找的文件名，就可以轻松地找到所需的文件。

3) 这里显示的是选择文件的排列方式或打开文件的位置等。单击相应按钮，可以重新排列 “Project (项目)” 窗口中的文件。排列顺序可以按照名称、文件种类或者文件的大小等。

4) 定义素材：选择 “Project (项目)” 窗口中的相关素材，然后单击该按钮，可以在弹出的如图 2-3 所示的对话框中对其进行重新设置。

5) 新建文件夹：当需要把 “Project (项目)” 窗口中的图像或者视频分离、集中时，或者文件过多，需要整理空间时，单击图标，会在 “Project (项目)” 窗口上生成新的文件夹，输入文件夹的名称，然后用鼠标拖动文件，就可以将其移动到新文件夹中。

6) 新建合成：单击按钮后会弹出如图 2-4 所示的 “Composition Settings (图像合成设置)” 对话框，此时可对合成图像的时间和帧数重新进行设定。

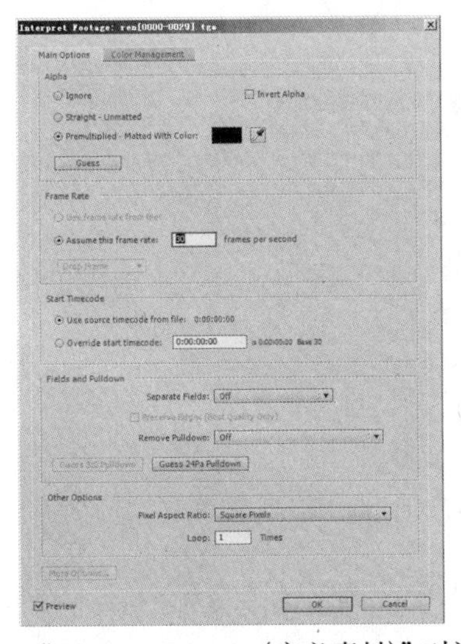

图 2-3 “Interpret Footage (定义素材)” 对话框

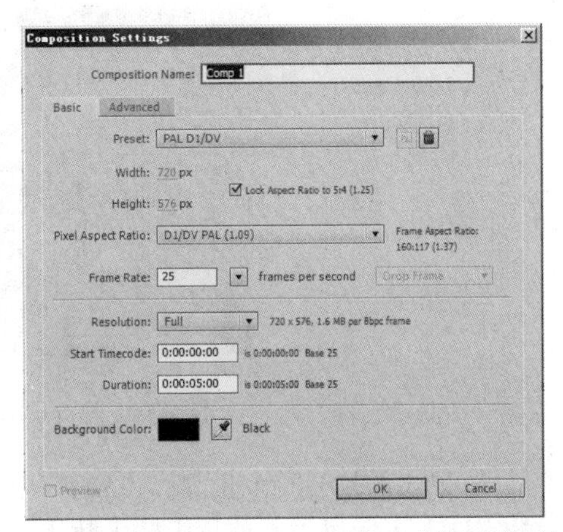

图 2-4 “Composition Settings (图像合成设置)” 对话框

7) 这里显示的是当前正按照多少 bit（比特）的 Channel（通道）进行工作。After Effects CS6 使用 8bit/通道或 16bit/通道进行工作。

8) 删除选定文件：用于删除"Project（项目）"窗口中的文件。选定要删除的文件，然后单击🗑按钮即可删除该文件。

3. "Character（文字）"面板和"Paragraph（段落）"面板

在"Character（文字）"面板和"Paragraph（段落）"面板中，可以对文字的字体、尺寸、颜色、字间距、行距、字高、字宽，以及段落的各种属性进行编辑，"Character（文字）"面板和"Paragraph（段落）"面板如图 2-5 所示。

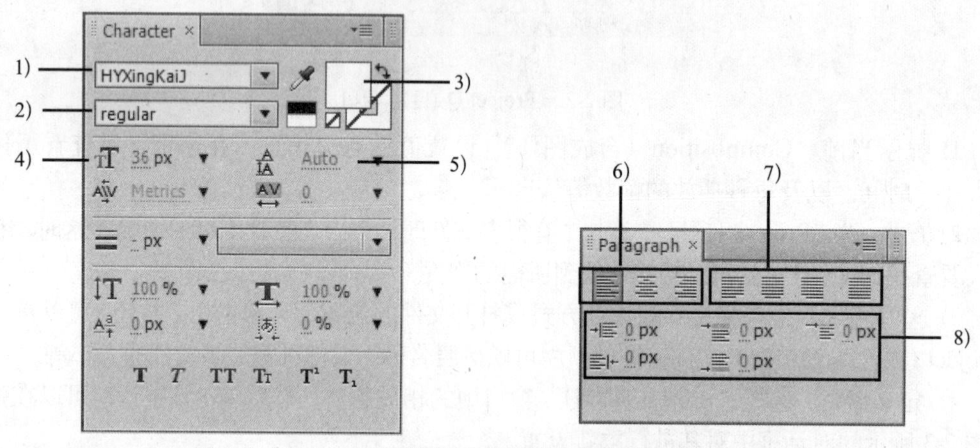

图 2-5 "Character（文字）"面板和"Paragraph（段落）"面板

1) 该部分用于选择字体。单击下拉列表框右侧的按钮，然后使用键盘上的上下箭头就可以选择字体了。

2) 根据字体的种类，显示出的内容有所不同，可以设置标准体、斜体等。

3) 该部分用于设定文字的颜色。单击该颜色块以后，会弹出可以设定颜色的"Text Color(文字颜色)"对话框，如图 2-6 所示。

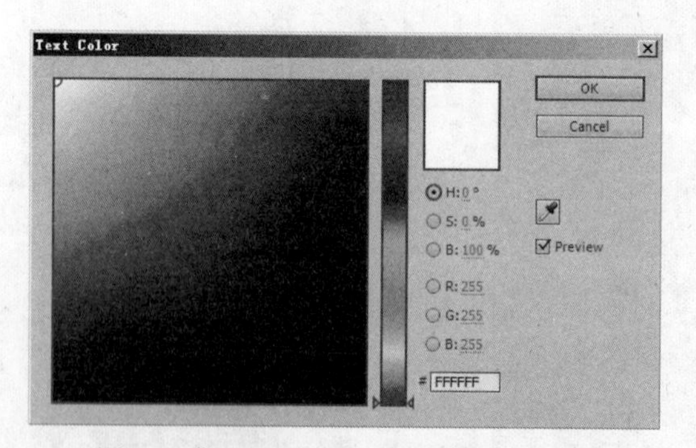

图 2-6 "Text Color（文字颜色）"对话框

4) 设置文字的大小。在此可以设置要使用的文字的大小，选择范围为 6 ～ 72px，如果需要更大的字体，可通过在数值框中输入数值来完成。

5) 设置行距：在加宽或者缩小文字行与行之间的间隔时使用。当只有一行的时候，该选项没有意义，即该选项只对两行以上的文字有效。

6) 段落整体对齐：该部分用于对整个段落进行（左对齐）、（居中对齐）和（右对齐）操作。

7) 末行对齐：该部分用于对末行进行（末行左对齐）、（末行居中对齐）、（末行右对齐）和（末行两端对齐）操作。

8) 段落缩进：该部分用于对段落进行（左缩进）、（右缩进）、（首行缩进）、（与上段间距）和（与下段间距）操作。

4. “Timeline(时间线)”窗口

“Timeline (时间线)”窗口是对文件的时间、动画、效果、尺寸、遮罩等属性进行编辑，以及对文件进行合成的窗口，如图 2-7 所示。它是 After Effects CS6 进行效果编辑的重要窗口之一。

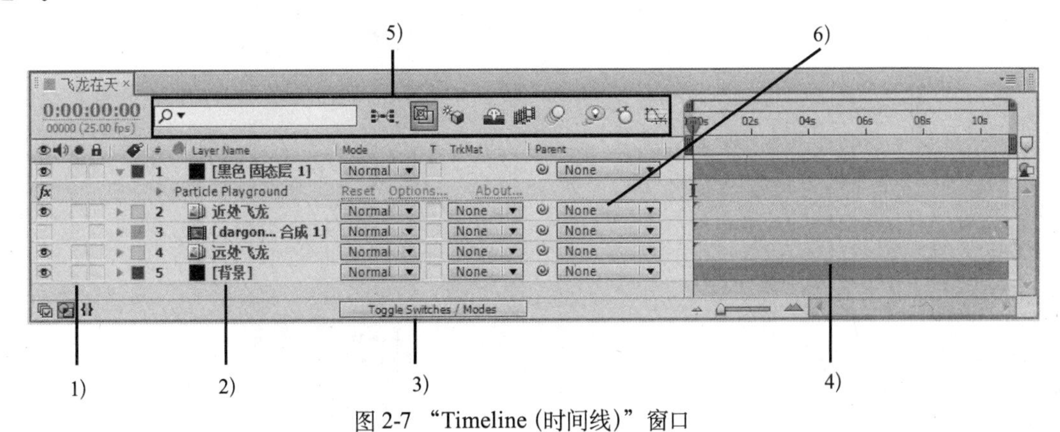

图 2-7 “Timeline (时间线)”窗口

1) 显示栏：对影片进行隐藏、锁定等操作，如图 2-8 所示，它包括 4 个按钮。

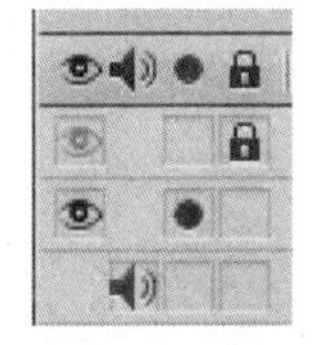

图 2-8　显示栏

（眼睛）按钮：用于打开或关闭图层在合成窗口中的显示。

（声音）按钮：用于打开或关闭声音素材的层。对于设定了运动的层，可以用来在速度曲线上添加控制点。

（单独）按钮：在进行多个层的合成时，单击某个层前的该按钮，可以在合成窗口中只显示该层。

（锁定）按钮：激活该按钮之后将无法选择该层，从而避免对设置好的层进行误操作。

2) 文件效果属性编辑栏：用于控制该层的各种显示和性能特征，包括 4 个按钮。

（标签）按钮：改变层的颜色。单击该按钮后，会显示出能够改变层标签颜色的 7 种颜色。用户只要从中选择自己需要的颜色即可。

（编号）按钮：显示层的标号。它会依次显示出从上到下使用的层编号。

Layer Name（层名称）按钮：单击该按钮后，会变成 Source Name。无论是素材名称还是层名称，其实并没有什么不同。但素材名称不能更改，而层名称却可以更改。在 Layer Name 状态下，只要按〈Enter〉键就可以改变层的名称。

（三角）按钮：单击该按钮，可以查看层上应用的效果或者属性。

3) Toggle Switches / Modes （切换开关/模式）编辑栏：单击 Toggle Switches / Modes 按钮可以在“Mode（模式）”和“Toggle Switches（切换开关）”这两种模式之间进行切换。如图 2-9 所示为两种模式一起以相同的位置显示的效果。

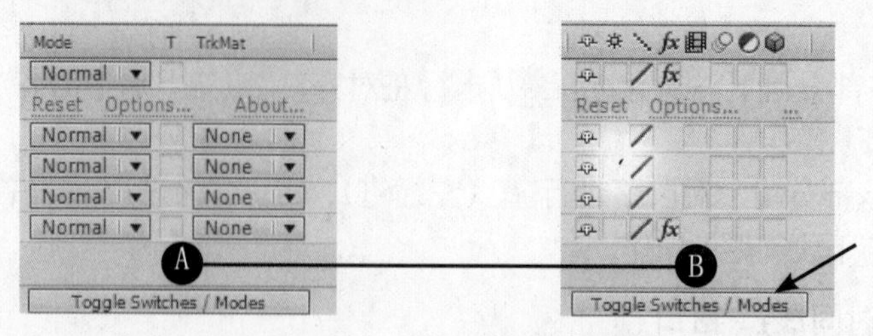

图 2-9 “Toggle Switches/Modes（切换开关/模式）”编辑栏

“Mode（模式）”中的模式与 Photoshop 中的模式相同，并且又添加了更多的模式，如图 2-10 所示。利用 After Effects CS6 中的层模式可以制作出各种各样的效果。

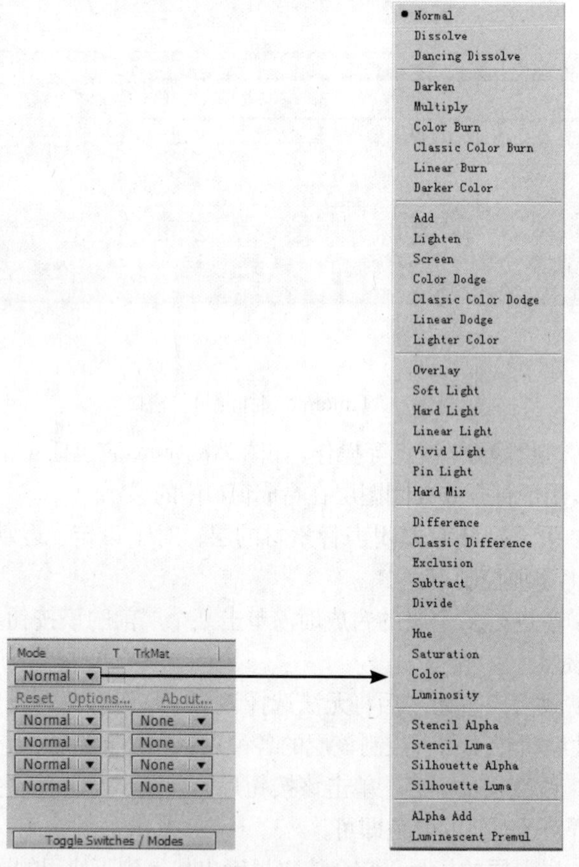

图 2-10　层模式

“Toggle Switches（切换开关）”模式包括 8 个按钮。

（隐藏时间层内图层）按钮：单击该按钮后，将切换为按钮，此时激活效果栏中的对应按钮，该层将在“Timeline（时间线）”窗口中隐藏，以节省“Timeline（时间线）”窗口的空间，如图 2-11 所示。

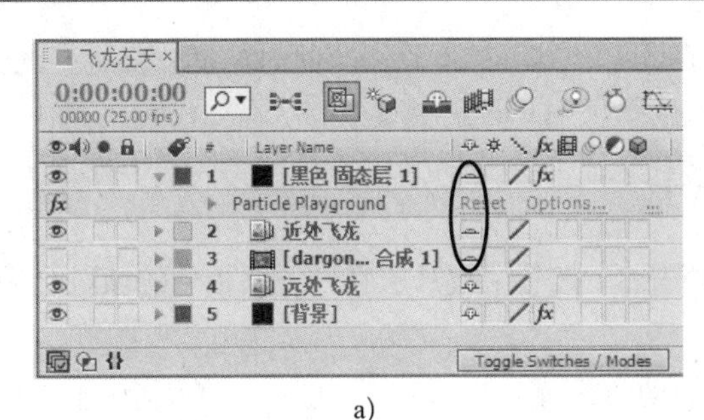

a)

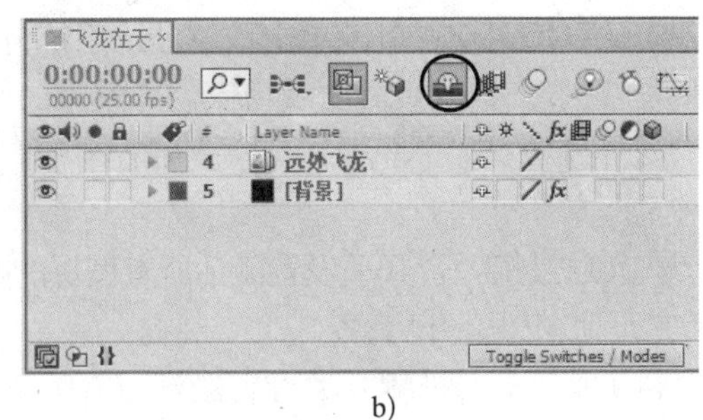

b)

图 2-11　退缩前后效果比较
a) 退缩前　b) 退缩后

（塌陷）按钮：主要应用在嵌套的图层和从 Illustrator 中引入的矢量图像中。

（抗锯齿）按钮：用于使图像更加平滑。除非做特殊效果，通常在渲染时将该按钮打开。

（效果）按钮：利用该按钮可以打开或关闭应用于层的特效。该按钮只对应用了特效的层有效。

（帧融合）按钮：利用该按钮可以为素材层应用帧融合技术。当素材的帧速率低于合成的帧速率时，After Effects 通过重复显示上一帧来填充缺少的帧，这时运动图像可能会出现抖动。通过帧融合技术，After Effects 在帧之间插入新帧来平滑运动。

（动态模）按钮：利用动态模糊技术可以模拟真实的运动效果。

（调整图层）按钮：可以在合成图像中建立一个调整图层，并将效果应用到其他层上。通过调整图层按钮，可以关闭或开启调整图层。在调整图层上关闭“调整图层”按钮，该调整图层会显示为一个白色固态层。可以利用“调整图层”按钮将一个素材层转换为调整图层。打开素材层的“调整图层”按钮后，该素材将不在合成窗口中显示原有内容，而是作为一个调节层影响其下的素材层。

（3D）按钮：单击该按钮，系统将当前层转换为 3D 层。可以在三维空间中对其进行操作。

4）时间线编辑栏：用于对时间线进行具体编辑。

5）效果栏：如图 2-12 所示，“时间线”窗口上方的效果栏中包含 10 个按钮，与“Toggle Switches（切换开关）”模式中按钮的功能基本相同。但这里的按钮控制整个合成的效果，如打开一个层的（动态模糊）开关，必须将开关按钮中的动态模糊打开才能应用动态模糊效果。

图 2-12　效果栏

10 个按钮的功能如下。

（显示查找）按钮：单击该按钮，可以从弹出的列表中选择要显示的相应属性。

（合成微型流程图）按钮：单击该按钮，可以打开微型流程图。

（实时更新）按钮：打开该按钮，当在“时间线”窗口中拖动时间指示器浏览影片内容时，系统实时更新影片内容，进行交换预览。关闭该按钮，拖动时间指示器时，系统不进行更新。只有当停止拖动后，系统才显示当前帧内容。交互预览按钮会影响移动层位置时交互显示层的内容，在移动时仍然只显示层边框。

（草稿3D）按钮：单击该按钮，系统将在3D草图模式下工作。此时，将忽略所有的灯光照明、阴影、摄像机深度及场模糊等效果。该按钮仅对3D图层有效。

（设置躲避（shy）开关隐藏所有图层）按钮：单击该按钮，将隐藏开关面板中标记为隐藏的层。

（通过帧融合开关设置激活所有图层的帧融合）按钮：打开层在开关面板中的帧融合后，激活它可使帧融合开启。

（通过动态模糊开关设置激活所有图层的动态模糊）按钮：打开层在开关面板中的帧融合后，激活它可使动态模糊开启。

（变化决策）按钮：选择一个带数值的属性，如“Position（位置）”，然后单击该按钮，将弹出“Brainstorm（变化决策）”对话框，如图2-13所示。

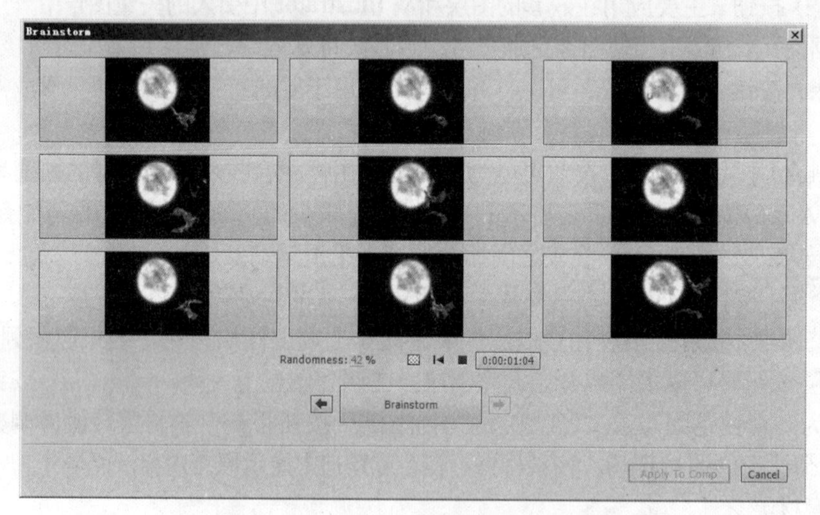

图2-13　“Brainstorm（变化决策）”对话框

（修改属性后自动添加关键帧）按钮：激活该按钮后，可以在修改参数属性后自动添加关键帧。

（图形编辑器）按钮：单击该按钮，在时间线右侧将显示出相应关键帧的分布曲线，如图2-14所示。利用它可以同时显示多条曲线，从而节省屏幕空间。

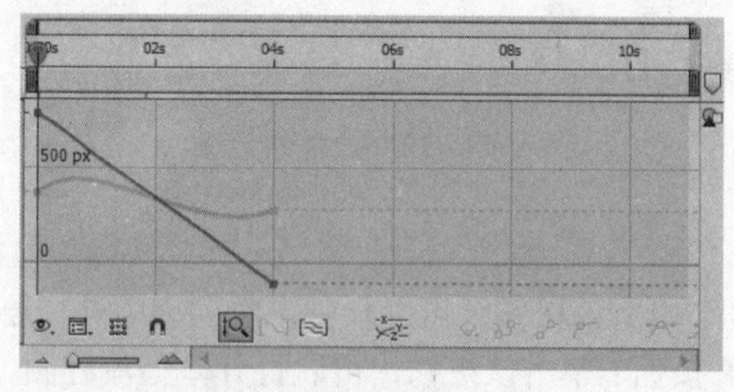

图2-14　关键帧分布曲线

6）父级编辑栏：在After Effects CS6中使用的“父级”，可以理解为“根源”，也可以理解为“父母”。其实，它的作用就是制作一个连接父母和孩子的环节。根源层就是父母，与它连接的层相当于孩子。如果移动父母，那么孩子也会跟着移动。但如果孩子发生变化，父母却不随着变化。“父级”的作用实际上就是把层和层相互连接，使它们可以同步运动。如图 2-15 所示为图片连接到“空白对象”物体后，随“空白对象”物体一起旋转和移动的效果。如果想取消“父级”的设置，可以选定应用了“父级”的图层，然后在“父级”编辑栏中选择“None”，这样就可以取消设置了。

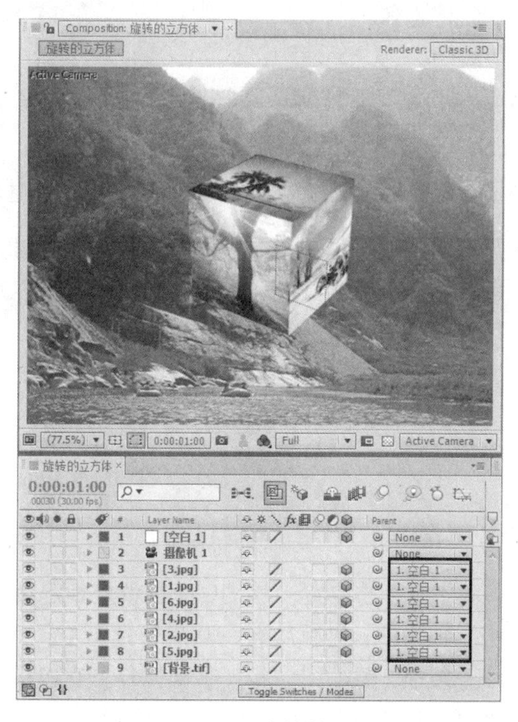

图 2-15　连接效果

5. 工具栏

工具栏中包括一些常用的工具，如图 2-16 所示。这些工具与 Photoshop 中使用的工具箱有些类似。

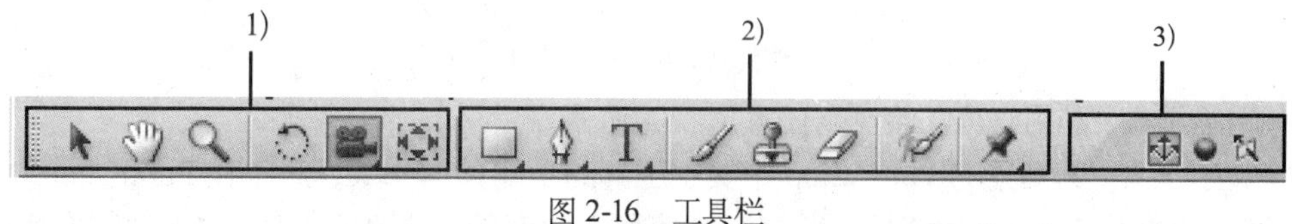

图 2-16　工具栏

1) 基本操作区：用于对图像进行选取、旋转、放大等操作，包括 6 个工具，说明如下。

选取工具：选取工具是在使用 After Effects 时用于基本选择操作的工具，它用于“Composition（合成图像）”窗口中层的选择，以及“Timeline（时间线）”窗口中层的选择等所有同类功能。其快捷键是〈V〉。

抓手工具：利用该工具可以在“Composition（合成图像）”窗口中放大图像，然后移动画面，也可以进行预览。在制作过程中，如果需要使用快捷键，只要按〈H〉键即可。

缩放工具：缩放工具具有放大和缩小两种功能。第一次选择的时候，“Composition（合成图像）”窗口出现的就是放大工具，放大镜的中央会显示一个“+”，单击后会放大图像。每次放大时的放大比例都是 100%。选定缩放工具以后，如果按〈Alt〉键，放大镜的中央就会变成“-”，这时再单击，图像就会缩小。其快捷键是〈Z〉。

旋转工具：选定了旋转工具以后，在工具栏中会出现两个选项，即“Orientation（方向）”和“Rotation（旋转）”选项，如图 2-17 所示。这两个选项表示，当图层为 3D 图层的时候，通过哪种方式进行旋转。其快捷键是〈C〉。

图 2-17 “Orientation（方向）”和“Rotation（旋转）”选项

轨道摄像机工具：只有在存在 3D 图层的“时间线”中安装摄像机时才会被激活。如果是 2D 图层，则无法使用该工具。单击“轨道摄像机工具”以后，会显示出 4 种选项，如图 2-18 所示。

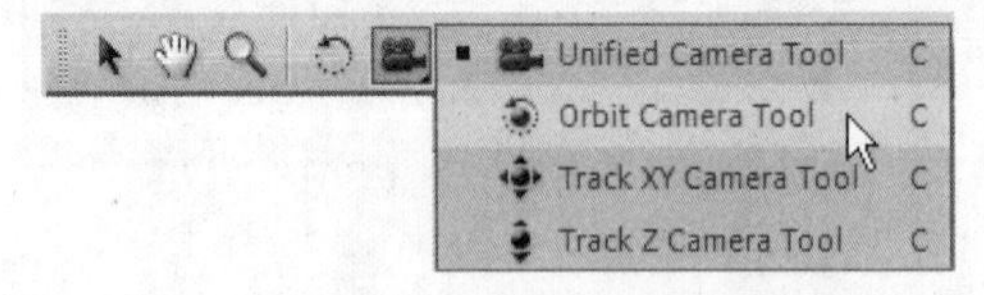

图 2-18　轨道摄像机工具扩展选项

定位点工具：用于移动中心点的位置。移动中心点就是确定按照哪个轴进行移动。移动中心轴后，图层会以移动的中心轴为中心进行旋转。其快捷键是〈Y〉。

2) 绘图操作区：用于绘制、复制、擦除图形和文字等操作。它包括 8 个工具，分别说明如下。

遮罩工具：包括 5 种已有的遮罩形状，如图 2-19 所示。

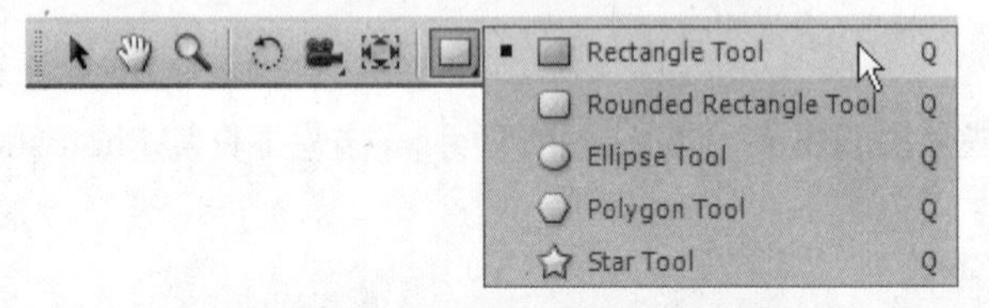

图 2-19　遮罩工具扩展选项

钢笔工具：利用它可以绘制出任意形状的遮罩。

文字工具：其功能与 Photoshop 中文字工具的功能基本一致。对于在 Photoshop 中已经使用过该工具的用户，应该能够轻松掌握。其使用方法就是选择文字工具，然后在“合成图像”窗口中单击输入文字。文字的输入方式有（横排文字工具）和（竖排文字工具）两种，如图 2-20 所示。

图 2-20　文字工具扩展选项

画笔工具：使用毛笔在图层上绘制出需要的图像。画笔工具自身不能够使用，必须和“Paints（绘图）”“Burshes（画笔）”面板一起使用。

在“Paints (绘图)”面板中可以设置画笔的透明度、颜色和大小等，如图 2-21 所示。这些属性并不只在使用画笔工具的时候用到，在使用图章工具和橡皮擦工具的时候也会用到。

“Brushes (画笔)”面板是在选择画笔或者制作新画笔时使用的。在制作新画笔的时候，单击“Brushes (画笔)”面板右上角的 按钮，就会显示出相关选项，如图 2-22 所示。

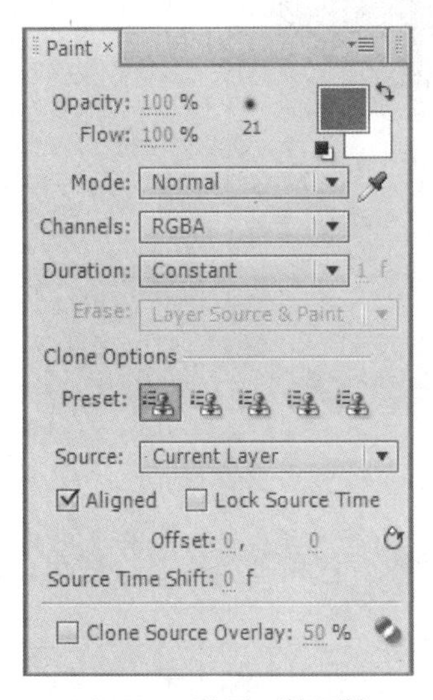

图 2-21　设置画笔属性

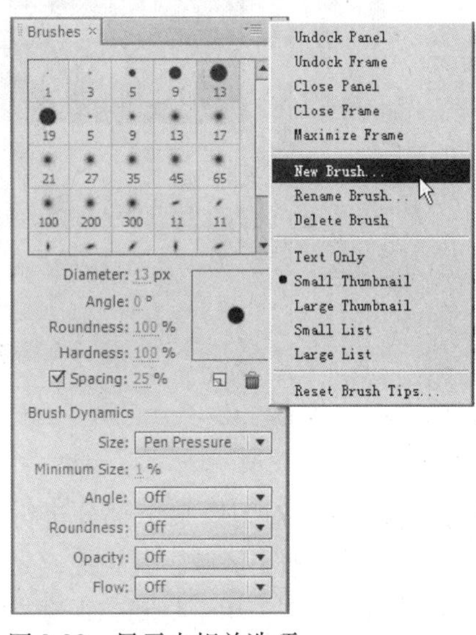

图 2-22　显示出相关选项

图章工具：这里的图章工具与 Photoshop 中图章工具的功能一样，可以原样制作出旁边的图像。图章工具可以把相同的内容复制几次，在其他位置上持续生成相同的内容。应用图章工具的时候，不能在“Composition (合成图像)”窗口中直接应用。图章工具可以在图层合成中使用。在“Timeline (时间线)”窗口中选中要应用橡皮图章的层，双击后会显示出图层合成，如图 2-23 所示。在图层合成中选择图章工具，然后按〈Alt〉键，在要复制相同图像的位置上单击，则下次只要移动到需要的位置上，用鼠标进行绘制就可以了。复制后的效果如图 2-24 所示。

图 2-23　双击合成图像

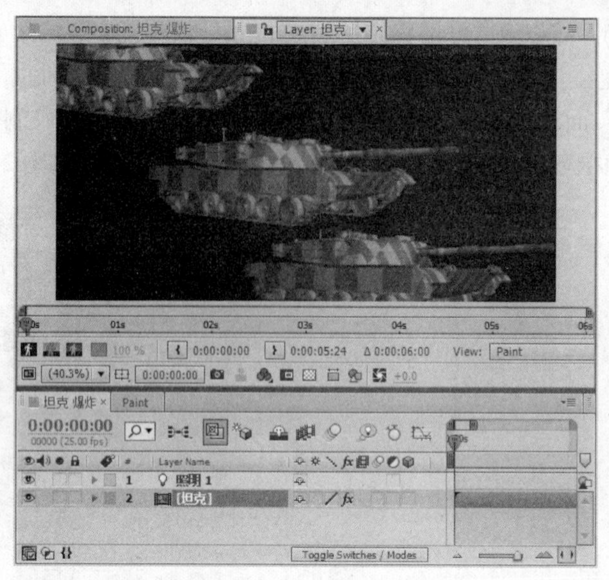

图 2-24 复制后的效果

橡皮擦工具：对图像某个部分进行删除时使用的工具。它和画笔工具一样可以调节笔触的大小，加宽或者缩小区域。其快捷键是〈Ctrl+B〉。

滚筒式画笔工具：用于将动态视频中要选取相关素材从背景中抠除出来。

自由位置定位工具：单击该按钮，可添加任意定位点。

3) 坐标模式区：该区域只有在使用 3D 图层时才起作用，它包括（本地轴模式）、（世界轴模式）和（查看轴模式）3 种坐标模式。

6. "Info(信息)"面板和"Audio(音频)"面板

"Info (信息)" 面板如图 2-25 所示，显示的是颜色和位置的有关信息，没有其他特别功能，即显示"Composition (合成图像)" 窗口中"Red""Green""Blue" 和"Alpha" 的相关颜色信息，用 X、Y 显示鼠标的当前位置。

"Audio (音频)" 面板如图 2-26 所示。在"Timeline (时间线)" 窗口中音频也会占据一个图层，用户可以对声音的大小或者质量等进行控制。也可以在音频图层上直接应用效果，还可以和其他图层联动展开工作，利用波形进行制作等。在预览音频的时候，可以调节品质，控制音量。在最终渲染中，可以更改设置进行渲染。

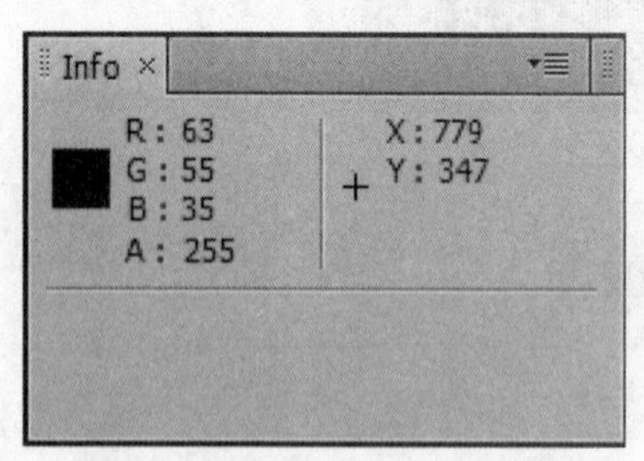

图 2-25 "Info (信息)" 面板

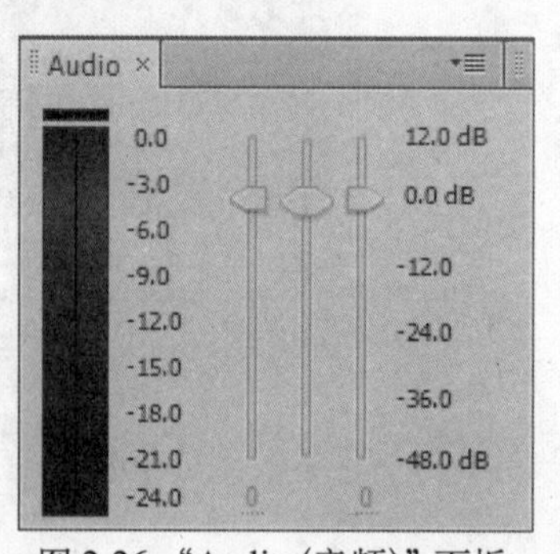

图 2-26 "Audio (音频)" 面板

7. “Preview（预览控制台）”面板

“Preview（预览控制台）”面板如图 2-27 所示，它是与播放时间线的电影或者音频有关的面板。

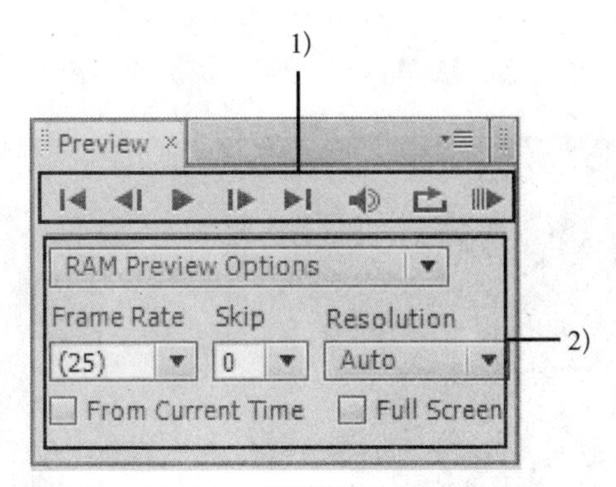

图 2-27 “Preview（预览控制台）”面板

1）播放控制按钮区：包括 8 个按钮，分别说明如下。

第一帧：将时间标签移动到第一帧。

前一帧：将时间标签移动到前一帧。

播放/暂停：在播放或者暂停时使用该按钮。但播放电影不是原来的速度，而是根据计算机的系统配置会有所不同。

下一帧：将时间标签移动到下一帧。

结束帧：单击该按钮以后，时间标签会移动到最后一帧。

静音：只有单击该按钮，才能听到声音。如果不想听到声音，只要再次单击该按钮即可。

单击更改循环选项：单击该按钮后可以反复播放电影，再次单击，将变成只播放一次。

RAM 预演：单击该按钮，可执行与单击按钮相同的操作，“Timeline（时间线）”窗口上会显示出一条绿色的线。如果内存够大，较长的红色线条在短时间内会变成绿色。产生绿色线条以后，在播放的时候会显示原来的视频速度。查看电影的速度时，通常要进行 RAM 预演，因为这会显示所制作影像原来的速度。其快捷键是键盘右侧数字键盘上的〈0〉键。

2) RAM 预演选项区：用于控制 RAM 预演的相关选项。

Frame Rate（帧速率）：设置每秒播放的帧数。

Skin（跳过）：确定以几帧为间隔播放电影。如果计算机的内存不足，或者预览需要较长时间的时候，设定帧的间隔，可缩短预览的时间。

Resolution（分辨率）：选择在播放电影的时候按照哪种品质进行显示，包括如图 2-28 所示的 5 种选择。

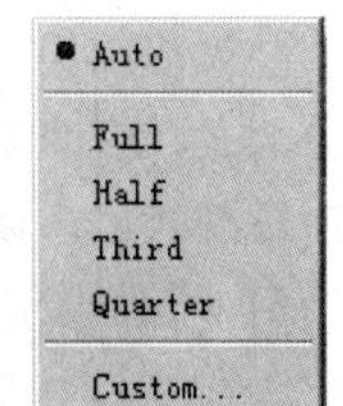

图 2-28　显示品质选项

From Curent Time（从当前时间开始）：在“Timeline（时间线）”窗口中从时间标签所在的部分开始播放视频。

Full Screen（全屏）：播放的时候，电影的周围变成黑色，在显示器的中央播放电影。这是在使用 RAM 预览的时候，也就是按下键盘右侧下端的〈0〉键以后。

8. “Composition（合成图像）”窗口

“Composition (合成图像)”窗口如图2-29所示，用于直接观察图像编辑后的结果，可对图像的显示大小、模式、安全框显示、当前时间和当前视窗等选项进行设置。

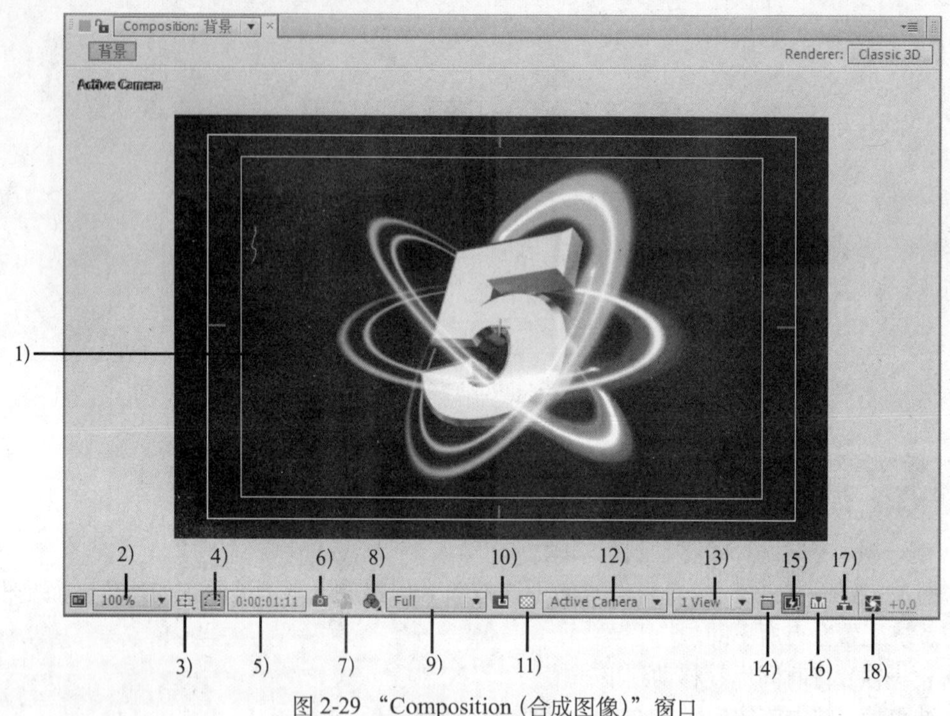

图2-29 “Composition (合成图像)”窗口

1）显示当前的工作进行状态，包括效果、运动等所有内容。

2）显示从“Composition（合成图像）”窗口中看到的图像的大小。单击该按钮以后，会显示出可以设置的数值，如图2-30所示。选择需要的数值即可。

3）字幕/活动安全框，如图2-31所示。这里显示的是文字和图片不会超出范围的最大尺寸，该内容非常重要。如果制作的内容用于播放，尺寸应该是720×486像素。在制作过程中，要经常使用它，以防止超出线框界限。线框由两部分构成，内线框是“字幕安全框”，也就是在画面上输入文字的时候不能超出这个部分。如果超出了这个部分，那么从电视上观看时，会出现部分残缺。外线框是“活动安全框”，运动的对象或者图像等所有内容都必须显示在该线条的内部。如果超出了这个部分，就不会显示在电视画面上。当然，如果是用于因特网或者DVD、CD-ROM等，就不会出现这种情况。因为可以在After Effects CS6中直接制作成电影，而不会被裁剪掉，所以要根据所制作媒体的类型来确定是否使用该部分。

4）该按钮用于显示遮罩。在使用钢笔工具、矩形遮罩工具或者椭圆形遮罩工具制作遮罩的时候，使用该按钮可以确定是否在“合成图像”窗口上显示遮罩。

5）显示当前时间标签所在位置的时间。移动时间标签改变时间的时候，该部分会随之变化。单击该按钮，会弹出一个对话框，如图2-32所示。输入所需部分的时间段，时间标签就会移动到输入的时间段上。这样，“Composition（合成图像）”窗口上就会显示出移动到的时间段的画面。

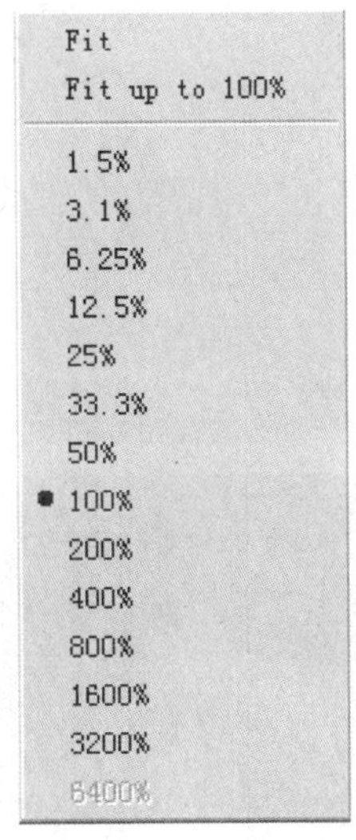

图 2-30　显示比例

图 2-31　显示表示安全框的线条

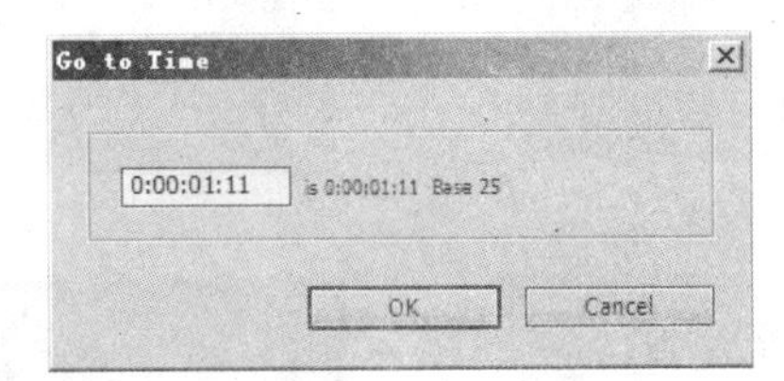

图 2-32 “Go to Time（跳转时间）”对话框

6）获取快照。用于把当前正在制作的画面，也就是“Composition（合成图像）”窗口中的图像画面拍摄成照片。单击 （获取快照）按钮后，会发出拍摄照片的提示音，拍摄的静态画面可以保存在内存中，以便以后使用。在进行该操作时，也可以使用快捷键〈Shift+F5〉。如果保存几张快照后想要使用，只需按顺序按快捷键〈Shift+F5〉、〈Shift+F6〉、〈Shift+F7〉、〈Shift+F8〉即可。

7）只有在保存“快照”的时候，该按钮才可以使用。其显示的是保存为“快照”的最后一个文件。依顺序按快捷键〈Shift+F5〉、〈Shift+F6〉、〈Shift+F7〉、〈Shift+F8〉，保存几张快照后，只要依顺序按快捷键〈F5〉、〈F6〉、〈F7〉、〈F8〉，即可按照保存顺序进行查看。因为快照要占据计算机的内存，所以在不使用的时候，最好把它们删除。删除的方法是选择“Edit（编辑）|Purge（清空）|Snapshot（快照）”命令。

8）这里显示的是有关通道的内容。通道是按照“Red”、“Green”、“Blue”和“Alpha”（RGBA）的顺序依次显示的。“Alpha”通道的特点是不具有颜色信息，而只有与选区相关的信息。“Alpha”通道的基本背景是黑色，白色的部分表示选区，灰色的部分表示渐隐渐现的选区。

通常，在 Photoshop 中保存文件的时候，将其保存为具有“Alpha”通道的 TGA 格式，以便在 After Effects 中使用。

9）该部分显示的是“Composition（合成图像）”窗口的分辨率，包括 5 个选项，如图 2-33 所示。在选择分辨率的时候，最好根据工作效率来决定，这样会对制作过程中的快速预览有很大帮助。如图 2-34 所示为不同选项的效果比较。

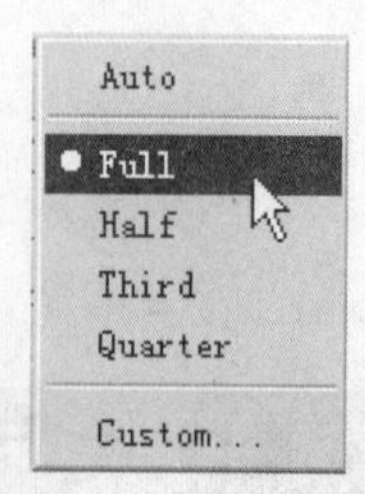

图 2-33　分辨率选项

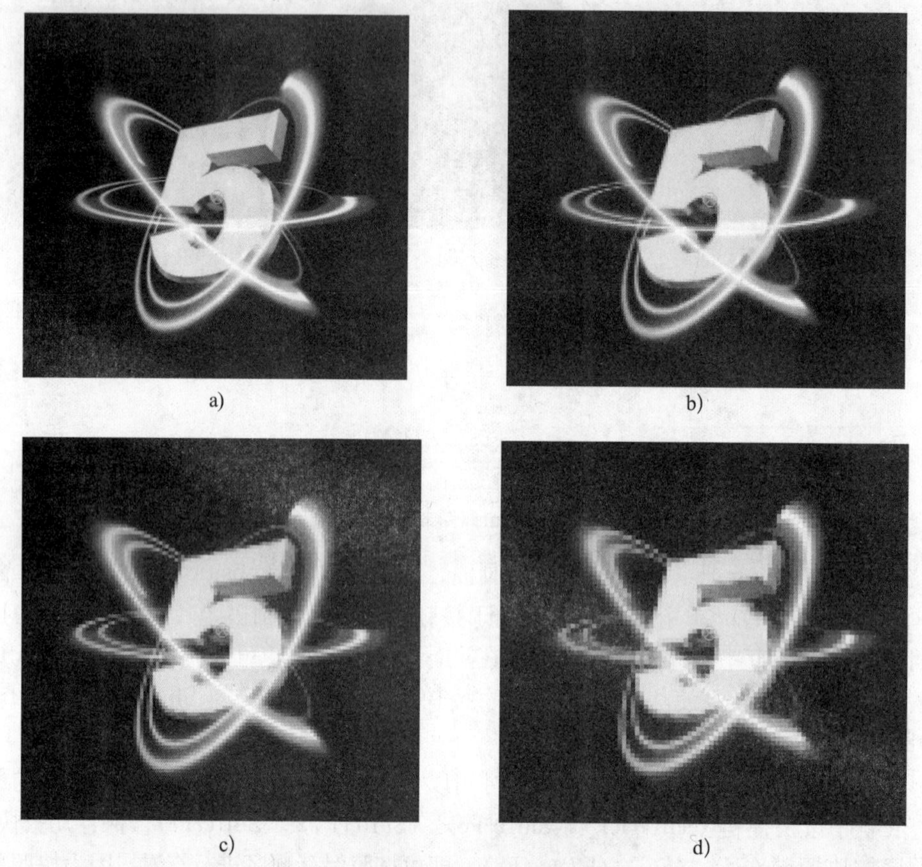

a)　b)　c)　d)

图 2-34　不同分辨率的效果
a) Full　b) Half　c) Third　d) Quarter

10）当需要在“Composition (合成图像)”窗口中只查看制作内容的某一部分时，可以使用该按钮。另外，在计算机配置较低、预览时间过长时，使用该按钮，也可以达到不错的效果。其使用方法是单击该按钮，然后在“Composition (合成图像)”窗口中拖动鼠标创建一块区域，如图 2-35 所示。创建好区域以后，就可以只对此区域的部分进行预览了。如果再次单击该按钮，又会恢复到原来的整体区域。

11）开关透明栅格：其功能与 Photoshop 中的透明度相同，可以将“Composition（合成图像)”窗口的背景从黑色转换为透明。

12）当“Timeline (时间线)”窗口中只存在 3D 图层的时候，才可以使用该按钮。当图层全部是 2D 图层的时候，不能使用。

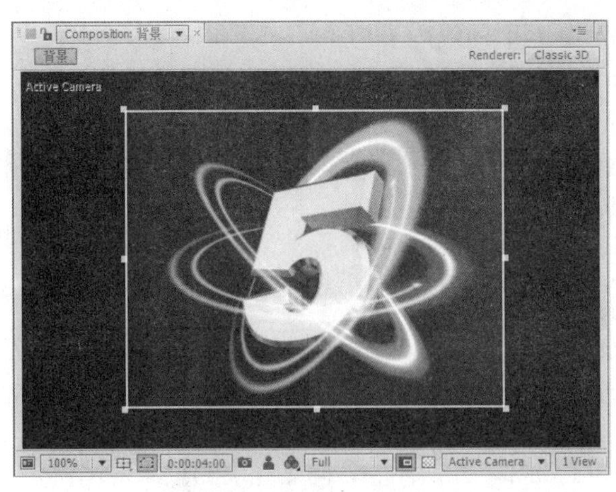

图 2-35　部分显示图像

13）用于控制显示视图的数量。单击该按钮，将弹出如图 2-36 所示的下拉菜单。如图 2-37 所示为选择“4 View -Right”选项时的显示效果。

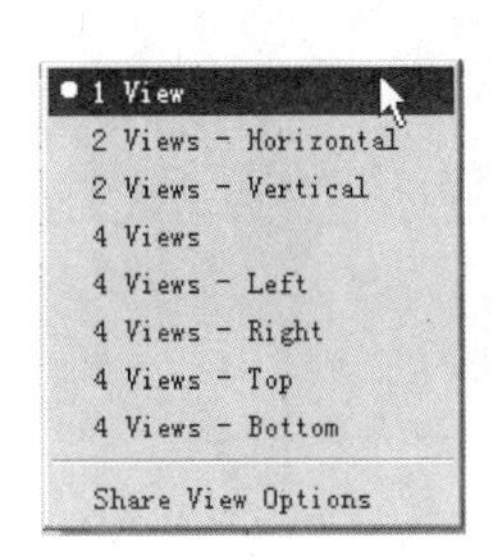

图 2-36　下拉菜单

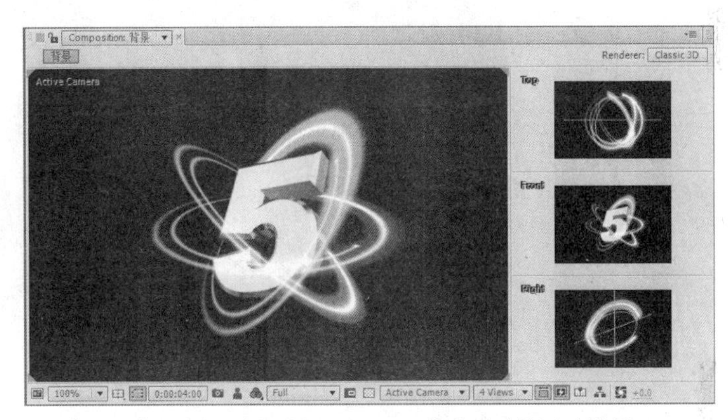

图 2-37　选择“4 View-Right”选项时的显示效果

14）利用该按钮可以改变纵横的比例。但是，激活该按钮，不会对图层、“Composition（合成图像）”窗口、素材产生影响。如果在操作图像的时候使用，即使把最终结果制作成电影，也不会产生任何影响。第一次单击该按钮后，会弹出一个如图 2-38 所示的对话框，提示用户“如果目的是预览，则为了获得最佳的图像质量，最好将窗口关闭”。

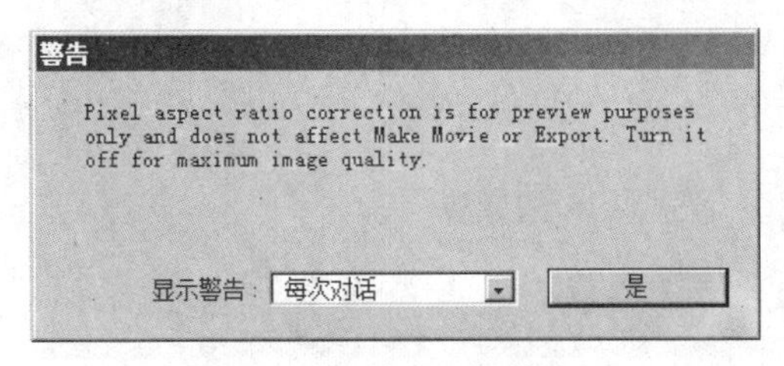

图 2-38　提示对话框

15）这是一个可以快速预览的功能按钮。单击该按钮，有 4 个选项供用户选择，如图 2-39 所示。

16）用于显示“Timeline (时间线)”窗口。

17）用于显示“Flowchart 流程图”窗口，如图 2-40 所示。

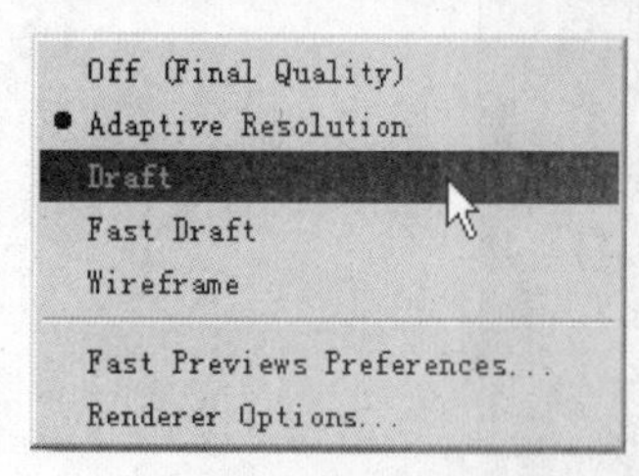

图 2-39　预览选项

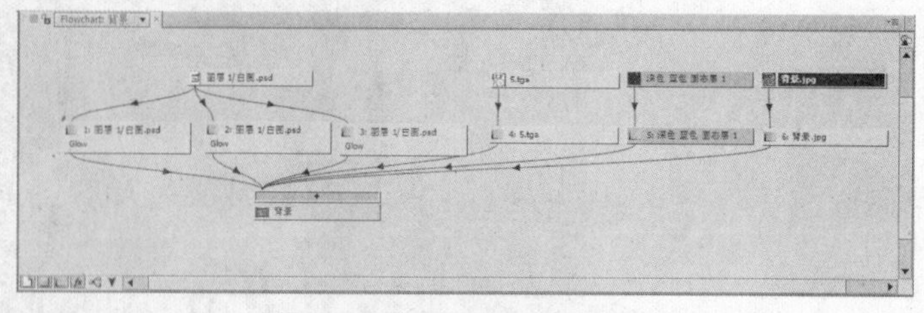

图 2-40 “Flowchart 流程图”窗口

18）用于控制曝光度。如图 2-41 所示为不同曝光度的效果对比。

a)

b)

图 2-41　不同曝光度的效果对比

a）曝光度为 +0.0　b）曝光度为 +1.5

2.2 打开文件

打开项目文件是最基本的一项操作，选择“File（文件）| Open（打开）”命令，在弹出的如图 2-42 所示的对话框中找到要打开的项目文件，单击“打开”按钮即可。

要注意的是，当素材路径发生变化时需要手动更新素材路径。更新素材路径的方法如下：

1）选择“File (文件) | Open (打开)”命令，在需要手动更新的时候会出现如图 2-43 所示的对话框，表示在上次保存文件之后有 13 个文件丢失。

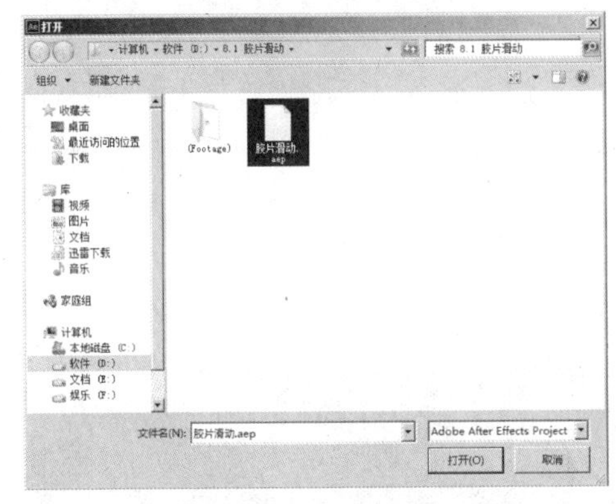

图 2-42　选择文件

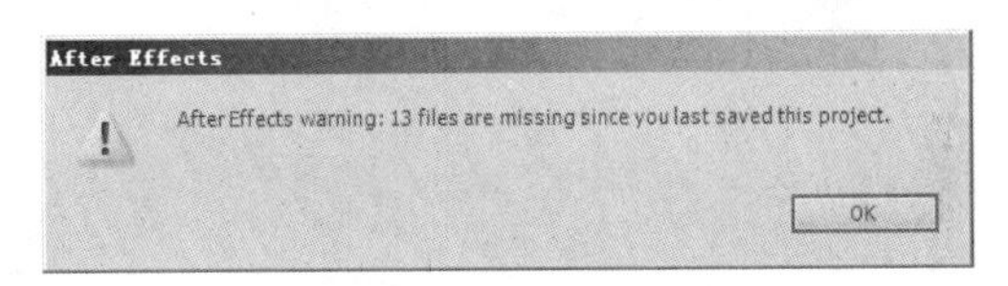

图 2-43　提示文件丢失

2）单击“OK”按钮，效果如图 2-44 所示。此时丢失的文件会以一些彩条来表示。

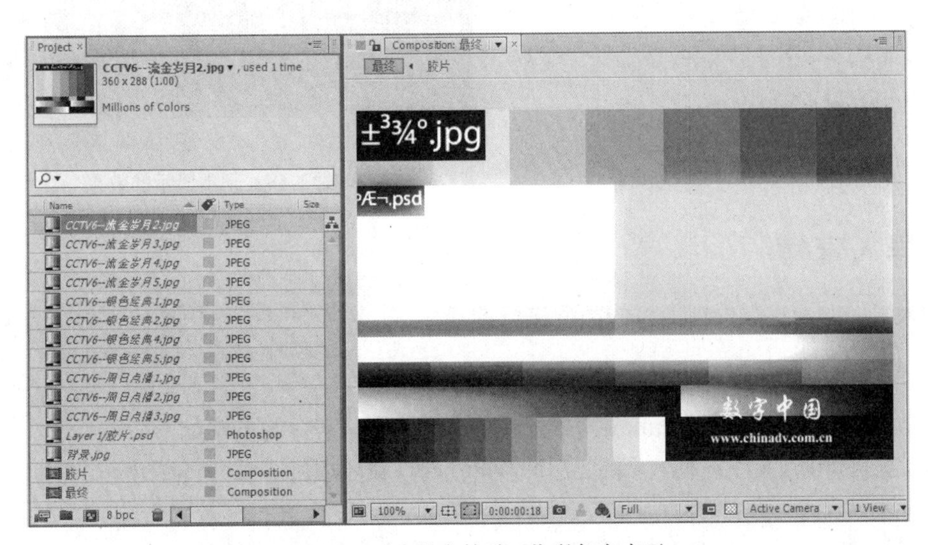

图 2-44　丢失的文件以一些彩条来表示

3）在“Project（项目）”窗口中选择要更新的素材文件，右击，在弹出的快捷菜单中选择“Replace Footage (替换素材) | File (文件)”命令。然后在弹出的对话框中找到替换文件所在的路径，如图 2-45 所示，再单击“打开”按钮，此时会弹出丢失的文件已经找到的提示对话框，如图 2-46 所示。更新后的“Project（项目）”窗口如图 2-47 所示，效果如图 2-48 所示。

图 2-45　选择替换的图片

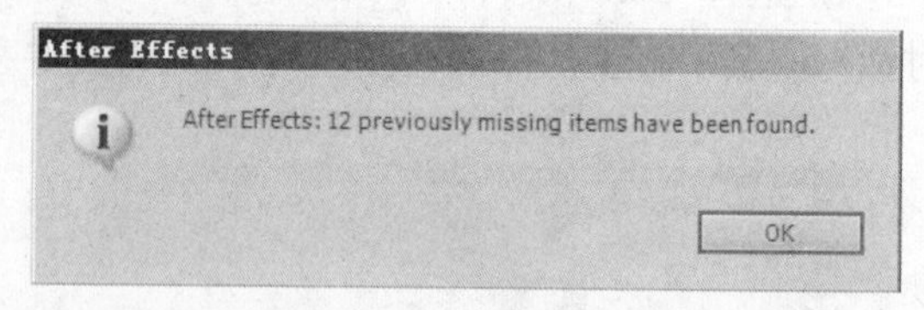

图 2-46　丢失的文件已经找到的提示对话框

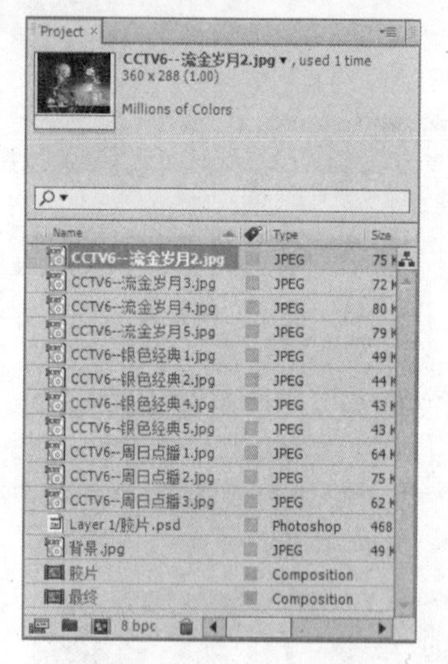

图 2-47　替换图片后的“Project (项目)”窗口

图 2-48　正常显示的效果

2.3　导入素材

导入素材的形式需根据素材的类型进行选择。

2.3.1　导入一般素材

一般素材指 .jpg、.tga 和 .mov 格式的文件，导入该类素材的方法如下：

1）选择“File (文件) | New (新建) |New Project (新建项目)”命令，新建一个项目。然后使用以下 3 种方式导入素材。

- 选择“File (文件) | Import (导入) |File (文件)” 命令导入素材文件。
- 在“Project (项目)”窗口中双击，在出现的窗口中选择需要导入的文件。
- 将需要的素材直接拖到“Project (项目)”窗口中。

用以上任意方式导入配套光盘中的“源文件\第 1 部分 基础入门\第 2 章 After Effects CS6 的基本操作\风景 .jpg”和“风景 .tga”文件，它们是同一素材的两种文件格式。在导入“风景 .tga”文件时会出现一个“Interpret Footage (定义素材)”对话框，如图 2-49 所示。这是因为此时“风

景 .tga”文件中含有“Alpha”通道信息，需要设置导入选项（具体参数的含义可参见 1.2.4 节）。单击“OK”按钮，“Project（项目）”窗口如图 2-50 所示。

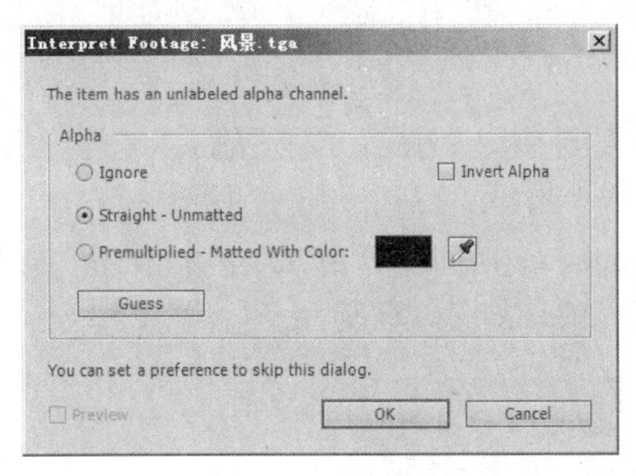

图 2-49　设置参数

图 2-50　“Project（项目）”窗口

2）导入素材后需要一个对素材进行加工的地方，也就是“Composition（合成）”窗口。在“Project（项目）”窗口中右击，在弹出的快捷菜单中选择“New Composition（新建合成组）”命令，会弹出“Composition Settings（图像合成设置）”对话框，如图 2-51 所示。

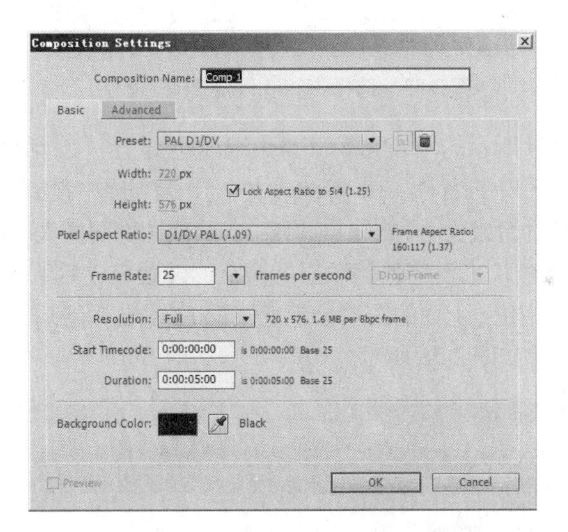

图 2-51　“Composition Settings（图像合成设置）”对话框

3）在“Composition Name（合成组名称）”文本框中可以为该合成图像命名，在“Preset（预置）”下拉列表中可以选择合成的分辨率和制式，也可以选择“Preset（预置）”下拉列表的“Custom（自定义）”选项，由用户自己来决定。需要注意的是“Frame Rate（帧速率）”，帧速率即一秒钟播放图片的数量。“Duration（持续时间）”用来设定合成动画的长度，设置完成后，单击“OK”按钮。

4）将两个文件分别从“Project（项目）”窗口拖入“Timeline（时间线）”窗口中，此时“Timeline（时间线）”窗口如图 2-52 所示，其中出现了两个图层。这里的图层与 Photoshop 中的图层是一样的，可以将图层想象成一个可以无限扩展的平面，位于上面的图层会对下面的图层产生遮盖。

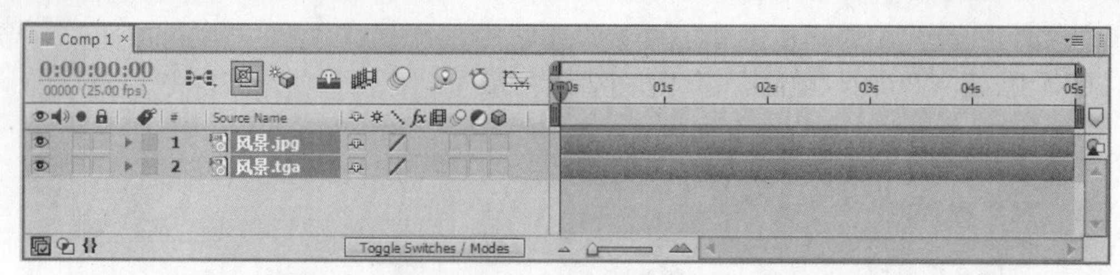

图 2-52　时间线分布

5）新建固态层。具体操作方法为：在“Timeline (时间线)”窗口的空白处右击，在弹出的快捷菜单中选择“New (新建) | Solid (固态层)”命令，如图 2-53 所示。

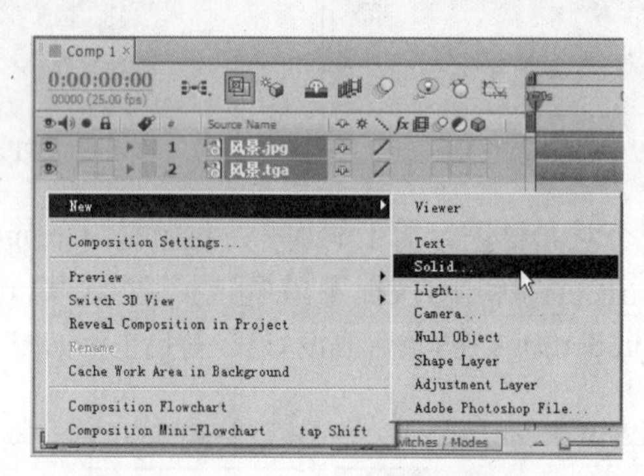

图 2-53　选择“Solid (固态层)”命令

6）在弹出的如图 2-54 所示的“Solid Settings (固态层设置)”对话框中，可以在“Name (名称)”文本框中设定新建图层的名称；在“Size (大小)”选项组中设置新建层的大小，也可以单击 Make Comp Size (制作为合成大小)按钮自动建立与合成图像同样大小的固态层；在“Color (颜色)”选项组中通过单击颜色块来设定新建图层的颜色，设置完成后单击“OK”按钮。此时，在“Timeline (时间线)”窗口中位于上面的图层会遮盖下面的图层。重新排列 3 个图层在“Timeline (时间线)”窗口中的顺序，如图 2-55 所示。

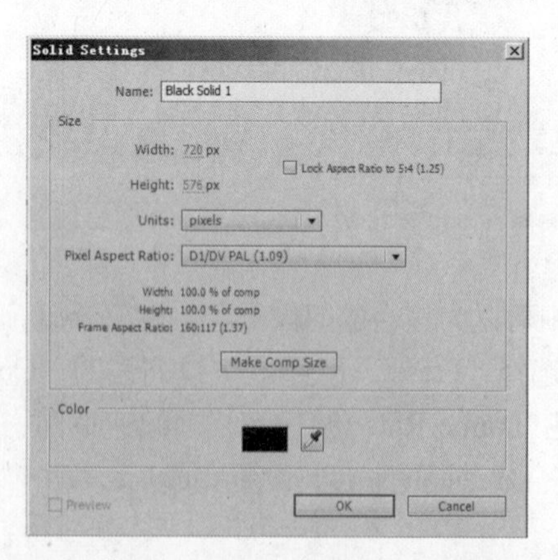

图 2-54　“Solid Settings (固态层设置)”对话框

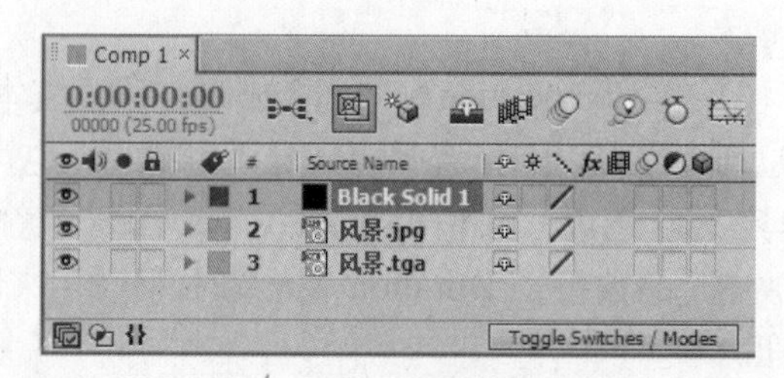

图 2-55　调整图层顺序

2.3.2　导入Photoshop文件

After Effects CS6 能正确识别 Photoshop 中的图层信息，从而可以大大简化在 After Effects CS6 中的操作。导入 Photoshop 文件的方法如下：

1）在 Photoshop 中建立一个包含 4 个图层的 640 × 480 像素的文档，保存为“打斗 .psd”，如图 2-56 所示。

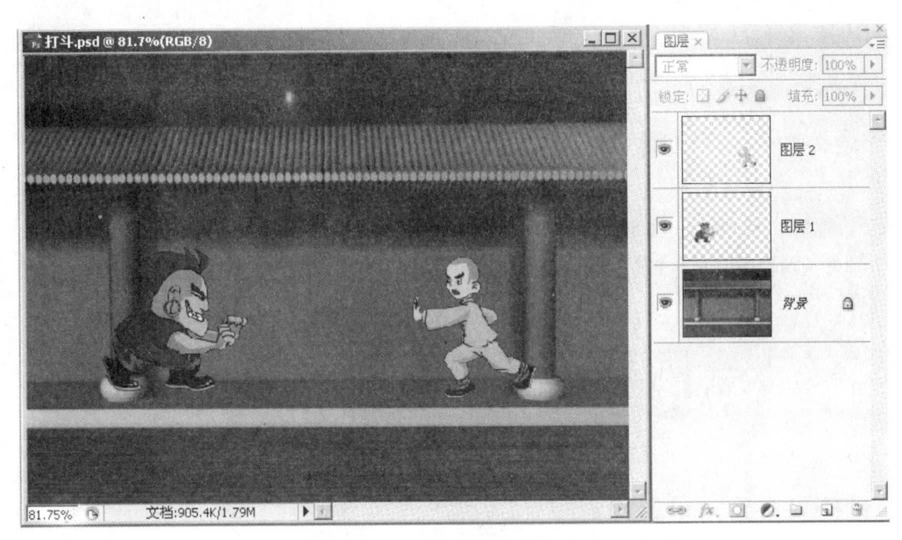

图 2-56 “打斗 .psd”图像文件

2）启动 After Effects CS6，在“Project（项目）”窗口中双击，在出现的导入素材窗口中找到刚才保存的“打斗 .psd”文件，单击“打开”按钮，此时会显示 3 种导入形式，如图 2-57 所示。

① 选择“Footage（素材）”选项导入时，可以选择需要的图层进行导入，如图 2-58 所示。也可以选中“Merged Layers（合并图层）”单选按钮，将 Photoshop 的图层合并为一个图层导入。

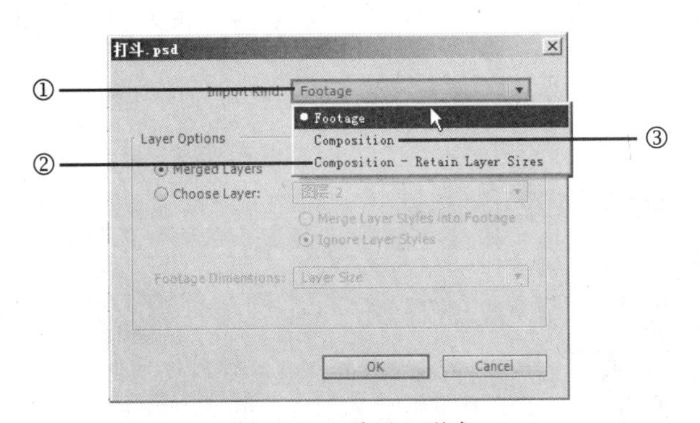

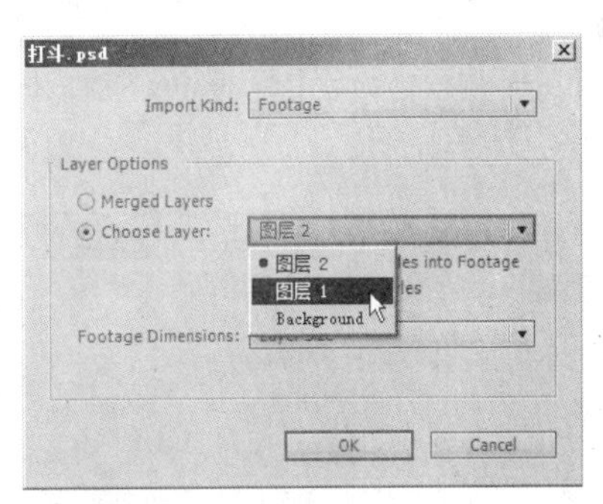

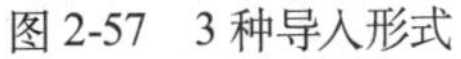

图 2-57　3 种导入形式

图 2-58　选择需要导入的图层

② 选择“Composition-Retain Layer Sizes（合成 - 已裁剪图层）”选项导入时，将对图层进行裁剪，然后新建合成物。

③ 选择“Compositon（合成）”选项导入时，“Project（项目）”窗口如图 2-59 所示。此时，单击“Project（项目）”窗口中文件夹图标前的小三角，会显示该文件所包含的所有层信息，如图 2-60 所示。双击“打斗”文件，即可打开该合成图像，如图 2-61 所示。此时，如果在 Photoshop 中使用了叠加模式，则这里也可以正常显示。

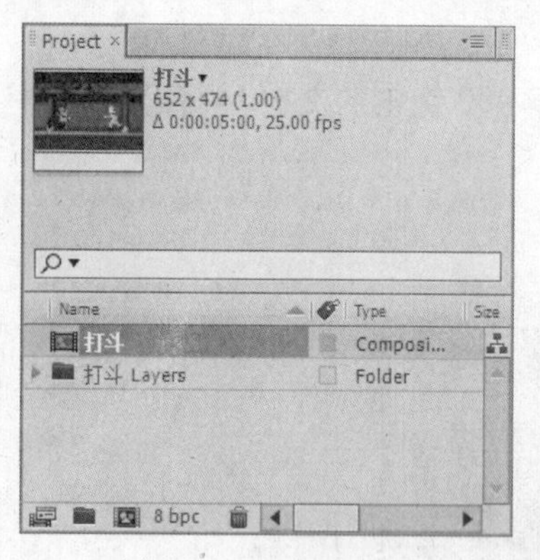

图 2-59 以“Composition (合成)”方式导入

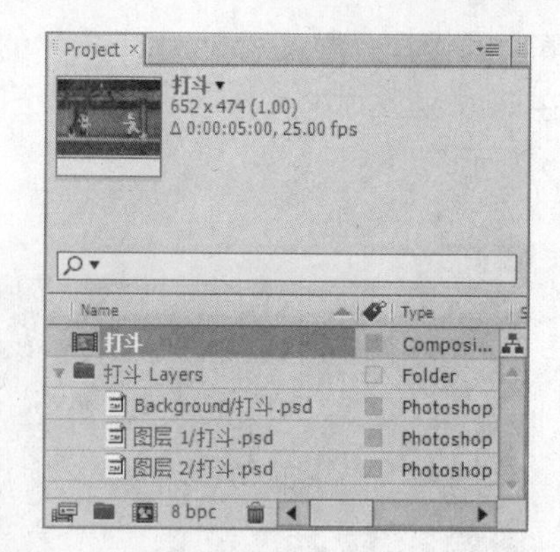

图 2-60 展开文件夹

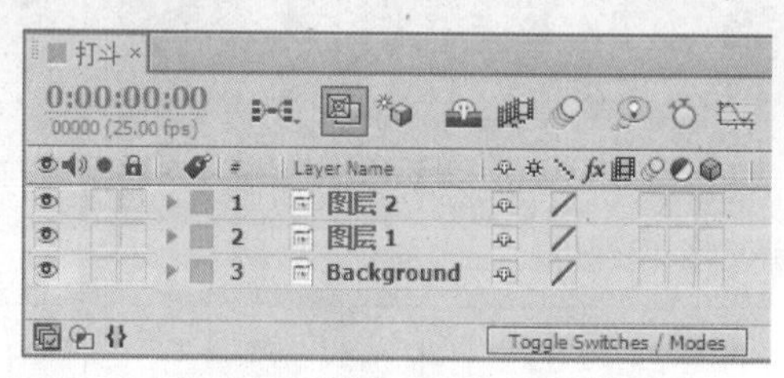

图 2-61 合成图像时间线分布

2.4 图层属性及设置关键帧动画

以“合成”方式打开配套光盘中的“源文件\第 1 部分 基础入门\第 2 章 After Effects CS6 的基本操作\打斗 .psd” 文件。然后双击“Project (项目)”窗口中的“打斗 .Comp ”，打开合成图像窗口。接着在“时间线”窗口中选择“图层 1”，再按大键盘上的 〈Enter〉 键，如图 2-62 所示。

提示：不是按小键盘上的 〈Enter〉 键，按小键盘上的 〈Enter〉 键将会打开图层窗口，而不是更改图层的名称。

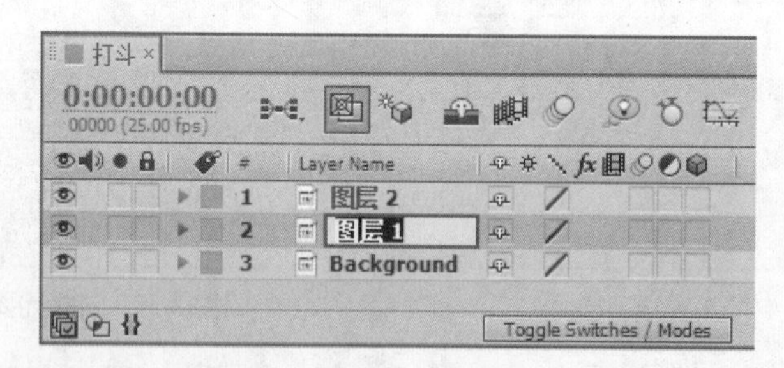

图 2-62 选择“图层 1”，再按大键盘上的 〈Enter〉 键的显示效果

此时可为该图层重新命名，中英文皆可。这里输入“强盗”，如图 2-63 所示。然后单击图层上方的 “Layer Name (图层名称)” 按钮，切换到 “Source Name (源名称)” 模式，观察 “Timeline (时间线)” 窗口的变化，如图 2-64 所示。此时，一个是图层的名称，一个是源素材的名称。在默认情况下，“图层名称” 就是 “源名称”。

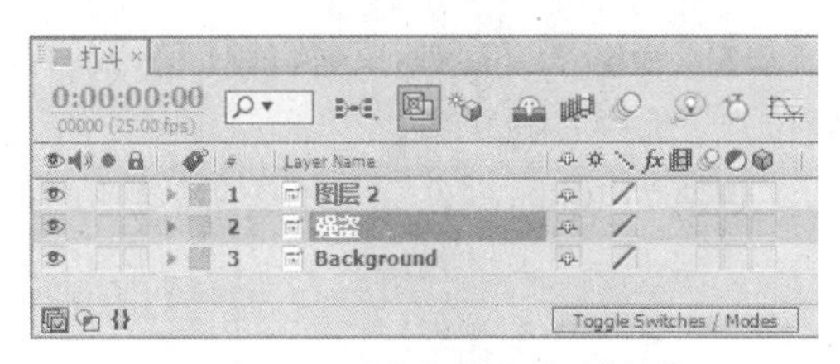

图 2-63　更改“图层 1”的名称

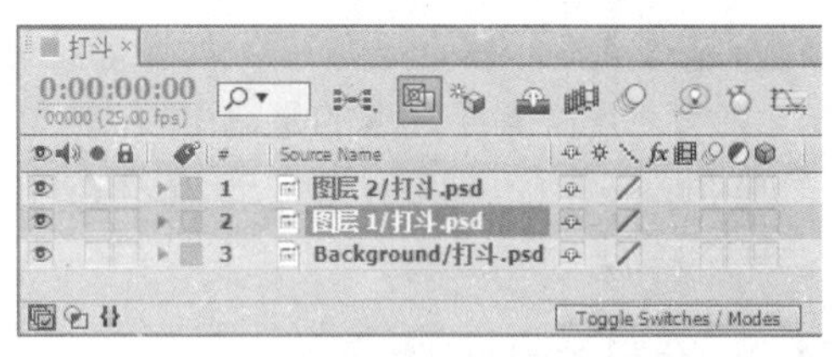

图 2-64　切换到“Source Name (源名称)”模式

2.4.1　图层的基本属性

切换回“图层”状态，单击“强盗”图层前的小三角图标，展开图层的“Transform (变换)”属性，然后单击“Transform (变换)”前的小三角，展开下面的属性，如图 2-65 所示。

1) Anthor Point (定位点)：默认位于合成的中心位置，主要用于旋转时作为旋转的中心点。更改图层的中心点可以使用工具栏中的工具，直接在图层上选择中心点并拖动即可，如图 2-66 所示。

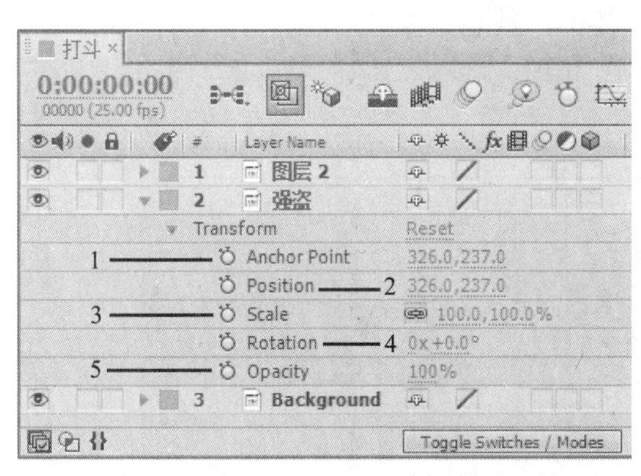

图 2-65　展开“Transform (变换)”属性

图 2-66　更改“Anchor Point (定位点)”的位置

2) Position (位置)：用于记录图层的位置信息，更改时可以直接输入数值，或者在“Composition (合成)”窗口中拖动图层到需要的位置。

3) Scale (比例)：默认情况下是等比例缩放，如图 2-67 所示。如果要更改单个轴向上的缩放，需要关闭参数左侧的 (比例锁定)，如图 2-68 所示。

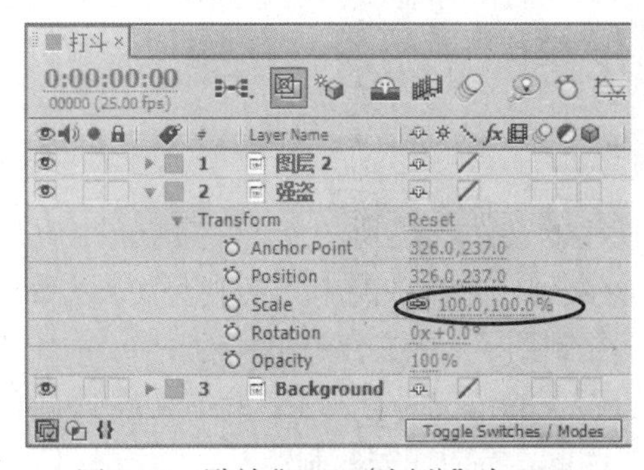

图 2-67　默认“Scale (比例)”为 100%

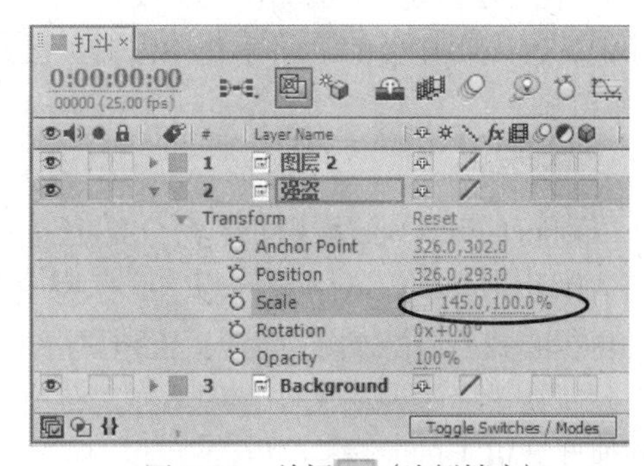

图 2-68　关闭 (比例锁定)

4) Rotation (旋转)：用于设置旋转属性。图层顺时针旋转超过 360°，数值记为“1”；逆时

针旋转超过 360°，数值记为 -1。如果想让图层沿顺时针旋转 3600°，则只需将前面的数值改为“10”即可。用户需要注意的是，图层旋转是以“定位点”为中心的。

5）Opacity（透明度）：用于设置不透明度属性。当值为 100% 时，完全不透明；当值为 0% 时，完全透明。

2.4.2 设置关键帧动画

在设置关键帧动画之前，先介绍一下帧与关键帧。

帧与关键帧有什么不同？帧是一个静止的影像，也就是说，静态图像称为帧。而正是因为有了关键帧，才有了动态的影像。如果把帧和关键帧集中在一起制作视频，那么所有涉及动态制作的程序都要设置为关键帧。因为只有这样，才能制作动态的影像，从而制作出最终的效果。所以，必须制作两个以上的关键帧，才能形成动画。如果不设置关键帧，就只是普通的帧。

在 After Effects 的“Timeline（时间线）”窗口中可以对 Mask（遮罩）、Anchor Point（定位点）、Position（位置）、Scale（比例）、Rotation（旋转）、Opacity（透明度）和 Effect（效果）设置关键帧。

在 After Effects CS6 中设置关键帧动画十分简单，秒表是在“Timeline（时间线）”图层的个别属性中设置关键帧的图标。在图层的属性中，单击秒表，图标变成，表示设置了关键帧。此时“时间线”窗口如图 2-69 所示。

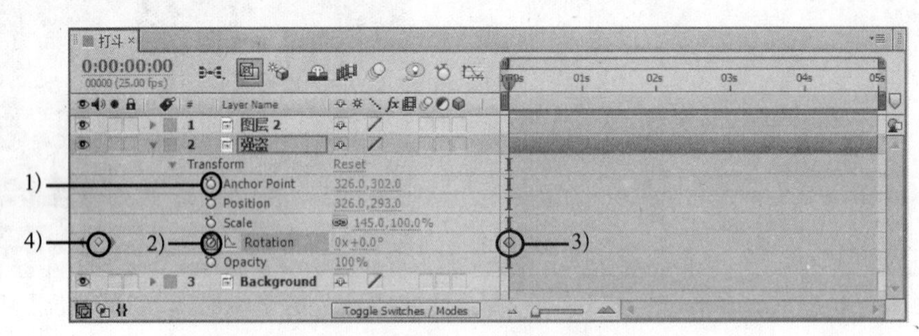

图 2-69　时间线分布

1）显示的是没有设置关键帧的初始状态。

2）显示的是设置了关键帧的状态。

3）单击秒表后，在图层上生成的钻石形状的关键帧。

4）在“时间线”图层的属性中设置了关键帧以后，在时间标签所在位置的矩形框中会显示◇标记。这说明在当前时间标签的位置上已经生成了关键帧。

2.5 收集文件

“Collect Files（收集文件）”命令是把计算机中使用的文件收集到一个文件夹中，也就是为了在 After Effects CS6 中进行制作而将使用的文件收集到一个文件夹中。应用该命令以后，就不必再担心找不到数据了。因为已经把所有的文件都复制到了一个文件夹中。

对于初学者来说，文件管理不当，在项目中显示彩条的情况时有发生。特别是将数据转移到其他计算机上的时候，会更经常地出现这种问题。因此，希望在完成制作以后，使用“Collect Files（收集文件）”命令将文件集中到一个文件夹中，然后再转移数据。

以“三维光环”为例，收集文件的具体操作步骤如下：

1）首先选择“File（文件）|Save（保存）”命令，将文件进行保存。

2）选择“File（文件）|Collect Files（收集文件）”命令，在弹出的如图 2-70 所示的对话框中单击 Collect... 按钮。然后在弹出的如图 2-71 所示的对话框的“文件名”文本框中输入“9.1 三维光环”，单击 保存(S) 按钮。

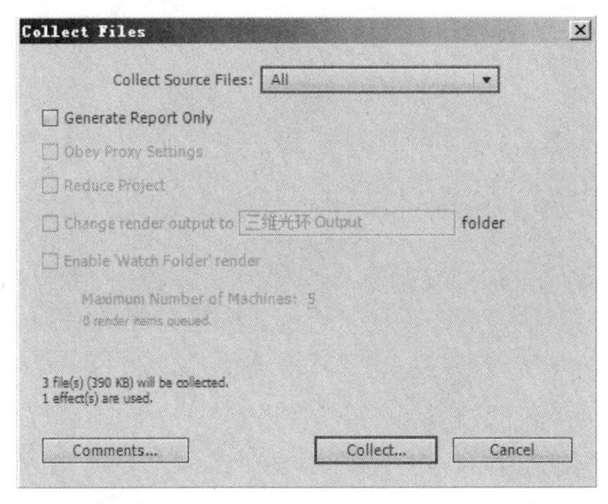

图 2-70　“Collect Files（收集文件）”对话框

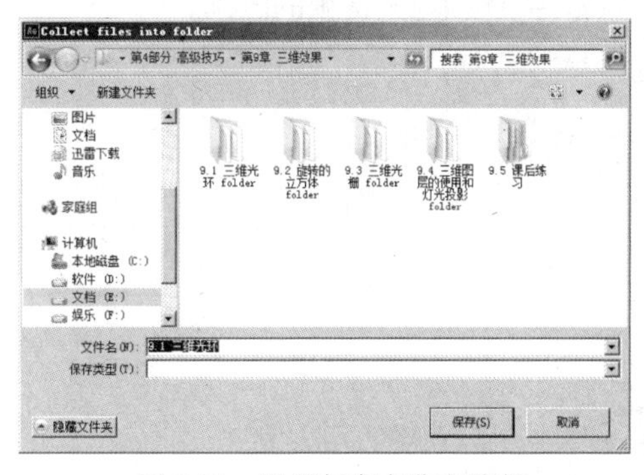

图 2-71　设置保存名称和路径

3）打开刚才保存的“9.1 三维光环 ”文件夹，可以看到如图 2-72 所示的窗口。它由 3 个部分组成：“(Footage)”文件夹中放置了使用的所有素材；“三维光环 .aep”为 After Effects CS6 生成的项目文件；“三维光环 Report.txt”文件中记录了所有的操作信息。

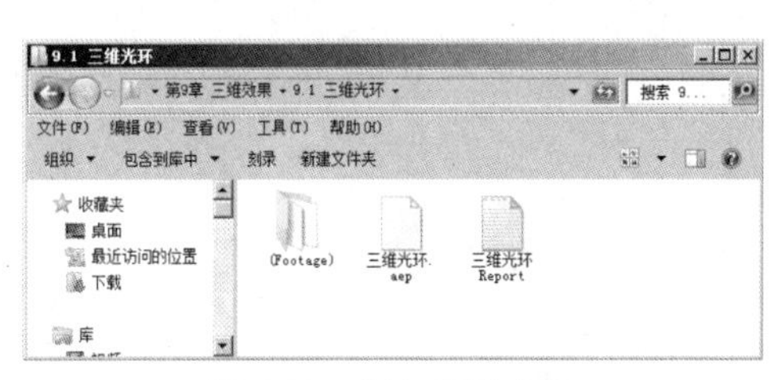

图 2-72　打包后的文件

2.6　课后练习

1. 填空题

（1）After Effects CS6 工具栏中的 ___________ 工具，只有在存在 3D 图层的“时间线”窗口中安装摄像机的时候才会被激活。如果是 2D 图层，将无法使用该工具。

（2）在 After Effects CS6 中导入 Photoshop 文件时，会显示 3 种导入形式，它们分别是 ___________、___________ 和 ___________。

2. 选择题

（1）利用 After Effects CS6 中的图层模式可以制作出各种各样的效果，下列哪些属于 After Effects CS6 的图层模式？（ ）

A. Screen B. Overlay C. Add D. Multiply

（2）下列哪些属于 After Effects CS6 中的“Transform（变换）”属性？（ ）

A. Anchor Point B. Position C. Scale D. Opacity

3. 简答题

（1）简述收集文件的方法。

（2）简述帧与关键帧的区别。

第2部分　基础实例

第3章　色彩调整

本章重点：

在影视广告中，为了保证同一场景中镜头相互之间的颜色和亮度协调、匹配，或者要制作特定的色调效果，通常要对拍摄后的影像进行色彩调整。本章将通过两个实例来讲解利用 After Effects CS6 对影像进行色彩调整的方法。通过本章的学习，读者应掌握 After Effects CS6 中常用色彩调整命令的使用方法。

3.1　风景图片调色

要点：

本例将综合运用After Effects CS6自带的特效，对一幅图片进行调色处理，如图3-1所示。通过本例的学习，读者应掌握“Ramp（渐变）”“Levels（色阶）”“Fractal Noise（分形噪波）”“Color Balance（色彩平衡）”“Brightness&Contrast（亮度与对比度）”“Corner Pin（边角固定）”特效，以及层模式和遮罩的应用。

a)

b)

图 3-1　风景图片调色
a) 原图　b) 效果图

操作步骤：

1）启动 After Effects CS6。然后选择“File（文件）| Import（导入）| File（文件）”命令，导入配套光盘中的“源文件\第 2 部分 基础实例\第 3 章 色彩调整\3.1 风景图片调色 folder\（Footage）| image.tif ”图片。

2）创建一个与“image.tif ”图片等大的合成图像。方法为：选择“Project（项目）”窗口中的“image.tif ”素材图片，将它拖到▣（新建合成）按钮上，如图 3-2 所示，从而创建一个与“image.tif ”图片等大的合成图像。

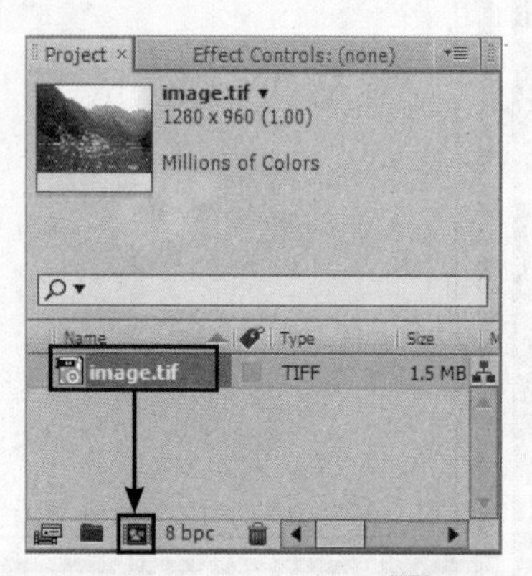

图 3-2　将“image.tif”拖到▣按钮上

3）重命名图层。方法为：选择“时间线”窗口中的“image.tif ”图层，如图 3-3 所示，然后按〈Enter〉键，进入名称编辑状态，接着将其重命名为“image-1.tif ”，如图 3-4 所示。

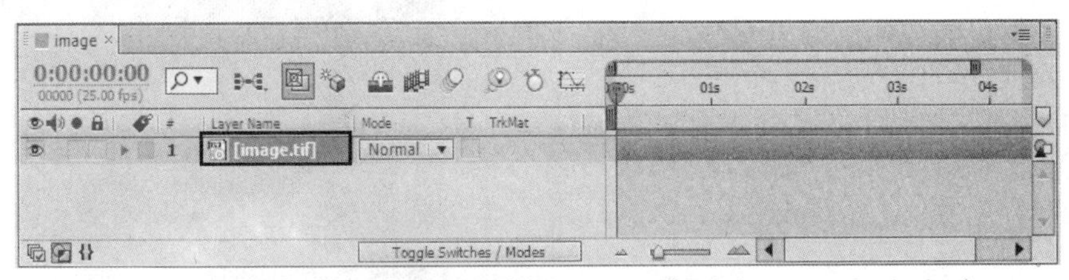

图 3-3　选择“image.tif”图层

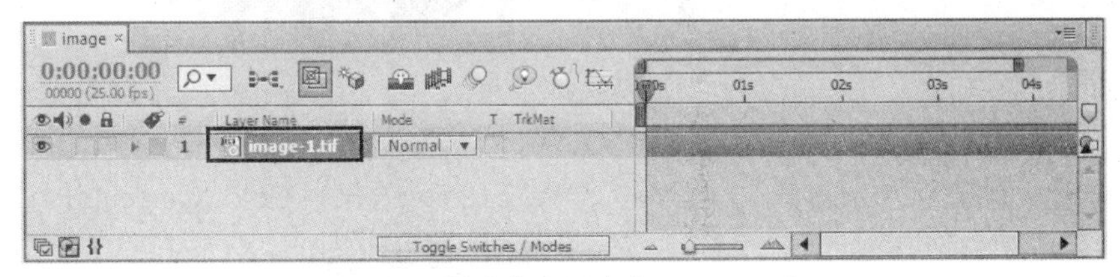

图 3-4　重命名图层为“image-1.tif”

4）创建羽化遮罩。方法为：选择工具栏中的钢笔工具，绘制封闭的图形作为遮罩，如图 3-5 所示。

图 3-5　绘制封闭的图形作为遮罩

在“Timeline (时间线)”窗口中选择“images-1.tif ”，然后按〈M〉键两次，显示出“Mask 1（遮罩 1）”的所有参数，再将“Mask Feather（遮罩羽化）”的值设为“60”（如图 3-6 所示），效果如图 3-7 所示。

提示：绘制羽化遮罩的目的是将原来白色的天空去掉，以便为其补上蓝天白云。

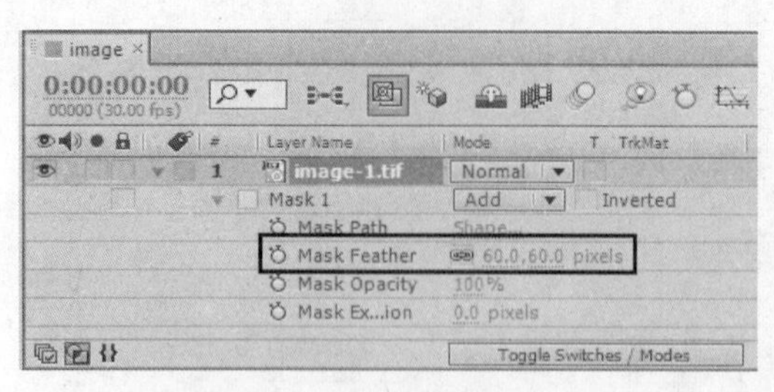

图 3-6　将“Mask Feather（遮罩羽化）”的值设为“60”

图 3-7　羽化效果

5）调整素材的亮度与对比度。方法为：选择“Effect（效果）| Color Correction（色彩校正）| Brightness&Contrast（亮度与对比度）”命令，给它添加一个“Brightness&Contrast（亮度与对比度）”特效。然后在弹出的“Effect Controls（特效控制台）”面板中设置参数，如图 3-8 所示，效果如图 3-9 所示。

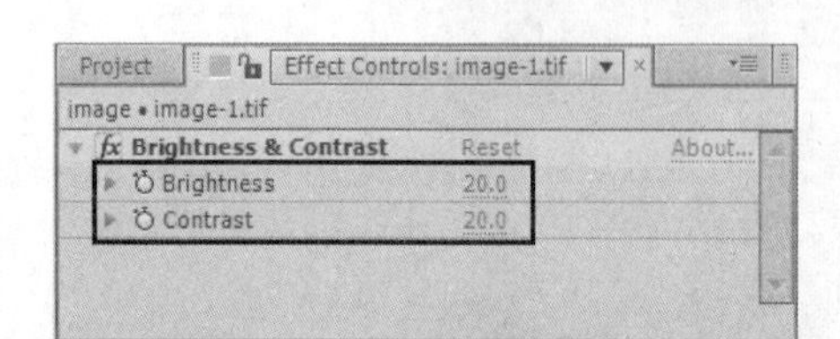

图 3-8　设置“Brightness&Contrast（亮度与对比度）”参数

图 3-9　调整“Brightness&Contrast（亮度与对比度）”参数后的效果

6）调整素材的色彩平衡。方法为：选择“Effect（效果）| Color Correction（色彩校正）| Color Balance（色彩平衡）”命令，给它添加一个“Color Balance（色彩平衡）”特效。然后在弹出的“Effect Controls（特效控制台）”面板中设置参数，如图 3-10 所示，效果如图 3-11 所示。

7）调整素材的色阶。方法为：选择“Effect（效果）| Color Correction（色彩校正）| Levels（色阶）”命令，给它添加一个“Levels（色阶）”特效。然后在弹出的“Effect Controls（特效控制台）”面板中设置参数，如图 3-12 所示，效果如图 3-13 所示。

提示：这一步的目的是缩小黑白色阶的间距，从而改变图像的暗部区域与亮度区域，提高图像的明暗对比度。

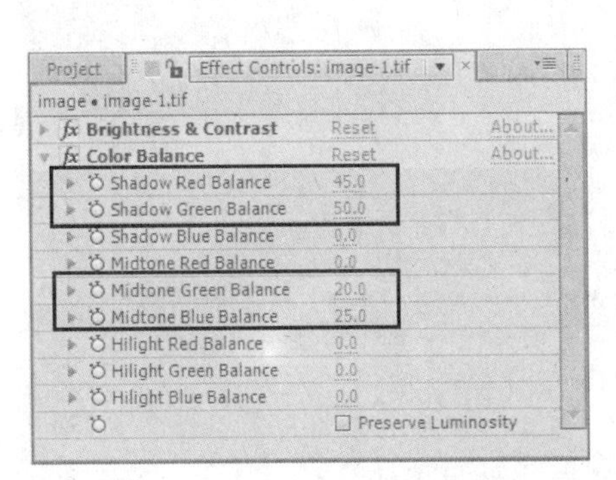

图 3-10　设置“Color Balance（色彩平衡）”参数

图 3-11　调整“Color Balance（色彩平衡）”参数后的效果

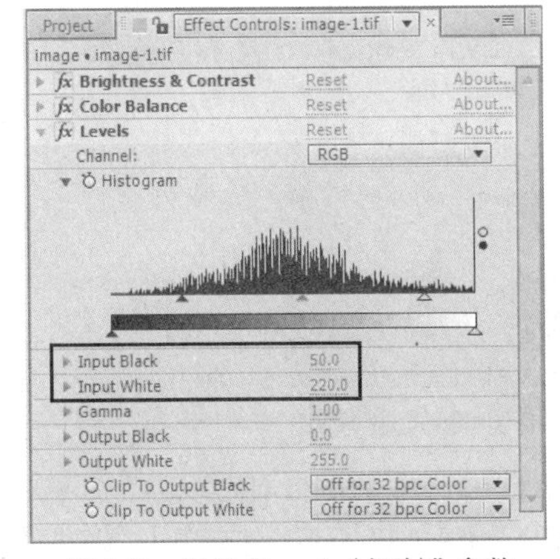

图 3-12　设置“Levels（色阶）”参数

图 3-13　调整“Levels（色阶）”参数后的效果

8）复制图层，并调整相关参数。方法为：选择“image-1.tif ”图层，然后按〈Ctrl+D〉组合键，复制出一个新的图层。接着将复制后的文件重命名为“image-2.tif ”。最后按〈Delete〉键，将“image-2.tif”图层中除“Brightness&Contrast(亮度与对比度)”特效以外的其他两个特效删除，并调整“Brightness&Contrast（亮度与对比度）”特效的参数，如图 3-14 所示。

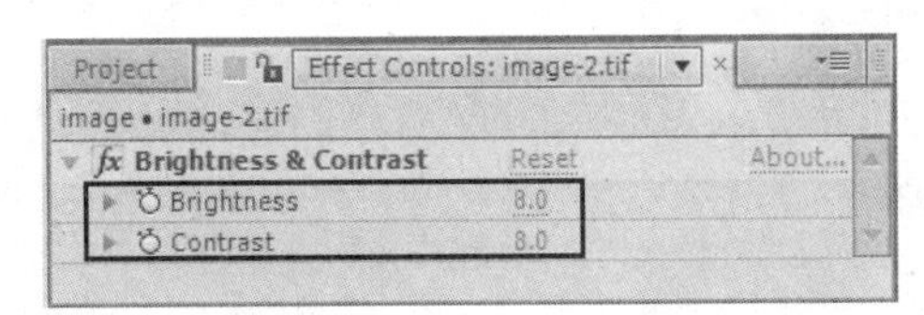

图 3-14　设置“Brightness&Contrast（亮度与对比度）”参数

9）调整图层混合模式。方法为：在“时间线”窗口中，为“image-2.tif ”图层选择“Hard Light（强光）”模式，参数设置如图 3-15 所示，效果如图 3-16 所示。

提示：如果没有显示出图层模式，可以单击“Timeline（时间线）”窗口下方的 Toggle Switches / Modes 按钮，切换为图层模式。

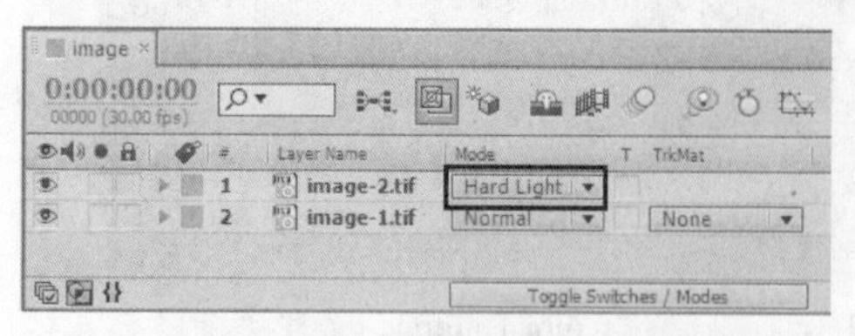

图 3-15 设置“image-2.tif”图层的混合模式

图 3-16 设置“image-2.tif”的图层模式为“Hard Light (强光)”时的效果

10）为了便于制作天空，下面隐藏图层。方法为：单击“image-1.tif”和“image-2.tif”图层左侧的👁图标，隐藏这两个图层，如图 3-17 所示。

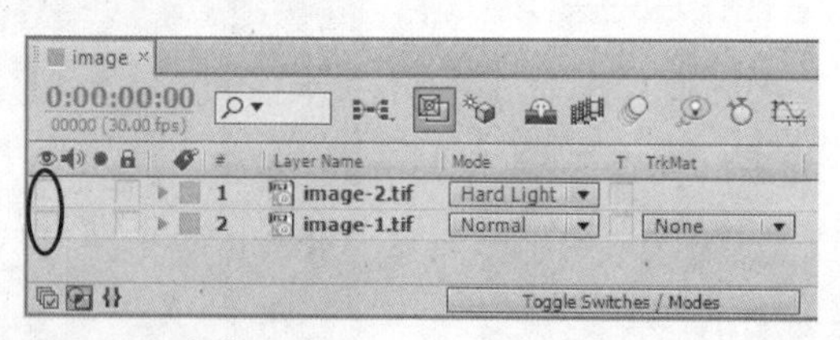

图 3-17 隐藏“image-1.tif”和“image-2.tif”图层

11）制作天空。方法为：选择“Layer（图层）| New（新建）| Solid（固态层）”命令，在弹出的“Solid Settings（固态层设置）”对话框中设置参数，如图 3-18 所示，然后单击“OK”按钮，新建一个固态层。接着将“cloud”图层放在“Timeline（时间线）”窗口的最底层，如图 3-19 所示。

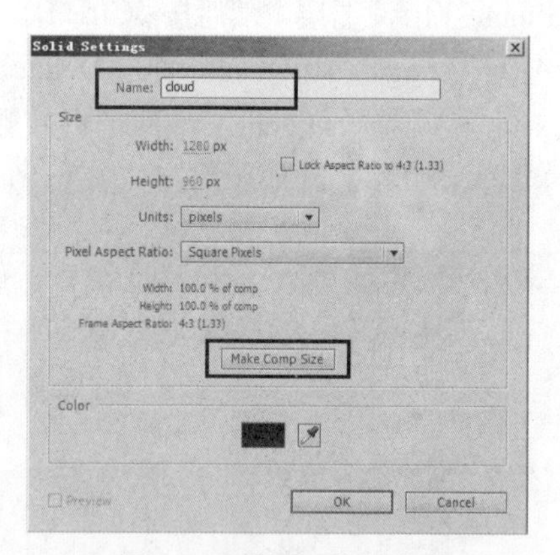

图 3-18 设置固态层参数

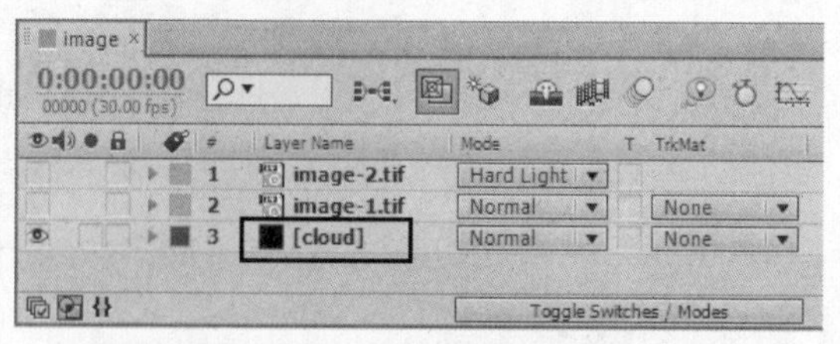

图 3-19 将“cloud”图层放置到最底层

选择“cloud”图层，然后选择“Effect（效果）|Generate（生成）| Ramp（渐变）”命令，给它添加一个“Ramp(渐变)”特效。接着在弹出的“Effect Controls(特效控制台)”面板中设置参数，如图 3-20 所示，效果如图 3-21 所示。

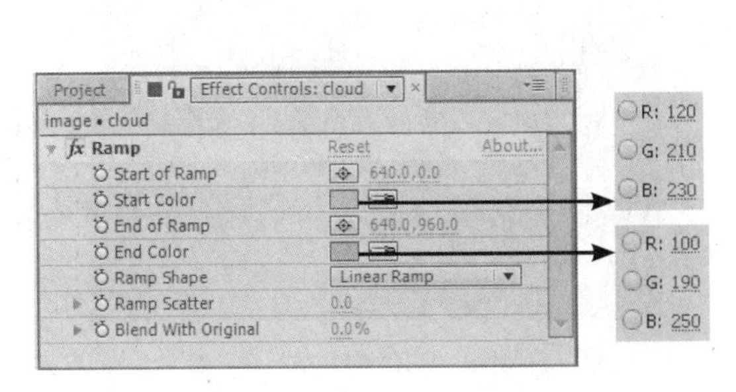

图 3-20　设置“Ramp（渐变）”参数

图 3-21　调整“Ramp（渐变）”参数后的效果

12）制作天空的云彩效果。方法为：选择“Effect（效果）| Noise &Grain（噪波与颗粒）| Fractal Noise（分形噪波）”命令，给它添加一个“Fractal Noise（分形噪波）”特效。然后在弹出的“Effect Controls（特效控制台）”面板中设置参数，如图 3-22 所示，效果如图 3-23 所示。

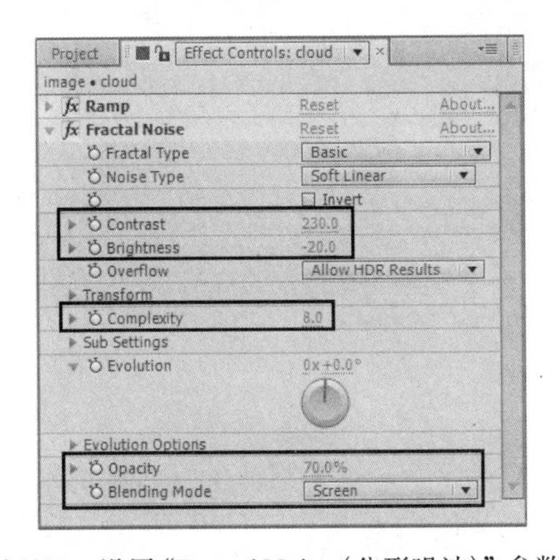

图 3-22　设置“Fractal Noise（分形噪波）”参数

图 3-23　调整“Fractal Noise（分形噪波）”参数后的效果

13）调整天空的角度，形成透视效果。方法为：选择“Effect（效果）| Distort（扭曲）| Corner Pin（边角固定）”命令，给它添加一个“Corner Pin（边角固定）”特效。然后在弹出的“Effect Controls（特效控制台）”面板中设置参数，如图 3-24 所示，效果如图 3-25 所示。

14）单击“image-1.tif ”图层与“image-2.tif ”图层左侧的图标，使它们恢复显示状态，即可看到效果，如图 3-26 所示。

提示：此例为了便于初学者学习，使用了一幅图片来进行色彩校正。而在实际工作中，校色的对象通常是动态影像。

15）选择“File（文件）| Save（保存）”命令，将文件进行保存。然后选择“File（文件）| Collect Files（收集文件）”命令，将文件进行打包。

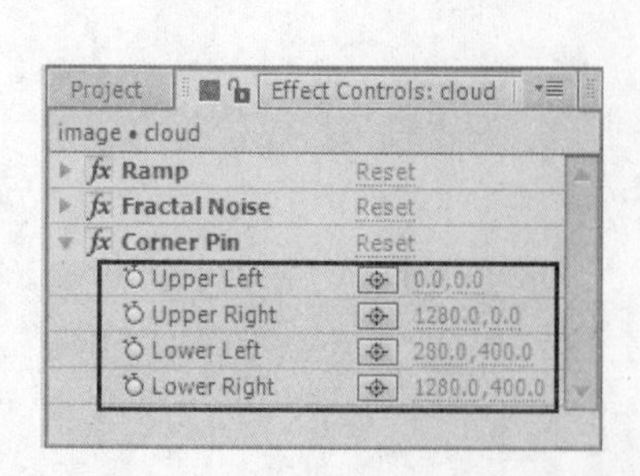

图 3-24　设置“Corner Pin（边角固定）”参数

图 3-25　调整“Corner Pin（边角固定）”参数后的效果

a)

b)

图 3-26　风景图片调色
a) 原图　b) 效果图

3.2 水墨画效果

要点：

本例将利用一幅彩色图片制作水墨画效果，如图3-27所示。通过本例的学习，读者应掌握“Levels（色阶）”“Median（中值）”“Hue/Saturation（色相位/饱和度）”“Find Edges（查找边缘）”“Linear Color Key（线性色键）”“Glow（辉光）”“Brightness&Contrast（亮度与对比度）”特效，以及遮罩和层混合模式的应用。

a)

b)

图 3-27　水墨画效果
a) 原图　b) 效果图

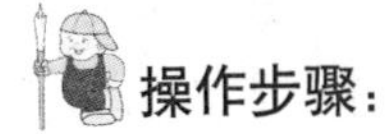

操作步骤：

1. 制作“水墨画”合成图像

1）启动 After Effects CS6，选择“File（文件）|Import（导入）|File（文件）”命令，导入配套光盘中的“源文件\第 2 部分 基础实例\第 3 章 色彩调整\3.2 水墨画效果 folder\(Footage)\原图.jpg”图片。

2）创建一个与“原图.jpg”图片等大的合成图像。方法为：将它拖到（新建合成）按钮上，生成一个尺寸与素材相同的合成图像。

3）重命名合成图像。方法为：在“Project（项目）”窗口中选择该合成图像，如图 3-28 所示，然后按〈Enter〉键，将其命名为“水墨画”，如图 3-29 所示。

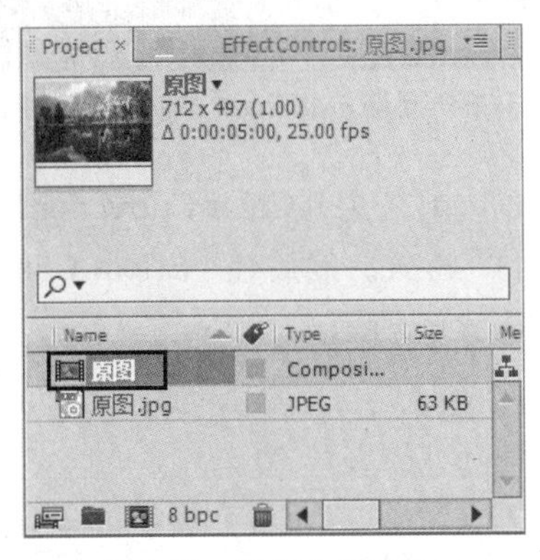

图 3-28　选择合成图像

图 3-29　重命名合成图像

4）提高素材的对比度。方法为：选择“原图”层，然后选择“Effect（效果）| Color Correction（色彩校正）| Levels（色阶）”命令，给它添加一个“Levels（色阶）”特效。接着在“Effect Controls（特效控制台）”面板中设置参数，如图 3-30 所示，效果如图 3-31 所示。

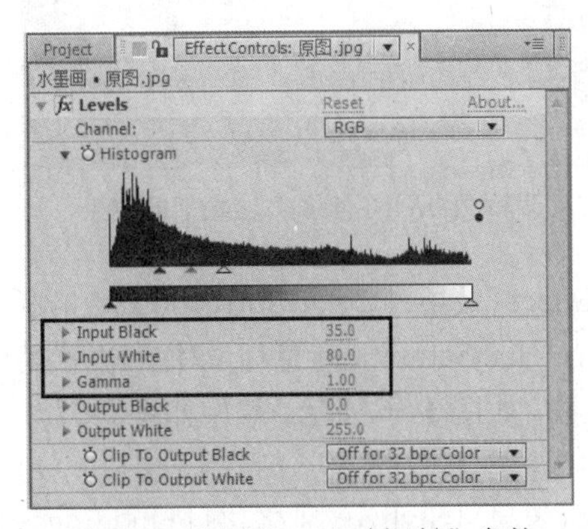

图 3-30　设置“Levels（色阶）”参数

图 3-31　调整“Levels（色阶）”参数后的效果

5）使画面呈现色块的效果。方法为：选择“Effect（效果）| Noise&Grain（噪波与颗粒）| Median（中值）”命令，给它添加一个“Median（中值）”特效。然后在“Effect Controls（特效

控制台)”面板中设置参数，如图 3-32 所示，效果如图 3-33 所示。

提示：该步骤十分关键，水墨画的最终水墨效果主要靠这一步来实现。

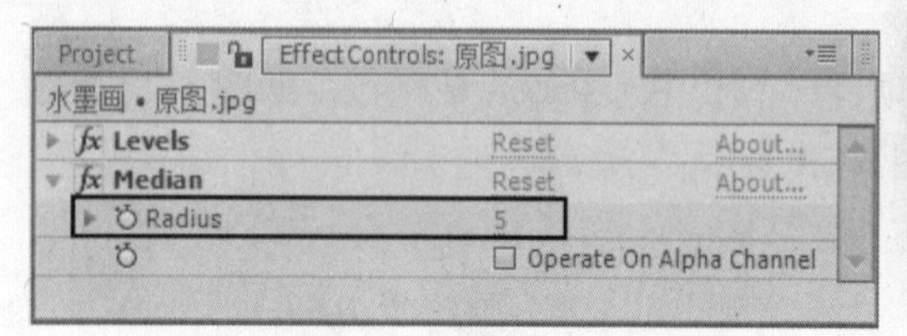

图 3-32　设置“Median (中值)”参数

图 3-33　调整“Median (中值)”参数后的效果

6）再次提高素材的对比度。方法为：再次选择“Effect(效果)| Color Correction(色彩校正) | Levels (色阶)”命令，给它添加一个“Levels (色阶)”特效。然后在“Effect Controls (特效控制台)”面板中设置参数，如图 3-34 所示，效果如图 3-35 所示。

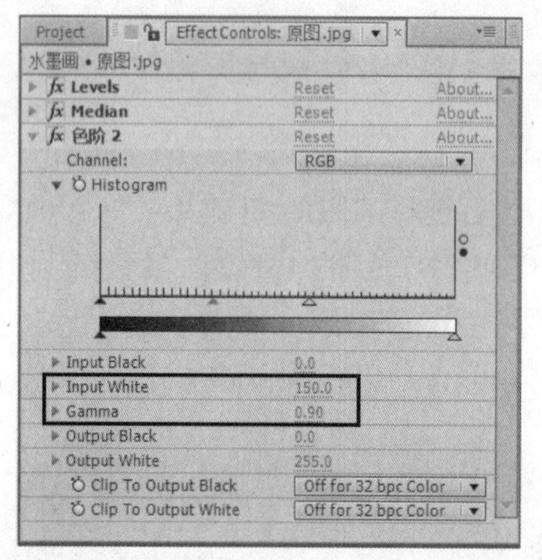

图 3-34　设置“Levels (色阶)”参数

图 3-35　调整“Levels (色阶)”参数后的效果

7）调整饱和度，形成淡彩效果。方法为：选择“Effect (效果) | Color Correction (色彩校正) | Hue/Saturation (色相位/饱和度)”命令，给它添加一个“Hue/Saturation (色相位/饱和度)”特效。然后在“Effect Controls (特效控制台)”面板中设置参数，如图 3-36 所示，效果如图 3-37 所示。

8）制作线描效果。方法为：将“项目”窗口中的“原图 .jpg”拖入“时间线”窗口，放置到最上方，并将该层命名为“原图 2”。然后选择“Effect (效果) | Stylize (风格化) | Find Edges (查找边缘)”命令，给它添加一个“Find Edges (查找边缘)”特效。接着在“Effect Controls (特效控制台)”面板中设置参数，如图 3-38 所示，效果如图 3-39 所示。

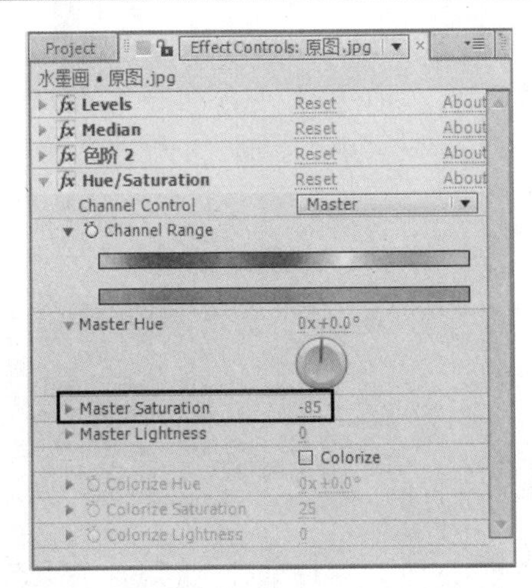

图 3-36　设置“Hue/Saturation（色相位/饱和度”参数

图 3-37　调整“Hue/Saturation（色相位/饱和度）”参数后的效果

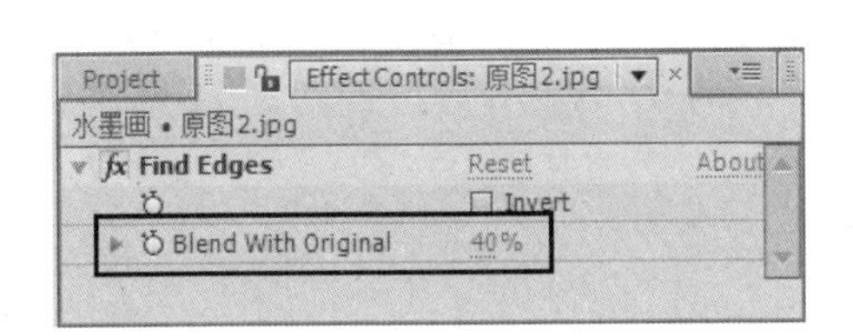

图 3-38　设置“Find Edges（查找边缘）”参数

图 3-39　调整“Find Edges（查找边缘）”参数后的效果

9）制作图层混合效果。方法为：将“原图 2”图层的混合模式改为“Mutliply（正片叠底）”，如图 3-40 所示，效果如图 3-41 所示。

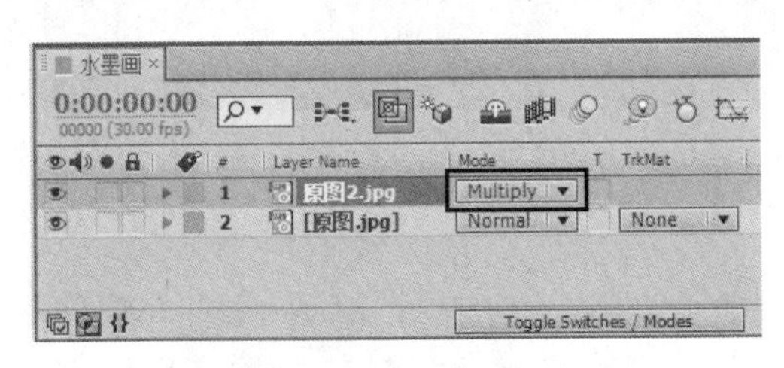

图 3-40　将“原图 2”的图层混合模式设为“Multiply（正片叠底）”

图 3-41　“Multiply（正片叠底）”效果

10）降低图像的色相和饱和度。方法为：选择“原图 2”图层，然后选择“Effect（效果）|Color Correction（色彩校正）| Hue/Saturation（色相位/饱和度）”命令，给它添加一个“Hue/Saturation（色相位/饱和度）”特效。然后在“Effect Controls（特效控制台）”面板中设置参数，如图 3-42 所示，效果如图 3-43 所示。

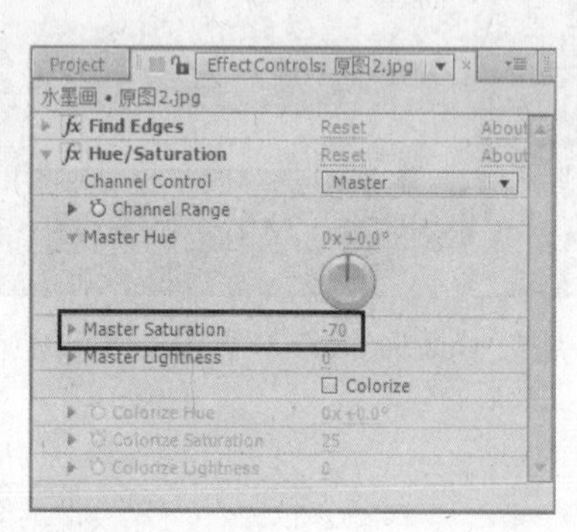

图 3-42 设置“Hue/Saturation（色相位/饱和度）”参数

图 3-43 调整“Hue/Saturation（色相位/饱和度）”参数后的效果

11）对画面进行抠白处理，只留下黑色线条。方法为：选择“原图 2”图层，然后选择“Effect（效果）| Keying（键控）|Linear Color Key（线性色键）”命令，给它添加一个“Linear Color Key（线性色键）”特效。接着在“Effect Controls（特效控制台）”面板中设置参数，如图 3-44 所示，效果如图 3-45 所示。

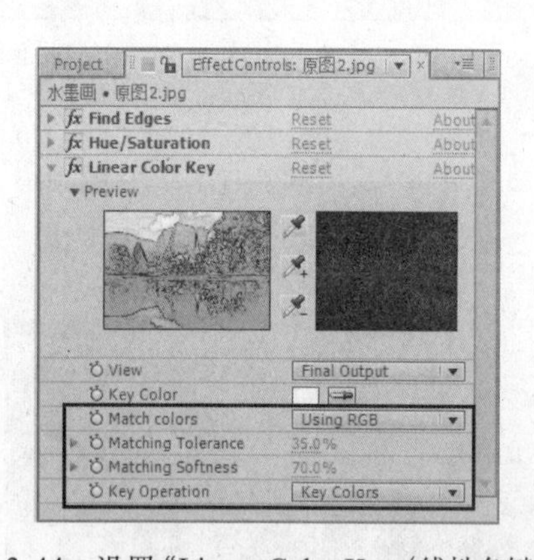

图 3-44 设置“Linear Color Key（线性色键）”参数

图 3-45 调整“Linear Color Key（线性色键）”参数后的效果

12）制作线条周围水晕效果。方法为：选择“原图 2”图层，然后选择“Effect（效果）| Stylize（风格化）| Glow（辉光）”命令，给它添加一个“Glow（辉光）”特效。接着在“Effect Controls（特效控制台）”面板中设置参数，如图 3-46 所示，效果如图 3-47 所示。

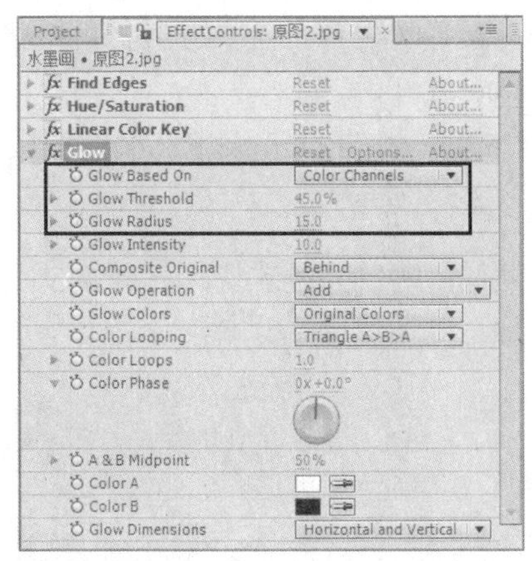

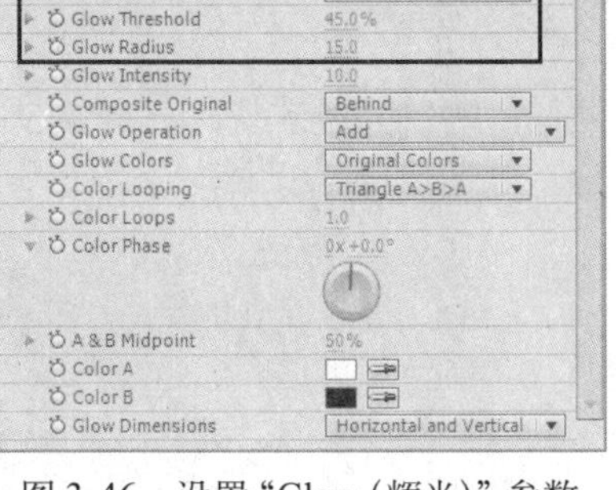

图 3-46　设置“Glow（辉光）”参数　　图 3-47　调整“Glow（辉光）”参数后的效果

13）此时水晕效果不明显，下面来解决这个问题。方法为：选择“原图 2”图层，按〈Ctrl+D〉组合键，复制“原图 2”图层，然后将其命名为“水晕”图层。接着在“Effect Controls（特效控制台）”面板中设置参数，如图 3-48 所示，效果如图 3-49 所示。此时，“Timeline（时间线）”窗口如图 3-50 所示。

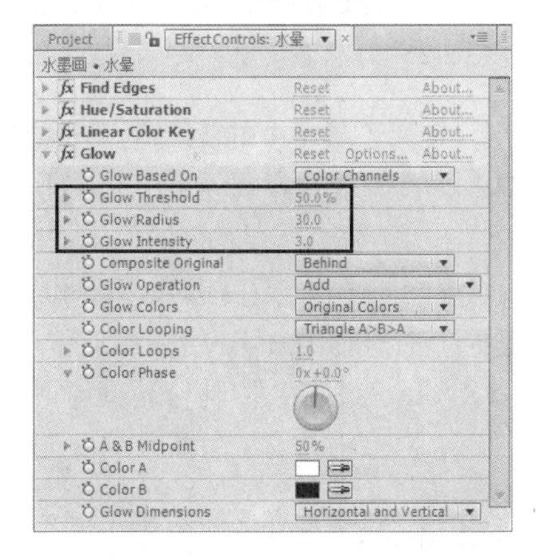

图 3-48　设置“Glow（辉光）”参数

图 3-49　调整“Glow（辉光）”参数后的效果

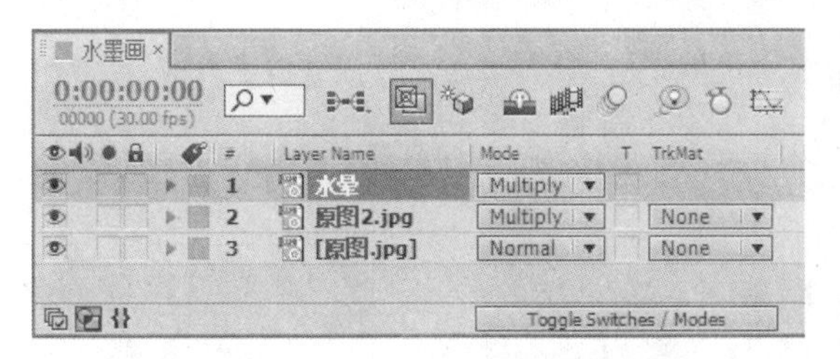

图 3-50 “时间线”窗口分布

2. 制作“最终效果”合成图像

1）选择“Project（项目）”窗口中的“水墨画”合成图像，将它拖到▣（新建合成）按钮上，从而生成一个尺寸与素材相同的合成图像。然后将其命名为“最终效果”。

2）选择“File（文件）|Import（导入）|File（文件）”命令，导入配套光盘中的“源文件\第 2 部分 基础实例\第 3 章 色彩调整\3.2 水墨画效果 folder\（Footage）\宣纸纹理 .jpg”“印章 .jpg”“题词 .jpg”图片。然后将它们拖入“Timeline（时间线）”窗口，调整位置并设置它们的图层混合模式为“Multiply（正片叠底）”，如图 3-51 所示，效果如图 3-52 所示。

提示：将图层混合模式设置为“Multiply（正片叠底）”是为了去除图片上的白色区域。

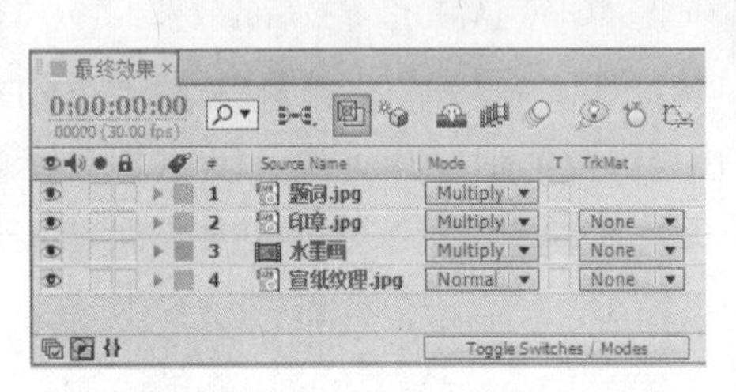

图 3-51 将图像拖入“时间线”窗口

图 3-52 组合图像效果

3）制作画面的羽化效果。方法为：选择“水墨画”图层，使用工具栏中的钢笔工具绘制遮罩图形，如图 3-53 所示。然后在“Timeline（时间线）”窗口中设置遮罩的参数，如图 3-54 所示，效果如图 3-55 所示。

4）调节画面对比度，使画面更加清晰。方法为：选择“水墨画”图层，然后选择“Effect（效果）| Color Correction（色彩校正）| Brightness&Contrast（亮度与对比度）”命令，给它添加一个“Brightness&Contrast（亮度与对比度）”特效。然后在“Effect Controls（特效控制台）”面板中设置参数，如图 3-56 所示，效果如图 3-57 所示。

图 3-53 绘制遮罩图形

图 3-54 设置遮罩参数

图 3-55　羽化遮罩效果

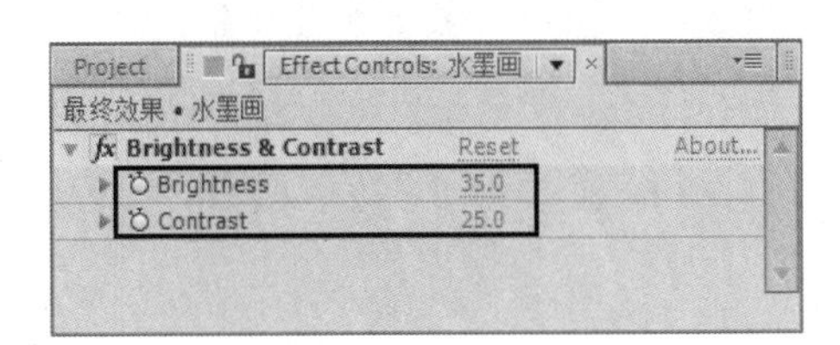

图 3-56　设置"Brightness&Contrast（亮度与对比度）"参数

图 3-57　调整"Brightness&Contrast（亮度与对比度）"参数后的效果

5）选择"File（文件）| Save（保存）"命令，将文件进行保存。然后选择"File（文件）| Collect Files（收集文件）"命令，将文件进行打包。

提示：单帧图片的水墨画效果在 Photoshop 中同样可以完成，而 After Effects CS6 的优势在于可以制作动画的水墨画效果。

3.3　课后练习

1. 利用配套光盘中的"源文件\第 2 部分 基础实例\第 3 章 色彩调整\3.3 课后练习\练习 1\(Footage)\素材 1.jpg"图片，如图 3-58 所示，制作水彩画效果，如图 3-59 所示。参数可参考配套光盘中的"源文件\第 2 部分 基础实例\第 3 章 色彩调整\3.3 课后练习\练习 1\练习 1.aep"文件。

图 3-58　原图

图 3-59　效果图

2. 利用配套光盘中的“源文件\第 2 部分 基础实例\第 3 章 色彩调整\3.3 课后练习\练习 2\(Footage)\原图 1.jpg” 图片，如图 3-60 所示，制作水墨画效果，如图 3-61 所示。参数可参考配套光盘中的“源文件\第 2 部分 基础实例\第 3 章 色彩调整\3.3 课后练习\练习 2\练习 2.aep”文件。

图 3-60　原图

图 3-61　效果图

第4章　遮罩效果

本章重点：

遮罩是 After Effects CS6 的一个重要功能，利用它对局部影像进行单独处理，可产生特殊效果。本章将通过两个实例来具体讲解遮罩的具体应用。通过本章的学习，读者应掌握遮罩的使用方法。

4.1　奇妙奶广告动画

要点：

本例将制作小人从树后跑出，然后进入奇妙奶包装，再从另一端长大后跑出的广告动画，如图4-1所示。通过本例的学习，读者应掌握使用矩形遮罩工具和钢笔工具创建遮罩的方法，以及设置位置和比例关键帧动画的方法。

图 4-1　奇妙奶广告动画

操作步骤：

1）启动 After Effects CS6，然后选择“File（文件）|Import（导入）|File（文件）”命令，导入配套光盘中的“源文件\第 2 部分 基础实例\第 4 章 遮罩效果 \4.1 奇妙奶广告动画 folder\(Footage)\奇妙奶包装 .tga”“背景 .psd”文件，以及“小人”文件夹中的“ren0000.tga”~“ren0029.tga”文件。

提示：在导入“奇妙奶包装 .tga”和“小人”文件夹中的“ren0000.tga”～“ren0029.tga”图片时，一定要选中“Target Sequence（Targa 序列）”复选框，如图 4-2 所示。这样，所有序列文件会作为一个文件导入。由于“ren0000.tga”～“ren0029.tga”图片含有 Alpha 通道，因此会在导入时出现如图 4-3 所示的对话框，此时单击 Guess （自动预测）按钮，即可导入序列图片。

2）创建与素材图像尺寸相同的合成图像。方法为：选择“Project（项目）”窗口中的所有素材，将它们拖到（新建合成）按钮上，如图 4-4 所示。然后在弹出的对话框中设置参数，如图 4-5 所示。接着单击“OK”按钮，生成一个尺寸与“奇妙奶包装 .tga”相同的合成图像。

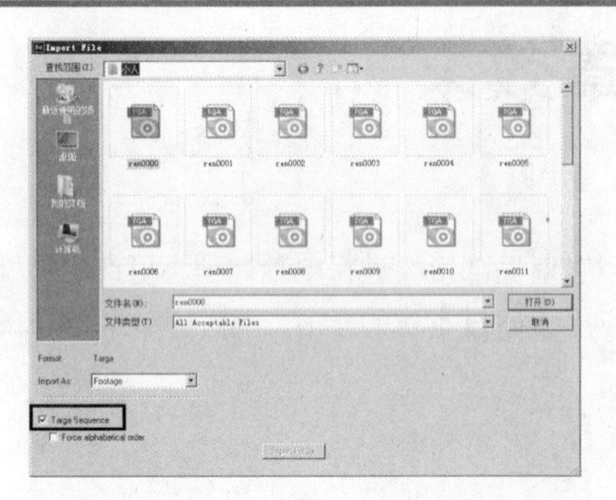

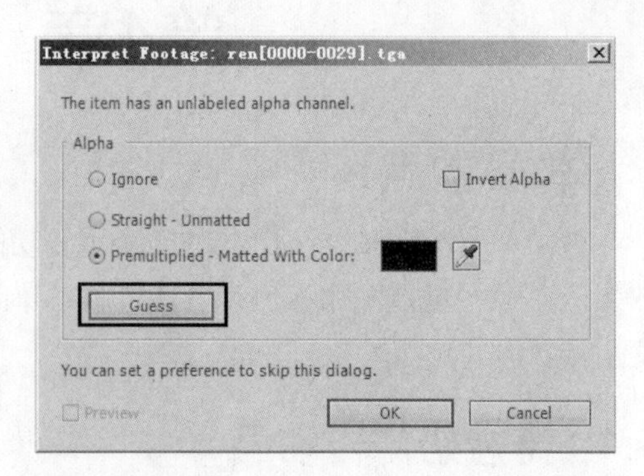

图4-2　选中“Targa Sequence（Targa序列）”复选框　　　图4-3　“Interpret Footage（定义素材）”对话框

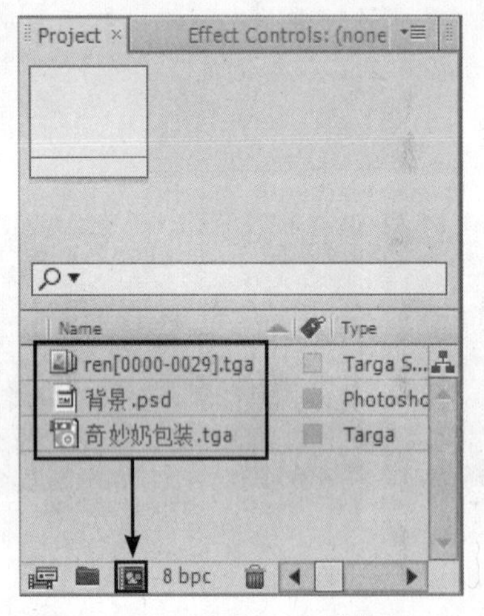

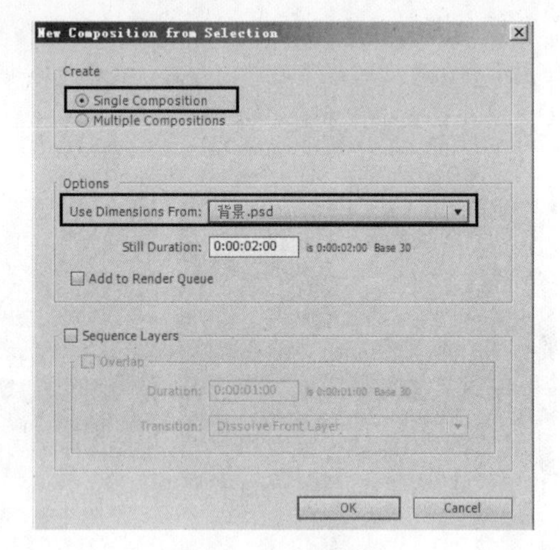

图4-4　将所有素材拖到按钮上　　　　　　　　　　　　图4-5　设置参数

3）重命名合成图像。方法为：选择“Project（项目）”窗口中的合成图像，按〈Enter〉键，将其重命名为“奇妙奶”，效果如图4-6所示。

4）调整“Timeline（时间线）”窗口中的3个图层的位置关系，如图4-7所示。

图4-6　重命名为“奇妙奶”　　　　　　　　　　　　　　图4-7　时间线分布

5）复制背景图层。方法为：选择“背景”图层，按〈Ctrl+D〉组合键进行复制。然后将其移动到最顶层，如图 4-8 所示。

6）绘制树的遮罩。方法为：选择工具栏中的钢笔工具，勾绘出树的轮廓，如图 4-9 所示。

提示：该遮罩用于制作小人从树后跑出的效果。

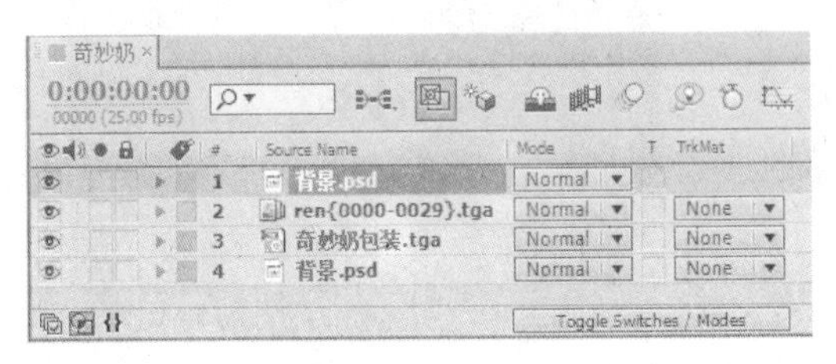

图 4-8　将复制后的“背景”图层移到最顶层

图 4-9　绘制树的轮廓

7）缩小小人的大小。方法为：选择“ren {0000-0029} .tga”图层，按〈S〉键，显示“Scale（比例）”属性，然后将数值设置为“25%”，如图 4-10 所示，将小人缩小，效果如图 4-11 所示。

图 4-10　将“Scale（比例）”数值设置为 25%

图 4-11　缩小小人的效果

8）选择工具栏中的选择工具，将小人移到树的位置上，效果如图 4-12 所示。

图 4-12　将小人移到树的位置上

9）制作小人穿过奇妙奶包装的效果。方法为：选择“奇妙奶包装”图层，按〈Ctrl+D〉组合键进行复制，然后将其移动到如图 4-13 所示的位置。

10）选择工具栏中的 钢笔工具，勾绘出小人在“奇妙奶包装”中需要隐藏的区域。

提示：为便于观看，此时可隐藏原来的“奇妙奶包装”图层，效果如图4-14所示。

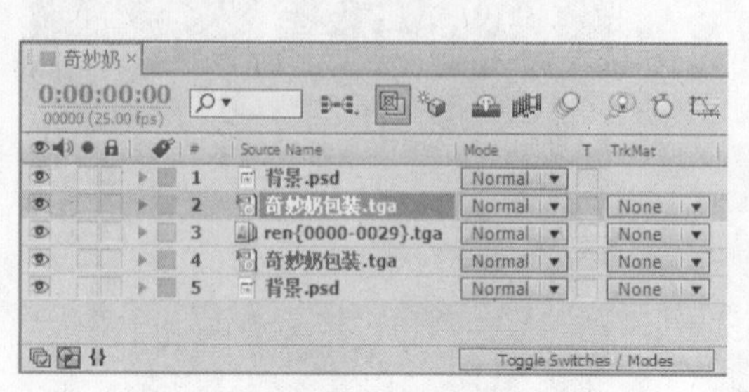

图 4-13　复制“奇妙奶包装”图层

图 4-14　隐藏原来“奇妙奶包装”图层的效果

11）为了防止小人穿过包装时过于生硬，下面对遮罩进行羽化处理。方法为：选择复制后的“奇妙奶包装”图层，按〈M〉键两次，显示出遮罩的所有参数，接着将“Mask Feather (遮罩羽化)”的值设置为“12”，如图 4-15 所示，效果如图 4-16 所示。

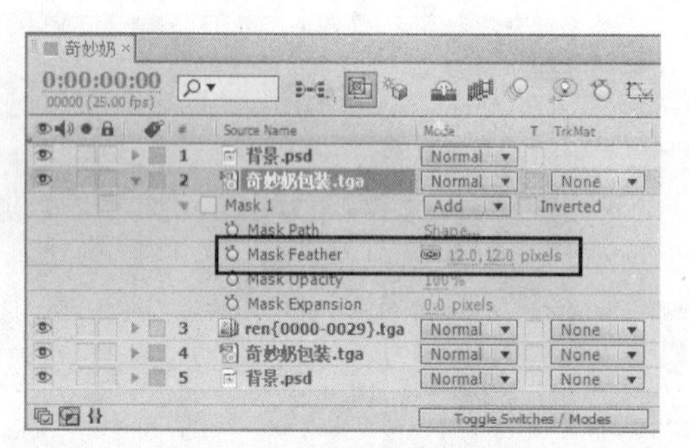

图 4-15　将“Mask Feather (遮罩羽化)”的值设置为“12”

图 4-16　“遮罩羽化”后的效果

12）重新显示原来的“奇妙奶包装”图层。

13）制作小人的移动动画。方法为：选择“ren {0000-0029} .tga”图层，按〈P〉键，展开“Position （位置)”属性。然后在第 0 帧和第 25 帧插入位置关键帧，并设置参数，如图 4-17 所示，如图 4-18 所示分别为第 0 帧和第 25 帧的效果。

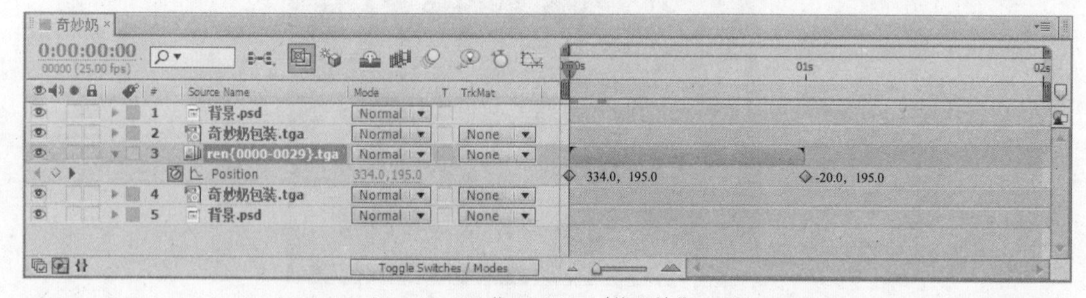

图 4-17　插入并设置“Position (位置)”关键帧参数

a)

b)

图 4-18　第 0 帧和第 25 帧的效果
a）第 0 帧的效果　b）第 25 帧的效果

14）制作小人穿过“奇妙奶包装”后的长大动画。方法为：选择“ren {0000-0029} .tga”图层，按〈S〉键展开“Scale（比例）”属性。然后拖动时间滑块，分别在小人进入和穿过“奇妙奶包装”时设置关键帧。接着将人物进入“奇妙奶包装”时的“Scale（比例）”设置为“25%”，将小人穿过“奇妙奶包装”时的比例设置为“40%”。

15）在“Preview（预览控制台）”面板中单击▶（播放）按钮，预览动画，即可看到小人穿过“奇妙奶包装”后的长大效果，如图 4-19 所示。

图 4-19　小人穿过“奇妙奶包装”后的长大效果

此时可以选择“ren {0000-0029} .tga”图层，按〈U〉键，查看所有关键帧的分布，如图 4-20 所示。

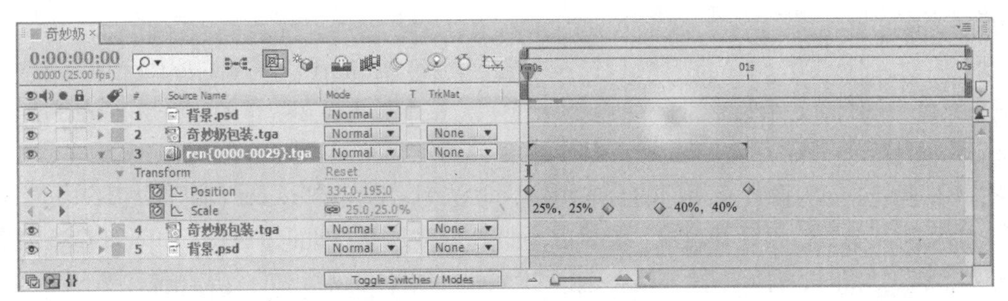

图 4-20　“时间线”窗口分布

16）目前动画播放的速度过快，下面对其进行减速处理。方法为：在“时间线”窗口中选择“ren {0000-0029} .tga”图层，然后选择“Layer（图层）|Time（时间）|Time Stretch（时间伸缩）”命令，接着在弹出的对话框中将“Stretch Factor（伸缩功能）”设置为“200%”，如图 4-21 所示。

单击“OK”按钮，此时这段动画的播放长度会变为原来的 3 倍（即播放速度变慢了，动画长度延长了）。

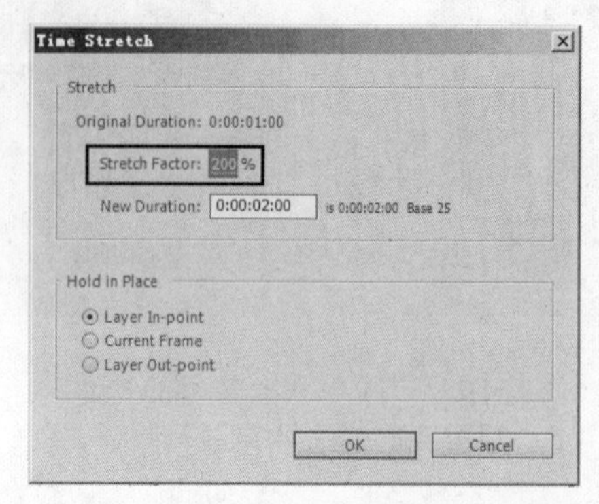

图 4-21 将“伸缩功能”设置为“200%”

17）选择“File（文件）| Save（保存）”命令，将文件进行保存。然后选择“File（文件）| Collect Files（收集文件）”命令，将文件进行打包。

4.2 变色的汽车

要点：

本例将制作变色的汽车动画，如图4-22所示。通过本例的学习，读者应掌握使用矩形遮罩工具和钢笔工具创建遮罩的方法，以及“Hue/Saturation（色相位/饱和度）”特效的应用。

图 4-22 变色的汽车

操作步骤：

1）启动 After Effects CS6，然后选择“File（文件）|Import（导入）|File（文件）”命令，导入配套光盘中的“源文件\第 2 部分 基础实例\第 4 章 遮罩效果\4.2 变色的汽车 folder\(Footage)\Car.jpg”图片。

2）创建与素材图像尺寸相同的合成图像。方法为：选择“Project（项目）”窗口中的“Car.jpg”，然后将其拖到（新建合成）按钮上，如图 4-23 所示。此时，After Effects CS6 会自动生成尺寸与素材相同的合成图像。接着选择“Project（项目）”窗口中的合成图像，按〈Enter〉键，将其重命名为“Car”，此时界面如图 4-24 所示。

3）绘制汽车选区。方法为：选择“Car.jpg”图层，然后按〈Ctrl+D〉组合键进行复制。接着选择该图层，按〈Enter〉键，将其重命名为“变色”，如图 4-25 所示。再选择工具栏中的钢笔工具，在“变色”图层上绘制汽车的形状，如图 4-26 所示。

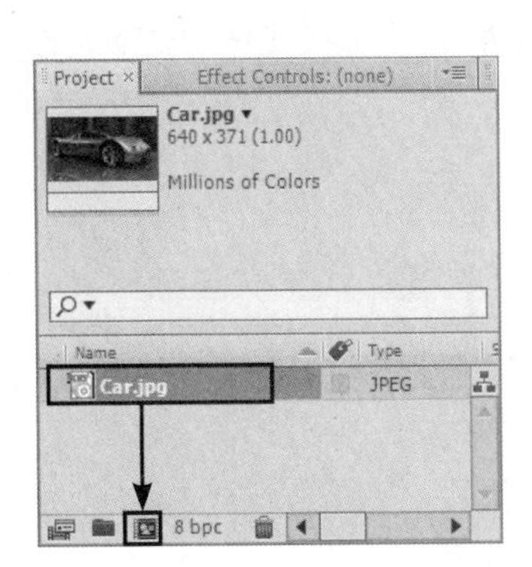

图 4-23　将 “Car.jpg” 拖到按钮上

图 4-24　界面布局

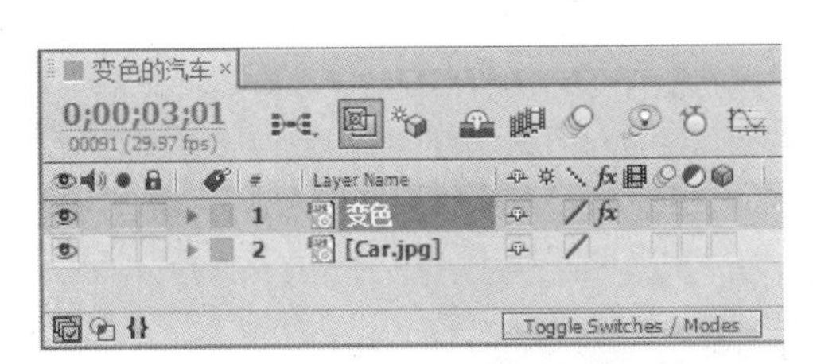

图 4-25　复制并重命名图层

图 4-26　绘制汽车选区

4）调整汽车的颜色。方法为：选择 “变色” 图层，然后选择 “Effect（效果）| Color Correction（色彩校正）| Hue/Saturation（色相位/饱和度）” 命令，给它添加一个 Hue/Saturation（色相位/饱和度）特效。接着在弹出的 “Effect Controls（特效控制台）” 面板中设置参数，如图 4-27 所示，效果如图 4-28 所示。

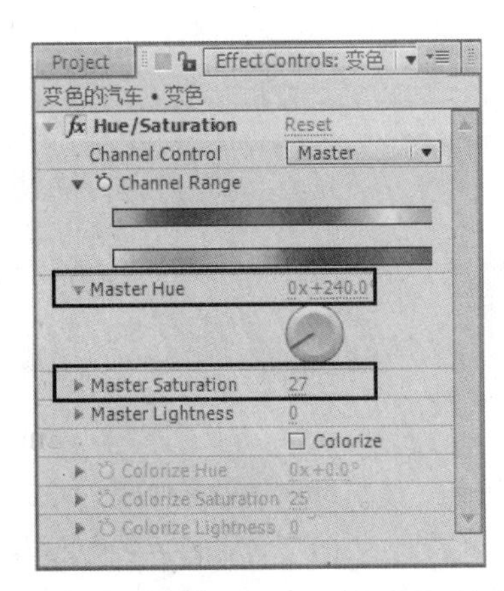

图 4-27　设置 “Hue/Saturation（色相位/饱和度）” 参数

图 4-28　调整 “Hue/Saturation（色相位/饱和度）” 参数后的效果

5）制作汽车变色动画。方法为：选择最下面的“Car.jpg”图层，按〈Ctrl+D〉组合键复制一次，然后选择该图层，按〈Enter〉键，将其重命名为“运动”。接着将其移动到最上层，如图 4-29 所示。

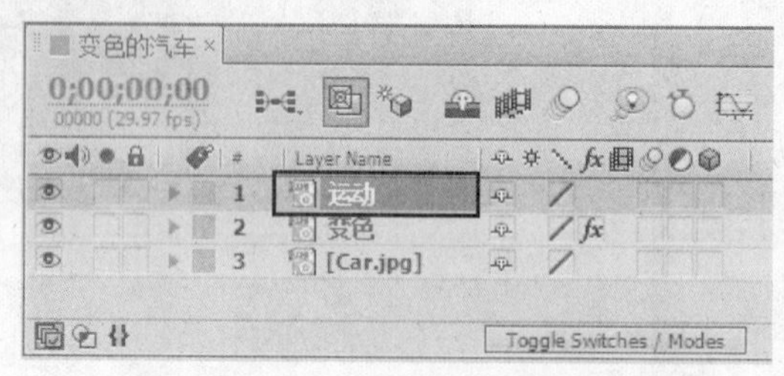

图 4-29 将“运动”层移动到最上层

6）选择工具栏中的矩形遮罩工具，然后在“运动”图层上绘制矩形，如图 4-30 所示。然后选择“运动”图层，按〈M〉键两次，展开“Mask 1 (遮罩 1)”属性。接着选择“Mask Expansion (遮罩扩展)”，分别在第 0 帧和第 4 秒 24 帧处插入关键帧，并设置参数，如图 4-31 所示。

图 4-30 绘制矩形遮罩

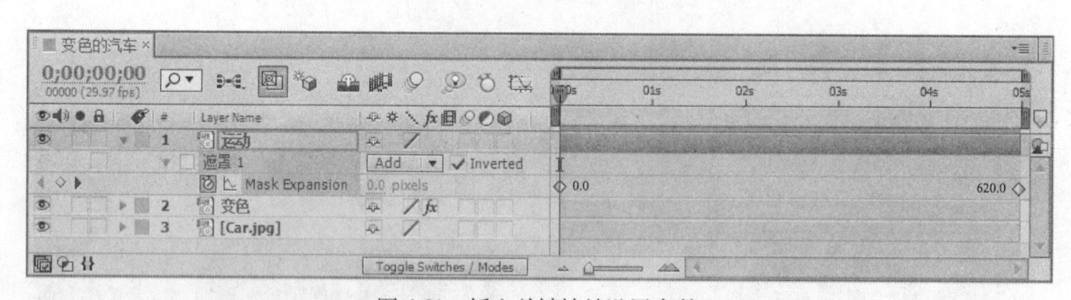

图 4-31 插入关键帧并设置参数

7）在“Preview(预览控制台)”面板中单击(播放)按钮，预览动画，效果如图 4-32 所示。

8）此时，汽车从绿色逐渐过渡到图片的颜色，而本例需要的是汽车从图片颜色逐渐过渡到绿色，下面来解决这个问题。方法为：在“时间线”窗口中选择“运动”图层“Mask 1 (遮罩 1)”中的“Invert (反转)”复选框，如图 4-33 所示，将遮罩反转。然后在“Preview（预览控制台)”面板中单击▶（播放）按钮，预览动画，效果如图 4-34 所示。

图 4-32　变色的汽车效果 1

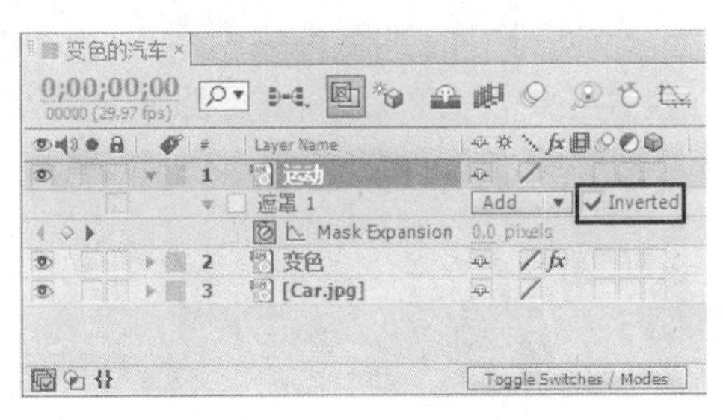

图 4-33　选择“Invert（反转）”复选框

图 4-34　变色的汽车效果 2

9）选择“File（文件）| Save（保存）”命令，将文件进行保存。然后选择“File（文件）| Collect Files（收集文件）”命令，将文件进行打包。

4.3　课后练习

1. 利用配套光盘中的“源文件\第 2 部分 基础实例\第 4 章 遮罩效果\课后练习\练习 1\(Footage)\mask Comp 1\ mask.psd”图片（如图 4-35 所示），制作文字动画效果，如图 4-36 所示。参数可参考配套光盘中的“源文件\第 2 部分 基础实例\第 4 章 遮罩效果\课后练习\练习 1\练习 1.aep”文件。

图 4-35　素材

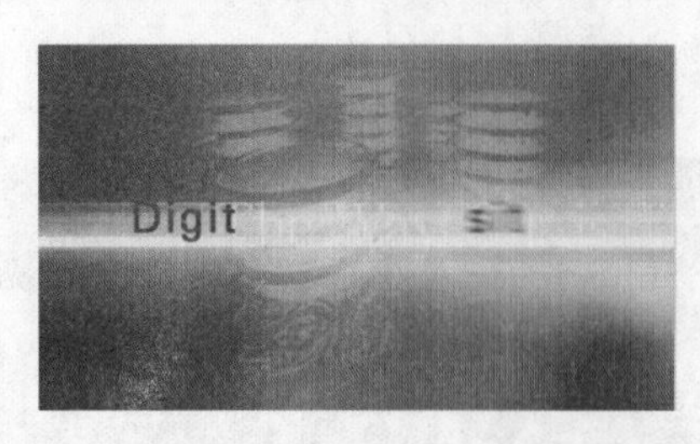

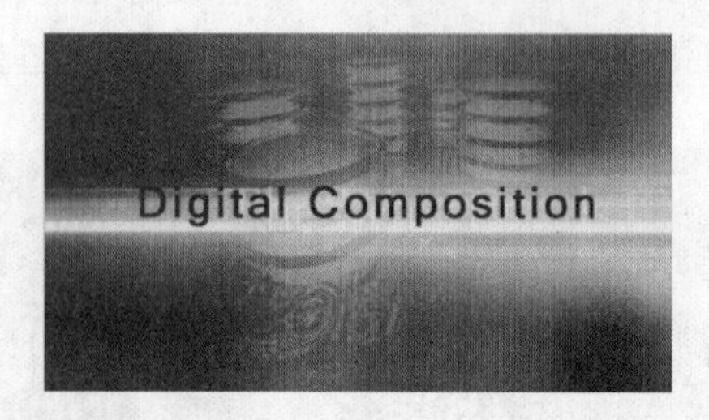

图 4-36　效果图

2. 利用配套光盘中的“源文件\第 2 部分 基础实例\第 4 章 遮罩效果\课后练习\练习 2\(Footage)\mode Comp 1\mode.psd”图片（如图 4-37 所示），制作不同图层的图片切换的遮罩动画效果，如图 4-38 所示。参数可参考配套光盘中的“源文件\第 2 部分 基础实例\第 4 章 遮罩效果\课后练习\课后练习\练习 2\练习 2.aep”文件。

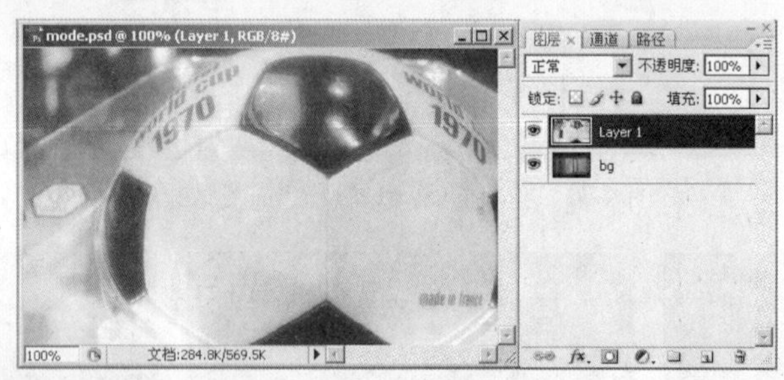

图 4-37　素材

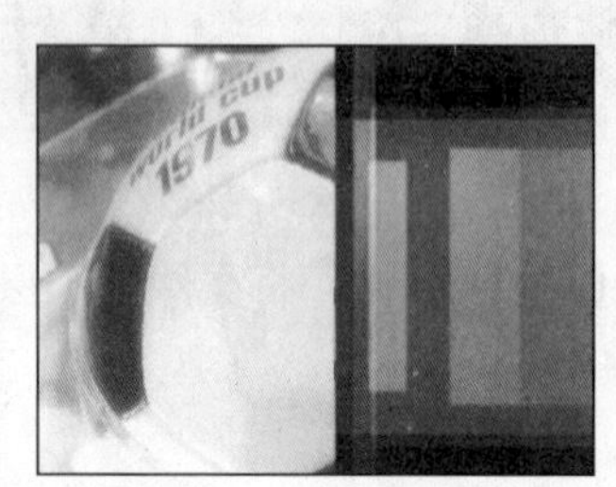

图 4-38　效果图

第5章　云雾效果

本章重点：

在后期合成中，云雾是使用非常频繁的特效，本章将通过两个实例来讲解云雾效果的具体应用。通过本章的学习，读者应掌握云雾效果的制作方法。

5.1　晨雾缭绕效果

要点：

本例将制作晨雾缭绕效果，如图5-1所示。通过本例的学习，读者应掌握“DE Fog Factory（雾工厂）”外挂特效和“色相位/饱和度”特效的综合应用。

图 5-1　晨雾缭绕效果

操作步骤：

1）启动After Effects CS6，选择“Composition（图像合成）|New Composition（新建合成组）”命令，在弹出的对话框中设置参数，如图 5-2 所示，然后单击“OK”按钮。

2）选择“File（文件）|Import（导入）|File（文件）”命令，导入配套光盘中的“源文件\第 2 部分 基础实例\第 5 章 云雾效果\5.1 晨雾缭绕效果 folder\(Footage)\室外效果.jpg”图片。然后从“Project（项目）”窗口中将它们拖入“时间线”窗口。接着选择“室外效果.jpg”图层，按〈S〉键，显示出“Scale（比例）”属性，将其数值设置为“30%”。

3）选择“Layer（图层）| New（新建）| Solid（固态层）”命令（快捷键为〈Ctrl+Y〉），在弹出的对话框中单击 Make Comp Size （制作为合成大小）按钮，如图 5-3 所示。然后单击“OK”按钮，创建一个与合成图像等大的固态层。

4）在“时间线”窗口中选择“黑色固态层”图层，然后选择“Effect（效果）| Digeffect Dilirium | DE Fog Factory（雾工厂）”命令，在“Effect Controls（特效控制台）”面板中设置参数，如图 5-4 所示，效果如图 5-5 所示。

提示：此时，预览速度比较慢，这是因为“DE Fog Factory（雾工厂）”效果产生的是动画，而不是单帧预览。

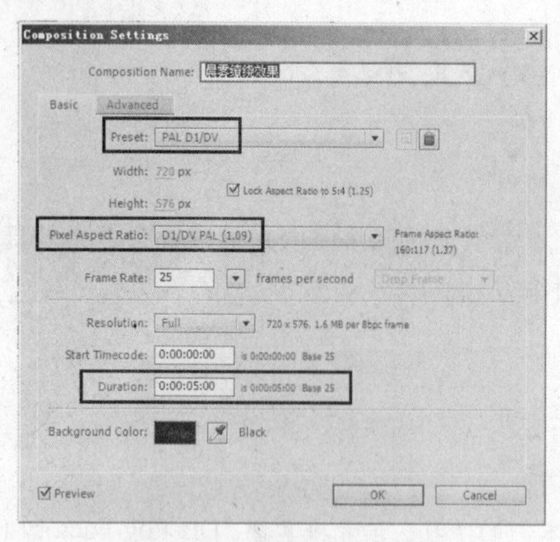

图 5-2　设置合成图像参数

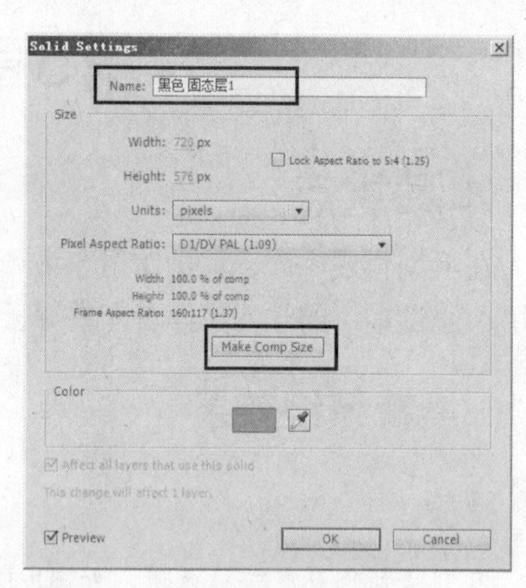

图 5-3　设置固态层参数

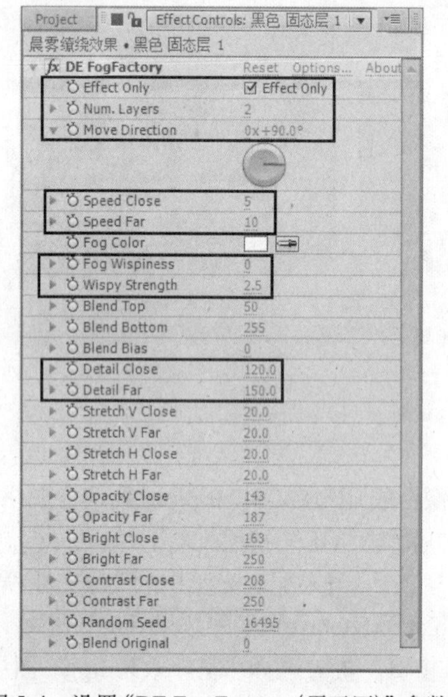

图 5-4　设置“DE Fog Factory（雾工厂）”参数

图 5-5　DE Fog Factory（雾工厂）效果

5）在“时间线”窗口中将“黑色固态层 1”的图层混合模式设置为“Screen（屏幕）”，如图 5-6 所示，效果如图 5-7 所示。

6）此时，背景图片过亮，下面对其进行调整。方法为：选择“室外效果 .jpg”图层，然后选择“Effect（效果）| Color Correction（色彩校正）| Hue/Saturation（色相位 / 饱和度）”命令，在“Effect Controls（特效控制台）”面板中设置参数，如图 5-8 所示，效果如图 5-9 所示。

7）在“Preview（预览控制台）”面板中单击▶（播放）按钮，预览动画，效果如图 5-10 所示。

8）选择“File（文件）| Save（保存）”命令，将文件进行保存。然后选择“File（文件）| Collect Files（收集文件）”命令，将文件进行打包。

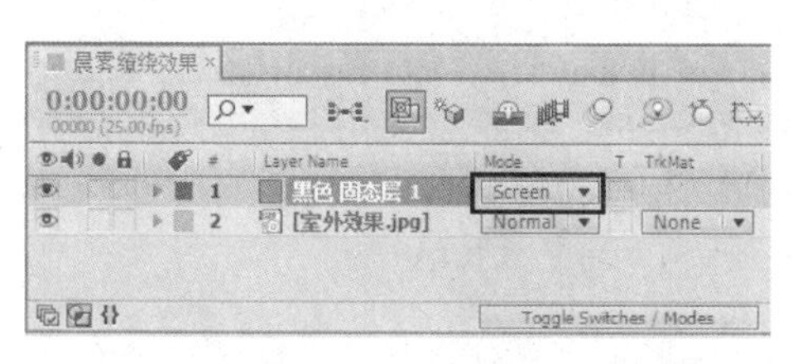

图 5-6　将混合模式设置为“Screen (屏幕)”

图 5-7　“Screen (屏幕)” 效果

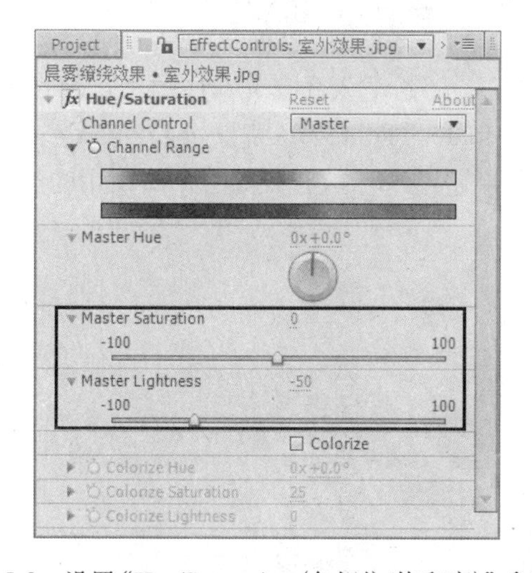

图 5-8　设置“Hue/Saturation (色相位/饱和度)” 参数

图 5-9　“Hue/Saturation (色相位/饱和度)” 参数

图 5-10　晨雾缭绕效果

5.2　飘动的白云效果

要点：

本例将制作蓝天中飘动的白云效果，如图5-11所示。通过本例的学习，读者应掌握使用钢笔工具绘制遮罩并羽化边缘的方法，以及“Corner Pin（边角固定）”特效的应用。

图 5-11　飘动的白云效果

操作步骤：

1. 创建雪山区域

1）启动 After Effects CS6，选择“Composition（图像合成）|New Composition（新建合成组）”命令，在弹出的对话框中设置参数，如图 5-12 所示，单击“OK”按钮。

2）选择“File（文件）|Import（导入）|File（文件）”命令，导入配套光盘中的“源文件\第 2 部分 基础实例\第 5 章 云雾效果 \5.2 飘动的白云效果 folder\（Footage）\ 背景 .jpg”和“天空 .jpg”文件。然后从“Project（项目）”窗口中将它们拖入“时间线”窗口，放置到如图 5-13 所示的位置。

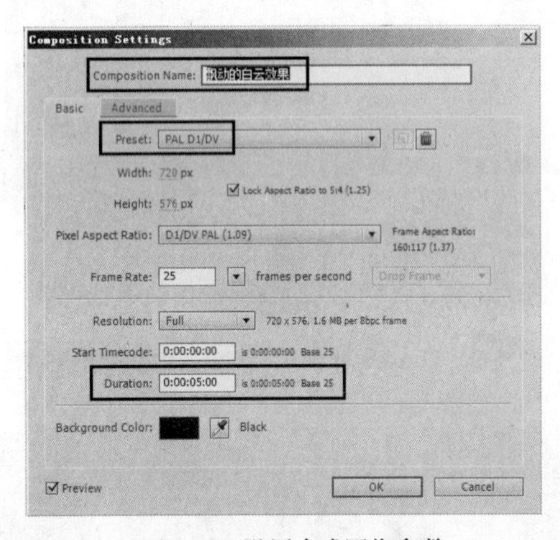

图 5-12　设置合成图像参数

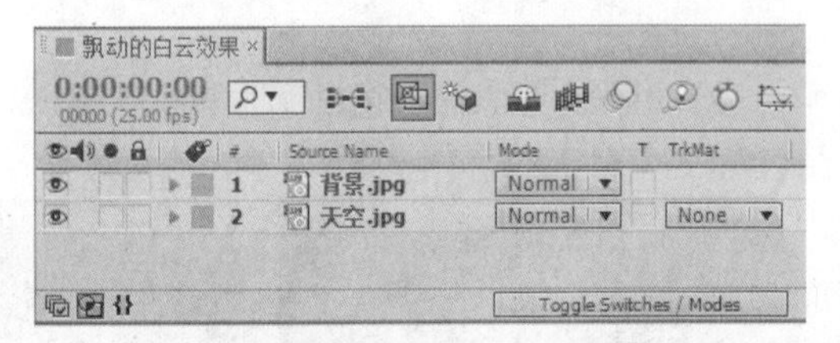

图 5-13　“时间线”窗口分布

3）在“时间线”窗口中选择“背景 .jpg”图层，然后使用工具箱中的钢笔工具绘制遮罩，如图 5-14 所示。

4）羽化边缘。方法为：选择“背景 .jpg”图层，按〈M〉键两次，展开“Mask1（遮罩 1）”选项，然后将“Mask Feather（遮罩羽化）”值设置为“5”，如图 5-15 所示，效果如图 5-16 所示。

2. 制作飘动的云彩

1）在“时间线”窗口中选择“天空 .jpg”图层，然后选择“Effect（效果）| Distort（扭曲）| Corner Pin（边角固定）”命令，在“Effect Controls（特效控制台）”面板中设置参数，如图 5-17 所示，效果如图 5-18 所示。

图 5-14　绘制遮罩

图 5-15　设置“Mask Feather (遮罩羽化)”参数

图 5-16　调整“Mask Feather (遮罩羽化)”参数后的效果

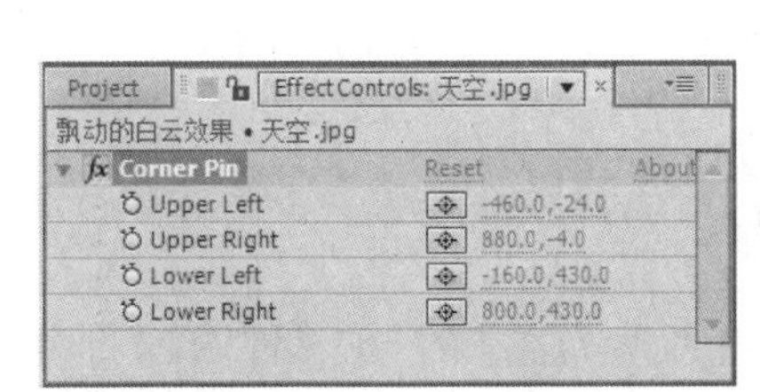

图 5-17　设置“Corner Pin (边角固定)”参数 1

图 5-18　调整“Corner Pin (边角固定)”参数后的效果 1

2) 将时间线移动到第 0 帧，然后在“Effect Controls (特效控制台)”面板中单击“Upper Left (上左)”和“Upper Right (上右)”左侧的图标，插入关键帧。接着将时间线移动到第 4 秒 24 帧，参数设置如图 5-19 所示，效果如图 5-20 所示。

3) 在“Preview (预览控制台)”面板中单击▶ (播放) 按钮，预览动画，效果如图 5-21 所示。

4) 选择“File (文件) | Save (保存)”命令，将文件进行保存。然后选择“File (文件) | Collect Files (收集文件)”命令，将文件进行打包。

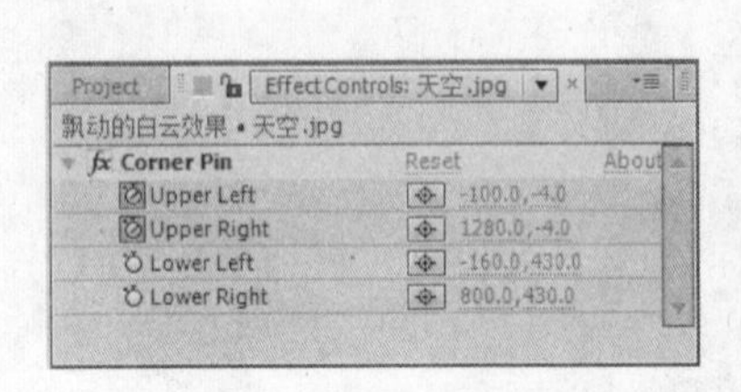

图 5-19　设置“Corner Pin (边角固定)”参数 2

图 5-20　调整“Corner Pin (边角固定)”参数后的效果 2

图 5-21　飘动的白云效果

5.3　课后练习

1. 制作晨雾缭绕效果，如图 5-22 所示。参数可参考配套光盘中的“源文件\第 2 部分 基础实例\第 5 章 云雾效果\课后练习\练习 1\练习 1.aep”文件。

图 5-22　练习 1 效果

2. 制作流动的云雾效果，如图 5-23 所示。参数可参考配套光盘中的“源文件\第 2 部分 基础实例\第 5 章 云雾效果\课后练习\练习 2\练习 2.aep”文件。

图 5-23　练习 2 效果

第3部分　特 效 实 例

第6章 破碎效果

本章重点：

破碎效果是影视广告中常见的一种特效，利用 After Effects CS6 中的“Shatter (碎片)”特效可以十分方便地制作出这种特效。本章将通过 3 个实例来具体讲解“Shatter (碎片)”特效在实际制作中的具体应用。通过本章的学习，读者应掌握“Shatter (碎片)”特效的使用方法。

6.1 飘落的树叶

要点：

本例将制作飘落的树叶效果，如图6-1所示。通过本例的学习，读者应掌握“Shatter (碎片)”特效的应用。

图 6-1 飘落的树叶

操作步骤：

1）启动 After Effects CS6，然后选择“Composition (图像合成) |New Composition (新建合成组)”命令，创建一个新的合成图像。接着选择“File (文件) |Import (导入) |File (文件)”命令，导入配套光盘中的“源文件\第 3 部分 特效实例\第 6 章 破碎效果\6.1 飘落的树叶 folder\ (Footage)\树叶 .jpg”“不透明度图 .jpg”和“pic.jpg” 3 张图片，如图 6-2 所示。

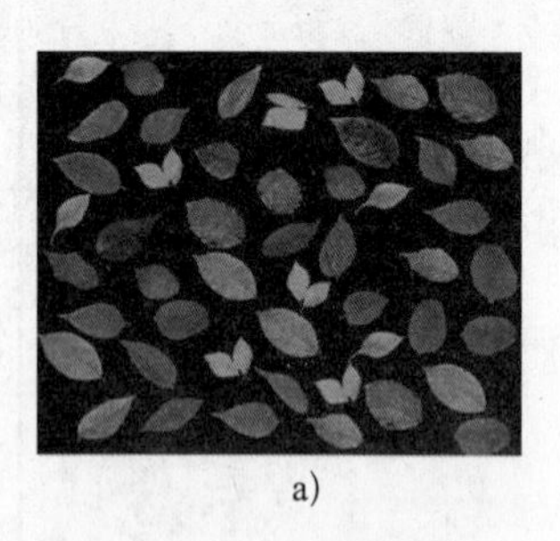
a)

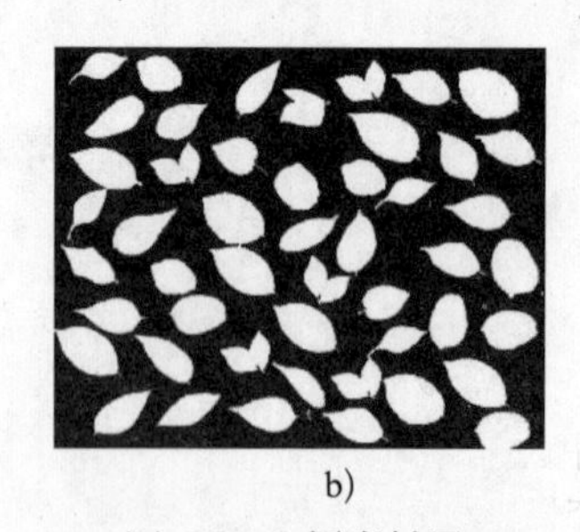
b)

c)

图 6-2 3 幅素材图
a) 树叶 .jpg b) 不透明度图 .jpg c) pic.jpg

2）创建一个与“pic.jpg”图片等大的合成图像。方法为：选择“Project (项目)”窗口中的 3 张图片，将它们拖到 (新建合成) 按钮上，然后在弹出的对话框中设置参数，如图 6-3 所示，单击“OK”按钮，创建一个与“pic.jpg”图片等大的合成图像。接着将其重命名为“飘落的树叶”，最后调整 3 张图片的位置，如图 6-4 所示。

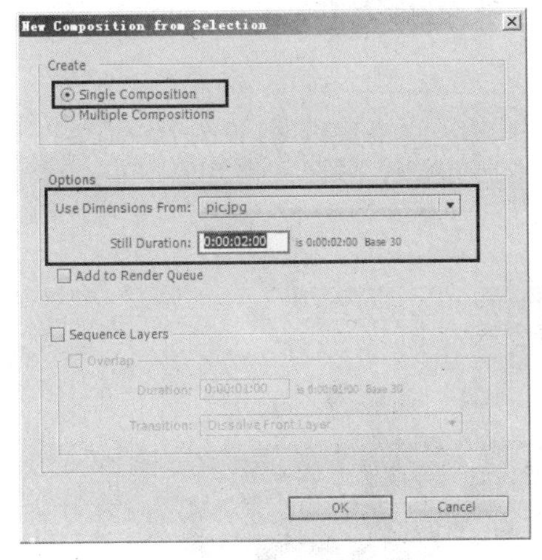

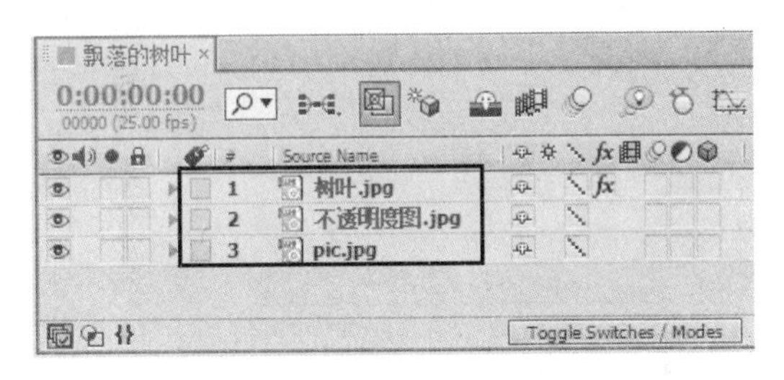

图 6-3　设置合成图像参数

图 6-4　调整图片的位置

3）选择“树叶”图层，选择“Effect (效果) | Simulation (模拟仿真) | Shatter (碎片)”命令，给它添加一个“Shatter (碎片)”特效。然后在弹出的“Effect Controls (特效控制台)”面板中设置参数，如图 6-5 所示，效果如图 6-6 所示。

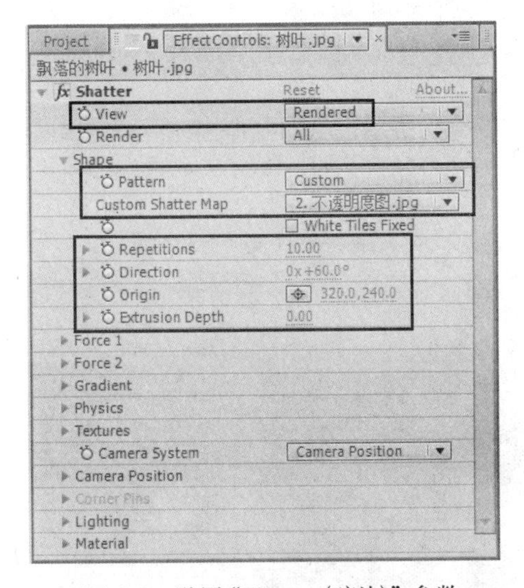

图 6-5　设置“Shatter (碎片)”参数

图 6-6　调整“Shatter (碎片)”参数后的效果

提示：在“View (查看)”下拉列表中选择“Rendered (渲染)”选项是为了使树叶以实体显示。“Shape (外形)”参数可以对爆炸碎片的状态进行设置。其中，“Pattern (图案)”用于设置碎片的形状，内置了几种碎片形状，这里使用“Custom (自定义)”；“Custom Shatter Map (自定义碎片映射)”用于设定产生爆炸碎片形状的参考层，就是通常所说的遮罩图，这里选择“2. 不透明度图 .jpg”；“Repetitions (反复)”可以控制爆炸产生碎片的数量；“Directio (方向)”设置爆炸的角度；“Origin (焦点)”设置爆炸的起点；“Extrusion Depth (挤压深度)”设置碎片的厚度。

4）为便于观看，下面单击“不透明度图 .jpg”图层左侧的👁图标，隐藏“不透明度图 .jpg”图层。

5）此时，树叶力场的半径太小，不能够整体飘散。为此，需要展开“Force 1（焦点 1）”，参数设置如图 6-7 所示，效果如图 6-8 所示。

提示：“Force1/2（焦点 1/2）”可以为爆炸指定一个力。其中，“Depth（深度）”用于设置力场的深度；“Radius（半径）”用于设置力场的半径，数值越大，爆炸面积越大；“Strength（强度）”用于设置力场的强度，大的数值可以使碎片飞得更远。

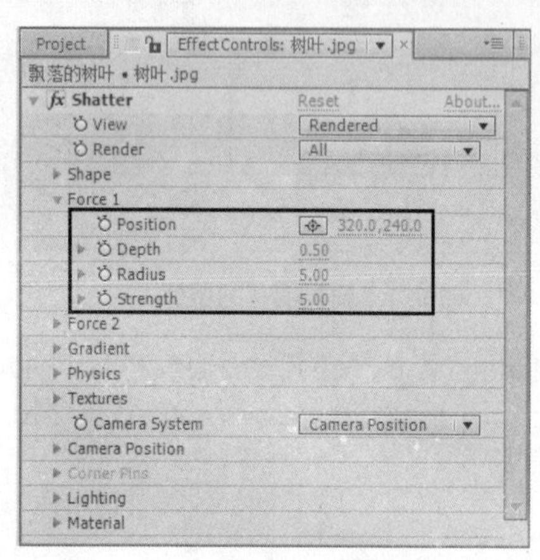

图 6-7 设置“Force 1（焦点 1）”参数

图 6-8 调整“Force 1（焦点 1）”参数后的效果

6）再展开“Physics（物理）”选项组，设置参数如图 6-9 所示，从而制作出树叶受重力影响四处飞散的效果，如图 6-10 所示。

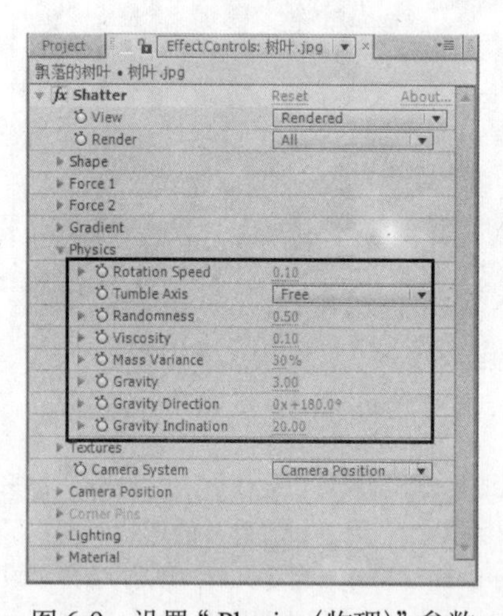

图 6-9 设置“ Physics（物理）”参数

图 6-10 调整“ Physics（物理）”参数后的效果

提示：在“Physics（物理）”选项组中可以对爆炸的旋转速度、滚动轴、重力等进行设置。其中“Rotation

Speed（旋转速度）”参数用于控制爆炸产生碎片的旋转速度，当数值为0时，碎片不会翻滚旋转，数值越高，旋转速度越快。“Tumble Axis（滚动轴）”参数可以设置爆炸后的碎片如何翻滚旋转，默认为“Free（自由）”，表示碎片自由翻滚；如果在下拉列表中选择“None（无）”选项，表示不产生翻滚。“Randomness（随机度）”参数用于控制碎片飞散的随机值。较高的值产生不规则的、凌乱的碎片飞散效果。“Viscosity（黏性）”参数用于控制碎片的黏度，较高的值使碎片聚集在一起。“Mass Variance（变量）”参数用于控制爆炸碎片集中的百分比。“Gravity（重力）”参数用于为爆炸施加一个重力，其好像自然界中的重力一样，爆炸产生的碎片会受到重力的影响，根据重力的方向坠落或者升起。“Gravity Direction（重力方向）”参数用于设置重力的方向。Gravity Inclination（重力倾斜）参数用于为重力设置一个倾斜度。

7）展开“Camera Position（摄像机位置）”选项组，参数设置如图 6-11 所示，从而控制所使用的摄像机系统，效果如图 6-12 所示。

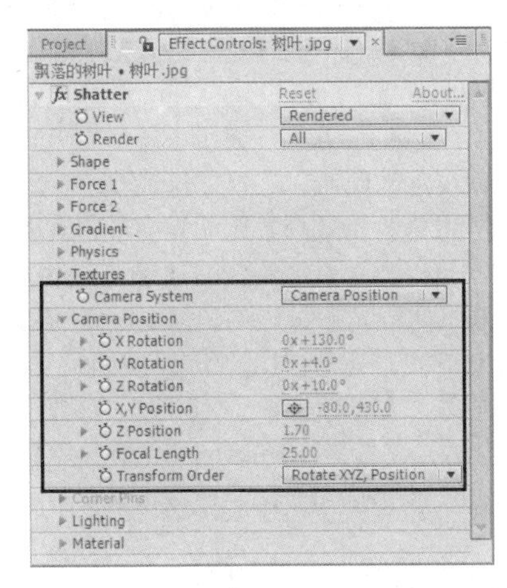

图 6-11　设置“Camera Position（摄像机位置）”参数

图 6-12　调整“Camera Position（摄像机位置）”参数后的效果

提示：1）“Camera System（摄像机系统）”参数可以控制特效中所使用的摄像机系统。在右侧下拉列表中有“Camera Position（摄像机位置）”、“Corner Pins（角度）”和“Comp Camera（合成摄像机）”3个选项可供选择。选择“Camera Position（摄像机位置）”选项，则可在下方的“Camera Position（摄像机位置）”参数栏控制特效摄像机观察效果；选择“Corner Pins（角度）”选项，则可利用下方的“Corner Pins（角度）”参数栏的边角控制参数控制效果。选择“Comp Camera（合成摄像机）”选项，则可由合成图像中的摄像机进行控制，当特效图层为三维图层时，建议使用“Comp Camera（合成摄像机）”。需要注意的是，使用该方式，必须确保合成图像中已经建立了摄像机。

2）此时选择的是“Camera Position（摄像机位置）”选项。其中，“X/Y/Z Rotation”参数控制摄像机在X、Y、Z轴上的旋转角度。“X/Y/ZPosition”参数则控制摄像机在三维空间中的位置属性；用户可以在参数栏中设置摄像机的位置，也可以在“合成图像”窗口中拖动摄像机控制点的位置；“Focal Length（焦距）”参数可以控制摄像机焦距；在“Transform Order（变换顺序）”右侧下拉列表中可以选择摄像机的变化顺序。

8）展开“Lighting（照明）”选项组，参数设置如图 6-13 所示，为树叶添加灯光效果。至此，飘落的树叶动画制作完毕，最终效果如图 6-14 所示。

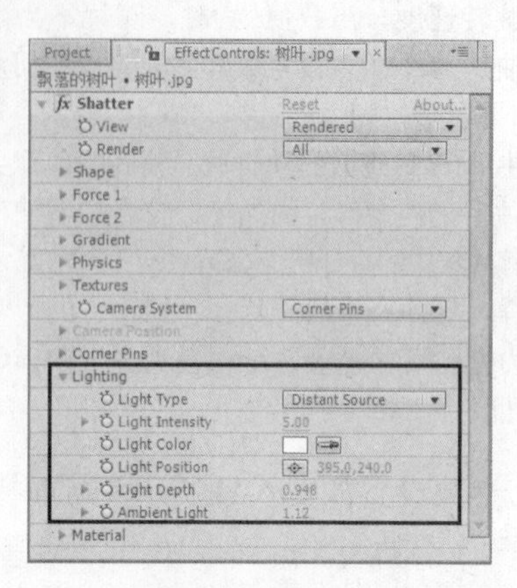

图6-13　设置"Lighting（照明）"参数

图6-14　调整"Lighting（照明）"参数后的效果

提示："Lighting（照明）"选项组用于控制特效中所使用的灯光参数。在"Light Type（灯光类型）"下拉列表中有"Point Source（点光源）""Distant Source（远距光）"和"First Comp Light（首选合成照明）"3种灯光方式可供选择。选择"Point Source（点光源）"方式，表示系统使用点光源照明；选择"Distant Source（远距光）"方式，表示系统使用远光照明；选择"First Comp Light（首选合成照明）"方式，表示系统使用合成图像中的第一盏灯为特效场景照明。当用户使用三维合成时，选择"First Comp Light（首选合成照明）"方式可以产生更为真实的效果。选择该选项后，灯光由合成图像中的灯光控制参数控制，不受特效下的灯光参数影响。需要注意的是，要使用合成图像灯光照明，必须确认合成图像中已经建立灯光。此外"Lighting（照明）"选项组中的"Light Intensity（照明强度）"参数用于控制灯光强度；"Light Color（照明色）"参数用于控制灯光颜色；"Light Position（灯光位置）"参数可以调整灯光位置；"Light Depth（照明纵深）"用于控制灯光在Z轴上的深度位置；"Ambient Light（环境光）"参数则用于控制环境光强度。

9）在"Preview（预览控制台）"面板中单击▶（播放）按钮，预览动画。

10）选择"File（文件）| Save（保存）"命令，将文件进行保存。然后选择"File（文件）| Collect Files（收集文件）"命令，将文件进行打包。

6.2　逐个打碎的文字

要点：

本例将制作由数字碎片逐个组成文字的效果，如图6-15所示。通过本例的学习，读者应掌握如何使用"Shatter（碎片）"特效、"Light Factory（光工厂）"外挂特效和"Enable Time Remapping（启用时间重置）"命令来实现时间回放。

图6-15　逐个打碎的文字

操作步骤：

1. 制作“文字破碎”合成图像

1）启动 After Effects CS6。选择“Composition（图像合成）|New Composition（新建合成组）”命令，创建一个新的合成图像。然后选择“File（文件）|Import（导入）|File（文件）”命令，导入配套光盘中的“源文件\第 3 部分 特效实例\第 6 章 破碎效果\6.2 逐个打碎的文字 folder\（Footage）\2.psd”图片。

提示：由于PSD文件含有图层，因此会弹出如图6-16所示的对话框，此时需要分别导入“文字”和“Background”两个图层，如图6-17所示。

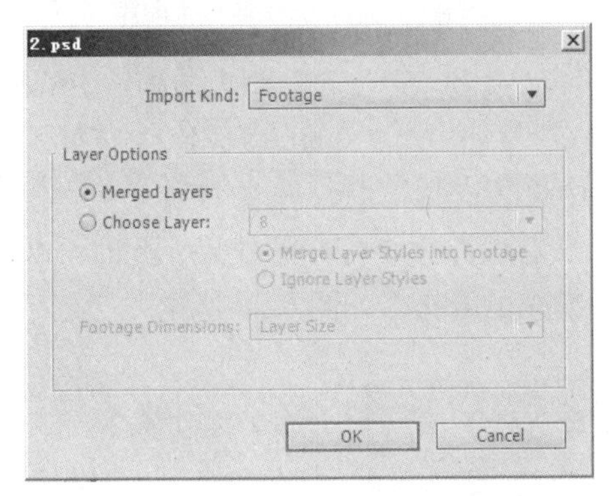

图 6-16　导入 2.psd 文件时的对话框

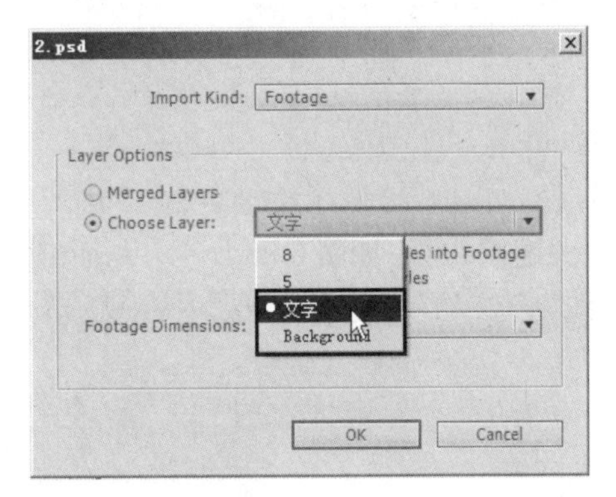

图 6-17　导入“文字”和“Background”两个图层

2）创建一个与“背景.psd”图片等大的合成图像。方法为：同时选择“Project（项目）”窗口中的“Background.psd”和“文字.psd”文件，将它们拖到▣（新建合成）按钮上，如图 6-18 所示。在弹出的对话框中设置参数，如图 6-19 所示，单击“是”按钮，此时，Affter Effects CS6 会自动生成尺寸与素材相同的合成图像，然后将合成图像重命名为“文字破碎”。

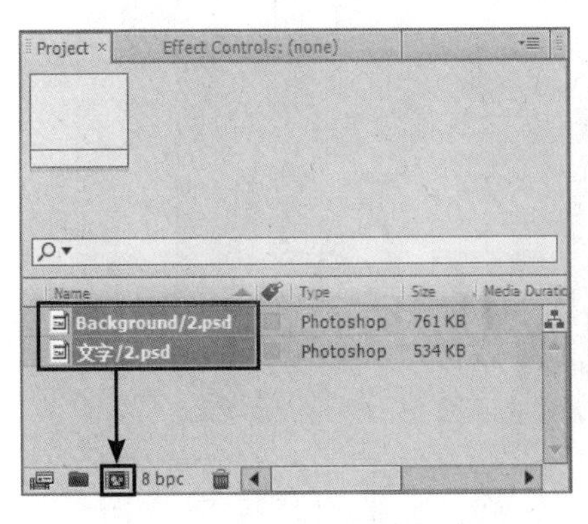

图 6-18　将素材拖到▣按钮上

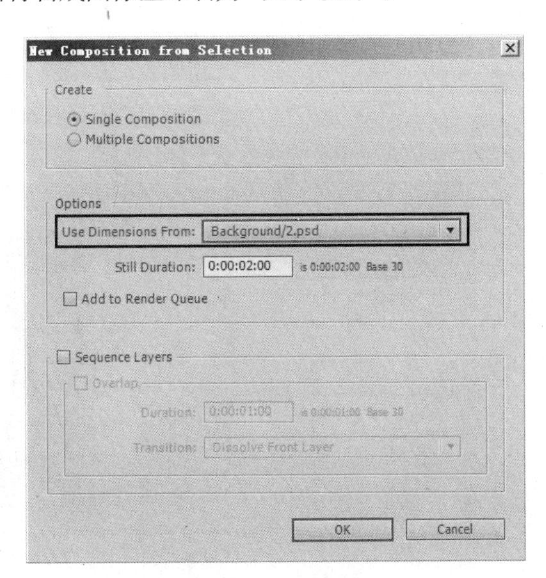

图 6-19　选择作为合成图像尺寸的图像文件

3）将文字图层转换为三维图层，然后新建“摄像机 1”图层，如图 6-20 所示。接着按〈C〉键，在合成窗口中调整摄像机的角度，效果如图 6-21 所示。

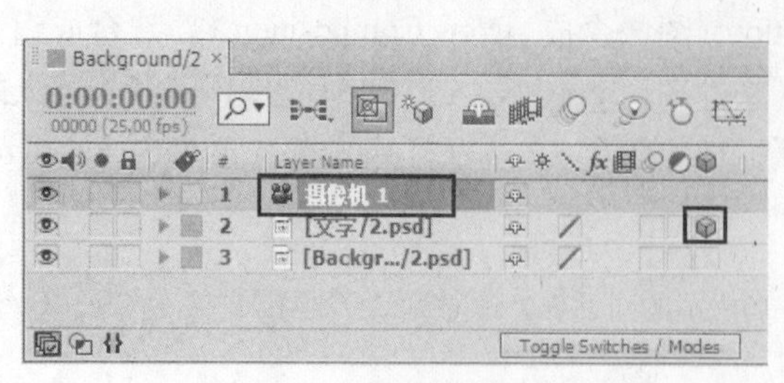

图 6-20 创建“摄像机 1”图层

图 6-21 调整摄像机 1 的角度

4）制作文字逐个打碎动画。方法为：在“时间线”窗口中选择“文字”图层，选择“Effect (效果) | Simulation (模拟仿真) | Shatter (碎片)”命令，给它添加一个“Shatter (碎片)”特效，然后设置参数，如图 6-22 所示。接着在“Shape (外形)”中设置碎片形状，并在“Force 1 (焦点 1)”下设置关键帧动画，如图 6-23 所示，从而制作出文字从右往左逐个打碎的效果。此时可以选择“时间线”窗口中的“文字”图层，按〈U〉键，查看关键帧的分布，如图 6-24 所示。

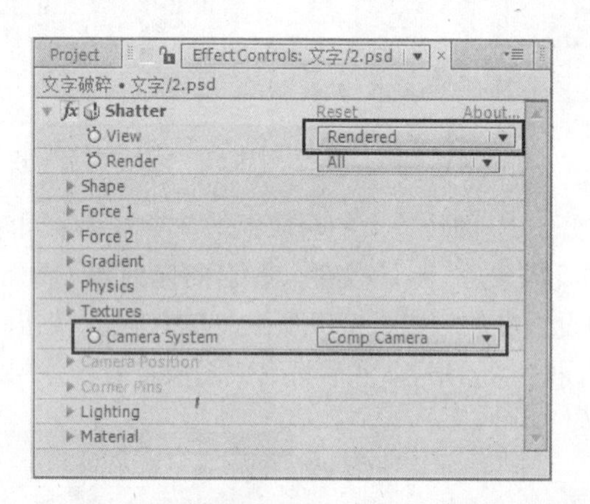

图 6-22 设置“Shatter (碎片)”参数

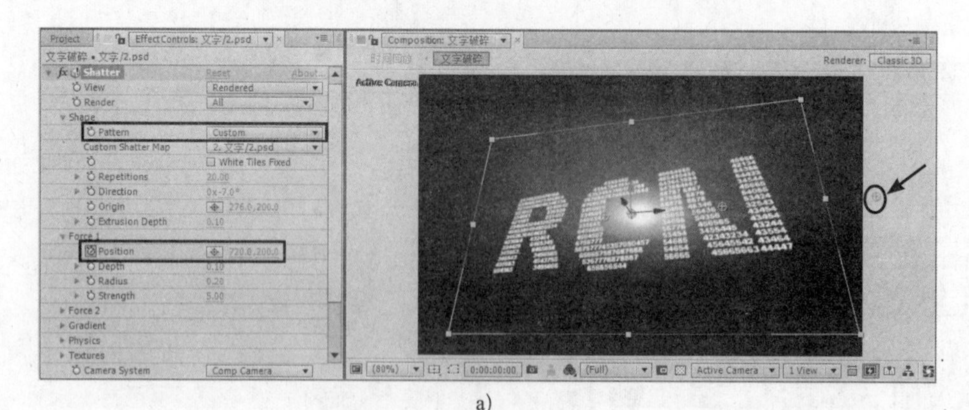

a)

图 6-23 设置关键帧动画

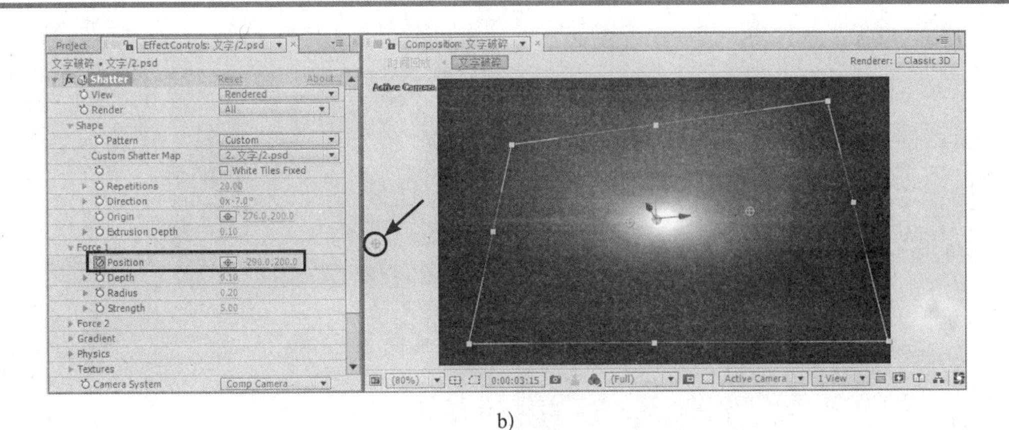

b)

图 6-23　设置关键帧动画（续）

a）第 0 帧　b）第 90 帧

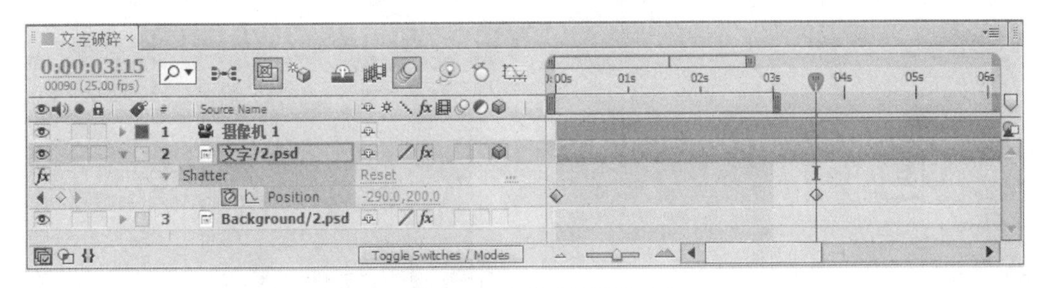

图 6-24　查看关键帧的分布

5）为了美观，下面对“Background”图层添加光效。方法为：选择“Background”图层，然后选择“效果 | Knoll Light Factory | Light Factory（光工厂）”命令，给它添加一个“Light Factory（光工厂）”特效，效果如图 6-25 所示。

图 6-25 “ Light Factory（光工厂）”效果

6）此时，光效类型并不是本例所需要的，下面对光效进行进一步调整。方法为：单击“Options…”按钮，如图 6-26 所示，然后在弹出的如图 6-27 所示的对话框中单击“Load”按钮。接着选择配套光盘中的“源文件\第 3 部分 特效实例\第 6 章 破碎效果\6.2 逐个打碎的文字 folder\1.lfp”文件（如图 6-28 所示），单击“打开”按钮，载入需要的光效类型，如图 6-29 所示。最后单击“OK”按钮。

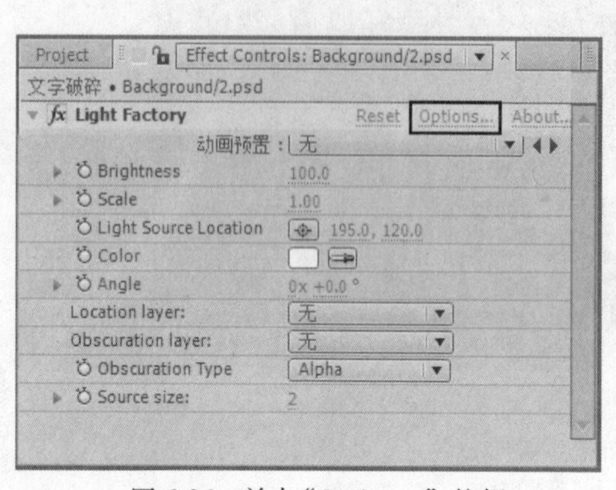

图 6-26 单击“Options...”按钮

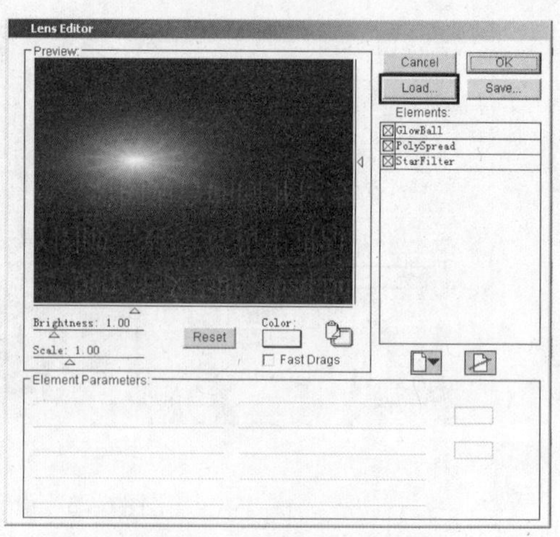

图 6-27 单击“Load”按钮

图 6-28 选择“1.lfp”文件

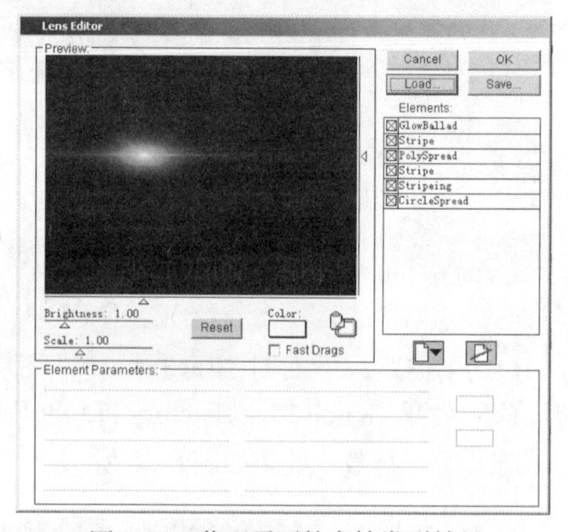

图 6-29 载入需要的光效类型效果

7）调整光效中心点。方法为：在“Effect Controls（特效控制台）”面板中调节“Light Source Location（光源点位置）”参数，如图 6-30 所示，效果如图 6-31 所示。

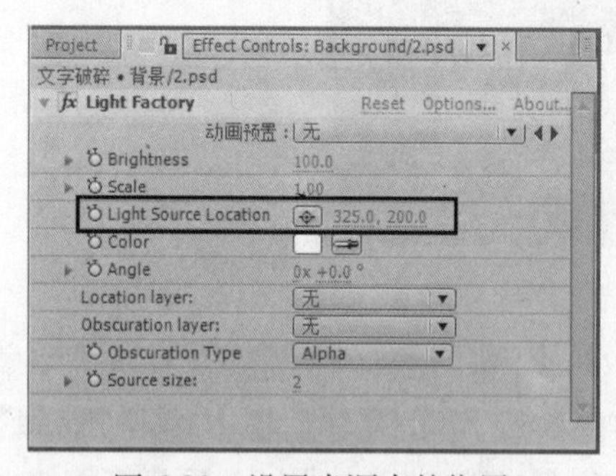

图 6-30 设置光源点的位置

图 6-31 调整光源点位置参数后的效果

8）在“Preview（预览控制台）”面板中单击 ▶（播放）按钮，预览动画，效果如图 6-32 所示。

图 6-32　预览动画效果

2. 制作“时间回放”合成图像

1）选择“项目”窗口中的“文字破碎”素材，将其拖到 （新建合成）按钮上，从而生成一个尺寸与素材相同的合成图像。然后重命名为“时间回放”。

2）拖动时间线观察一下，确认文字完全打碎后消失的时间（3 秒 14 帧），如图 6-33 所示。然后按〈Ctrl+Shift+D〉组合键，将“时间线”窗口分割成两层，如图 6-34 所示。接着选择 3 秒 14 帧后的时间线，按〈Delete〉键进行删除，此时时间线分布如图 6-35 所示。

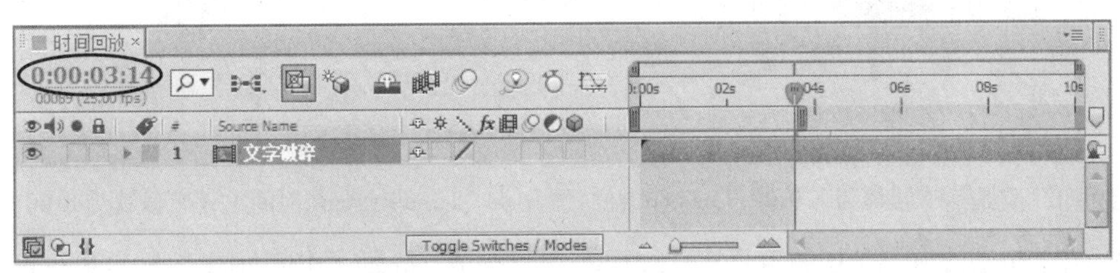

图 6-33　将时间定位在 3 秒 14 帧

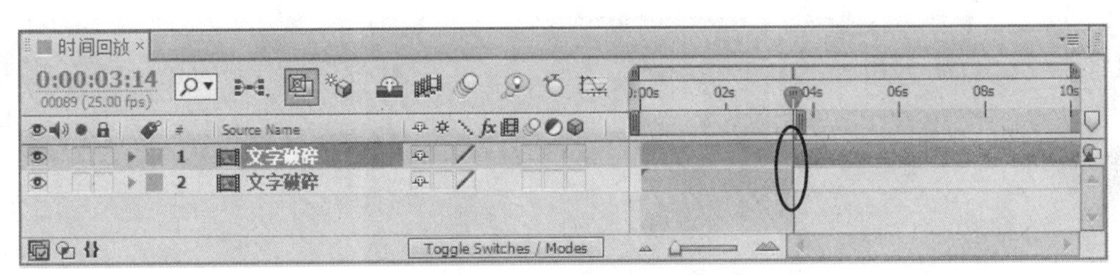

图 6-34　将时间线分割成两层

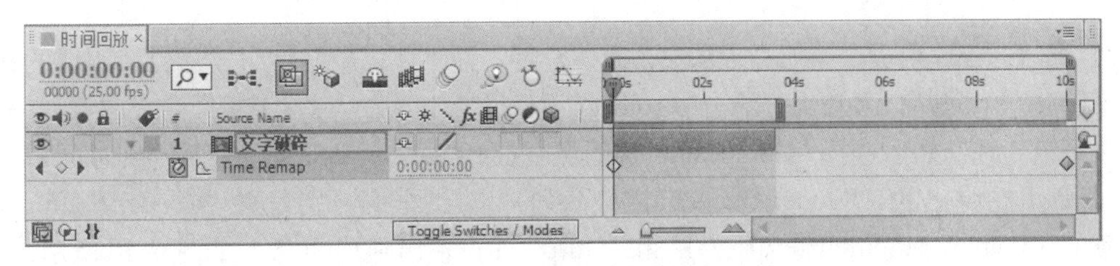

图 6-35 “时间线”窗口分布

3）制作文字逐渐组合效果。方法为：选择“文字破碎”图层，然后选择“Layer（图层）|Time(时间)|Enable Time Remapping（启用时间重置）”命令，“时间线”窗口分布如图 6-36 所示。将第 0 帧的“Time Remap（时间重置）”设置为 0:00:03:14，如图 6-37 所示。接着将最后一帧移到第 0:00:03:14 帧的位置，并将“Time Remap（时间重置）”设置为 0:00:00:00，如图 6-38 所示。

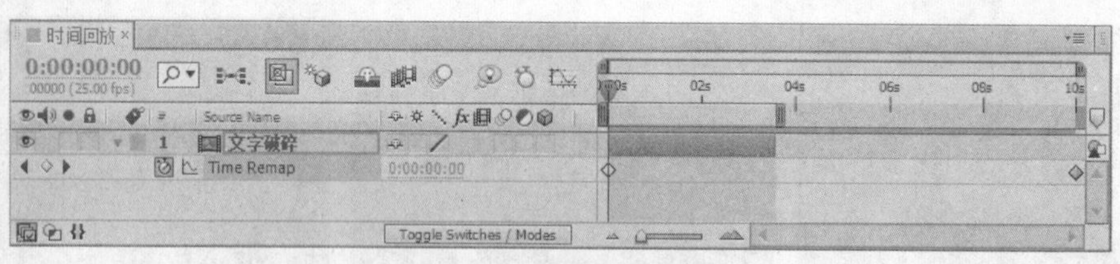

图 6-36 “时间线” 窗口分布

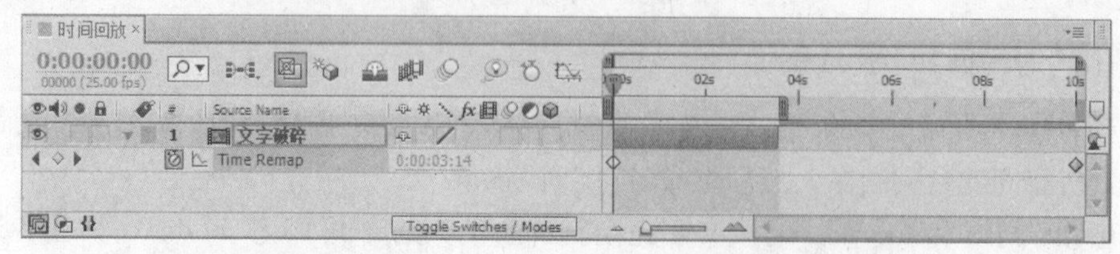

图 6-37　将第 0 帧的“时间重置” 设置为 0:00:03:14

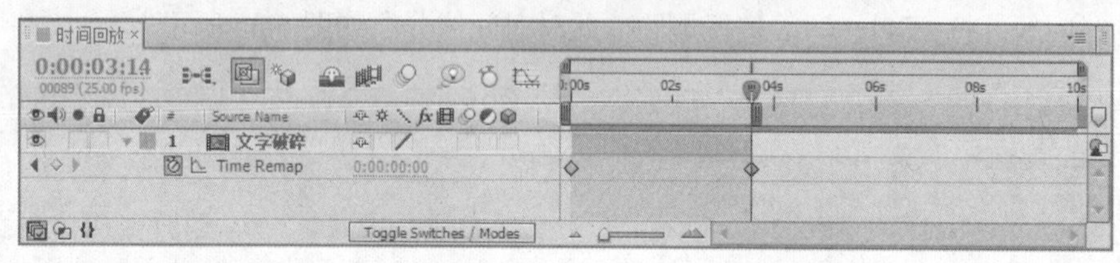

图 6-38　将最后一帧移到第 0:00:03:14 帧的位置，并将“Time Remap (时间重置)” 设置为 0:00:00:00

4）在“Preview (预览控制台)” 面板中单击▶（播放）按钮，预览动画，效果如图 6-39 所示。

图 6-39　预览动画效果

5）此时，碎片组成文字后马上消失，有些仓促，而本例需要文字组成后保持组成的状态，下面来解决这个问题。方法为：双击“Project (项目)” 窗口中的“文字破碎” 合成图像，将时间线放置到第 0 帧。然后选择 “Composition（图像合成）| Save Frame As (另存单帧为) | File（文件)” 命令，在弹出的 “Render Queue（渲染队列)” 对话框中分别设置 “Render Settings（渲染设置)” “Output Module (输出组件)” 和 “Output To (输出到)” 参数，如图 6-40 所示，再单击 “Render (渲染)” 按钮，将文件输出。

6）双击“Project (项目)” 窗口中的“时间回放” 合成图像，然后选择“File (文件) |Import (导入) |File (文件)” 命令，导入刚才保存的“静帧 .jpg” 图片，然后将它拖入“时间线” 窗口，并放置在最底层，入点为第 3 秒 15 帧，如图 6-41 所示。

7）在“Preview (预览控制台)” 面板中单击▶（播放）按钮，预览动画，最终效果如图 6-42 所示。

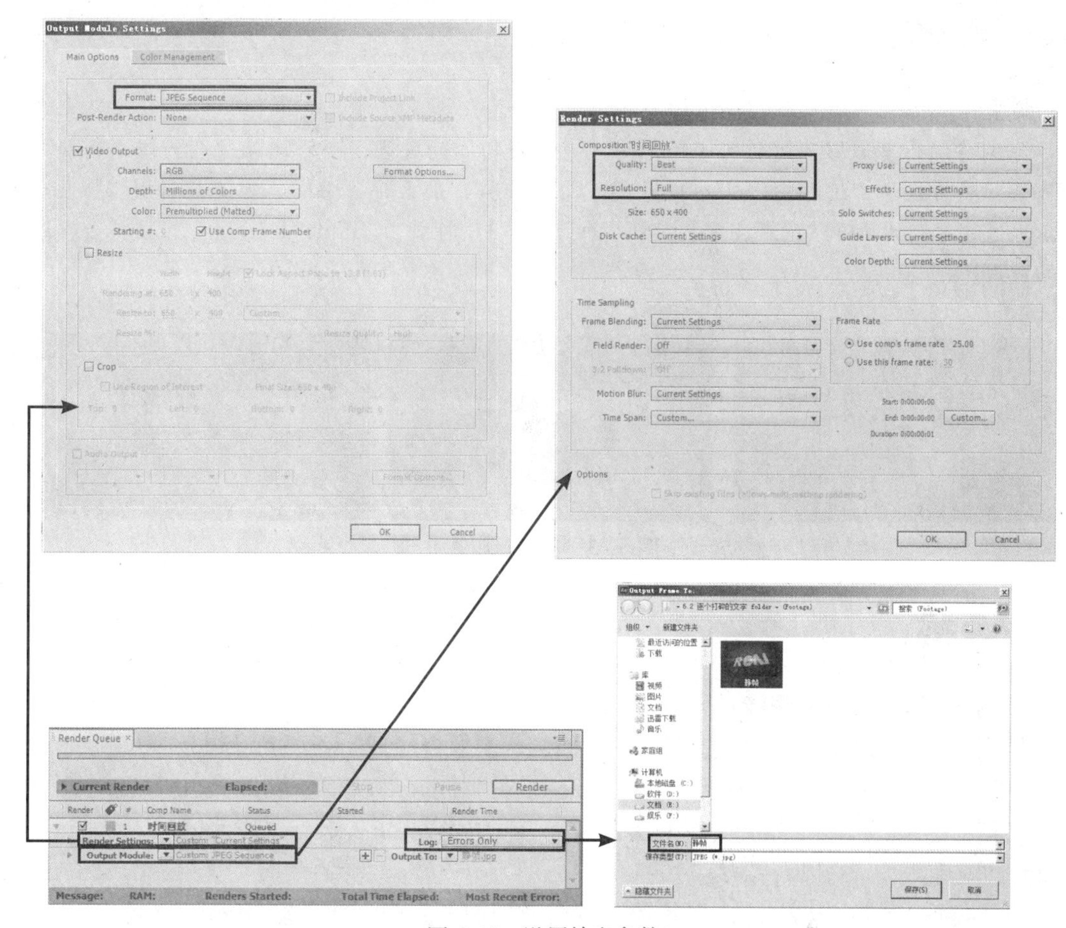

图 6-40　设置输出参数

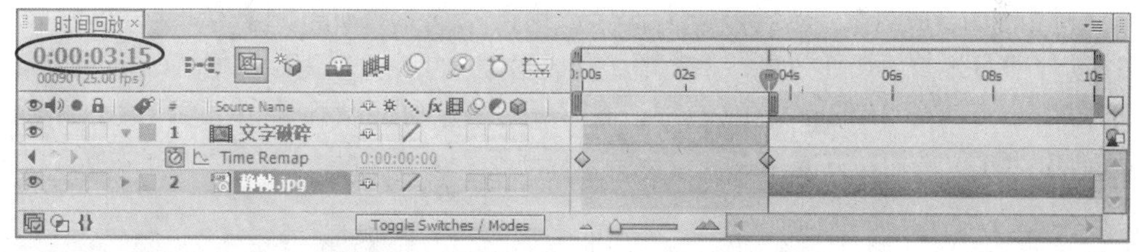

图 6-41　将“静帧.jpg”拖入“时间线”窗口

图 6-42　最终效果

8）选择“File（文件）| Save（保存）”命令，将文件进行保存。然后选择“File（文件）| Collect Files（收集文件）”命令，将文件进行打包。

6.3　坦克爆炸

要点：

本例将制作类似影片《骇客帝国》中“时间凝固”的效果，整个动画过程为坦克由静止开始爆炸，然后在爆炸过程中停止一段时间，接着旋转，最后碎片落下，坦克爆炸效果如图6-43所示。通过本例的学习，读者应掌握“Shatter（碎片）”特效、“Shine（光芒）”外挂特效和照明层的应用。

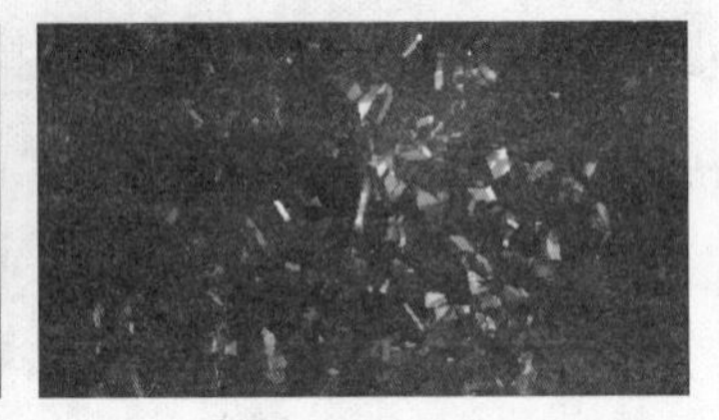

图 6-43　坦克爆炸效果

操作步骤：

1. 制作“坦克”合成图像

1）启动After Effects CS6，选择“Composition（图像合成）|New Composition（新建合成组）”命令，创建一个新的合成图像。然后选择“File（文件）|Import（导入）|File（文件）”命令，导入配套光盘中的“源文件\第3部分 特效实例\第6章 破碎效果\6.3 坦克爆炸 folder\(Footage)\坦克.tga”图片。

2）创建一个与“坦克.tga”图片等大的合成图像。方法为：选择“Project（项目）”窗口中的“坦克.tga”素材图片，将其拖到▣（新建合成）按钮上（如图6-44所示），从而生成一个尺寸与素材相同的合成图像。然后将其重命名为“坦克”，此时“项目”窗口如图6-45所示。

3）为了更好地查看爆炸效果，下面增大合成图像尺寸。方法为：选择“Composition（图像合成）| Composition Settings（图像合成设置）”命令，在弹出的对话框中设置参数，如图6-46所示，单击“OK”按钮，完成设置。

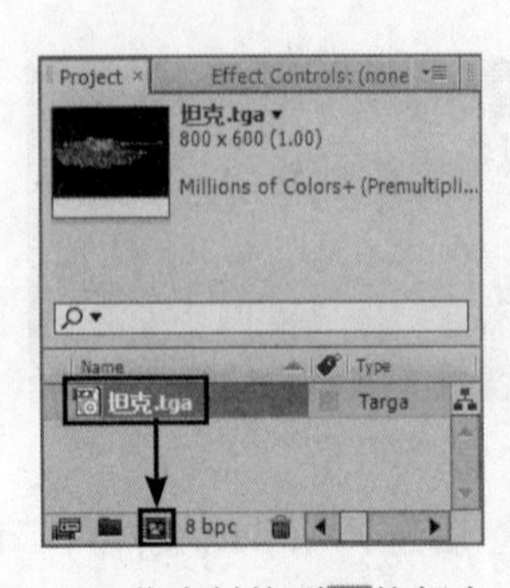

图 6-44　将素材拖到▣按钮上

图 6-45　“Project（项目）”窗口

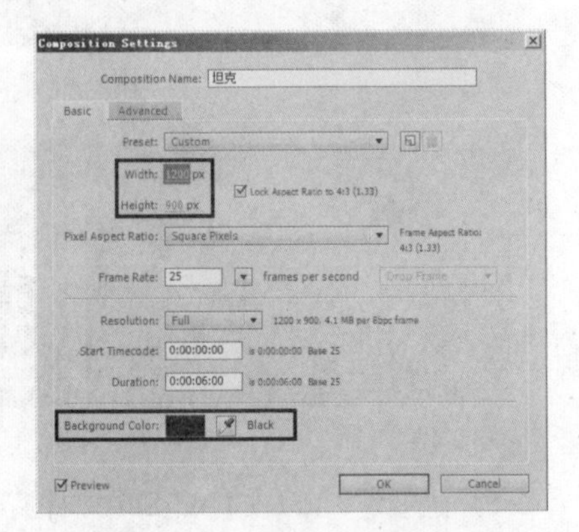

图 6-46　设置合成图像参数

2. 制作坦克爆炸效果

1）选择“Project (项目)”窗口中的“坦克”合成图像，将其拖到▣（新建合成）按钮上。然后命名为“坦克爆炸”，此时“Project (项目)”窗口如图 6-47 所示。

2）在“时间线”窗口中选择“坦克”图层，然后选择“Effect (效果) | Simulation (模拟仿真) | Shatter (碎片)”命令，给它添加一个“Shatter (碎片)”特效。为了使爆炸后碎片以实体显示，在“Effect Controls (特效控制台)”中设置“Shatter (碎片)”特效的“View (查看)”类型为“渲染”(如图 6-48 所示)，效果如图 6-49 所示。

提示：一定要在“坦克爆炸”合成图像中添加“Shatter（碎片）”特效，而不能在“坦克”合成图像中添加。这是因为“坦克”合成图像的尺寸已经加大，如果此时对“坦克”合成图像的“坦克”图层添加“Shatter（碎片）”特效，会产生如图6-50所示的错误结果。为了避免这种错误，所以创建了“坦克爆炸”合成图像。

图 6-47　创建“坦克爆炸”合成图像

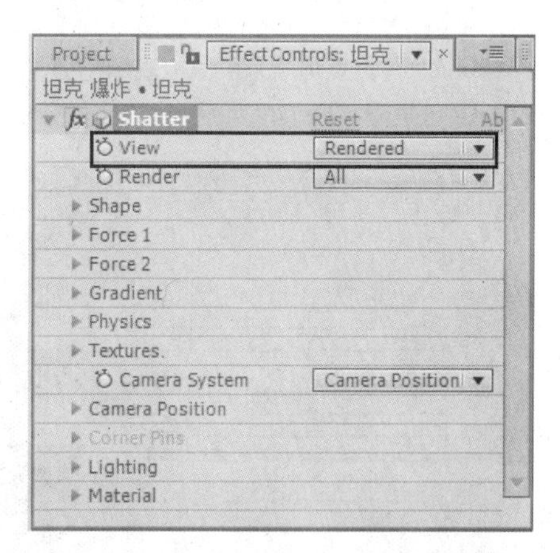

图 6-48　选择“Rendered (渲染)”类型

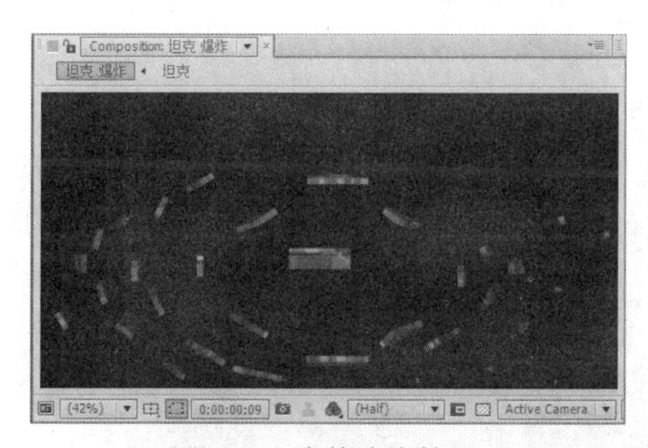

图 6-49　实体渲染效果

图 6-50　在“坦克”合成图像上添加“Shatter (碎片)”特效的效果

3）此时坦克碎片尺寸过大，数量过少，形状十分规则，厚度过厚，下面就来解决这个问题。方法为：调整“Shatter (碎片)”选项组中的“Shape (外形)”参数，如图 6-51 所示，效果如图 6-52 所示。

提示：“Pattern (图案)”参数控制碎片类型；“Repetitons （反复）”参数控制碎片数量；“Extrusion Depth (挤压深度)”参数控制碎片厚度。

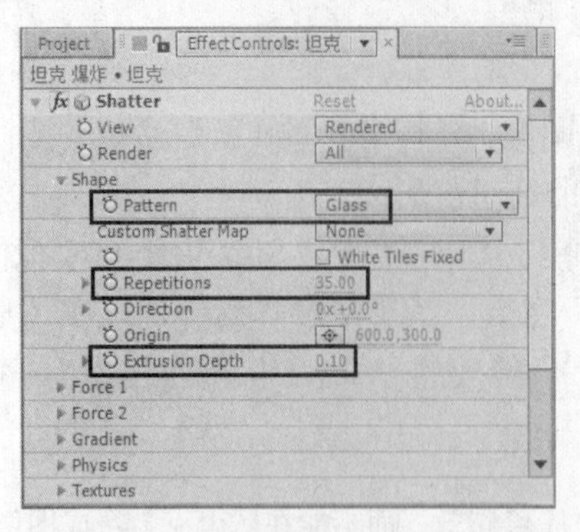

图 6-51　调整“Shape (外形)”参数　　　　图 6-52　调整“Shape (外形)”参数后的效果

4）设置两个爆炸点的位置及爆炸方式。方法为：在“Effect Controls (特效控制台)”面板中设置“Force 1 (焦点 1)”和“Force 2 (焦点 2)”的参数，如图 6-53 所示。

提示：“Force 1（焦点1）”为正值，表示它是主爆炸点，爆炸从里往外炸开；“Force 2（焦点2）”为负值，表示它是受“Force 1（焦点1）”影响挤压后炸开，爆炸从外往里炸开。

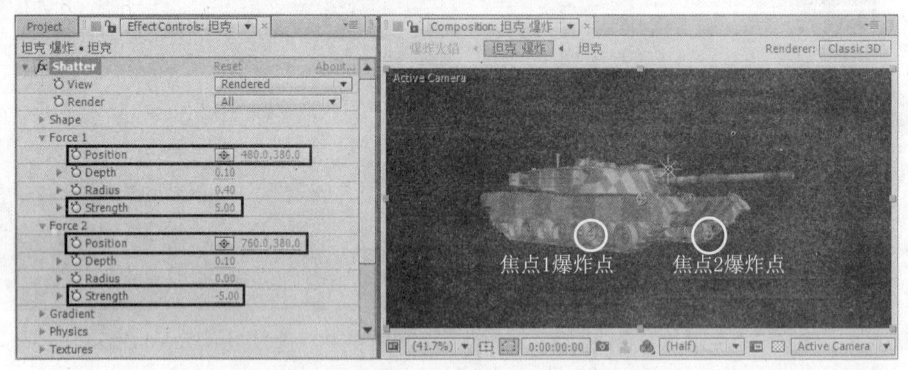

图 6-53　设置两个爆炸点的位置及爆炸方式

5）制作坦克开始静止然后爆炸的效果。方法为：在“Effect Controls (特效控制台)”面板中设置“Force 1 (焦点 1)”和“Force 2 (焦点 2)”的“Depth (深度)”的关键帧参数，如图 6-54 所示，从而制作出坦克从静止到爆炸的效果。

提示：“Depth（深度）”用于控制力的深度，即力在Z轴上的位置。

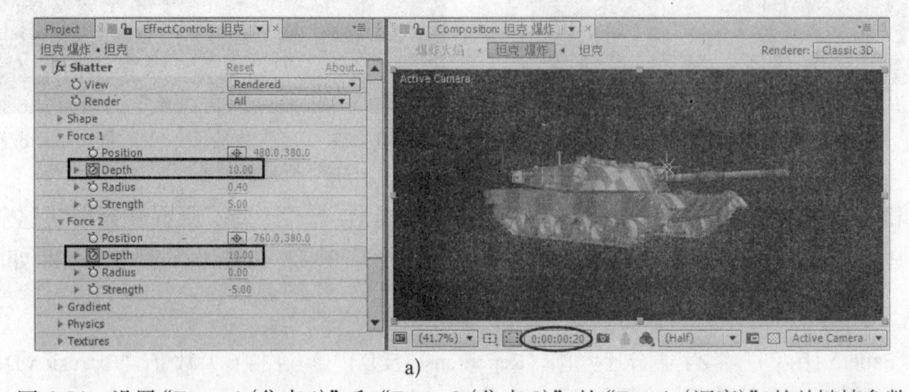

a)

图 6-54　设置“Force 1 (焦点 1)”和“Force 2 (焦点 2)”的“Depth (深度)”的关键帧参数

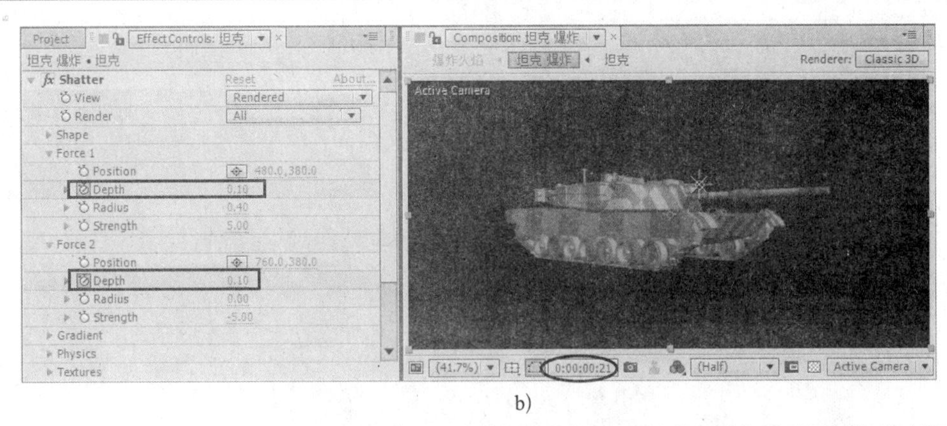

b)

图 6-54　设置“Force 1（焦点 1）”和“Force 2（焦点 2）”的“Depth（深度）”的关键帧参数（续）

a）第 20 帧　b）第 21 帧

6）制作坦克爆炸中“时间凝固”的效果。方法为：在“Effect Controls（特效控制台）”面板中设置“Physics（物理）”中“Viscosity（黏性）”的关键帧参数，如图 6-55 所示，从而制作出坦克爆炸过程中静止的效果。

提示：“Viscosity（黏性）”参数控制碎片的黏度，取值范围为 0~1，较高的值可使碎片聚集在一起。此外，为便于观看，将“Gravity（重力）”设置为“0.00”。

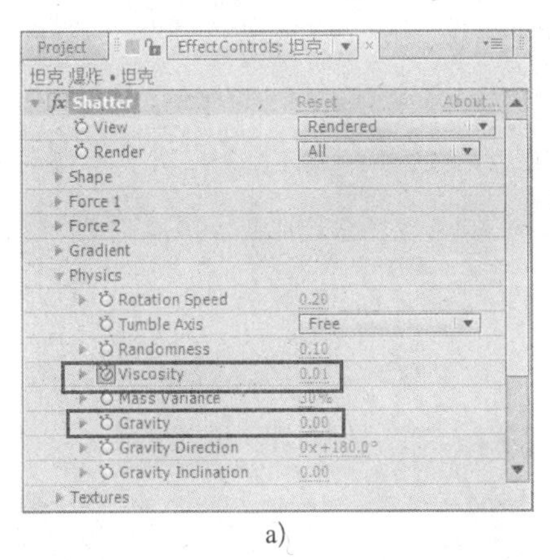

a)

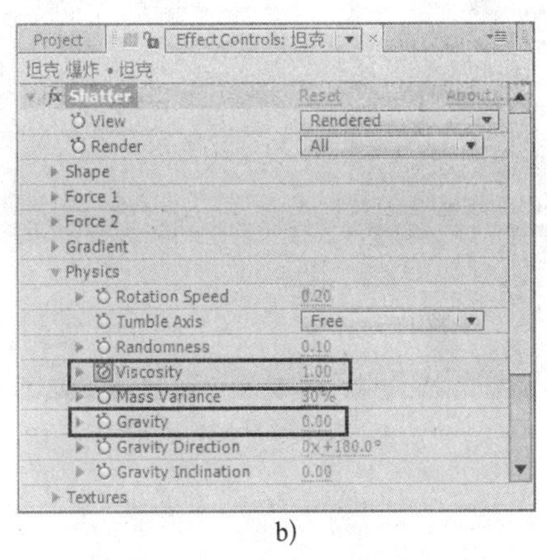

b)

图 6-55　设置“Physice（物理）”中“Viscosity（黏性）”的关键帧参数

a）第 50 帧　b）第 51 帧

7）制作坦克爆炸过程中静止后旋转一周的效果。方法为：在“Effect Controls（特效控制台）”面板中设置“Camera Position（摄像机位置）”中“Y Rotation（Y 轴旋转）”的关键帧参数，如图 6-56 所示，从而制作出坦克爆炸过程中“时间凝固”后的旋转效果。

8）由于在坦克的旋转过程中光线有时候过暗，如图 6-57 所示，需要添加一个照明层。方法为：在“时间线”窗口右击，在弹出的快捷菜单中选择“New（新建）| Light（照明）”命令。然后在弹出的对话框中设置参数，如图 6-58 所示，单击“OK”按钮。接着在“时间线”窗口中选择“坦克”图层，在“Effect Controls（特效控制台）”面板中设置“Lighting Type（照明类型）”参数，如图 6-59 所示，效果如图 6-60 所示。

提示：此时，碎片在旋转过程中过暗的区域不止一处，因此可多设置几个照明的位置关键帧。

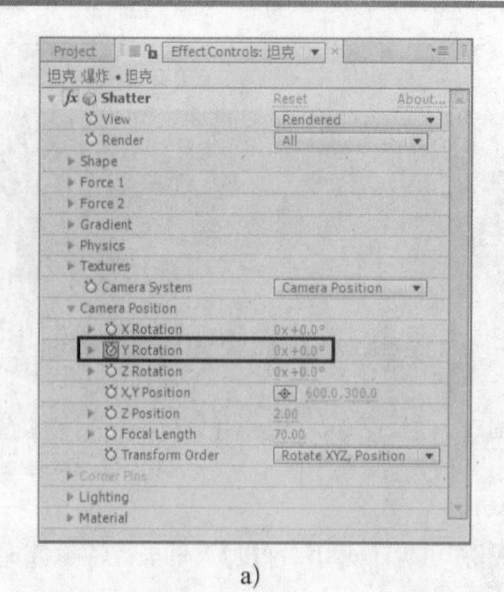

a)

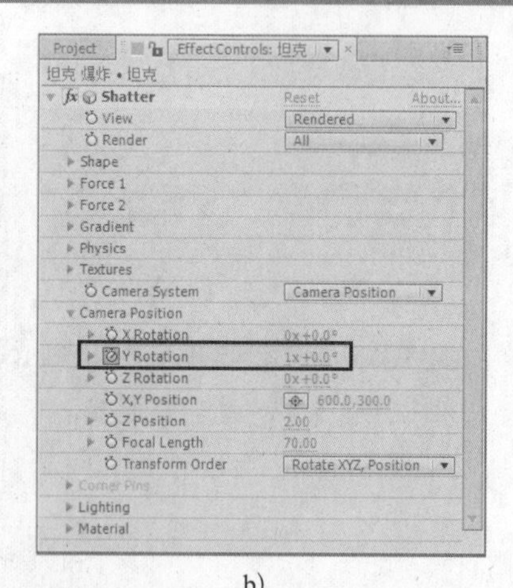

b)

图 6-56　设置“Camera Position（摄像机位置）”中“Y Rotation（Y 轴旋转）”的关键帧参数

a) 第 60 帧　b) 第 110 帧

图 6-57　场景过暗

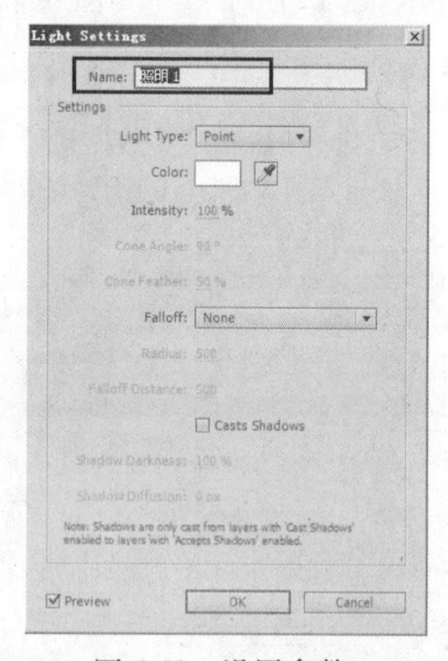

图 6-58　设置参数

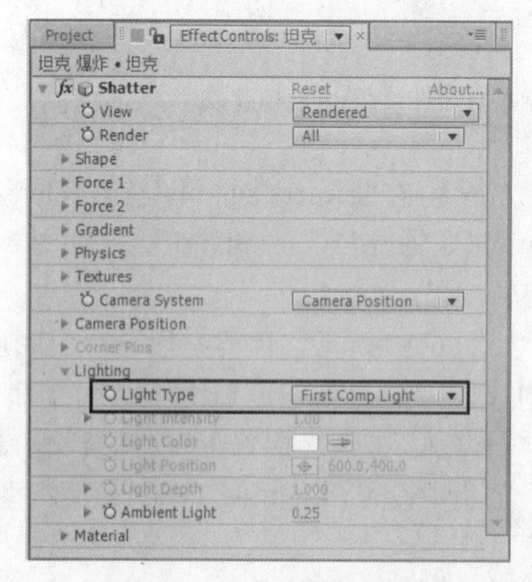

图 6-59　设置“Light Type（灯光类型）”参数

图 6-60　添加灯光效果

9）制作爆炸碎片旋转后落下的效果。方法为：在“Effect Controls（特效控制台）”面板中设置“物理”中“Gravity（重力）”的关键帧参数，如图 6-61 所示，从而制作坦克开始爆炸时由于爆炸力很强不受重力影响，爆炸最后受重力影响落下的效果。

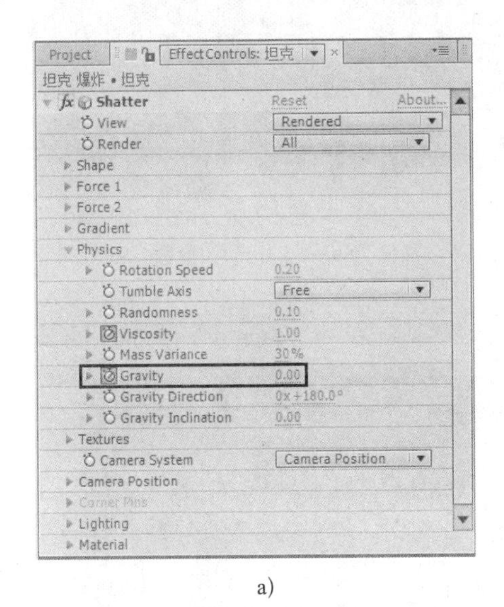

a）

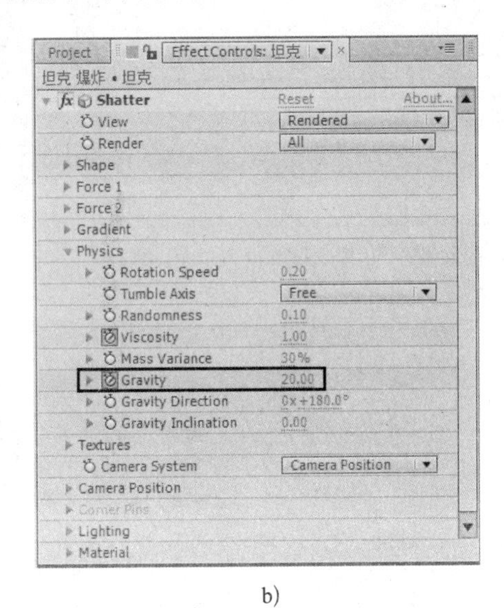

b）

图 6-61　设置“Gravity（重力）”的关键帧参数

a）第 115 帧　b）第 116 帧

3. 制作“爆炸火焰”合成图像

1）选择“项目”窗口中的“坦克爆炸”合成图像，将其拖到（新建合成）按钮上，然后命名为“爆炸火焰”。

2）选择“坦克爆炸”图层，在第 20 帧中按〈Ctrl+Shift+D〉组合键，将其分割成两层。然后将分割后的图层命名为“火焰”，如图 6-62 所示。

提示：由于第20帧以前坦克没有爆炸，也不存在爆炸火焰，因此要将它分割成两部分。

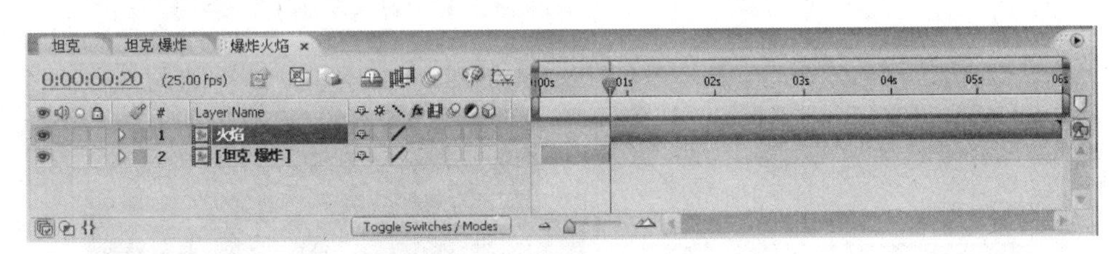

图 6-62　将分割后的图层命名为“火焰”

3）制作碎片爆炸时的发光效果。方法为：选择“火焰”图层，然后选择“效果 | Trapcode| Shine”命令，给它添加一个“Shine（发光）”特效。然后在“Effect Controls（特效控制台）”面板中设置参数，如图 6-63 所示，效果如图 6-64 所示。

4）制作爆炸火焰由小变大的效果。方法为：按〈Ctrl+D〉组合键复制“火焰”图层，然后选择复制后的“火焰 2”图层，在“Effect Controls（特效控制台）”面板中设置“Ray Length（射线长度）”的关键帧参数，如图 6-65 所示。

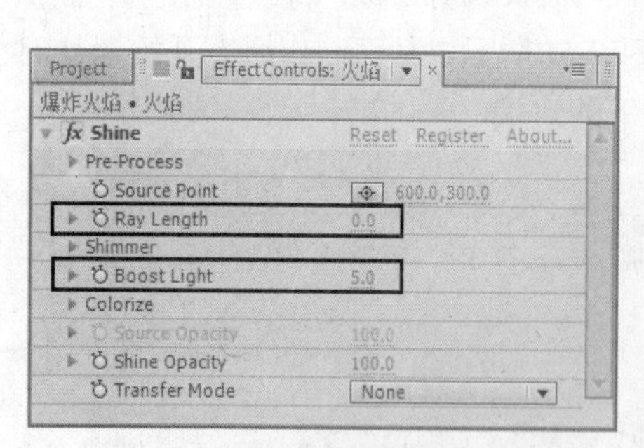

图 6-63　设置“Shine (发光)”参数

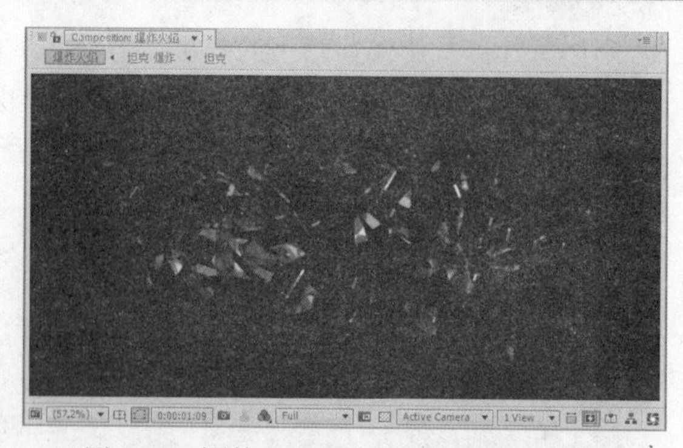

图 6-64　调整“Shine (发光)”参数后的效果

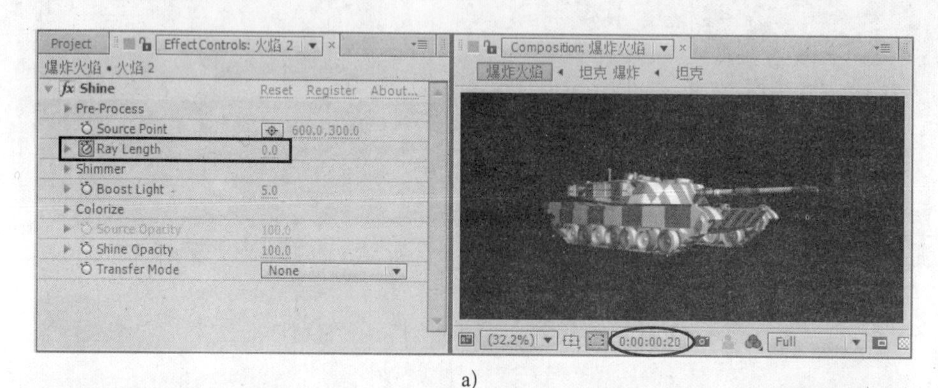

a)

b)

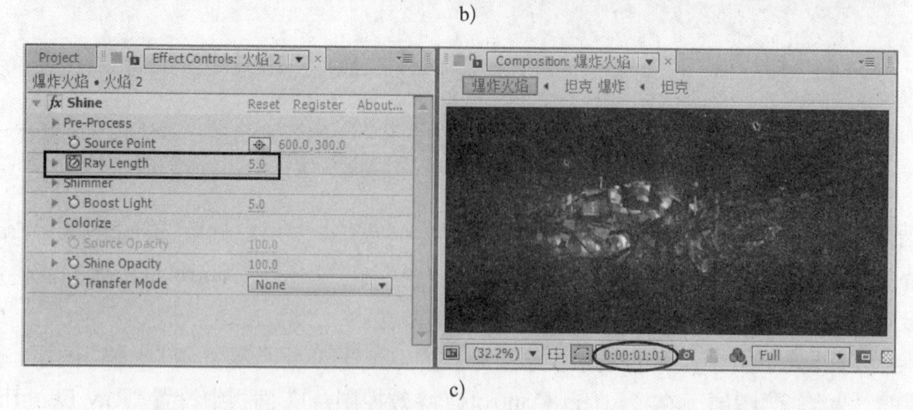

c)

图 6-65　设置“火焰 2”图层中“Ray Length (射线长度)”的关键帧参数
a) 第 20 帧　b) 第 21 帧　c) 第 1 秒 1 帧

5）为了突出爆炸火焰效果，复制“火焰 2”图层，从而产生“火焰 3”图层。然后调整图层顺序，如图 6-66 所示，使爆炸碎片突出显示，效果如图 6-67 所示。

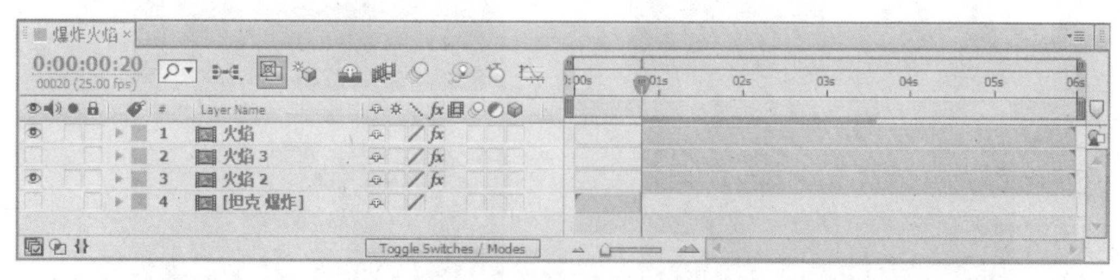

图 6-66　调整图层顺序

图 6-67　调整图层顺序后的爆炸效果

6）为了突出碎片的金属感，选择最上面的“火焰”图层，然后选择“Effect（效果）| Color Collection（色彩校正）|Curves（曲线）”命令，给它添加一个“Curves（曲线）”特效。接着在“Effect Controls (特效控制台)”面板中设置参数，如图 6-68 所示，效果如图 6-69 所示。

7）在“Preview（预览控制台）”面板中单击▶（播放）按钮，预览动画，效果如图 6-70 所示。

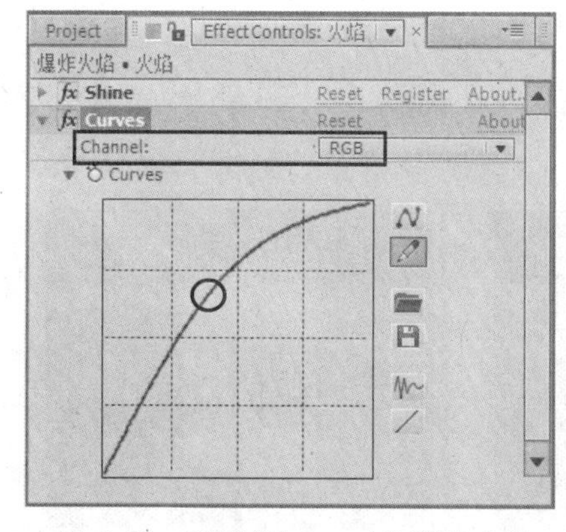

图 6-68　设置“Curves（曲线）”参数

图 6-69　调整“ Curves（曲线）”参数后的效果

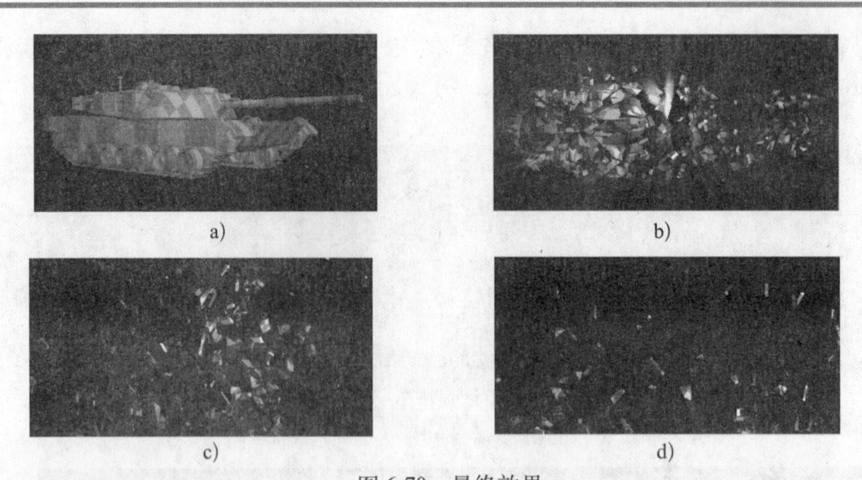

a) b) c) d)

图 6-70 最终效果

a) 静止 b) 爆炸 c)“时间凝固”后开始旋转 d) 碎片落下

8) 选择“File (文件) | Save (保存)”命令，将文件进行保存。然后选择“File (文件) | Collect Files (收集文件)”命令，将文件进行打包。

6.4 课后练习

1. 利用配套光盘中的“源文件\第 3 部分 特效实例\第 6 章 破碎效果\课后练习\练习 1 \ (Footage) \ after effects.psd”“after effects-M.psd”“background-R.psd”“goldlasi.jpg”“motion graphics. psd”“motion graphics-M.psd”文件，制作文字打碎效果，如图 6-71 所示。参数可参考配套光盘中的“源文件 \ 第 3 部分 特效实例 \ 第 6 章 破碎效果 \ 课后练习 \ 练习 1\ 练习 1.aep”文件。

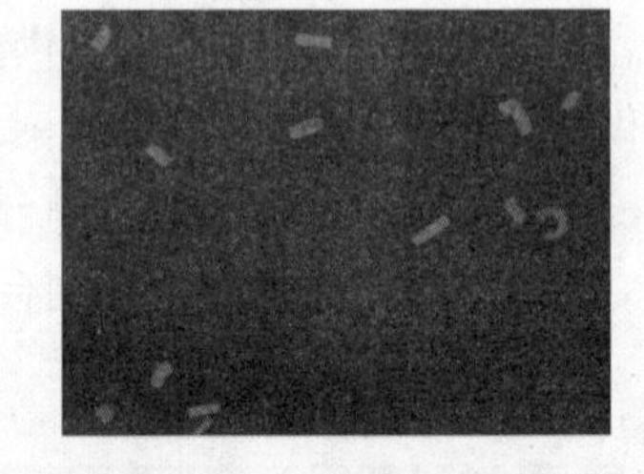

图 6-71 练习 1 效果

2. 制作模拟三维图像破碎效果。参数可参考配套光盘中的“源文件\第 3 部分 特效实例\第 6 章 破碎效果\课后练习\练习 2\ 练习 2.aep” 文件。

图 6-72 练习 2 效果

第7章　文字效果

本章重点：

在影视片头中，文字的出现频率是很高的，因此制作有新意、有创意的文字效果是十分重要的一个环节。本章将通过 4 个实例来具体讲解文字特效在实际制作中的具体应用。通过本章的学习，读者应掌握使用 After Effects CS6 制作常用文字特效的方法。

7.1 金属和玻璃字效果

要点：

本例将制作金属字的动画效果，如图7-1所示。通过本例的学习，应掌握“Ramp（渐变）”“Curves（曲线）”“Bevel Alpha（斜面Alpha）”特效，以及关键帧动画、层模式和重组合成图像的应用。

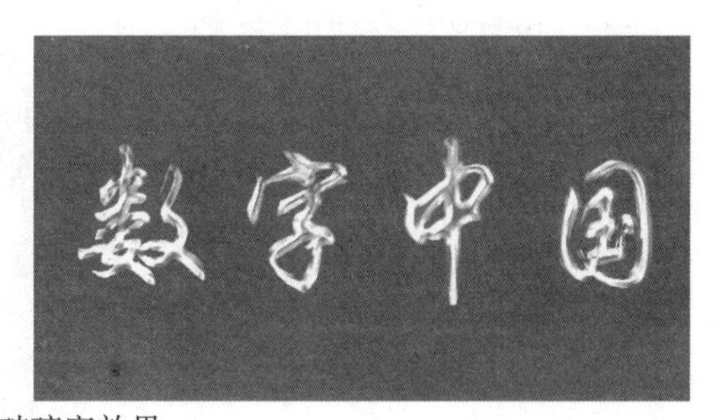

图 7-1　金属和玻璃字效果

操作步骤：

1. 创建金属文字效果

1) 启动 After Effects CS6，选择“Composition（图像合成）|New Composition（新建合成组）”命令，创建一个新的合成图像，然后在弹出的“Composition Settings (图像合成设置)”对话框中设置参数，如图 7-2 所示，单击“OK”按钮，完成设置。

2) 创建文字。方法为：选择“Layer (图层) | New (新建) | Text (文字)”命令，在“合成”窗口中输入“数字中国”，在“文字”面板中设置参数，如图 7-3 所示，效果如图 7-4 所示。

3) 对文字进行渐变处理。方法为：在“时间线”窗口中选择上一步新建的文字图层，然后选择“Effect（效果）| Generate（生成）| Ramp（渐变）”命令，给它添加一个“Ramp（渐变）”特效。接着在“Effect Controls（特效控制台）”面板中设置参数，如图 7-5 所示，效果如图 7-6 所示。

提示：这一步的目的是给文字制作金属质感的明暗关系变化。因为金属表面的反射率很高，用此效果来模拟反射光线的明暗程度。

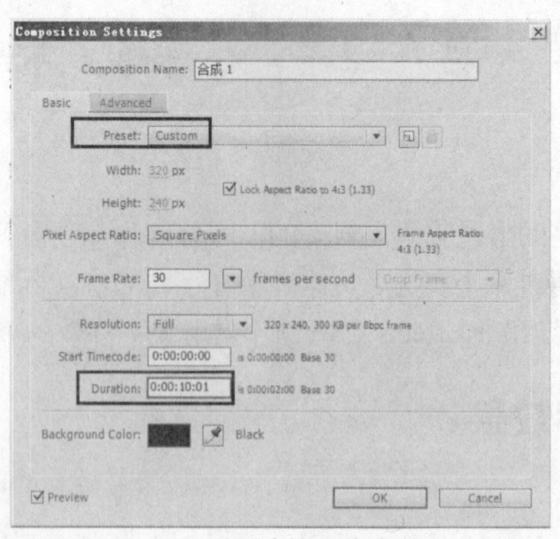

图 7-2　设置合成图像参数

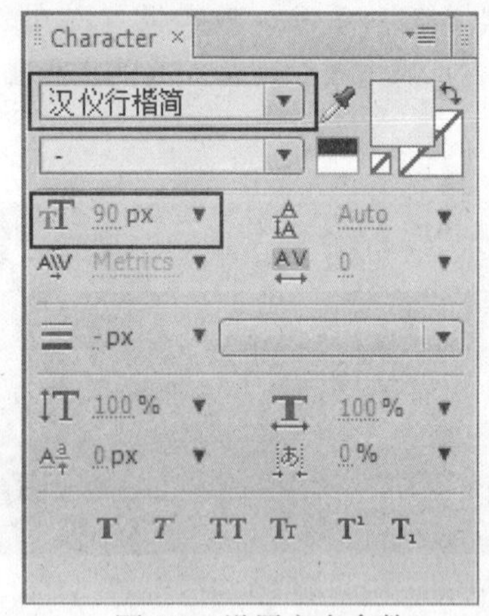

图 7-3　设置文本参数

图 7-4　输入文字效果

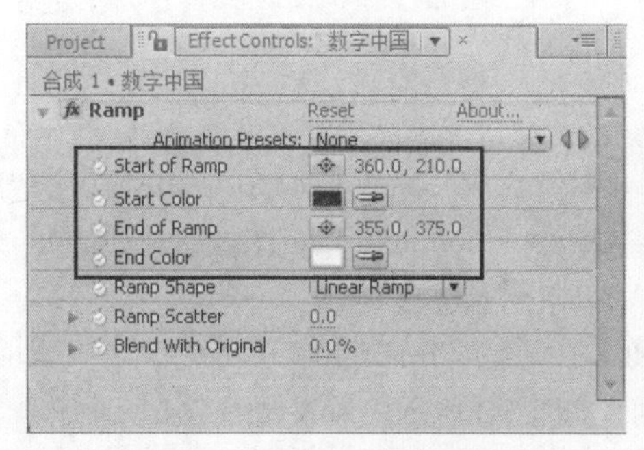

图 7-5　设置“渐变”参数

图 7-6　调整“渐变”参数后的效果

4）对文字进行立体处理。方法为：选择“数字中国”图层，然后选择“Effect（效果）| Perspective（透视）| Bevel Alpha（斜面 Alpha）”命令，给它添加一个“Bevel Alpha（斜面 Alpha）”特效。接着在“Effect Controls（特效控制台）”面板中设置参数，如图 7-7 所示，效果如图 7-8 所示。

提示：使用“斜面 Alpha”效果的目的是使文字变得立体感更强一些。在效果属性控制中，可以调整用来模拟现实世界中灯光强度、灯光照射方向和凸起厚度的参数，以此来实现三维效果。

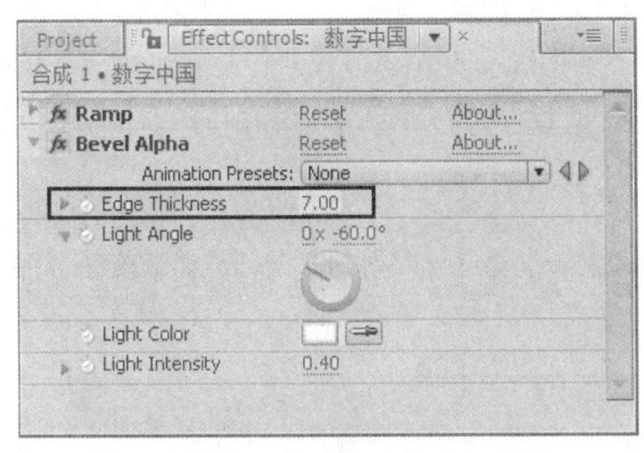

图 7-7　设置“斜面 Alpha”参数

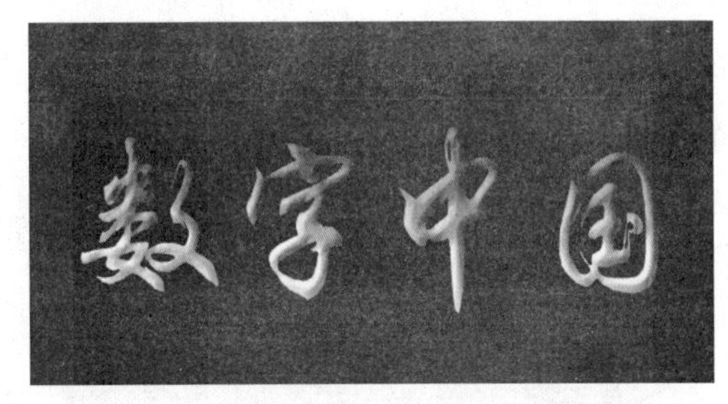

图 7-8　调整“斜面 Alpha”参数后的效果

5）对文字进行曲线处理。方法为：选择“Effect（效果）| Color Correction（色彩校正）|Curves（曲线）”命令，给它添加一个“曲线”特效。然后在“Effect Controls（特效控制台）”面板中展开“Curves（曲线）”栏，在曲线图中增加 3 个控制点，并调整控制点的位置，如图 7-9 所示，效果如图 7-10 所示。

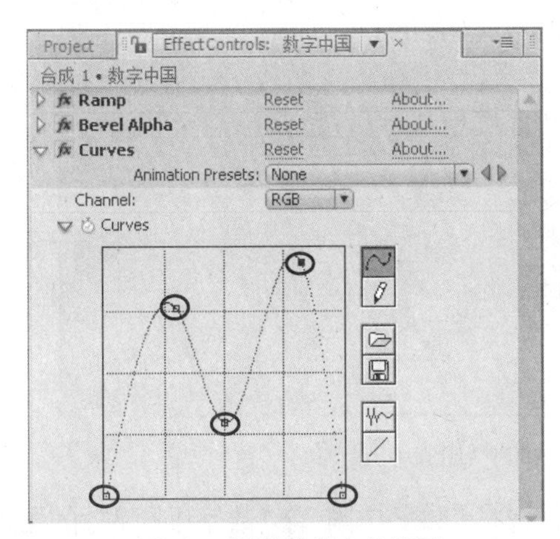

图 7-9　调整控制点的位置

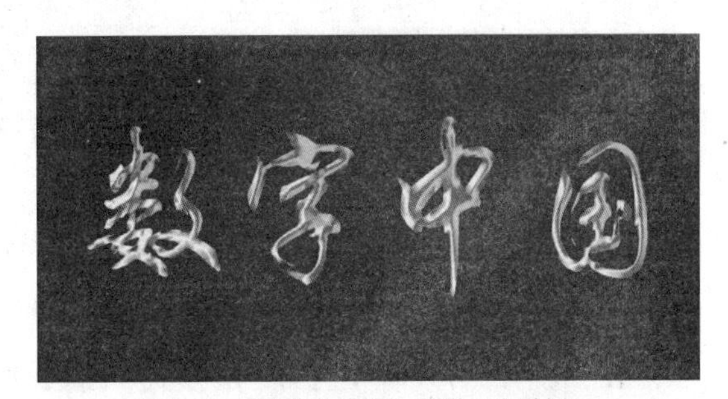

图 7-10　调整“曲线”参数后的效果

6）在“时间线”窗口中选择“数字中国”图层，然后按〈Ctrl+D〉组合键两次，从而复制出“数字中国 2”和“数字中国 3”图层，如图 7-11 所示。

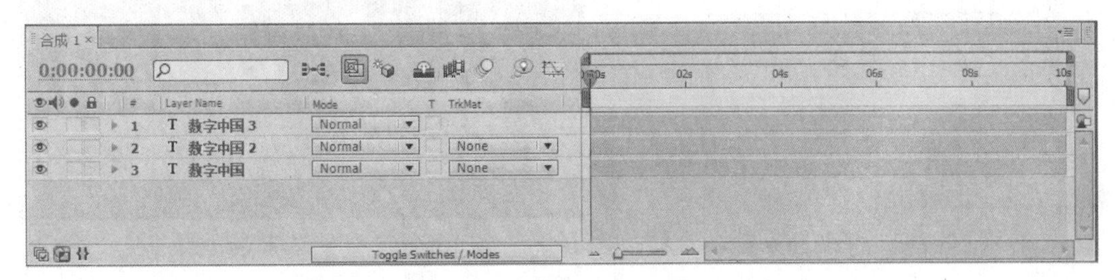

图 7-11　复制出“数字中国 2”和“数字中国 3”图层

7）展开“数字中国 3”图层的“斜面 Alpha”效果的“照明角度”属性栏，将时间线移至第 0 帧的位置，打开关键帧记录器，将数值设置为“–70°”，如图 7-12 所示。然后将时间线移至第 10 秒的位置，将“照明角度”值设置为“100°”，如图 7-13 所示。

8）同理，展开“数字中国 2”图层的“斜面 Alpha”效果的“Light Angle（照明角度）”属性栏，将时间线移至第 0 帧的位置，打开关键帧记录器，将数值设置为“50°”。然后将时间线移至第 10 秒的位置，将“Light Angle（照明角度）”值设置为“–20°”。

提示：第 7）步与第 8）步的目的是通过改变“照明角度”的值来改变灯光照射的方向，从而改变字体的阴影与高光的交互变化，产生光影流动的效果。

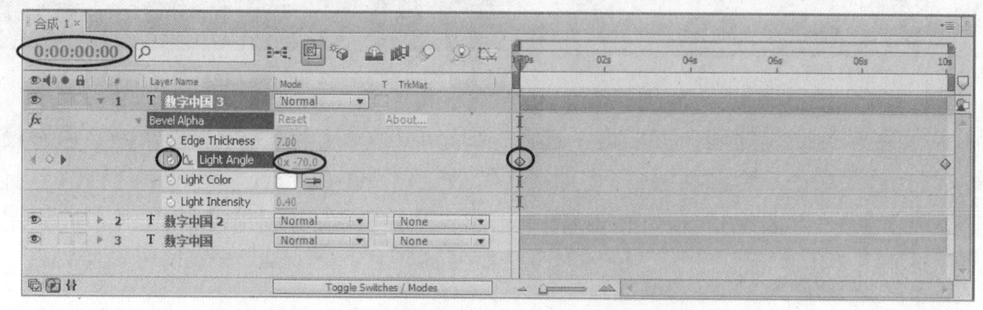

图 7-12　在第 0 帧设置“Light Angle（照明角度）”值

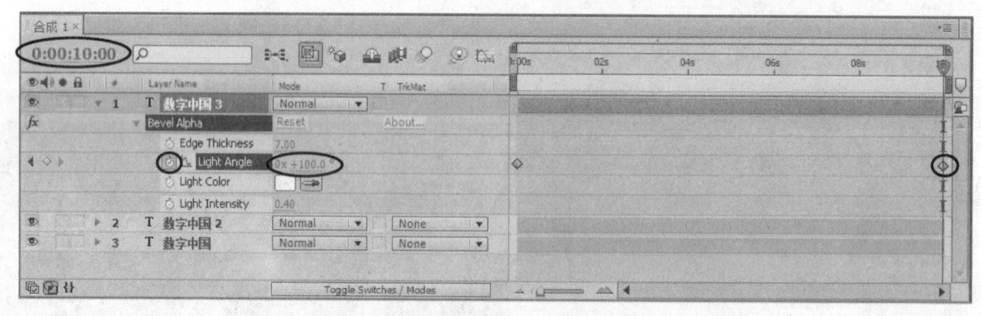

图 7-13　在第 10 秒设置“Light Angle（照明角度）”值

9）在“时间线”窗口中打开“层模式”面板，分别将“数字中国 2”“数字中国 3”的层模式设置为“Soft Light（柔光）”模式与“Add（添加）”模式，如图 7-14 所示，效果如图 7-15 所示。

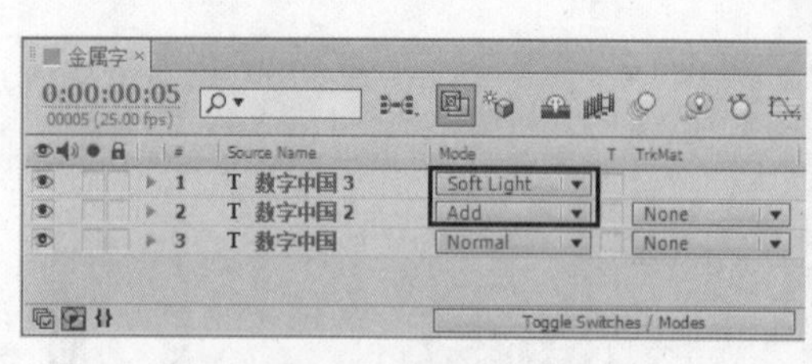

图 7-14　调整层模式

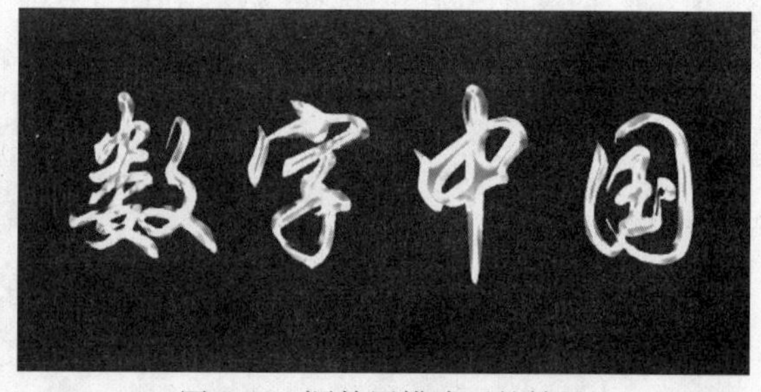

图 7-15　调整层模式后的效果

10）此时，文字的金属质感已经显示出来。为便于观看，下面为其添加一个彩色的背景。方法为：选择“Layer（图层）| New（新建）| Solid（固态层）”命令，在弹出的对话框中设置参数，如图 7-16 所示，单击“OK”按钮。接着将“背景”图层放置到最底层，如图 7-17 所示，效果如图 7-18 所示。

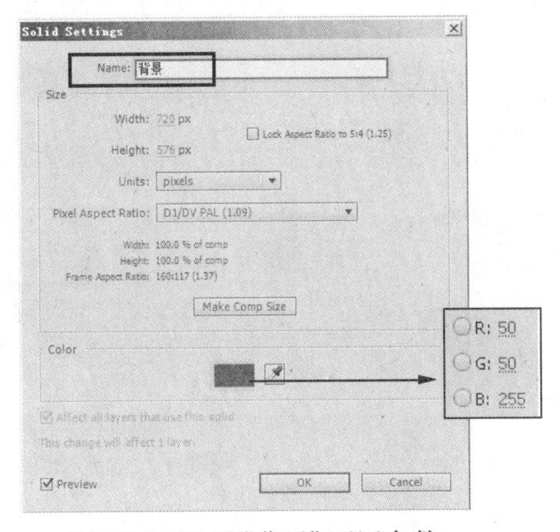

图 7-16　设置“背景”图层参数

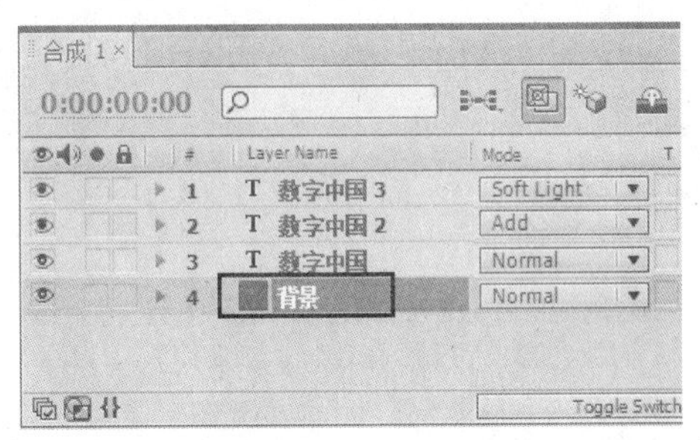

图 7-17　将“背景”图层放置到最底层

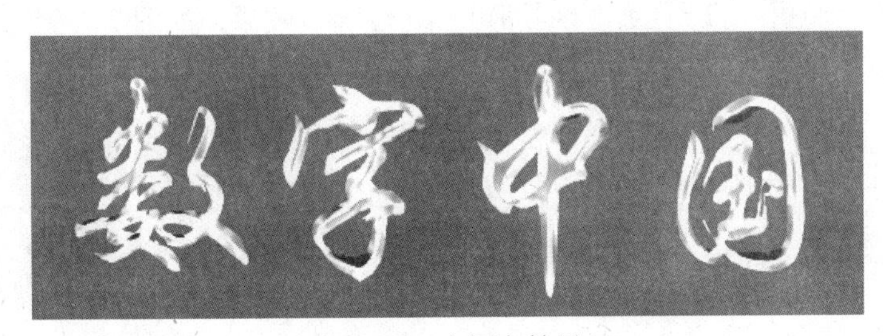

图 7-18　金属字效果

2. 创建玻璃字效果

玻璃字效果是通过重组合成图像来完成的。

1）将“合成 1”合成图像重命名为“金属字”，然后单击“背景”图层前的图标，将其进行隐藏，如图 7-19 所示。

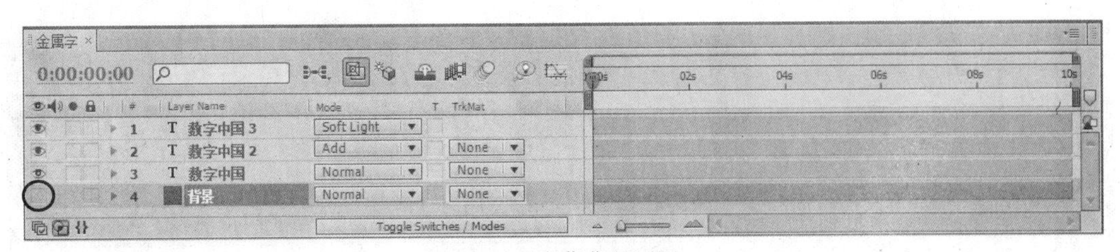

图 7-19　隐藏背景图层

2）选择“Composition（图像合成）|New Composition（新建合成组）”命令，创建一个新的合成图像，然后在弹出的“Composition Settings（图像合成设置）”对话框中设置参数，如图 7-20 所示，单击“OK”按钮，完成设置。

3）在“Project（项目）”窗口中将“金属字”拖入“玻璃字”合成图像的“时间线”窗口中，如图 7-21 所示。

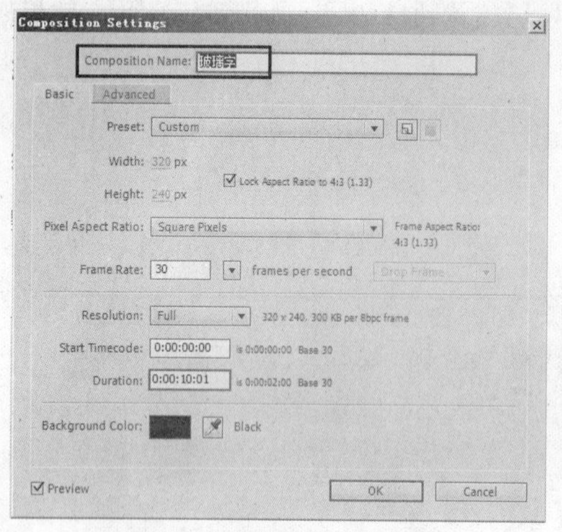

图 7-20　设置合成图像参数

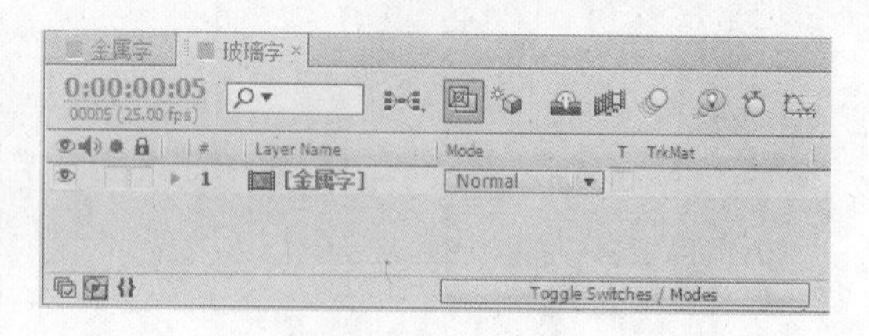

图 7-21　将“金属字”拖入“玻璃字”合成图像

4）新建蓝色固态层，然后将其放置到最底层。接着将“金属字”图层的层模式改变为“Screen（屏幕）”，如图 7-22 所示。此时即可看到玻璃字效果，如图 7-23 所示。

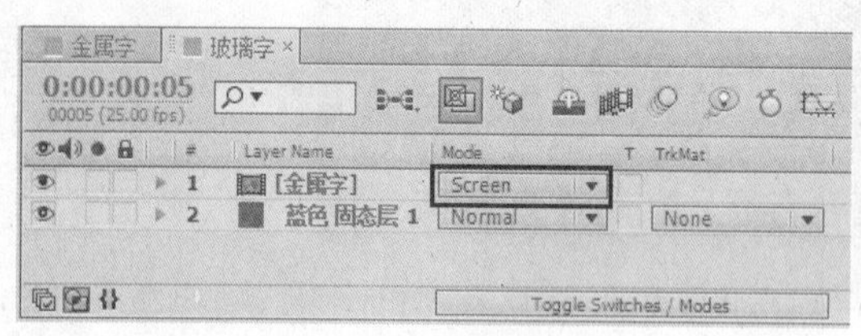

图 7-22　改变层模式

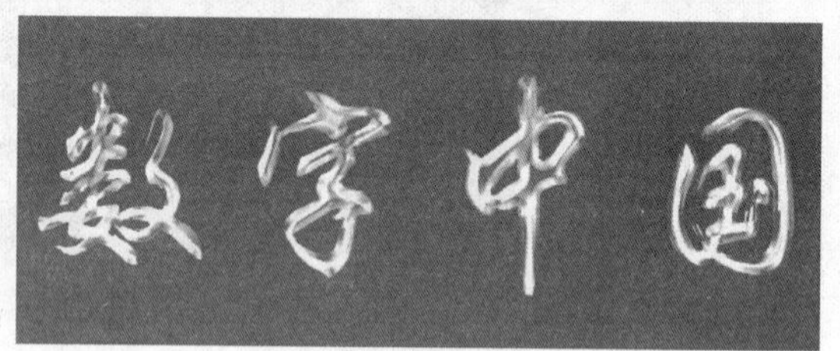

图 7-23　玻璃字效果

5）在“Preview（预览控制台）”面板中单击▶（播放）按钮（按小键盘上的〈0〉键），预览动画，效果如图 7-24 所示。

图 7-24　玻璃字动画效果

6）选择“File（文件）| Save（保存）”命令，将文件进行保存。然后选择“File（文件）| Collect Files（收集文件）”命令，将文件进行打包。

7.2　跳动的文字

要点：

本例制作跳动的文字效果，如图7-25所示。通过本例的学习，读者应掌握After Effects CS6自身的“路径文字”“拖尾”特效，以及“Light Factory EZ（EZ光工厂）”外挂特效和图层混合模式的应用。

图 7-25　跳动的文字

操作步骤：

1. 制作“路径文字”合成图像

1）启动 After Effects CS6，选择“Composition（图像合成）|New Composition（新建合成组）”命令，创建一个新的合成图像。然后在弹出的“Composition Settings（图像合成设置）”对话框中设置参数，如图 7-26 所示，单击“OK”按钮，完成设置。

2）绘制文字运动的路径。方法为：选择“Layer（图层）| New（新建）| Solid（固态层）”命令，新建一个固态层。然后使用工具栏中的钢笔工具绘制出如图 7-27 所示的路径。

提示：一定要保证图 7-27 中所标记节点的贝兹曲线是水平的，而且方向是水平向右的，这样才可以保证文字最后是从左到右水平排列的。

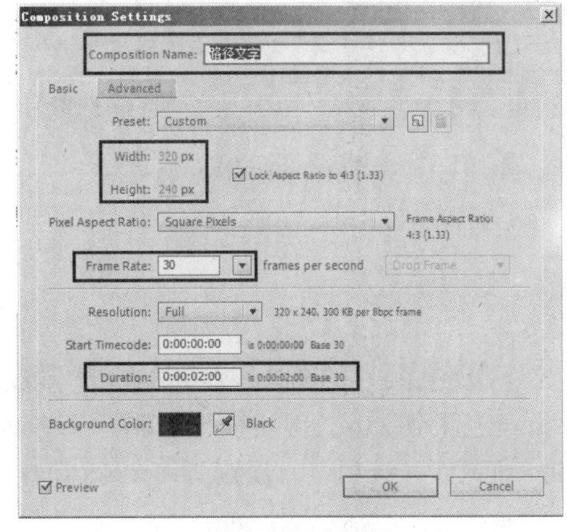

图 7-26　设置合成图像参数

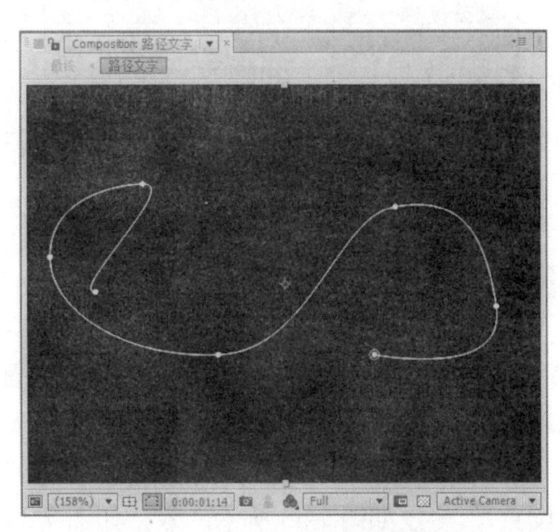

图 7-27　绘制文字运动的路径

3）创建路径文本。方法为：选择固态层，然后选择“Effect（效果）|Obsolete（旧版本）|Path Text（路径文本）”命令，给它添加一个“路径文本”特效。接着在弹出的“Path Text（路径文本）”对话框中输入文字“www.chinadv.com.cn”，如图 7-28 所示。再在“Effect Controls（特效控制台）”面板中调节字符的颜色、大小和字间距等参数，如图 7-29 所示。

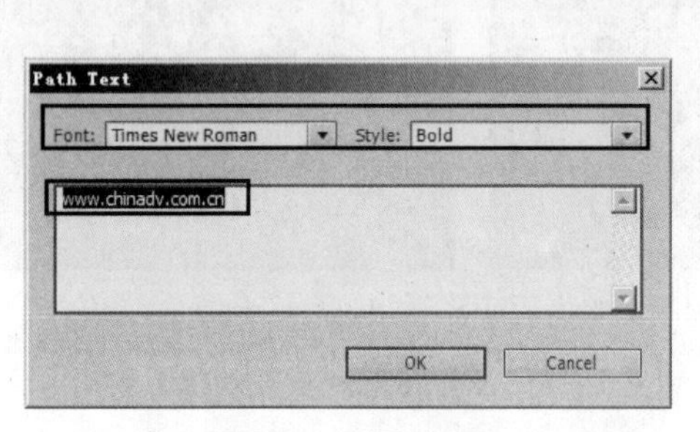

图 7-28　输入文字

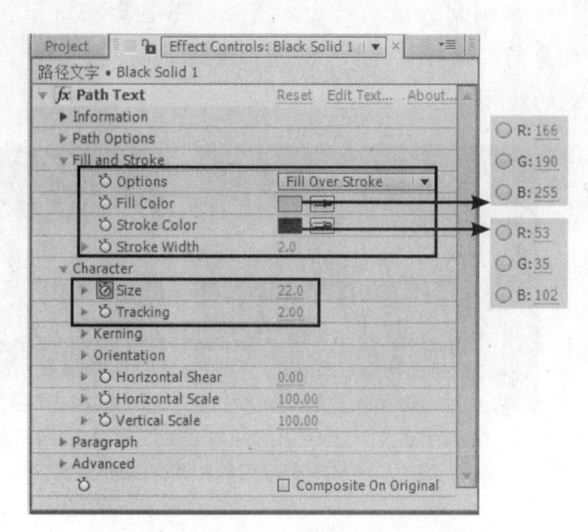

图 7-29　设置文字属性

4）将刚才绘制的路径指定给文字。方法为：展开“Path Options（路径选项）”选项组，参数设置如图 7-30 所示，效果如图 7-31 所示。

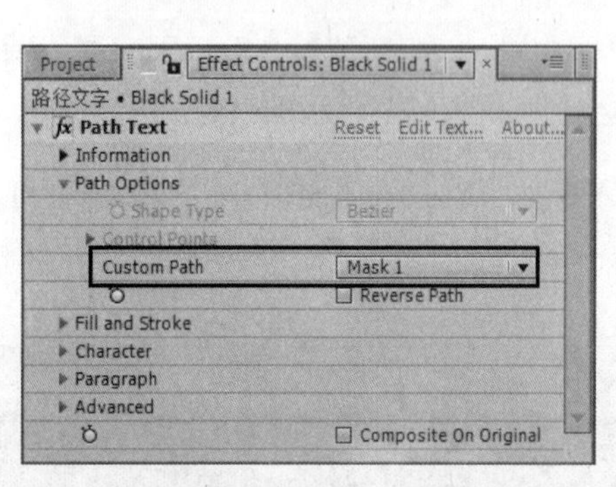

图 7-30　设置“Path Options（路径选项）”为“Mask1”

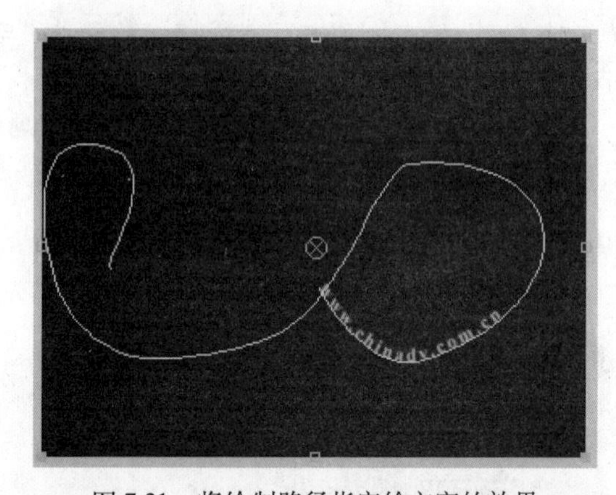

图 7-31　将绘制路径指定给文字的效果

5）拖动时间线，此时文字是静止的，下面制作文字沿路径运动的动画。方法为：展开“段落”选项组，分别在第 0 帧和第 1 秒 5 帧设置“Left Margin（左侧空白）”关键帧参数，如图 7-32 所示。

6）设置文字的起伏变化。方法为：展开“Advanced（高级）”选项组，设置“Jitter Settings（抖动设置）”参数如图 7-33 所示，效果如图 7-34 所示。

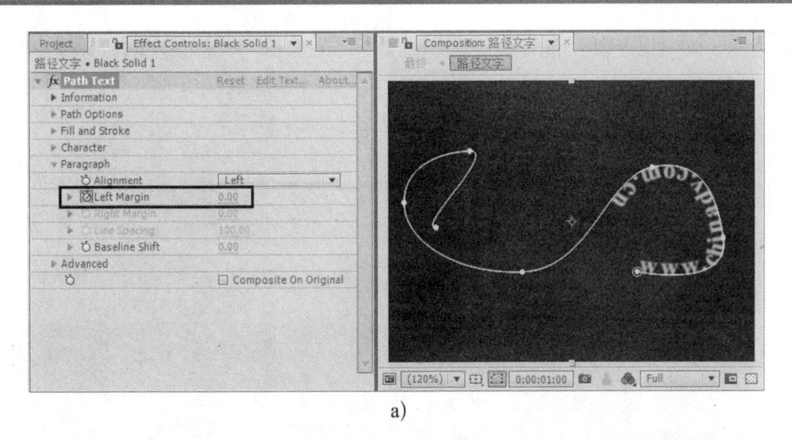

a)

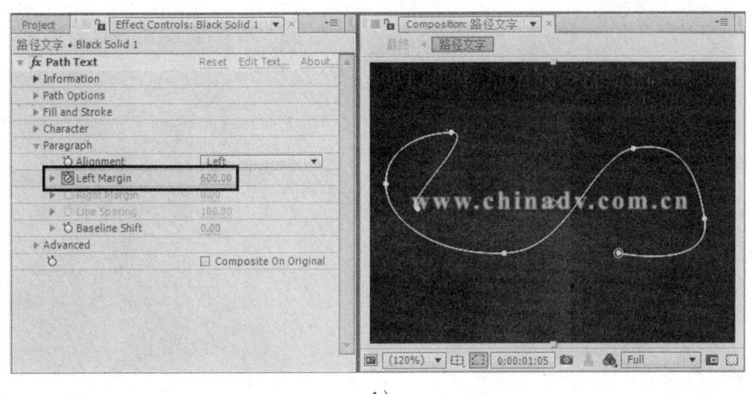

b)

图 7-32　分别在第 0 帧和第 1 秒 5 帧设置“Left Margin (左侧空白)”关键帧参数
a) 第 0 帧　b) 第 1 秒 5 帧

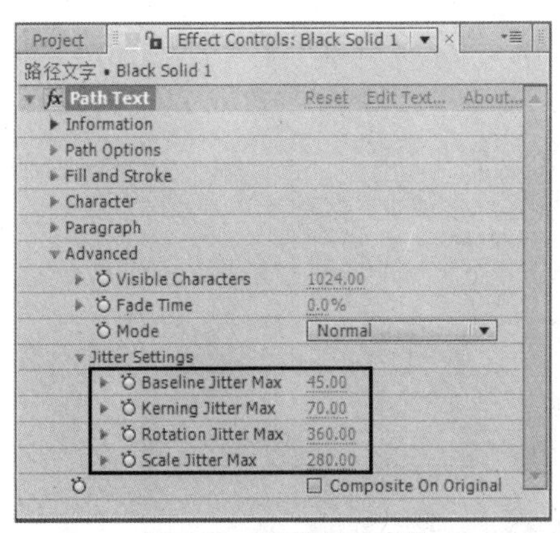

图 7-33　设置抖动参数

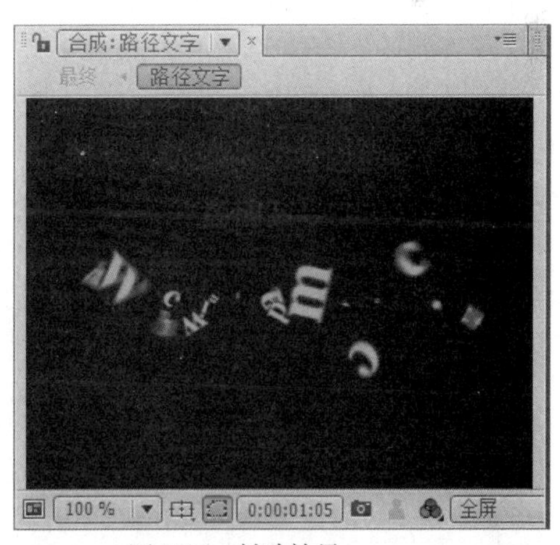

图 7-34　抖动效果

提示：“Jitter Settings (抖动设置)” 选项组包含4个参数。其中 “Baseline Jitter Max (基线最大抖动)” 用于定义字母间上下错位的最大数值。“Kerning Jitter Max (字距最大抖动)” 用于定义字母间字间距的最大数值。“Rotation Jitter Max (旋转最大抖动)” 用于定义字母旋转的最大数值。“Scale Jitter Max (数值最大抖动)” 用于定义字母缩放的最大数值。

7）此时文字从开始到结束一直抖动，而本例需要的是文字开始抖动，最后水平静止，下面来解决这个问题。方法为：分别在第 30 帧和第 1 秒 5 帧（即第 35 帧）设置“Jitter Settings（抖动设置）”关键帧参数，如图 7-35 所示，效果如图 7-36 所示。

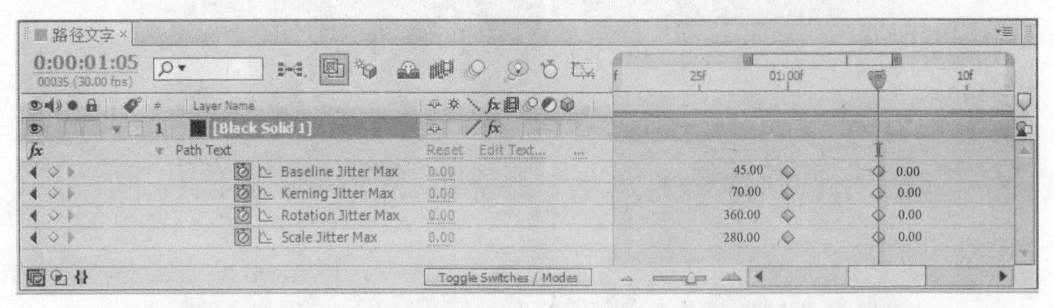

图 7-35 分别在第 30 帧和第 35 帧设置“Jitter Settings（抖动设置）”关键帧参数

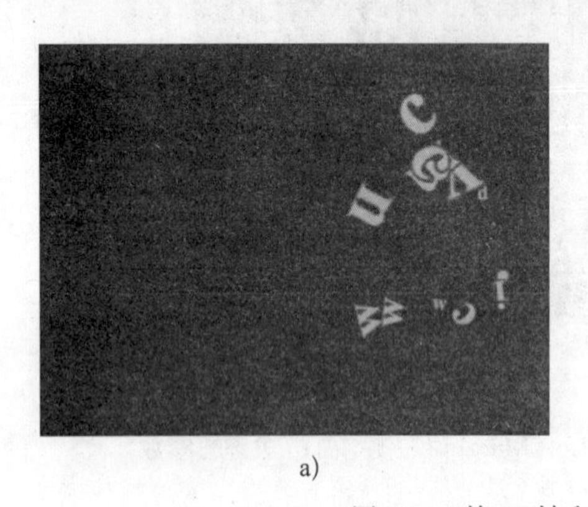

a) b)

图 7-36 第 30 帧和第 1 秒 5 帧中的文字效果

a）第 0 帧 b）第 1 秒 5 帧

8）此时文字出现有些唐突，下面制作文字由小变大逐渐出现的效果。方法为：展开“Character（字符）”选项组，在第 0 帧设置“Size（大小）”的数值为“0”，如图 7-37 所示。然后在第 1 秒 5 帧设置“Size（大小）”的数值为“22”，如图 7-38 所示。

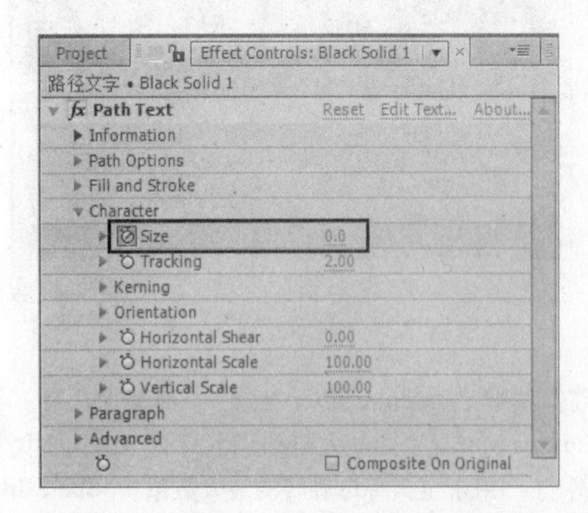

图 7-37 在第 0 帧设置“大小”的数值为“0”

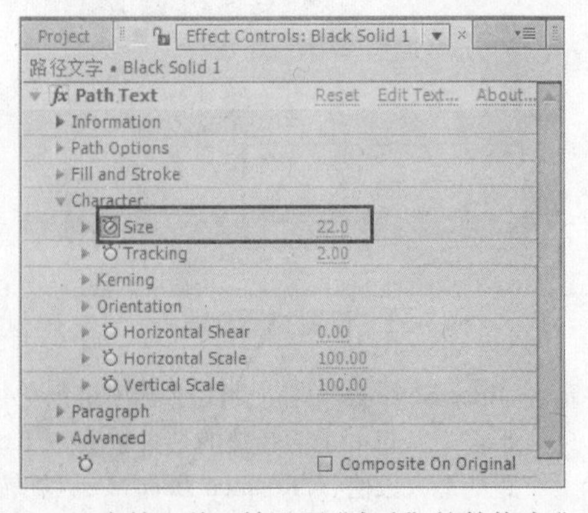

图 7-38 在第 1 秒 5 帧设置“大小”的数值为“22”

9）在“Preview（预览控制台）”面板中单击▶（播放）按钮（按小键盘上的〈0〉键），预览动画，效果如图 7-39 所示。

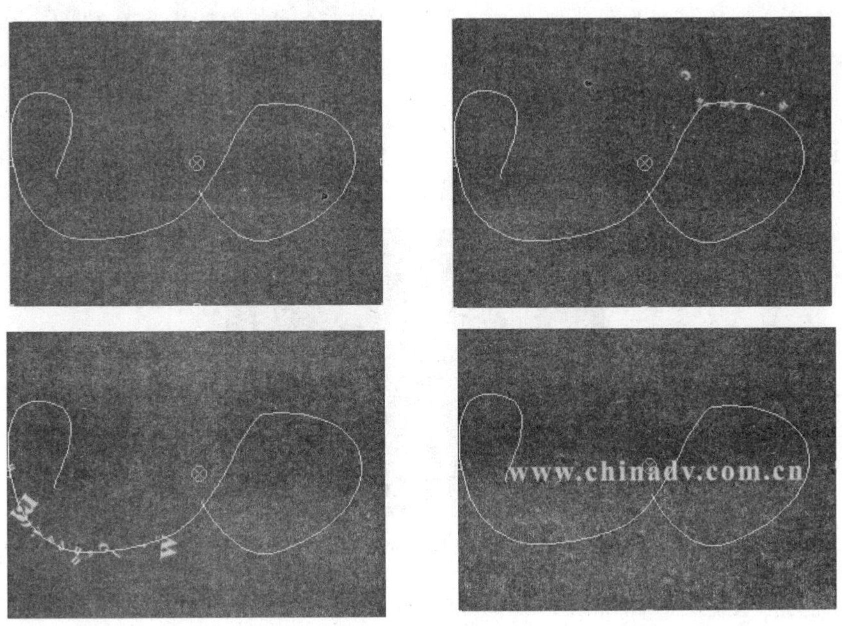

图 7-39　预览效果

10）为了真实，下面制作文字的动态模糊效果。方法为：在“时间线”窗口中激活（动态模糊）”按钮，然后打开 Black Solid 1 层的（动态模糊）开关，如图 7-40 所示，效果如图 7-41 所示。

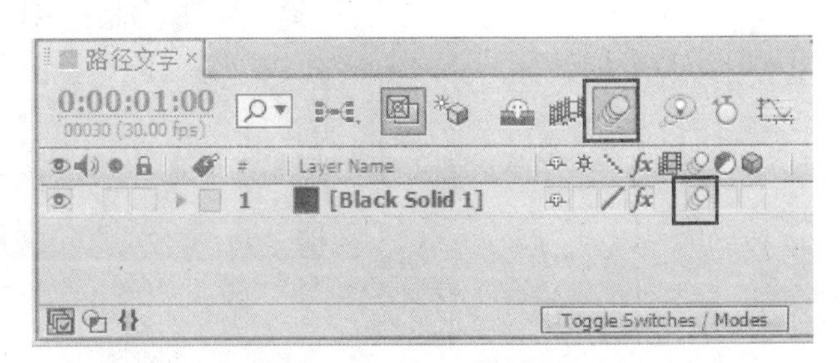

图 7-40　打开“动态模糊”开关

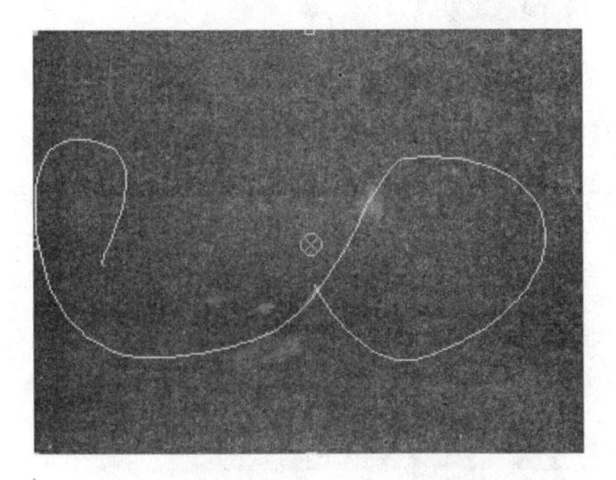
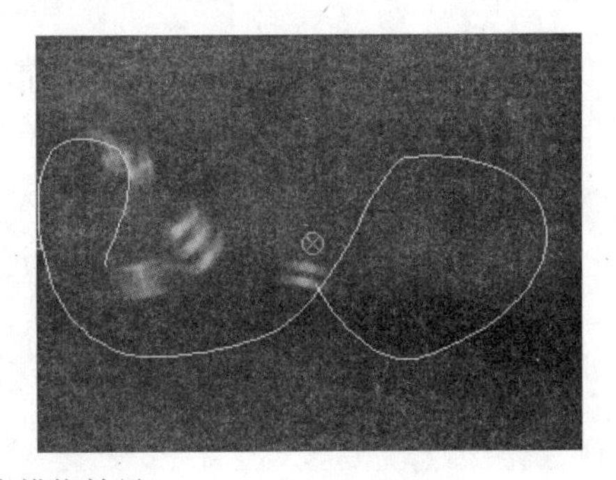

图 7-41　动态模糊效果

2. 制作Comp2合成图像

1）新建合成图像。方法为：选择“Composition（图像合成）|New Composition（新建合成组）”命令，创建一个 320×240 像素，持续时间为 2 秒，名称为“最终”的合成图像。

2）新建固态层。方法为：选择“Layer（图层）| New（新建）| Solid（固态层）”命令，新建一个 320×240 像素的固态层。

3）选择该固态层，选择“Effect（效果）| Knoll Light Factory | Light Factory EZ（EZ 光工厂）”命令，给它添加一个“Light Factory EZ（EZ 光工厂）”特效，效果如图 7-42 所示。

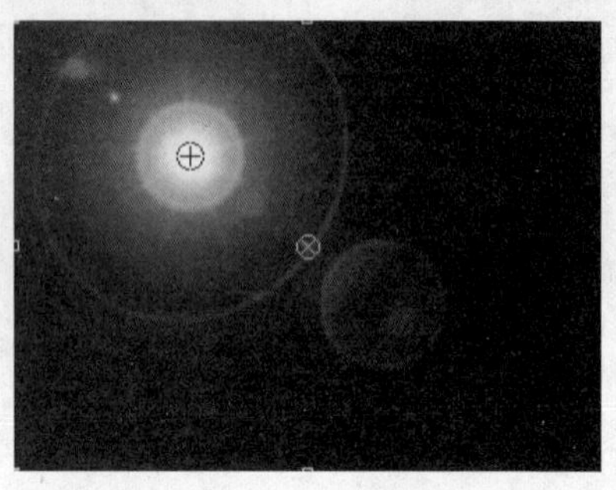

图 7-42　默认的“Light Factory EZ（EZ 光工厂）”效果

4）此时的光效不是本例所需要的，下面调整参数将光照中心点放置到固态层的中心位置，如图 7-43 所示。

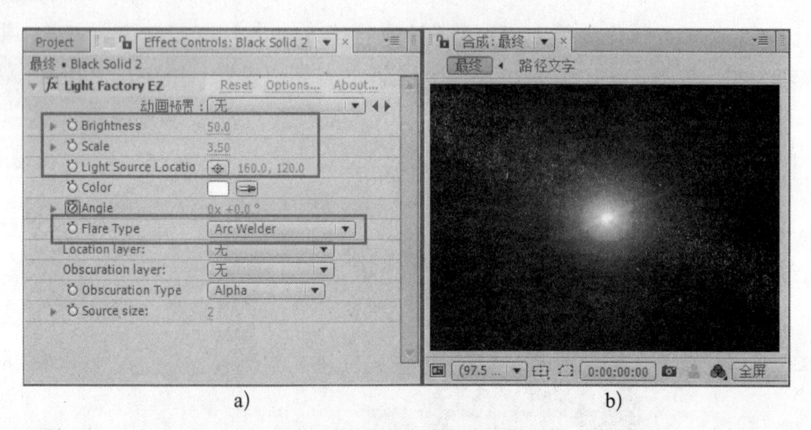

a)　　b)

图 7-43　将光照中心点调整到固态层的中心位置

a）调整参数　b）调整效果

5）为了增加背景的动感，下面制作光芒旋转一周的效果。方法为：分别在第 0 秒和第 2 秒设置“Angle（角度）”的关键帧，如图 7-44 所示，效果如图 7-45 所示。

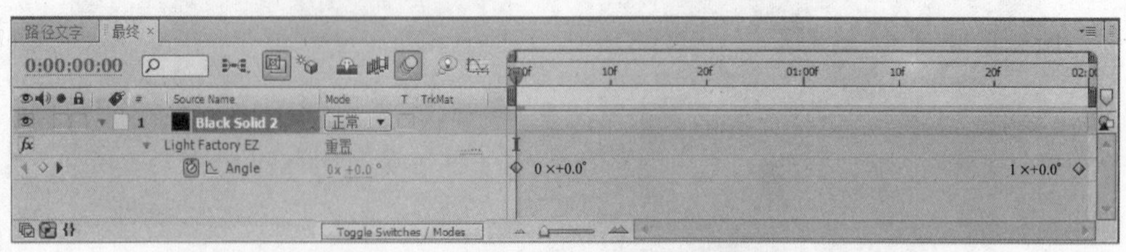

图 7-44　设置“Angle（角度）”的关键帧

a)

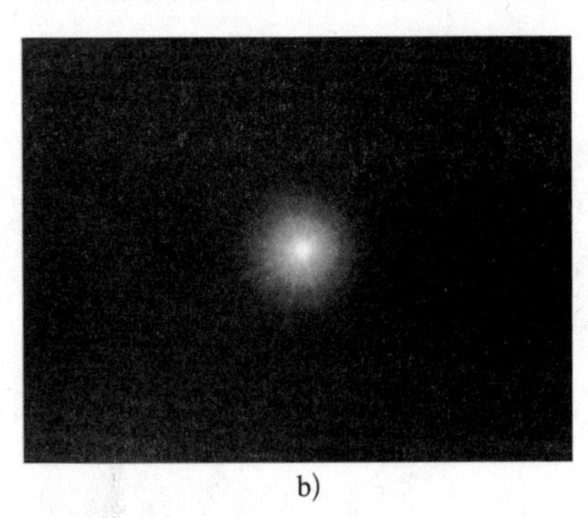
b)

图 7-45　不同关键帧的效果
a) 第 0 帧　b) 第 30 帧

6) 将“路径文字”合成图像从“Project (项目)”窗口中拖入“时间线”窗口，然后选择“路径文字”图层，在图层混合模式下拉列表中选择“Add (添加)”模式，如图 7-46 所示，效果如图 7-47 所示。

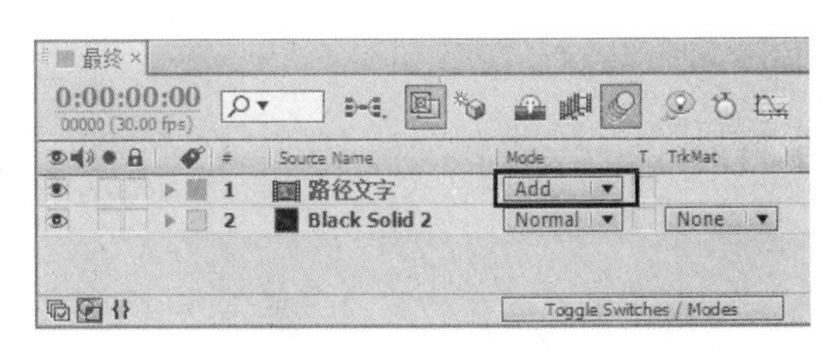

图 7-46　将层混合模式设为“Add (添加)”

图 7-47　“Add (添加)”模式效果

7) 制作文字运动过程中的拖尾效果。方法为：选择“时间线”窗口中的“路径文字”图层，然后选择“Effect (效果) | Time (时间) | Echo (拖尾)”命令，给它添加一个“Echo (拖尾)”特效。接着在弹出的“Effect Controls (特效控制台)”面板中设置参数，如图 7-48 所示，效果如图 7-49 所示。

提示：“Echo (拖尾)”特效用于图层不同时间点上的合成关键帧，对前后帧进行混合，产生拖影或运动模糊的效果。该特效对静止图片没有效果。“Echo (拖尾)”特效参数设置中的“Echo Time (seconds) (重影时间 (秒))”参数是以秒为单位值控制两个反射波间时间的，负值是在时间方向上向后退，正值是向前移动。绝对值越大，反射的帧范围也就越广。需要注意的是，在一般情况下，只在前后几帧间进行融合，该数值不宜设置得过高。“Number Of Echoes (重影数量)”用于控制反射波效果组合的帧数。“Starting Intensity (开始强度)”用于控制反射波序列中开始帧的强度。“Decay (衰减)”用于控制后续反射波的强度比例。“Echo Operator (重影操作)”用于指定用于反射的运算方式。

8) 按小键盘上的〈0〉键，预览动画，效果如图 7-50 所示。

9) 选择“File (文件) | Save (保存)”命令，将文件进行保存。然后选择“File (文件) | Collect Files (收集文件)”命令，将文件进行打包。

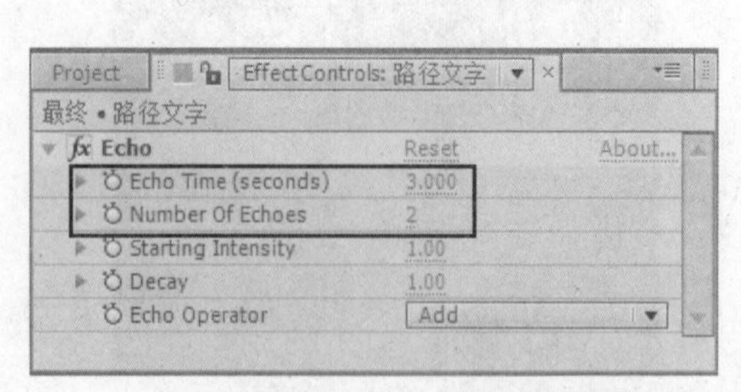

图 7-48　设置“Echo (拖尾)”参数

图 7-49　拖尾效果

图 7-50　最终效果

7.3 手写字效果

要点：

本例将利用“手写”特效制作随心所欲的具有粗细宽窄变化的中国古典书法字效果,如图 7-51所示。通过本例的学习，应掌握“Write-on(手写)”特效的使用方法。

图 7-51　手写字效果

操作步骤：

1. 制作笔画粗细一致的手写字效果

1) 启动 After Effects CS6, 选择“Composition（图像合成）|New Composition（新建合成组）”命令，在弹出的对话框中设置参数，如图 7-52 所示，单击“OK”按钮。

2) 选择“Layer (图层) | New (新建) | Solid (固态层)”命令，新建一个与合成图像等大的黑色固态层。

3）选择“黑色 固态层 1”，然后选择“Effect（效果）|Generate（生成）|Write-on（书写）”命令。

4）选择“黑色 固态层 1”，然后利用工具栏中的钢笔工具绘制文字“福”的形状，如图 7-53 所示。

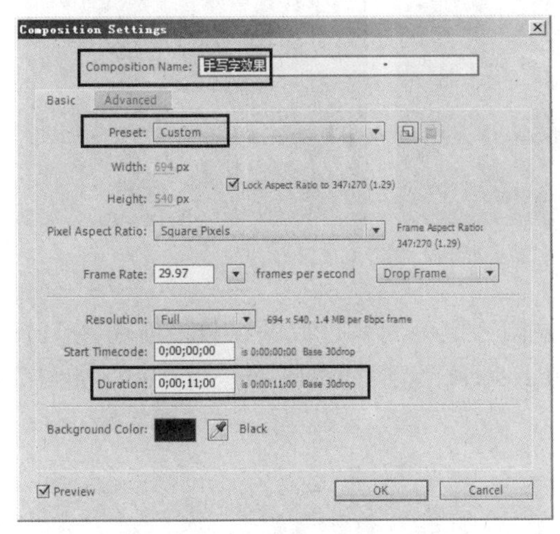

图 7-52　设置合成图像参数

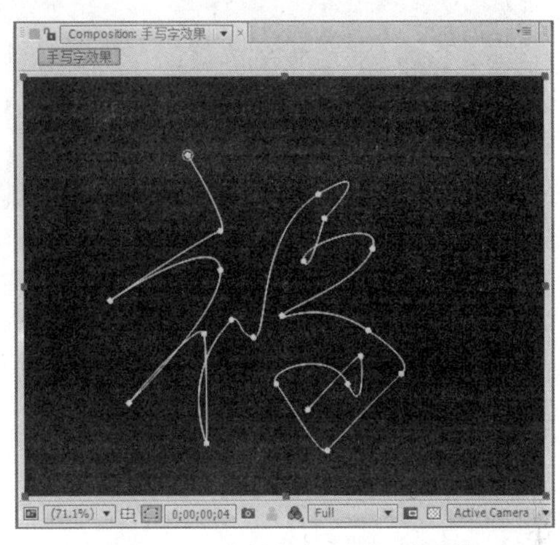

图 7-53　绘制文字“福”的形状

5）在“时间线”窗口中展开“黑色 固态层 1”，然后选择“Mask Path（遮罩形状）”选项，如图 7-54 所示，在第 0 帧按快捷键〈Ctrl+C〉进行复制。接着选择“Write-on（书写）”特效下的“Brush Position（画笔位置）”选项，在第 0 帧按快捷键〈Ctrl+V〉进行粘贴，此时会发现在“Brush Position（画笔位置）”效果上产生大量的关键帧，如图 7-55 所示。

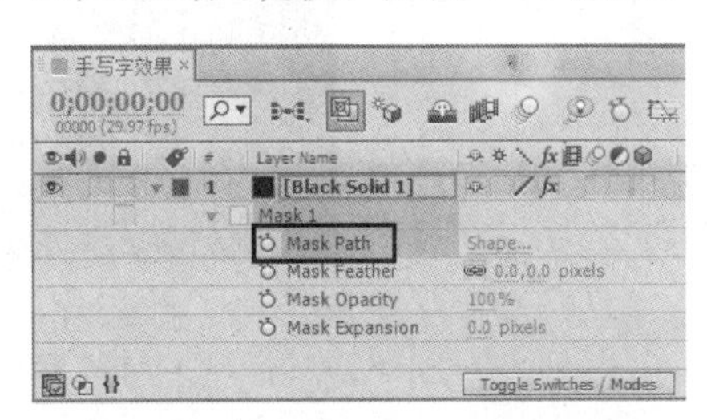

图 7-54　选择“Mask Path（遮罩形状）”

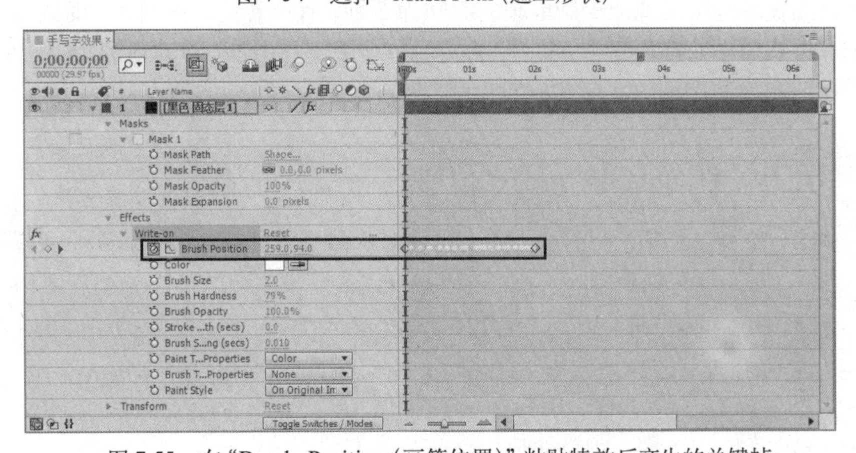

图 7-55　在“Brush Position（画笔位置）”粘贴特效后产生的关键帧

6）此时预览会看到，画笔沿着文字“福”的形状进行绘制的效果，如图 7-56 所示。

图 7-56　画笔沿着文字“福”的形状进行绘制的效果

7）但此时绘制的笔画是点而不是线，这是因为笔画间隔过大的缘故，下面在“Effect Controls（特效控制台）”面板中调整“Brush Spacing（secs）（笔画间隙（秒））”为 0.001，如图 7-57 所示，效果如图 7-58 所示。

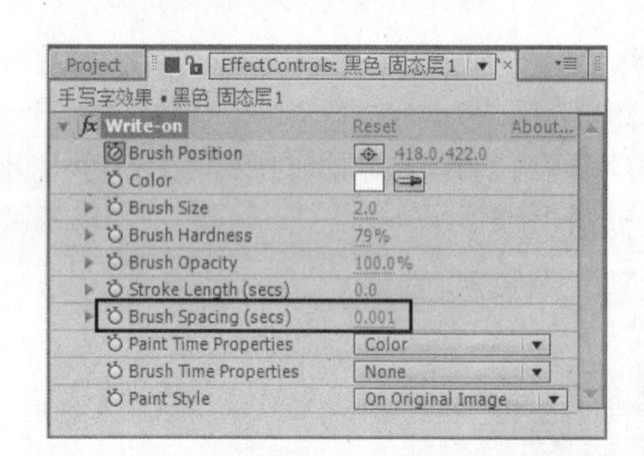

图 7-57　调整“Brush Spacing（secs）（笔画间隙（秒））”为 0.001

图 7-58　调整“Brush Spacing（secs）（笔画间隙（秒））”为 0.001 后的效果

8）此时预览动画会发现，绘制笔画的时间为 2 秒，有些急促，下面在“时间线”窗口中将“Brush Spacing（secs）（笔画间隙（秒））”的最后一个关键帧由 2 秒移动到 3 秒的位置，如图 7-59 所示。

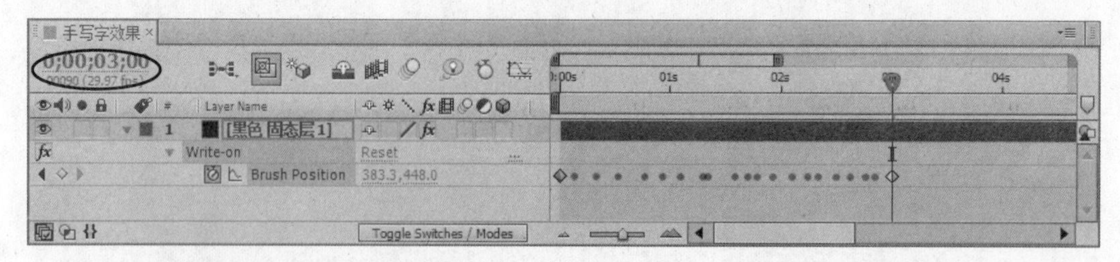

图 7-59　将“Brush Spacing（secs）（笔画间隙（秒））”的最后一个关键帧由 2 秒移动到 3 秒的位置

9）按小键盘上的〈0〉键，预览动画，效果如图 7-60 所示。

图 7-60　预览效果

2.制作具有粗细宽窄变化的手写字效果

1）在“Effect Controls (特效控制台)”面板中设置“Brush Size (笔触大小)”特效的参数，并录制第 0 帧“Brush Size（笔触大小）”的关键帧，如图 7-61 所示。然后在第 1 帧，将“Brush Size (笔触大小)”设置为 28，效果如图 7-62 所示。再在第 2 帧，将“Brush Size (笔触大小)”设置为 30，效果如图 7-63 所示。接着在第3帧，将“Brush Size (笔触大小)”设置为9，效果如图 7-64 所示。最后在第4帧，将“Brush Size (笔触大小)”设置为 0.8，效果如图 7-65 所示。

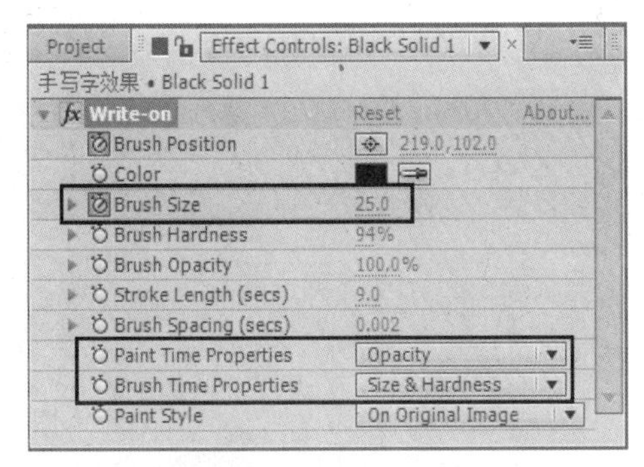

图 7-61　在第 0 帧设置“Brush Size (笔触大小)”特效的参数

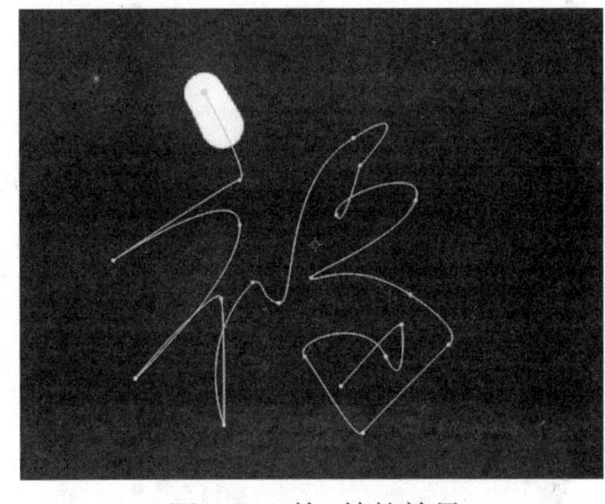

图 7-62　第 1 帧的效果

图 7-63　第 2 帧的效果

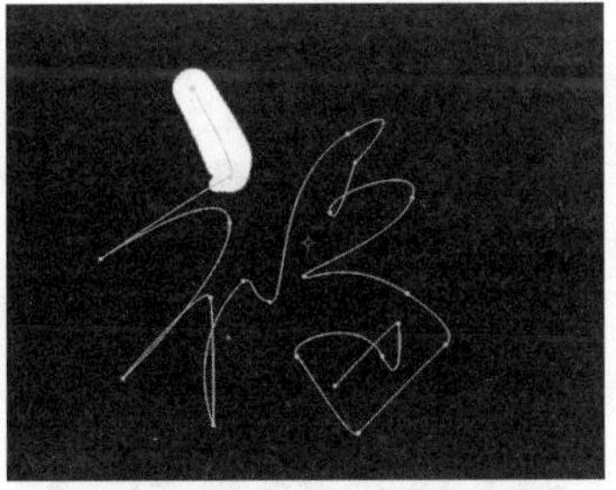

图 7-64　第 3 帧的效果

图 7-65　第 4 帧的效果

2）同理，根据书法字的粗细宽窄的变化逐帧调节笔触大小，最终效果如图 7-66 所示。

3）为了更加真实，下面将背景色改为红色，将手写文字改为墨色。方法为：选择“黑色固态层 1”，然后选择“Layer (图层) | Solid Settings (固态层设置)”命令，在弹出的“Solid Settings (固态层设置)”对话框中将“Color (颜色)”改为红色，如图 7-67 所示，单击“OK”按钮。接着

在“Effect Controls (特效控制台)”面板中将书写“Color (颜色)”改为黑色，如图 7-68 所示。

图 7-66　调节笔触后的效果

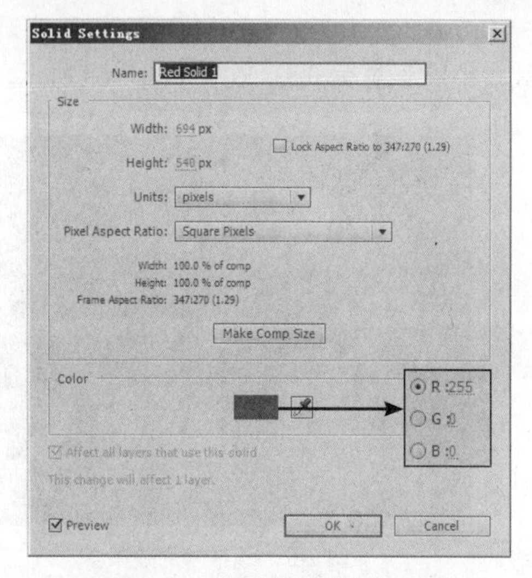

图 7-67　将固态层颜色改为红色

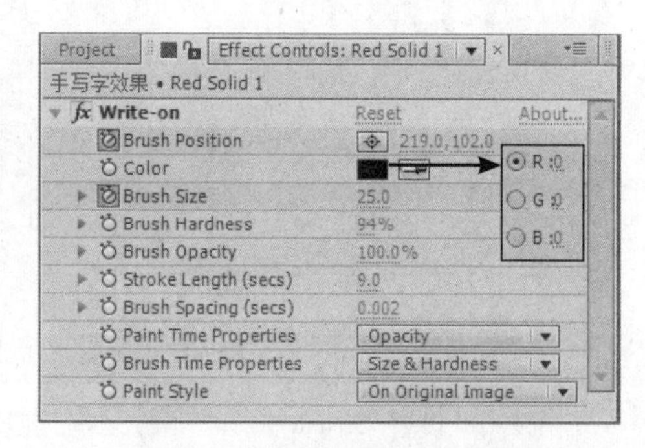

图 7-68　将书写颜色改为黑色

4）至此，手写字效果制作完毕。下面按小键盘上的〈0〉键，预览动画，效果如图 7-69 所示。

图 7-69　预览效果

5）选择“File (文件) | Save (保存)”命令，将文件进行保存。然后选择“File (文件) | Collect Files (收集文件)”命令，将文件进行打包。

7.4　飞舞的文字效果

要点：

本例将制作娱乐节目中常见的文字飞舞效果，如图7-70所示。通过本例的学习，读者应掌握“动画”命令的应用。

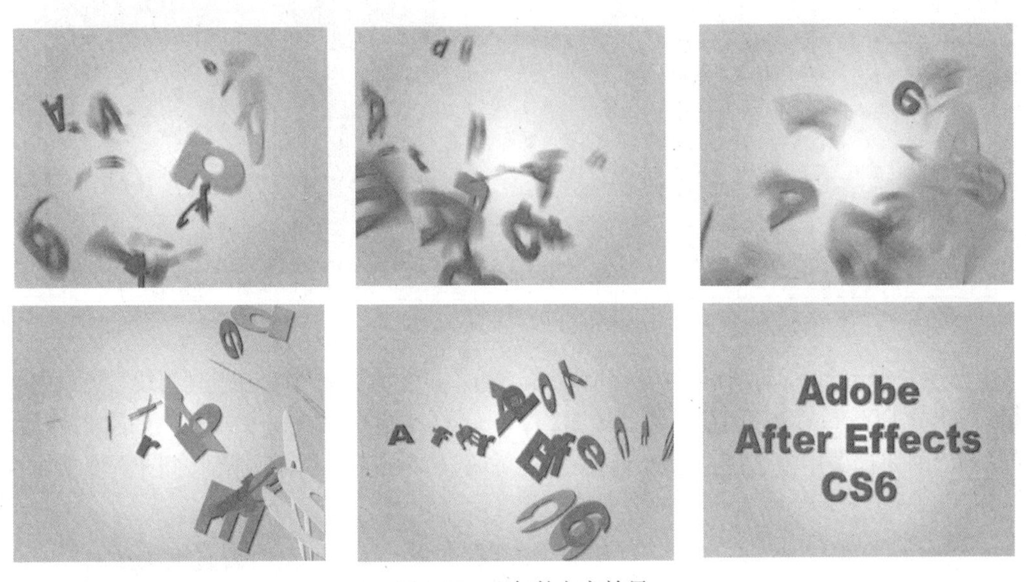

图 7-70　飞舞的文字效果

操作步骤：

1. 设置静态文字效果

1) 启动 After Effects CS6，选择“Composition（图像合成）|New Composition（新建合成组）”命令，在弹出的对话框中设置参数，如图 7-71 所示，单击“OK”按钮。

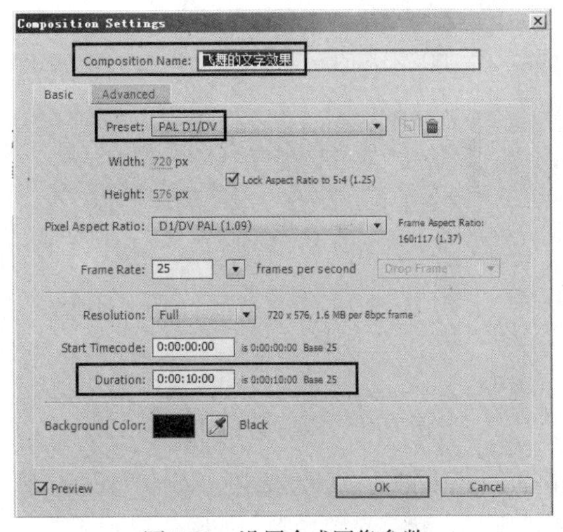

图 7-71　设置合成图像参数

2）创建文字。方法为：选择“Layer（图层）| New（新建）| Text（文本）”命令，然后输入文字“Adobe After Effects CS6”，并设置属性，如图 7-72 所示，效果如图 7-73 所示。

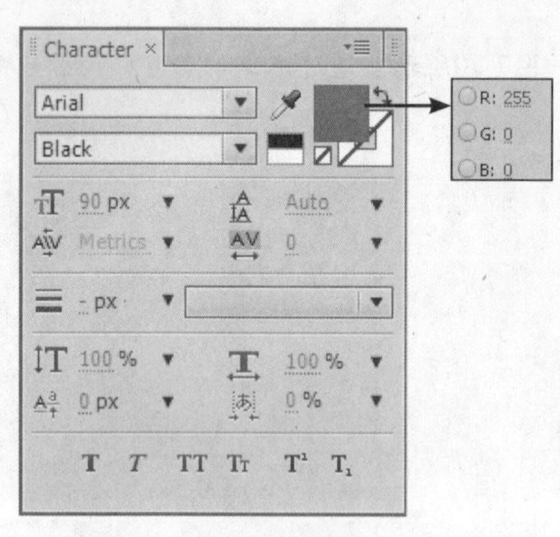

图 7-72 设置文字属性

图 7-73 文字效果

3）设置“Animate（动画）”的“Position（位置）”属性。方法为：在“时间线”窗口中展开“Adobe After Effects CS6”图层，然后单击“Animate（动画）”右侧的按钮，如图 7-74 所示。接着从弹出的快捷菜单中选择“Position（位置）”命令，如图 7-75 所示，结果如图 7-76 所示。

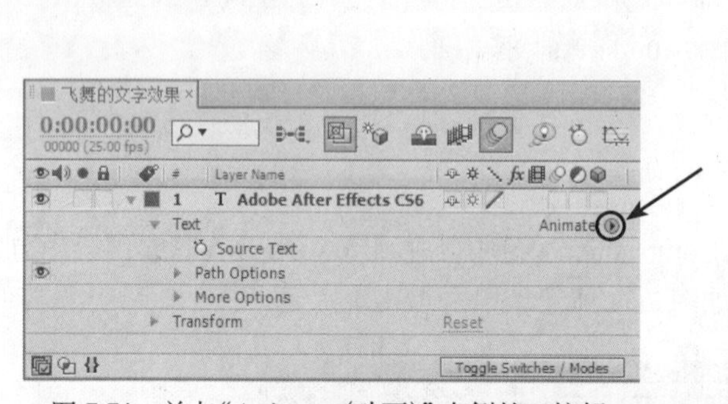

图 7-74 单击“Animate（动画）”右侧的按钮

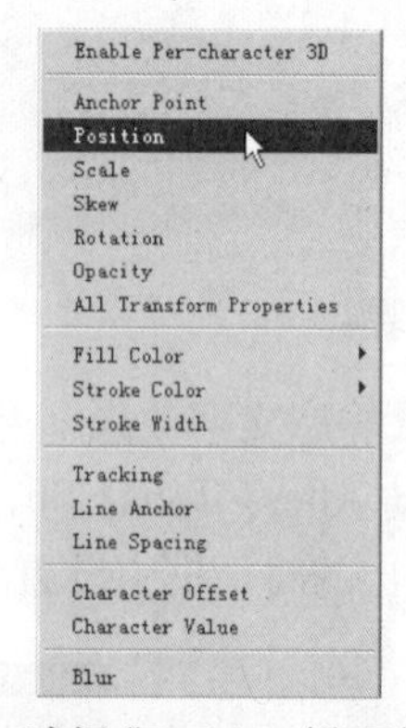

图 7-75 选择“Position（位置）”命令

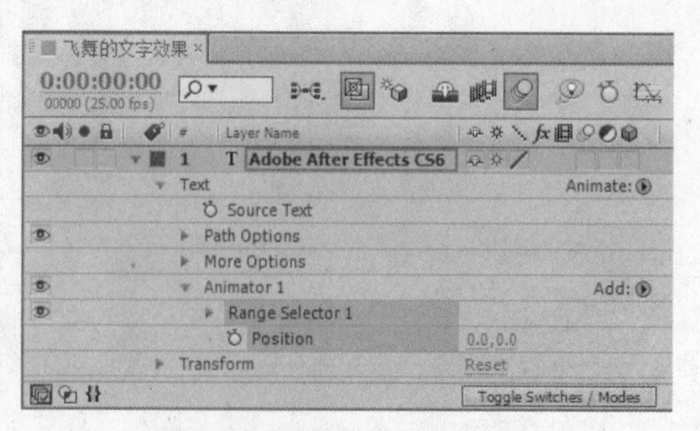

图 7-76 “时间线”窗口分布

4）同理，单击“Animate（动画）”右侧的按钮，添加“Scale（缩放）”“Rotation（旋转）”和“Fill Hue（填充色色相）”属性，然后设置参数，如图 7-77 所示。

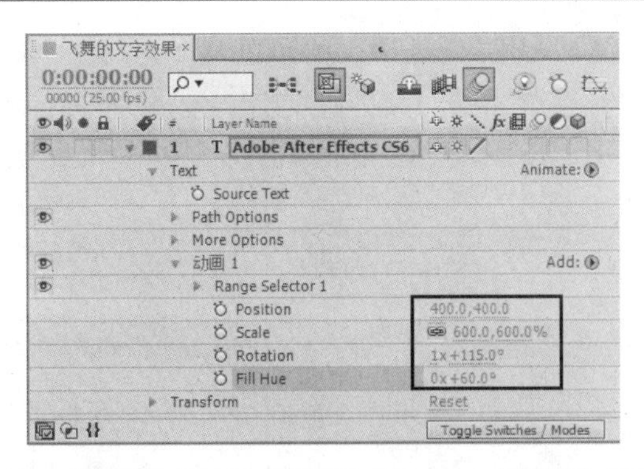

图 7-77　设置“Position（位置）”“Scale（缩放）”“Rotation（旋转）”和“Hue（色相）”参数

5）设置摇摆参数。方法为：单击“Add（添加）”右侧的 按钮，从弹出的快捷菜单中选择“Selector（选择）|Wiggly（摇摆）”命令，如图 7-78 所示。

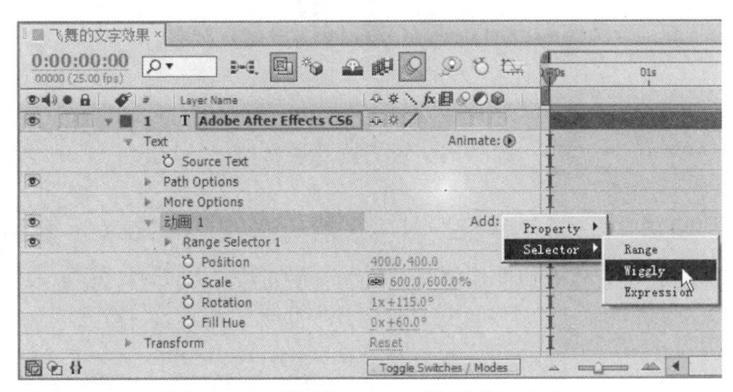

图 7-78　选择“Wiggly（摇摆）”命令

6）此时按小键盘上的〈0〉键，预览动画，可以看到文字随机跳动的动画效果。为便于以后手动调节参数，设置“Wiggly（摇摆）”参数，如图 7-79 所示，使文字静止下来，效果如图 7-80 所示。

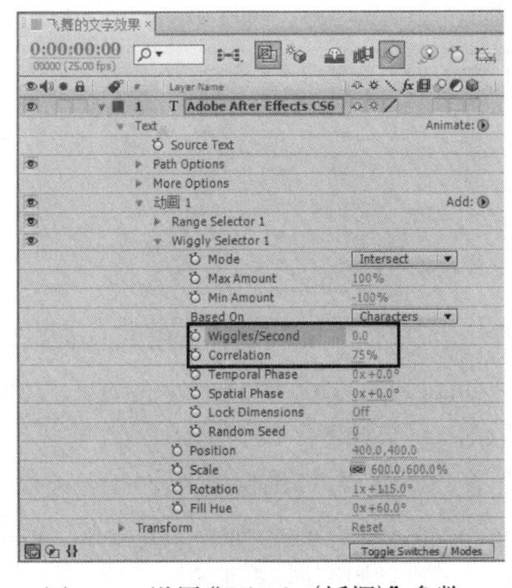

图 7-79　设置“Wiggly（摇摆）”参数

图 7-80　“Wiggly（摇摆）”效果

7）为便于观看，下面添加背景。方法为：选择“Layer（图层）| New（新建）| Solid（固态层）”命令（快捷键为〈Ctrl+Y〉），在弹出的对话框中单击 Make Comp Size （制作为合成大小）按钮，如图 7-81 所示。然后单击“OK”按钮，创建一个与合成图像等大的固态层。

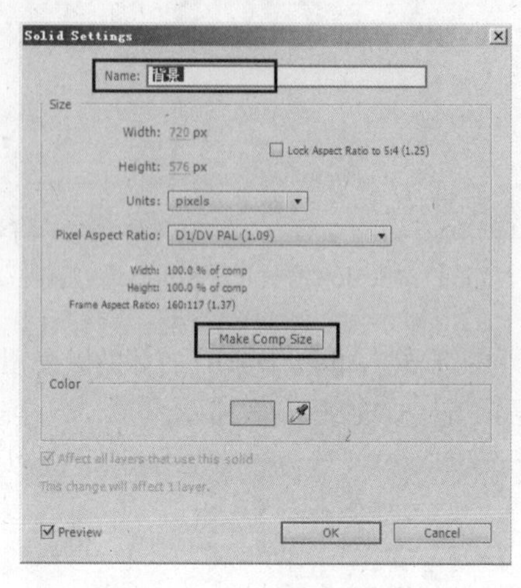

图 7-81　设置固态层参数

8）在“时间线”窗口中选择“背景”图层，然后选择“Effect（效果）| Generate（生成）| Ramp（渐变）”命令，接着在“Effect Controls（特效控制台）”面板中设置参数，如图 7-82 所示，效果如图 7-83 所示。

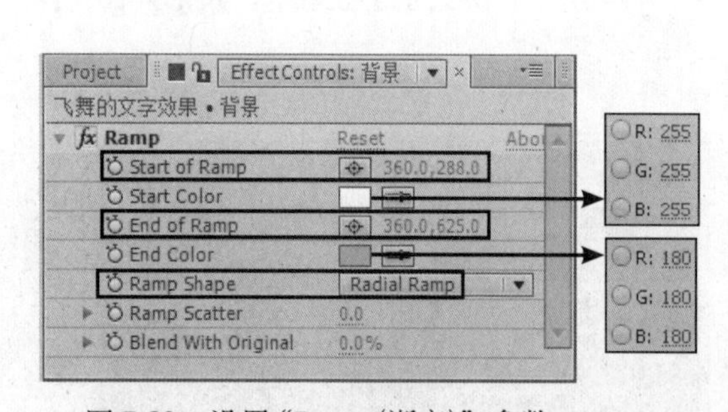

图 7-82　设置“Ramp（渐变）”参数

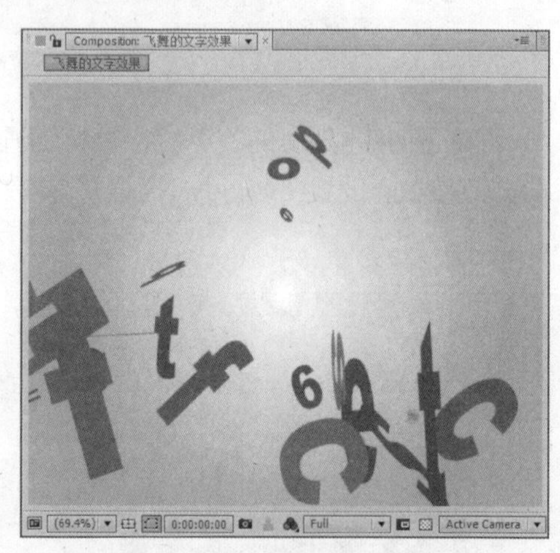

图 7-83　“Ramp（渐变）”效果

9）给文字添加倒角效果。方法为：在“时间线”窗口中选择“Adobe After Effects CS6”图层，然后选择“Effect（效果）| Perspective（透视）| Bevel Alpha（斜面 Alpha）”命令，接着在“Effect Controls（特效控制台）”面板中设置参数，如图 7-84 所示，效果如图 7-85 所示。

10）给文字添加投影效果。方法为：在“时间线”窗口中选择“Adobe After Effects CS6”图层，然后选择“Effect（效果）| Perspective（透视）| Drop Shadow（阴影）”命令，接着在“Effect Controls（特效控制台）”面板中设置参数，如图 7-86 所示，效果如图 7-87 所示。

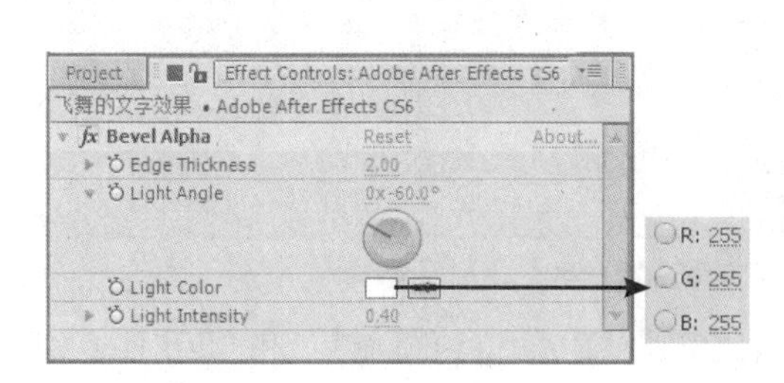

图 7-84　设置“Bevel Alpha (斜面 Alpha)”参数

图 7-85　“Bevel Alpha (斜面 Alpha)”效果

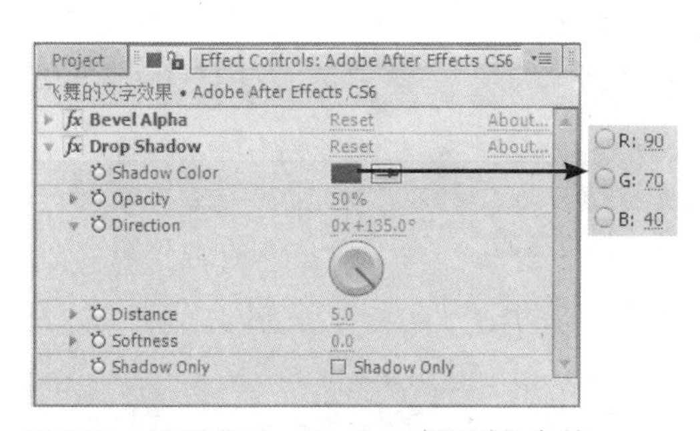

图 7-86　设置“Drop Shadow (阴影)”参数

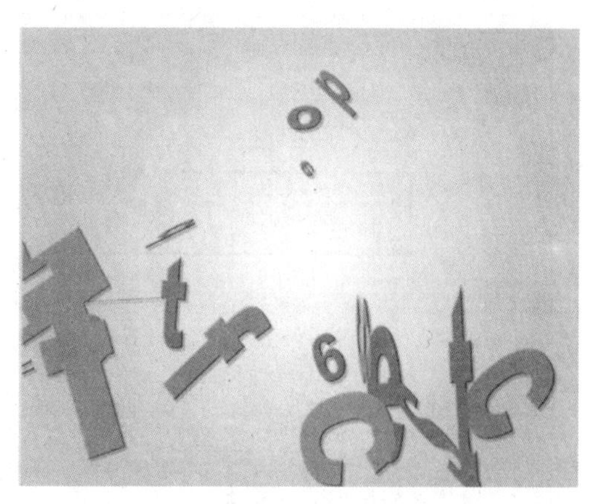

图 7-87　“Drop Shadow (阴影)”效果

2. 制作文字间歇式跳动动画

1）在“时间线”窗口中选择“Adobe After Effects CS6”图层，然后在第 2 秒的位置单击“Temporal Phase(时间相位)”和“Spatial Phase(空间相位)”前的图标，添加关键帧，如图 7-88 所示。

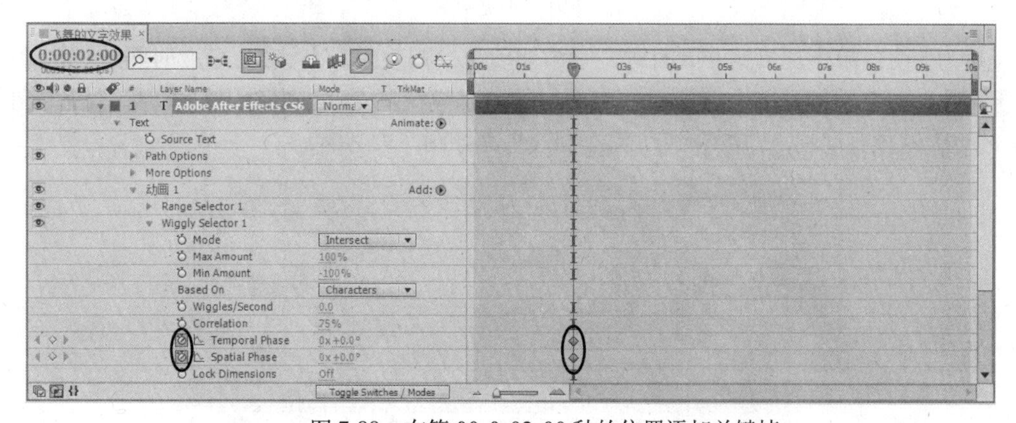

图 7-88　在第 00:0:02:00 秒的位置添加关键帧

2）分别在第 2 ~ 7 秒设置参数，如图 7-89 所示。

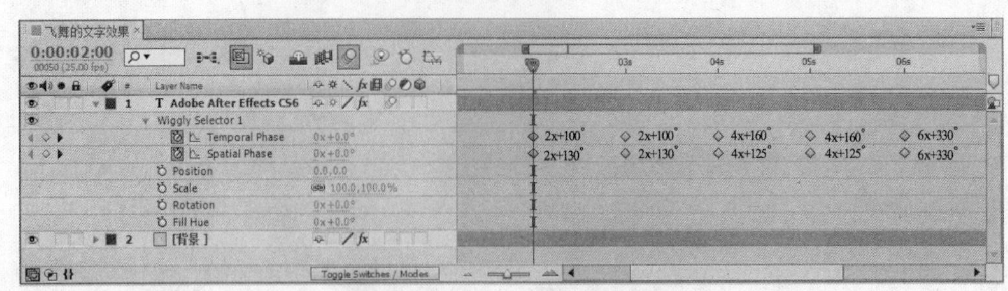

图 7-89　在第 2 ~ 7 秒设置参数

3）在第 8 秒单击“Position（位置）”“Scale（比例）”“Rotation（旋转）”和“Fill Hue（填充色色相）”前面的图标，添加关键帧，然后在第 9 秒 24 帧设置参数，如图 7-90 所示。

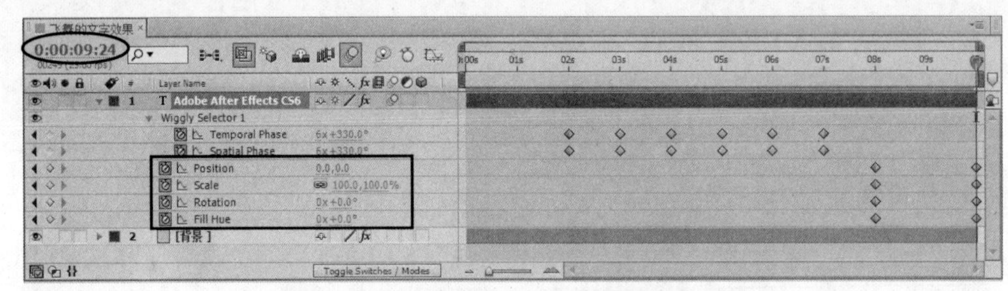

图 7-90　在第 9 秒 24 帧设置参数

4）按小键盘上的〈0〉键，预览动画，效果如图 7-91 所示。

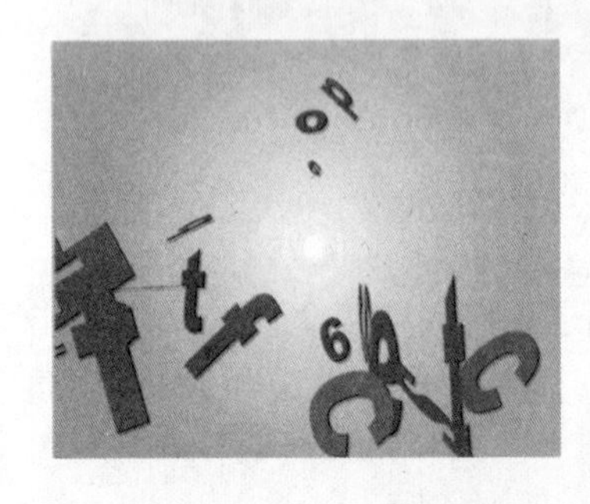

图 7-91　预览效果

5）为了使效果更加真实，下面对文字添加动态模糊效果。方法为：在“时间线”窗口中激活（通过动态模糊开关设置激活所有图层的动态模糊）按钮，如图 7-92 所示。然后按小键盘上的〈0〉键预览动画，即可看到动态模糊效果，如图 7-93 所示。

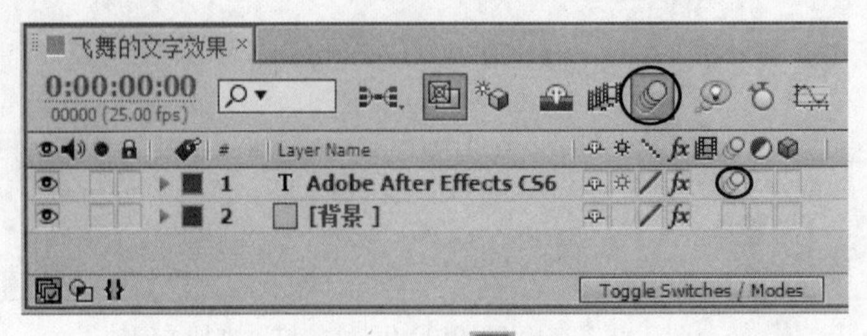

图 7-92　激活按钮

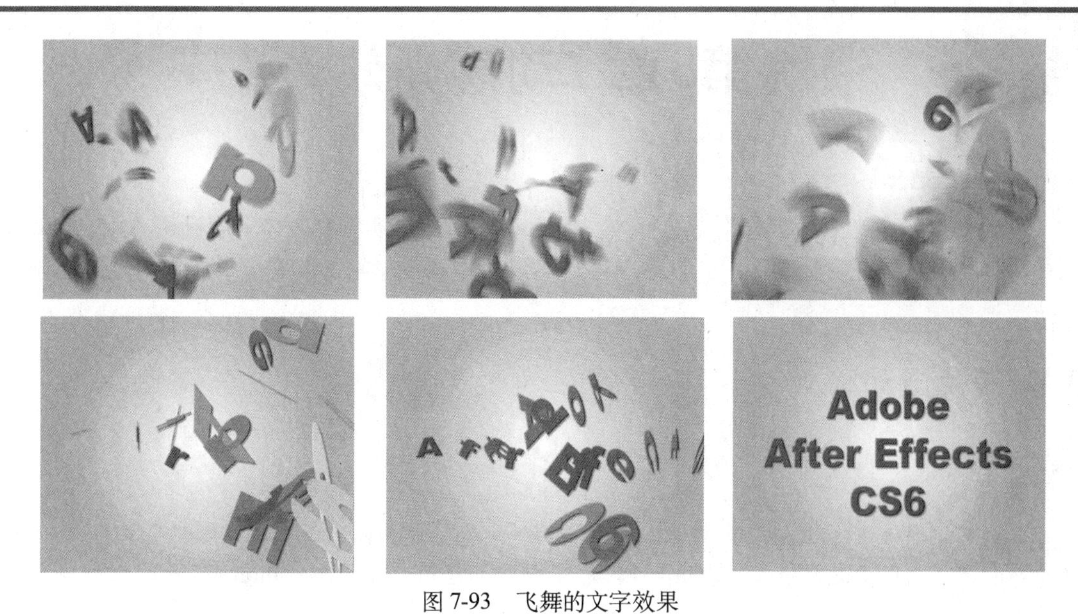

图 7-93　飞舞的文字效果

6）选择“File（文件）| Save（保存）”命令，将文件进行保存。然后选择“File（文件）| Collect Files（收集文件）”命令，将文件进行打包。

7.5　课后练习

1. 制作飞舞的文字效果，如图 7-94 所示。参数可参考配套光盘中的“源文件\第 3 部分 特效实例\第 7 章 文字效果\课后练习\练习 1\练习 1.aep”文件。

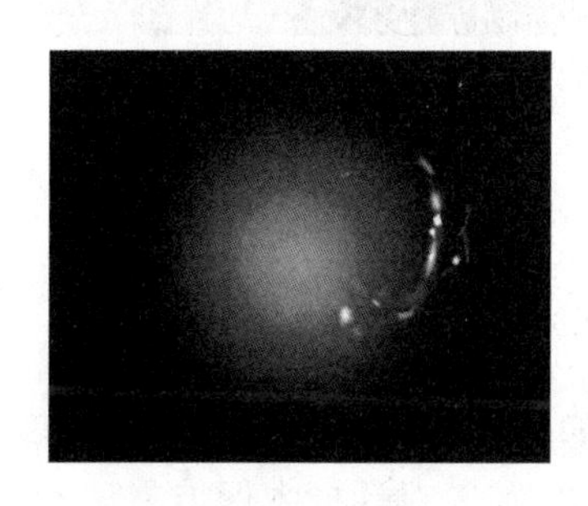
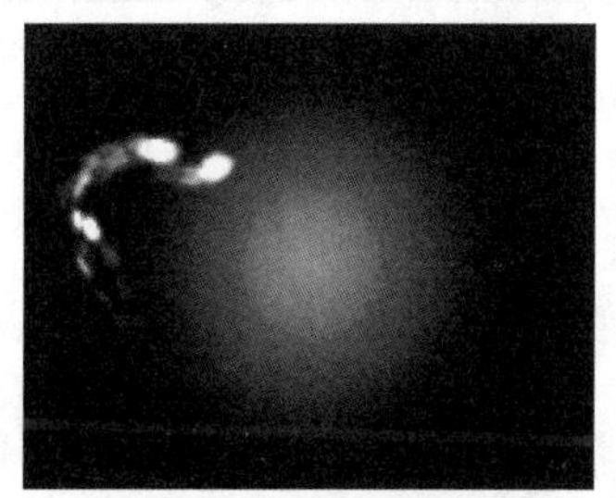

图 7-94　练习 1 效果

2. 制作跳舞的文字效果，如图 7-95 所示。参数可参考配套光盘中的“源文件\第 3 部分 特效实例\第 7 章 文字效果\课后练习\练习 2\练习 2.aep”文件。

这是一个奇妙的效果，当我将这些文字打出来的时候，它们会像有生命一样，翩翩起舞，这就是Path Text的效果。

图 7-95　练习 2 效果

第8章 动感光效

本章重点：

在影视广告中光效是十分常见的特效。本章将通过4个实例来具体讲解利用After Effects CS6制作出的光效在实际制作中的具体应用。通过对本章的学习，读者应掌握常用光效的制作方法。

8.1 胶片滑动

要点：

本例将制作发光胶片滑动的效果，如图8-1所示。通过对本例的学习，读者应掌握“Align（对齐）”面板、图层混合模式、“Glow（辉光）”特效的应用，以及“Position（位置）”关键帧的设置方法。

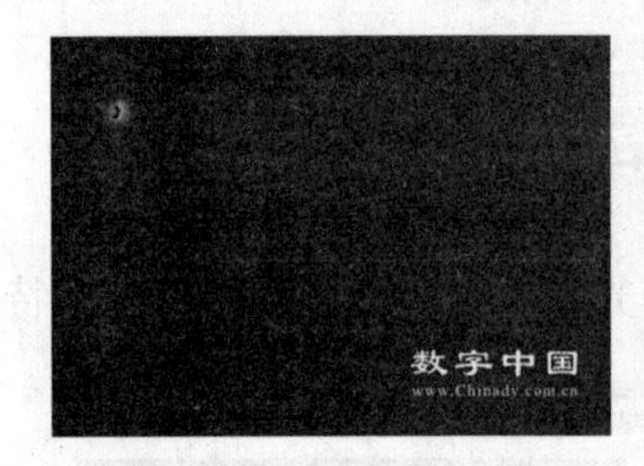

图8-1 胶片滑动

操作步骤：

1. 制作“胶片”合成图像

1）启动After Effects CS6，然后选择“Composition（图像合成）|New Composition（新建合成组）”命令，在弹出的“Composition Settings（图像合成设置）”对话框中保持默认参数，单击“OK”按钮，创建一个新的合成图像。

2）导入素材。方法为：选择“File（文件）|Import（导入）|File（文件）”命令，导入配套光盘中的“源文件\第8部分 特效实例\第8章 动感光效\8.1 胶片滑动 folder\(Footage)\胶片.psd”图片。

提示：导入“胶片.psd”文件时，在弹出的对话框的“素材尺寸”下拉列表中应选择“图层大小”选项，如图8-2所示，这样文件会以图层大小为依据导入图片，效果如图8-3所示；如果选择“文档大小”选项，文件会以文档大小为依据导入图片，效果如图8-4所示。

3）同理，导入配套光盘中的“源文件\第3部分 特效实例\第8章 动感光效\8.1 胶片滑动 folder\(Footage)\背景.jpg”图片和其他素材图片，此时“Project（项目）”窗口如图8-5所示。

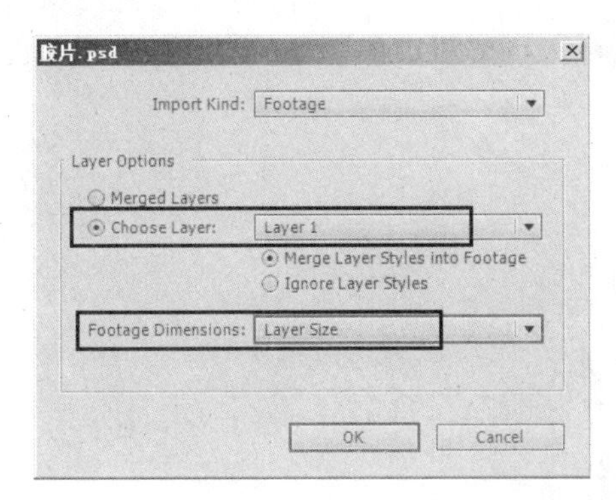

图 8-2　选择“Layer Size (图层大小)”选项

图 8-3　选择“Layer Size (图层大小)”选项导入的效果

图 8-4　选择“Document Size (文档大小)”选项导入的效果

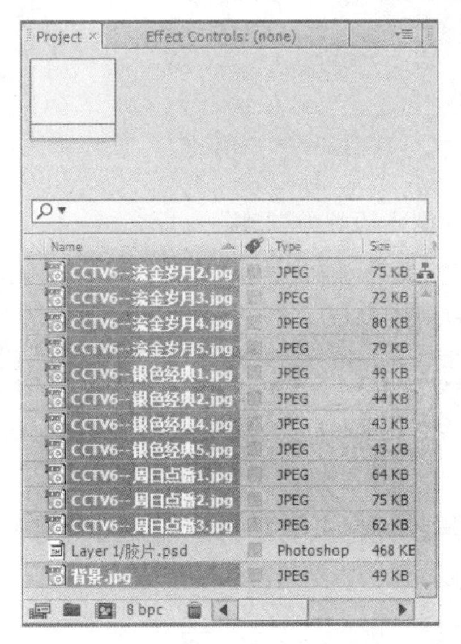

图 8-5　“Project (项目)”窗口

4) 选择“Project (项目)”窗口中的“Layer1/ 胶片.psd”素材图片，然后将它拖到 (新建合成) 按钮上，生成一个尺寸与素材相同的合成图像。然后将其命名为“胶片”，如图 8-6 所示。

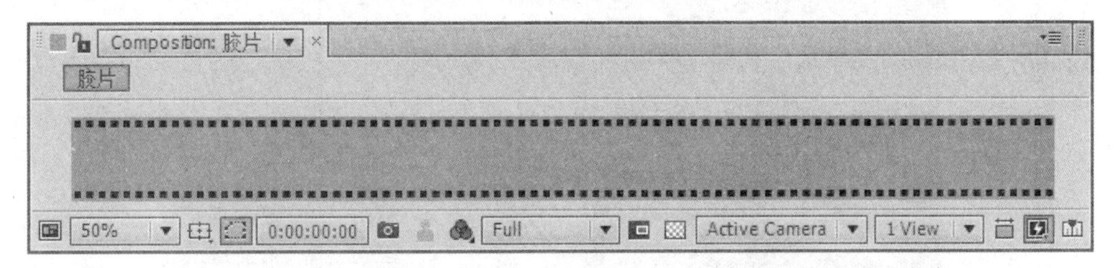

图 8-6　生成一个尺寸与“Layer1/ 胶片.psd”素材图片相同的合成图像

5) 将“Project (项目)”窗口中胶片上的素材拖入“时间线”窗口，然后按〈S〉键显示“Scale (比例)”属性，接着将数值设置为“25%”，如图 8-7 所示，从而与胶片匹配。

6) 将胶片上的素材调整为等距。方法为:选择“时间线”窗口中的所有素材图片(背景除外)，然后调整最左侧和最右侧图片的位置，接着调出“Align (对齐)”面板，将“Alin Layers to: (对

齐图层到：)”设置为“Selection（选区）”，再单击和按钮，如图 8-8 所示，效果如图 8-9 所示。

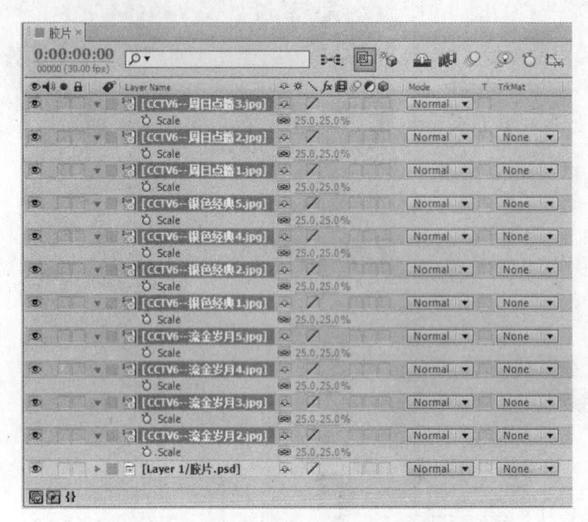

图 8-7　将“Scale（比例）”设置为“25%”

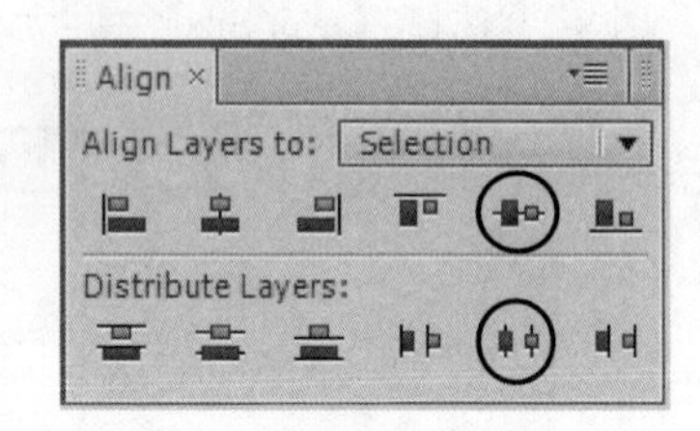

图 8-8　单击和按钮

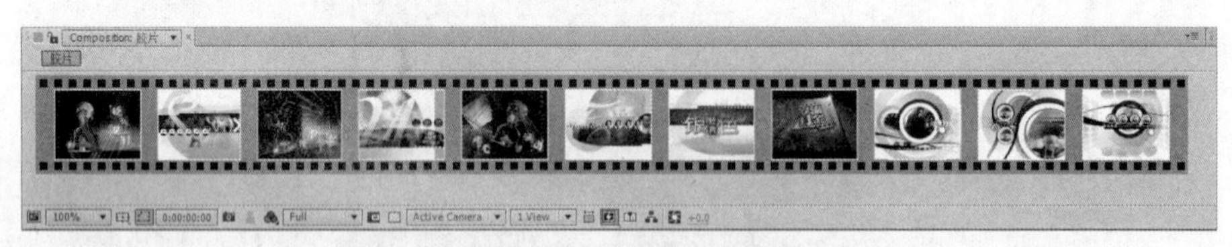

图 8-9　素材等距分布效果

7）为了使胶片上的素材与胶片有机地结合，下面将所有素材图层的图层混合模式设为“Overlay（叠加）”，如图 8-10 所示，效果如图 8-11 所示。

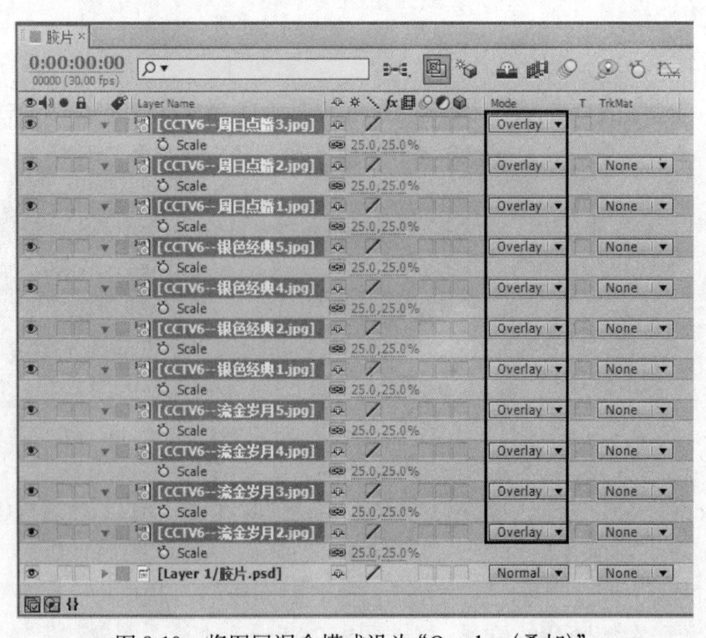

图 8-10　将图层混合模式设为“Overlay（叠加）”

图 8-11　“Overlay (叠加)” 效果

2. 制作“运动的胶片”合成图像

1) 将“Project (项目)” 窗口中的“背景.jpg” 拖到 (新建合成) 按钮上，从而生成一个尺寸与素材相同的合成图像，然后将其命名为“最终”。接着将“Project (项目)” 窗口中的“胶片” 合成图像拖入“时间线” 窗口，放置在最顶层，如图 8-12 所示，效果如图 8-13 所示。

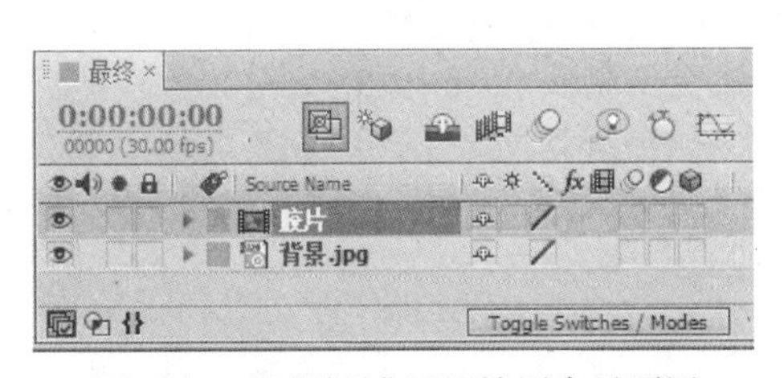

图 8-12　将“胶片” 图层放置在最顶层

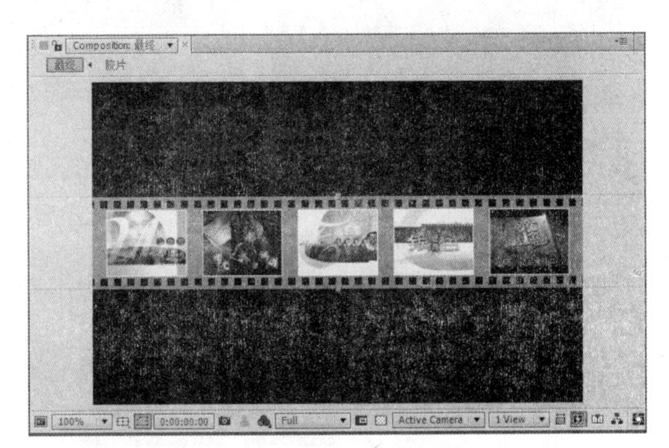

图 8-13　画面效果

2) 选择“胶片” 图层，然后选择“Effect (效果) | Stylize (风格化) | Glow (辉光)” 命令，给它添加一个“Glow (辉光)” 特效。接着在“Effect Controls (特效控制台)” 面板中设置参数，如图 8-14 所示，效果如图 8-15 所示。

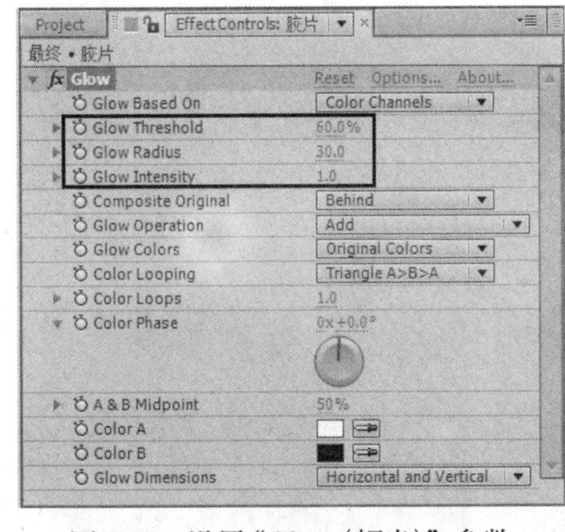

图 8-14　设置“Glow (辉光)” 参数

图 8-15　“Glow (辉光)” 效果

3) 设置胶片运动。方法为：在“时间线” 窗口中选择“胶片” 图层，按〈P〉键，显示“Position (位置)”设置。然后分别在第 0 帧和第 20 帧设置关键帧参数，如图 8-16 所示。接着按小键盘上的〈0〉键，预览动画，观看胶片从左向右运动的效果，如图 8-17 所示。

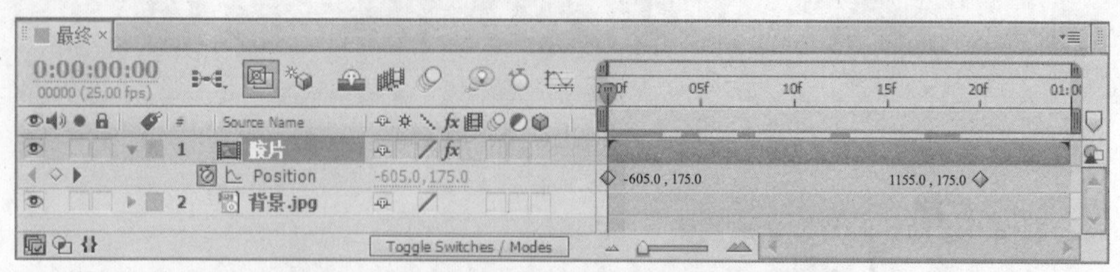

图 8-16　分别在第 0 帧和第 20 帧设置关键帧参数

图 8-17　胶片从左向右运动的效果

4）创建文字。方法为：在“时间线”窗口中右击，在弹出的快捷菜单中选择“New（新建）|Text（文字）”命令，如图 8-18 所示。然后输入文字“数字中国 www.chinadv.com.cn”。

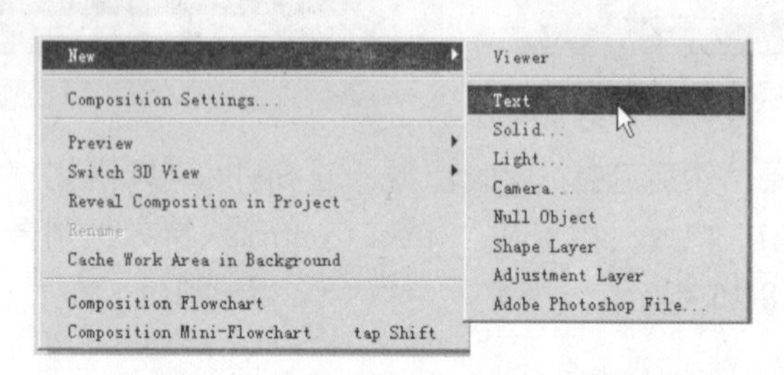

图 8-18　选择“Text（文字）”命令

5）按小键盘上的〈0〉键预览动画，效果如图 8-19 所示。

6）选择“File（文件）| Save（保存）”命令，将文件进行保存。然后选择“File（文件）| Collect Files（收集文件）”命令，将文件进行打包。

图 8-19　最终效果

8.2　雷达扫描

要点：

本例将综合运用After Effects CS6的自带特效，制作一个雷达扫描效果，如图8-20所示。通过本例的学习，读者应掌握“Grid（网格）”“Ramp（渐变）”“Beam（光束）”“Polar Coordinates（极坐标）”和“Fast Blur（快速模糊）”特效，以及“Align（对齐）”工具、嵌套、表达式、关键帧动画、层模式和层蒙版的综合应用。

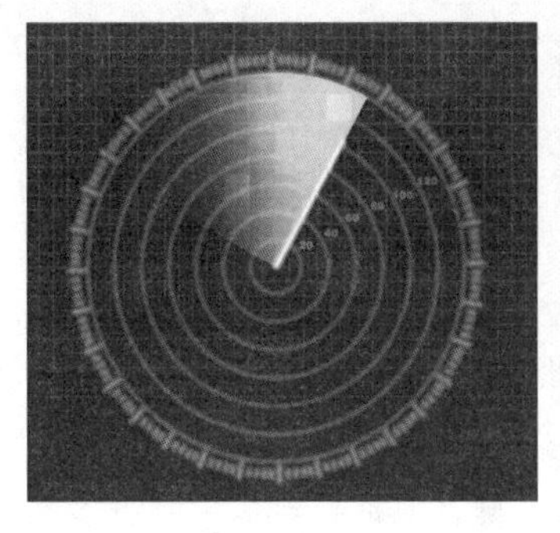
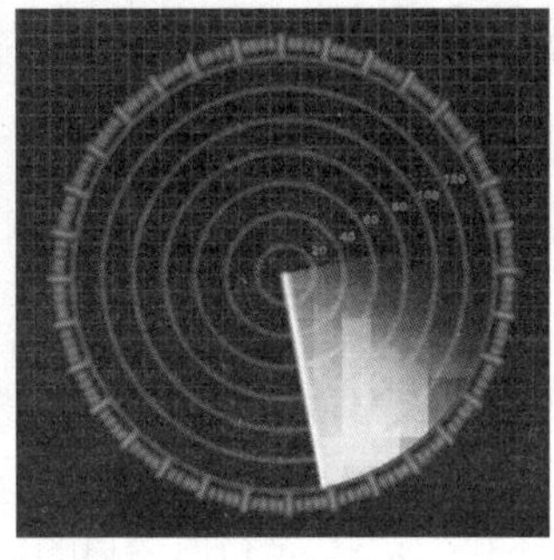
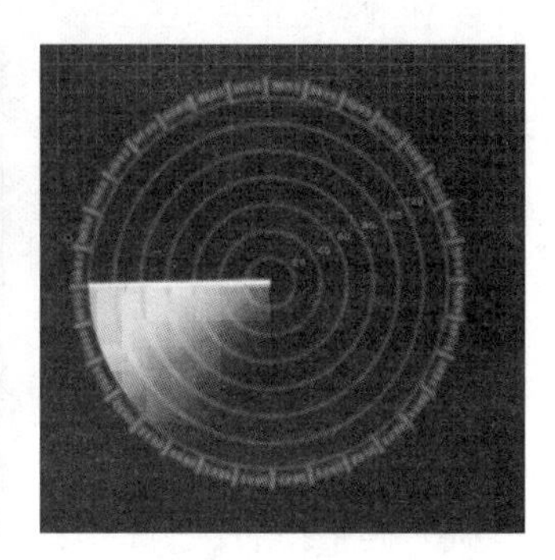

图 8-20　雷达扫描效果

操作步骤：

1. 创建“4 条小线”合成图像

1）启动 After Effects CS6，选择“Composition（图像合成）|New Composition（新建合成组）”命令，在弹出的“Composition Settings（图像合成设置）”对话框中设置参数，如图 8-21 所示，单击“OK”按钮，创建一个新的合成图像。

提示：将“Width（宽度）”设置为“1000”的目的是为了制作周长为1000个单位的圆形雷达的外边缘。

2）选择“Layer（图层）| New（新建）| Solid（固态层）”命令，在弹出的对话框中设置参数，如图 8-22 所示，单击“OK”按钮，新建一个固态层。

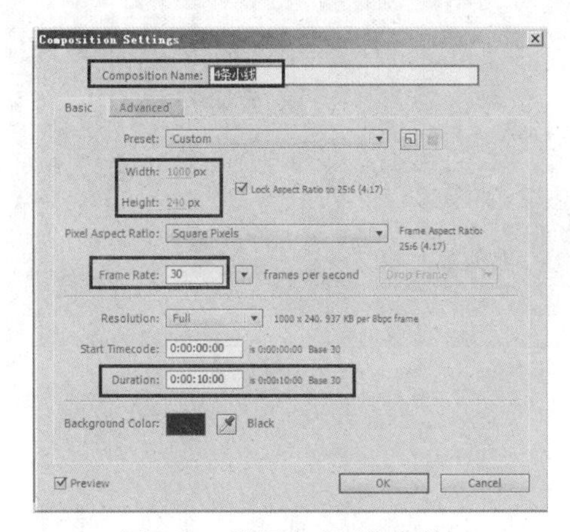

图 8-21　设置合成图像参数

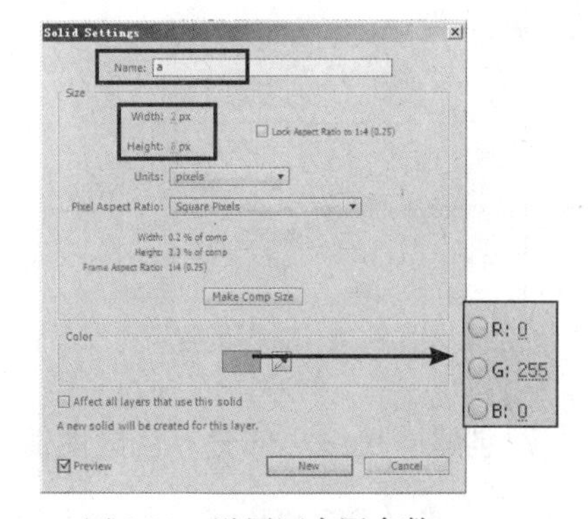

图 8-22　设置固态层参数

3）复制图层。方法为：在“时间线”窗口中选择图层“a”，按〈Ctrl+D〉组合键 3 次，将图层“a”复制 3 次。

4）重新命名。方法为：在“时间线”窗口中选择“图层 1”，按〈Enter〉键，输入“a4”。同理，将复制的其他两个固态层分别改名为“a3”“a2”，如图 8-23 所示。

提示：这一步的作用是自定义图层名称，以便于区分图层。

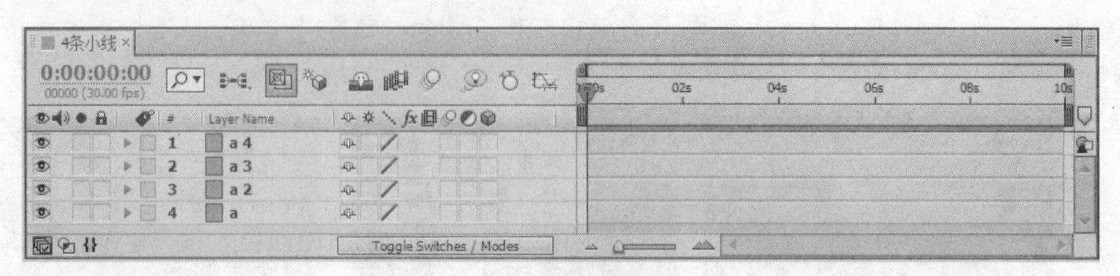

图 8-23　重命名图层

5）使合成窗口成为作用状态，按〈Ctrl+R〉组合键，将窗口标尺显示出来。然后将鼠标指针放到该窗口水平标尺处，按住鼠标左键，将蓝色的参考线向下拖动至窗口中间的位置。

6）调整位置。方法为：将图层“a”移至合成窗口的最右侧，其底端与参考线上边缘对齐；将图层“a4”移至图层“a”的左侧，与图层“a”间隔为 3 个图层的宽度。在制作时可按键盘上的左右箭头键进行精确定位。

7）使“时间线”窗口成为作用状态，按〈Ctrl+A〉组合键选择所有图层。

8）对齐和分布设置。方法为：选择“Window（窗口）| Align（对齐）”命令，单击图 8-24 中圆圈内的选项，平均分配 4 个固态层的间隔，效果如图 8-25 所示。

提示：“图层对齐”的作用是将4个图层在水平方向上对齐，“图层分布”的作用是根据图层“a”与图层“a4”之间的距离，平均分配每一个图层间的间隔。

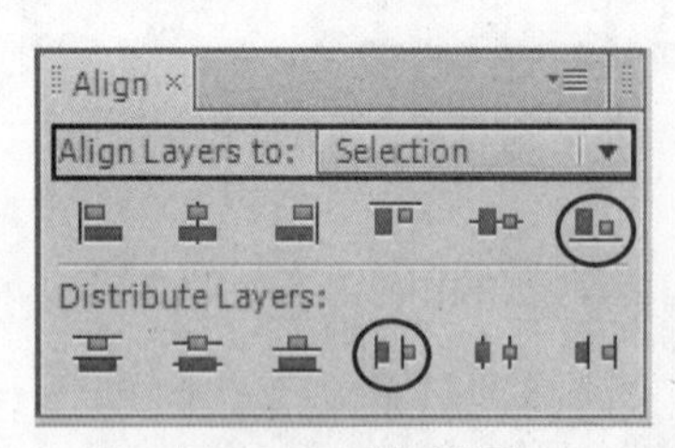

图 8-24　对齐设置

图 8-25　对齐效果

2. 创建“尺线小部分”合成图像

1）选择“Composition（图像合成）|New Composition（新建合成组）”命令，创建一个新的

合成图像，然后在弹出的“Composition Settings（图像合成设置）”对话框中设置参数，如图 8-26 所示，单击“OK”按钮，完成设置。

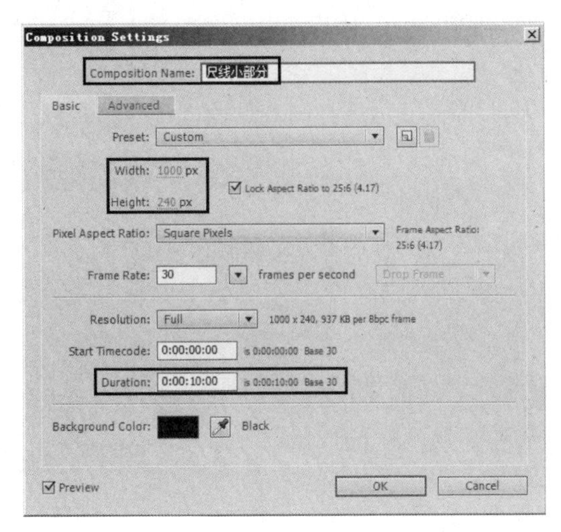

图 8-26　设置合成图像参数

2）设置嵌套层。方法为：将时间线放置在第 0 秒的位置，将“4 条小线”合成图像由“Project（项目）”窗口拖至“尺线小部分”中，并使其成为选择状态。这样，“4 条小线”合成图像就成为了“尺线小部分”的一个嵌套层。按〈Ctrl+D〉组合键 49 次，将“尺线小部分”嵌套层复制 49 个副本。

3）使“尺线小部分”的“时间线”窗口成为作用状态，按〈Ctrl+A〉组合键，选择所有的嵌套图层。

4）使“尺线小部分”合成窗口成为作用状态，按〈Ctrl+R〉组合键，将窗口标尺显示出来。然后将鼠标指针放在该窗口的水平标尺处，按下鼠标左键，将蓝色的参考线向下拖动至窗口中间的位置。

5）在“时间线”窗口中选择第 50 层，并将其移至合成窗口的最右侧，其底端与参考线上边缘对齐。然后选择第 1 层并将其移至合成窗口的最左侧，再选择所有的嵌套层。

6）设置对齐与分布。方法为：选择“Window（窗口）|Align（对齐）”命令，然后单击图 8-24 中圆圈内的按钮，平均分配 50 个嵌套图层之间的间隔，如图 8-27 所示。

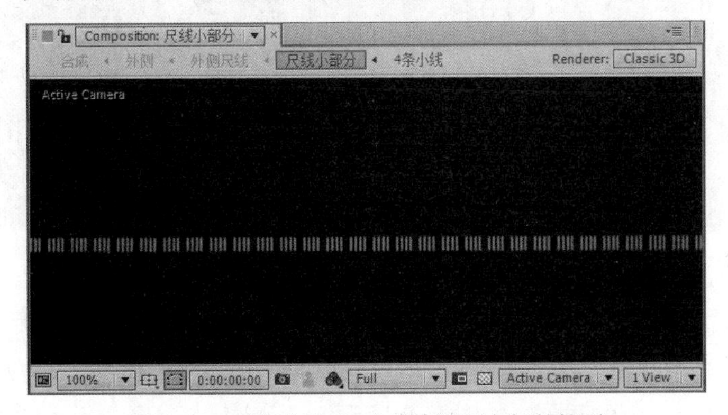

图 8-27　平均分配 50 个嵌套图层之间的间隔

3. 创建“外侧尺线”合成图像

1）选择“Composition（图像合成）|New Composition（新建合成组）”命令，然后在弹出的“Composition Settings（图像合成设置）”对话框中设置参数，如图 8-28 所示，单击“OK”按钮，创建一个新的合成图像。

2）设置嵌套层。方法为：将时间线放置在第 0 秒的位置，将“尺线小部分”合成图像由“Project（项目）”窗口拖至“外侧尺线”时间线窗口中，并使其成为选择状态。这样，“尺线小部分”合成图像就成为了“外侧尺线”的一个嵌套层。

3）使“外侧尺线”时间线窗口成为作用状态，选择“Layer（图层）| New（新建）| Solid（固态层）”命令，在弹出的“Solid Settings（固态层设置）”对话框中设置参数，如图 8-29 所示，单击“OK”按钮，新建一个固态层。

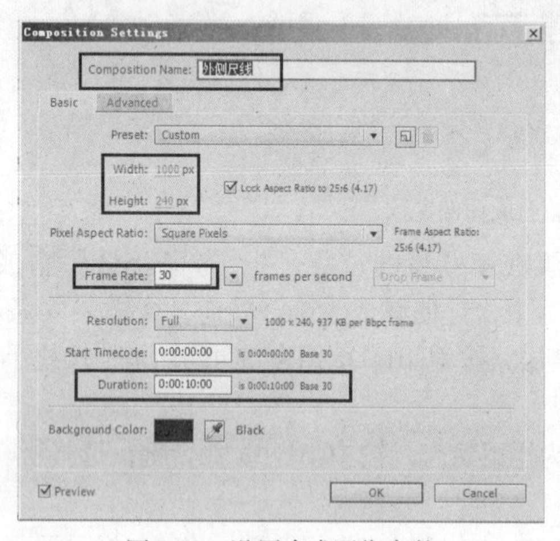

图 8-28 设置合成图像参数

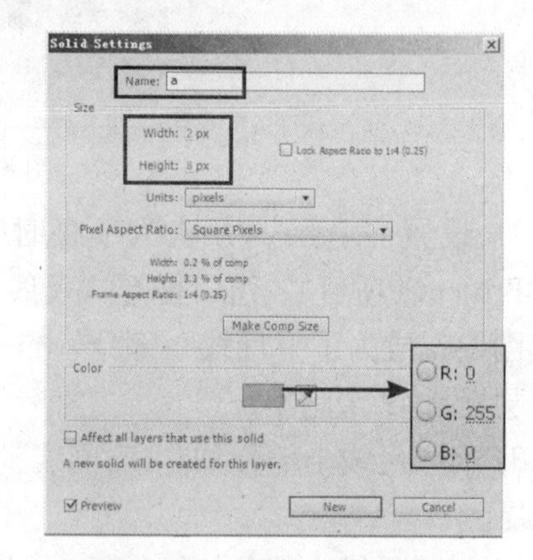

图 8-29 设置固态层参数

4）复制图层。方法为：在“外侧尺线”时间线窗口中将时间线放置在第 0 秒的位置，选择上一步新建的固态层，按〈Ctrl+D〉组合键 49 次，将新建的固态层复制 49 个副本。

5）将图层“a”放在“尺线小部分”嵌套图层中最右侧空隙较大的位置，将复制后的图层“a50”放在“尺线小部分”嵌套图层中最左侧空隙较大的位置，如图 8-30 所示。

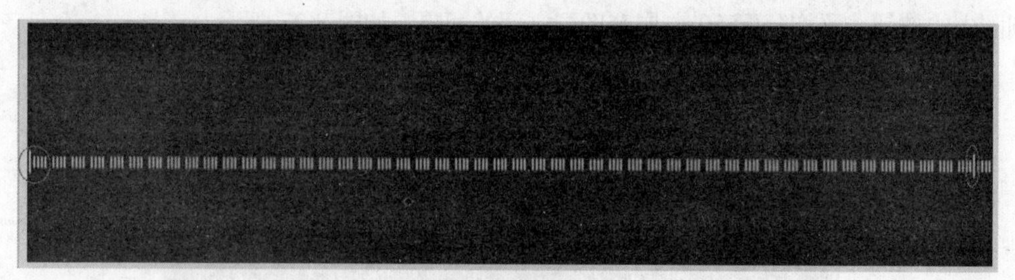

图 8-30 放置效果

6）设置对齐与分布。方法为：在“外侧尺线”时间线窗口中同时选择图层“a”及其所有复制后的图层，然后选择“Window（窗口）| Align（对齐）”命令，再单击图 8-24 中圆圈内的按钮，平均分配 50 个固态层之间的间隔，如图 8-31 所示。

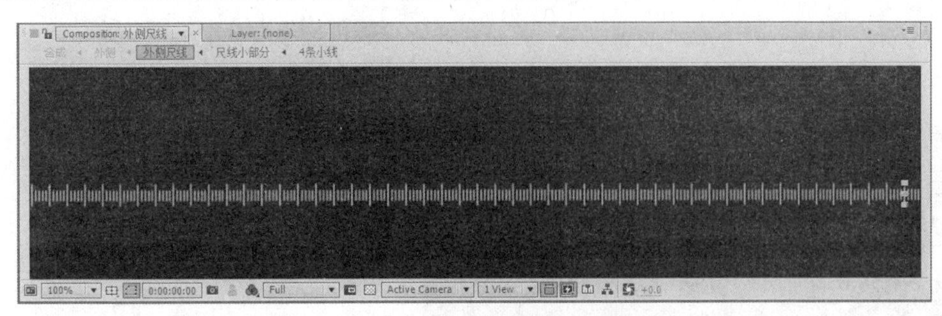

图 8-31　平均分配 50 个固态层之间的间隔

4. 创建“外侧”合成图像

1）选择“Composition（图像合成）|New Composition（新建合成组）”命令，创建一个新的合成图像，然后在弹出的“Composition Settings（图像合成设置）”对话框中设置参数，如图 8-32 所示，单击“OK”按钮，完成设置。

2）将时间线放置在第 0 秒的位置，将“外侧尺线”合成图像由“Project（项目）”窗口拖至“外侧”时间线窗口中，放置在合成窗口的最下方。

3）使“外侧”时间线窗口成为作用状态，选择“Layer（图层）| New（新建）| Solid（固态层）”命令，在弹出的“Solid Settings（固态层设置）”对话框中设置参数，如图 8-33 所示，单击“OK”按钮，新建一个固态层。

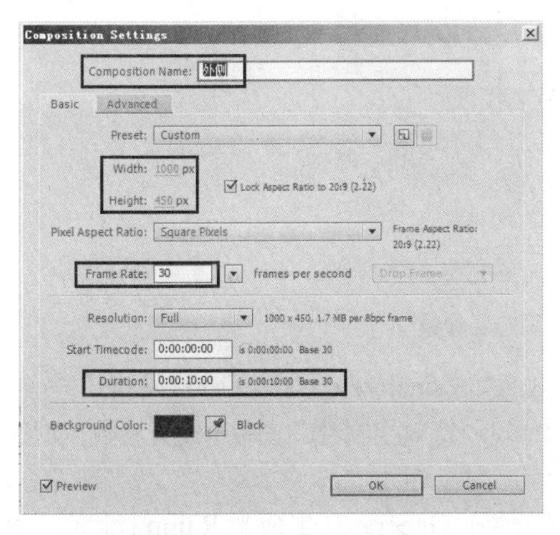

图 8-32　设置合成图像参数

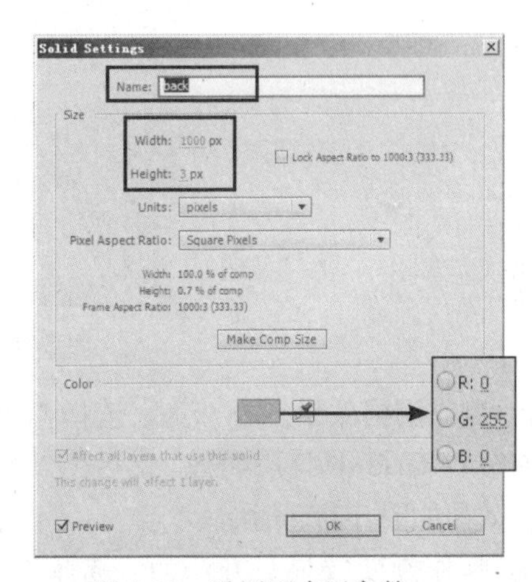

图 8-33　设置固态层参数

4）复制图层。方法为：在“外侧”时间线窗口中将时间线放置在第 0 秒的位置，然后选择上一步新建的固态层，按〈Ctrl+D〉组合键 5 次，将新建的固态层复制 5 个副本，再将创建的固态层按图 8-34 所示进行分布。

5. 创建“合成”合成图像

1）选择“Composition（图像合成）|New Composition（新建合成组）”命令，然后在弹出的“Composition Settings（图像合成设置）”对话框中设置参数，如图 8-35 所示，单击“OK”按钮，创建一个新的合成图像。

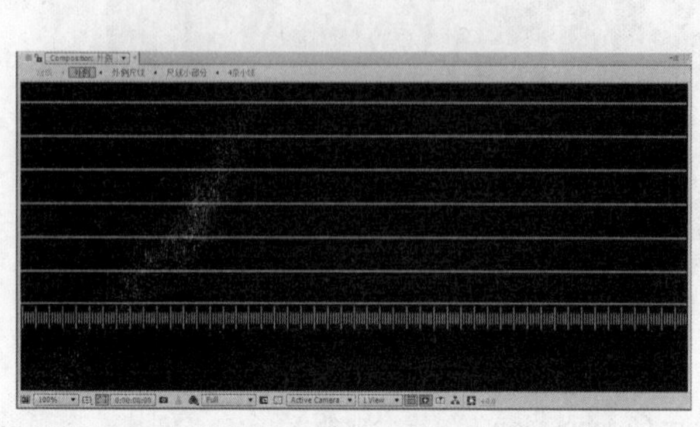

图 8-34 “外侧”合成图像效果

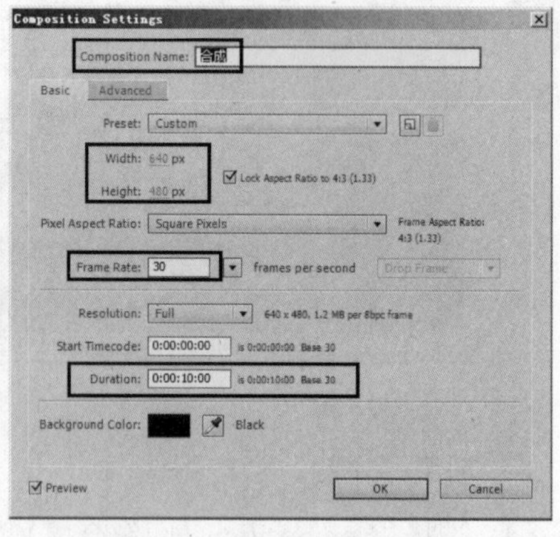

图 8-35 设置合成图像参数

2）选择“Solid Settings（固态层设置）”命令，在“名称”文本框中输入“grid”，单击 Make Comp Size 按钮，如图 8-36 所示。然后单击“OK”按钮，创建一个与合成图像等大的固态层。

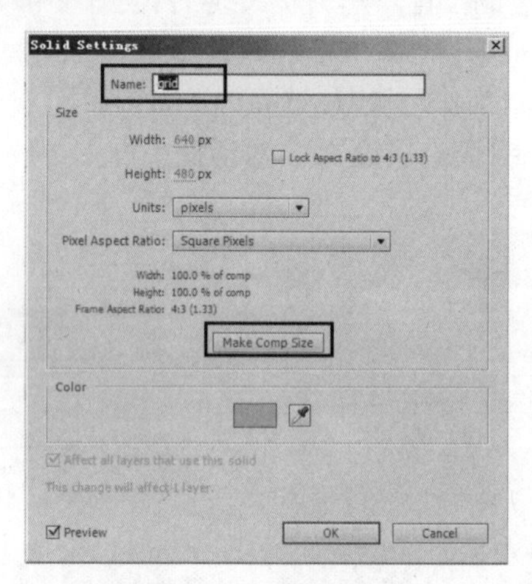

图 8-36 设置固态层参数

3）制作网格效果。方法为：选择“Effect（效果）| Generate（生成）|Grid（网格）”命令，给它添加一个“Grid（网格）”特效，然后在“Effect Controls（特效控制台）”面板中设置参数，如图 8-37 所示，效果如图 8-38 所示。

4）制作渐变效果。方法为：选择“Effect（效果）| Generate（生成）| Ramp（渐变）”命令，给它添加一个“Ramp（渐变）”特效，然后在“Effect Controls（特效控制台）”面板中设置参数，如图 8-39 所示，效果如图 8-40 所示。

5）导入素材。方法为：选择“File（文件）|Import（导入）|File（文件）”命令，导入配套光盘中的“源文件\第 3 部分 特效实例\第 8 章动感光效\8.2 雷达扫描 folder\(Footage)\合成 .psd”文件中的“sweep”和“map”两个图层，如图 8-41 所示。

提示：这是一个 Photoshop 文件，在制作时已经将文件分层保存。在 After Effects CS6 中打开时，可以单独打开某一个图层，并且在使用时会保留其在 Photoshop 中的“Alpha”通道，便于合成。另外，这也是 Adobe 家族软件实施无缝结合的优势所在。

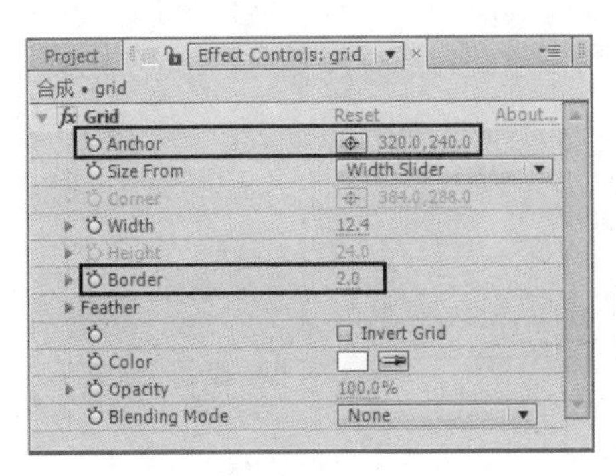

图 8-37　设置“Grid (网格)”特效参数

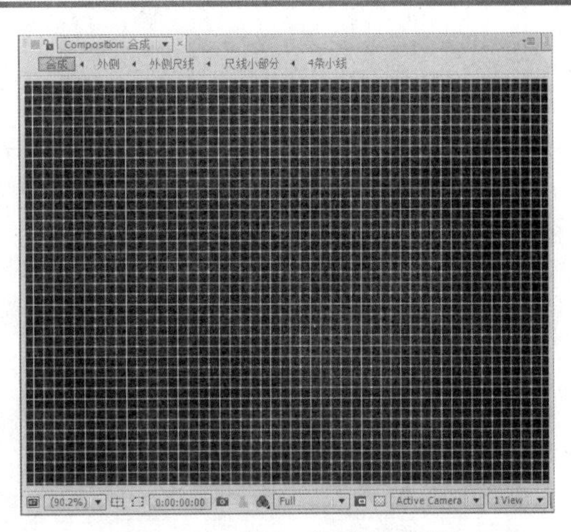

图 8-38　“Grid (网格)”效果

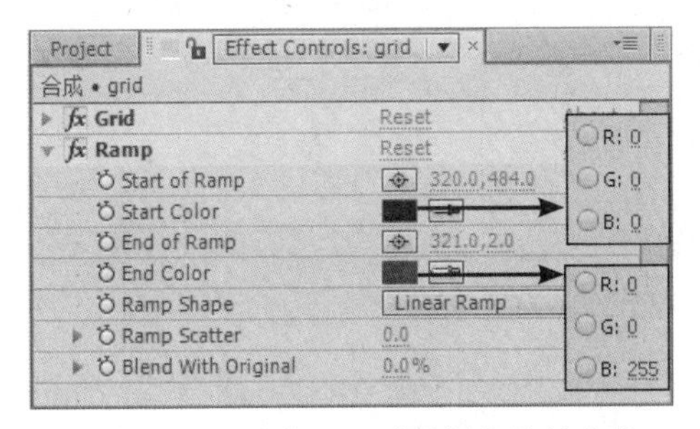

图 8-39　设置“Ramp (渐变)”特效参数

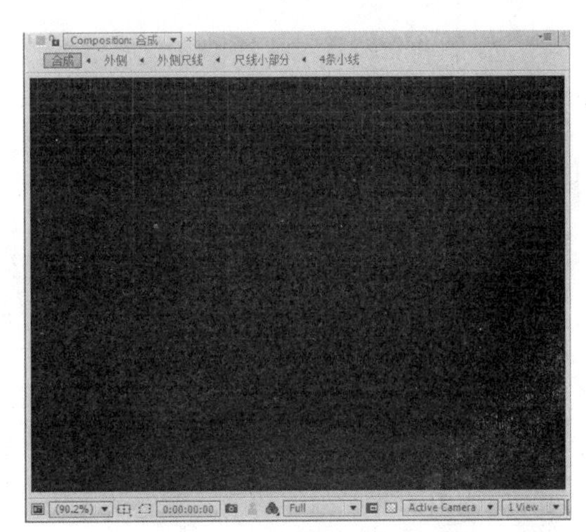

图 8-40　“Ramp (渐变)”效果

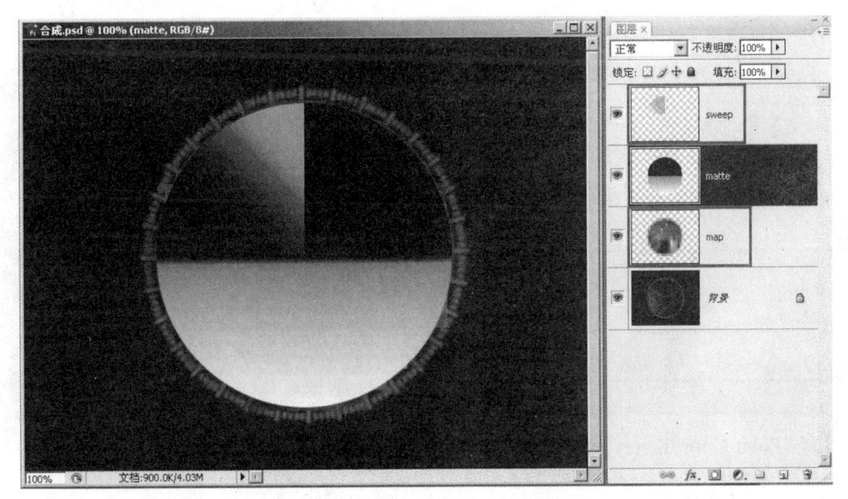

图 8-41　导入“sweep”和“map”图层

6）设置图层蒙版。方法为：将“合成 .psd”中的“map”与“sweep”图层按先后顺序拖动到“合成”时间线窗口中，然后将“sweep”图层重命名为“matte”，接着单击 Toggle Switches / Modes （切换开关/模式）按钮，在“map”图层中选择“Alpha 蒙版‘matte’”模式，从而将“matte”图层设为“map”图层的图层蒙版。最后将“matte”图层的图层混合模式设置为“Add（添加）”，如图 8-42 所示。

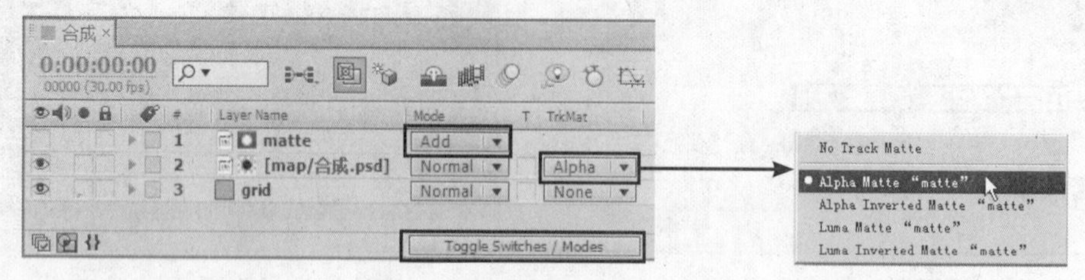

图 8-42　将“matte”图层设置为“map/ 合成 .psd”图层的图层蒙版

7）选择“matte”图层，按〈R〉键，展开“Rotation（旋转）”属性。然后分别在第 0 秒和第 9 秒 29 帧设置参数，如图 8-43 所示。

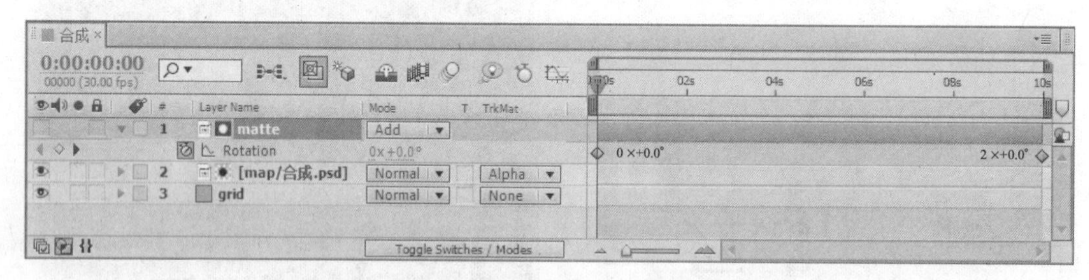

图 8-43　分别在第 0 秒和第 9 秒 29 帧设置参数

8）制作雷达环形刻度效果。方法为：将“外侧”合成图像拖到当前“时间线”窗口中，然后选择“Effect（效果）| Distort（扭曲）|Polar Coordinates（极坐标）”命令，给它添加一个“极坐标”特效。接着在“Effect Controls（特效控制台）”面板中设置参数，如图 8-44 所示，效果如图 8-45 所示。

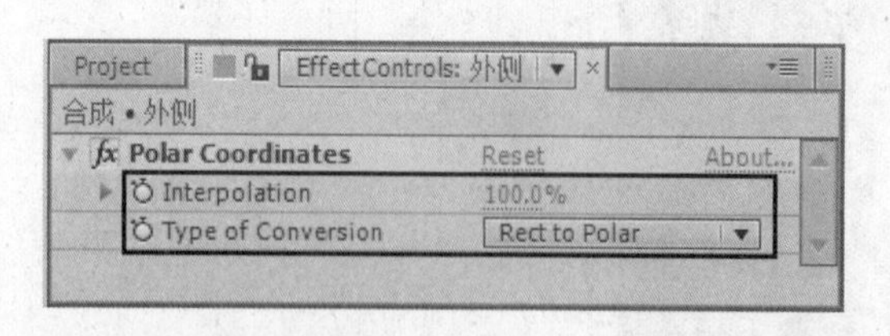

图 8-44　设置“Polar Coordinates（极坐标）”参数

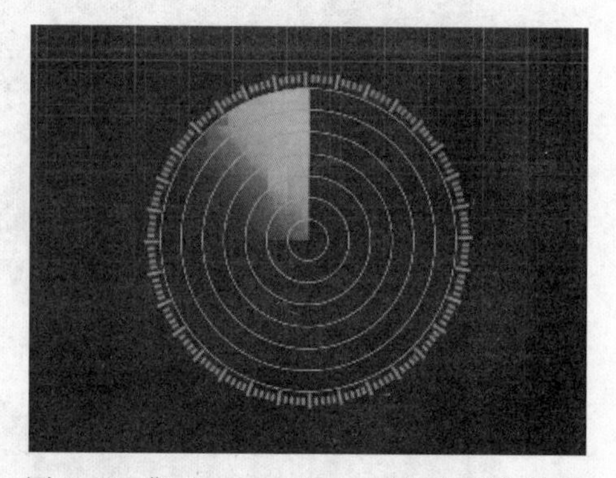

图 8-45　“Polar Coordinates（极坐标）”效果

9）制作快速模糊效果。方法为：选择“Effect（效果）| Blur&Sharpen（模糊与锐化）|

Fast Blur（快速模糊）”命令，给它添加“Fast Blur（快速模糊）”特效。然后在“Effect Controls（特效控制台）”面板中设置参数，如图 8-46 所示，效果如图 8-47 所示。

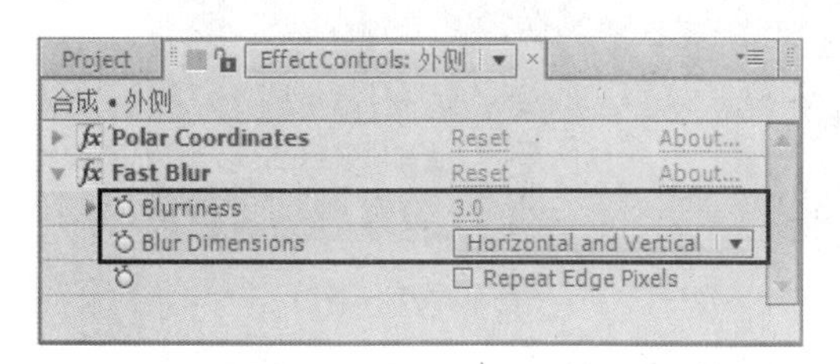

图 8-46　设置“Fast Blur（快速模糊）”参数

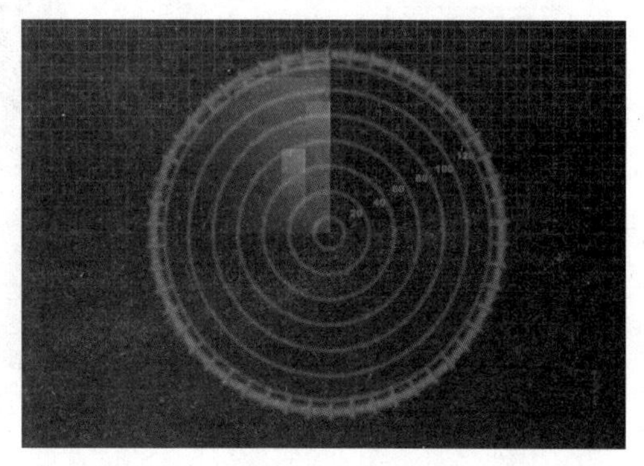

图 8-47　“Fast Blur（快速模糊）”效果

10）在“时间线”窗口中激活 ☼ 开关，如图 8-48 所示，效果如图 8-49 所示。

提示：☼ 开关是非常实用的一项功能。在本例中，前边使用嵌套的合成图像的尺寸与当前合成图像的尺寸都不一致，将该开关打开后，可以改善嵌套后的图像质量。另外，当使用矢量文件（例如Adobe的Illustrator文件格式*.ai）作为素材进行放大或缩小编辑时，打开该开关，系统会根据当前合成图像的分辨率进行重新计算，以获得最佳效果。

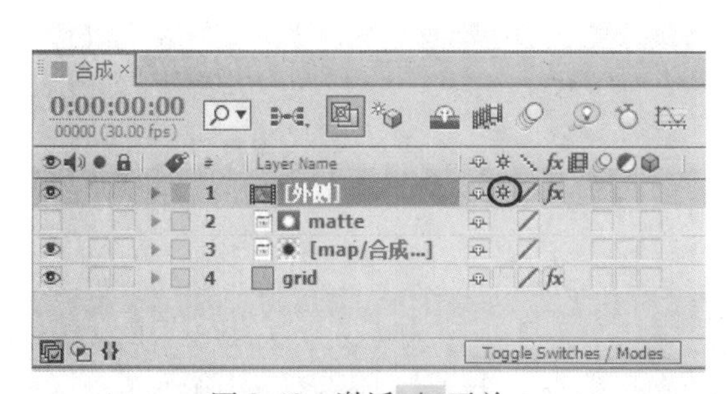

图 8-48　激活 ☼ 开关

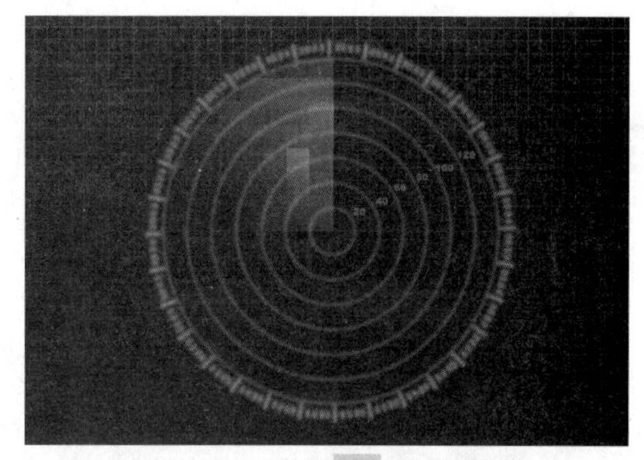

图 8-49　激活 ☼ 开关的效果

11）制作文字效果。选择工具栏中的 T 横排文字工具，在合成图像窗口中输入“20”，字体设置如图 8-50 所示。然后重复操作，分别创建“40、60、80、100、120”等字样。接着放置文字位置，如图 8-51 所示。此时，时间线分布如图 8-52 所示。

12）增强扫描效果。方法为：选择“matte”图层，按〈Ctrl+D〉组合键复制一层，并将其命名为“叠加”。接着将“叠加”图层移到最顶层，并显示出该图层。最后将该图层的混合模式设为“Add（添加）”，此时时间线分布如图 8-53 所示，效果如图 8-54 所示。

提示：这一步的目的是模仿雷达在扫描时，扫描扇面上产生的强光效果。

13）新建固态层。方法为：选择“Layer（图层）| New（新建）| Solid（固态层）”命令，创建一个与合成图像等大的固态层，并将其命名为“beam”。

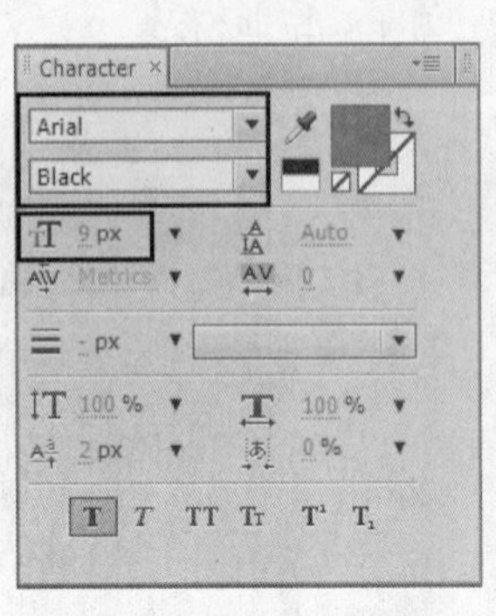

图 8-50　设置字体参数

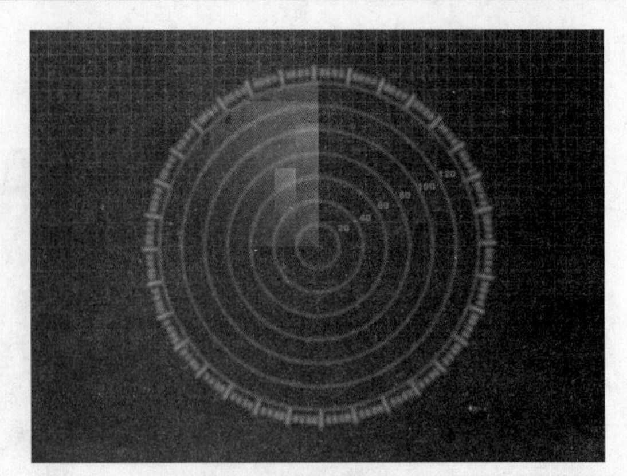

图 8-51　文字效果

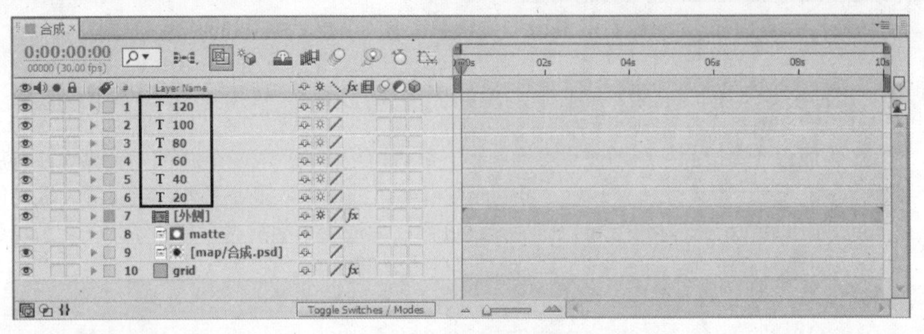

图 8-52　“时间线”窗口分布 1

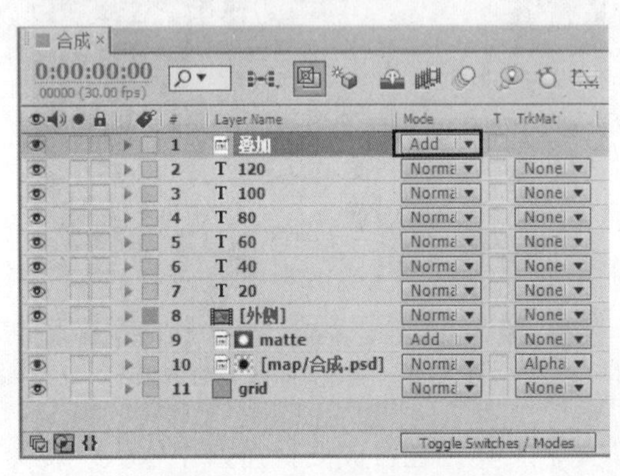

图 8-53　“时间线”窗口分布 2

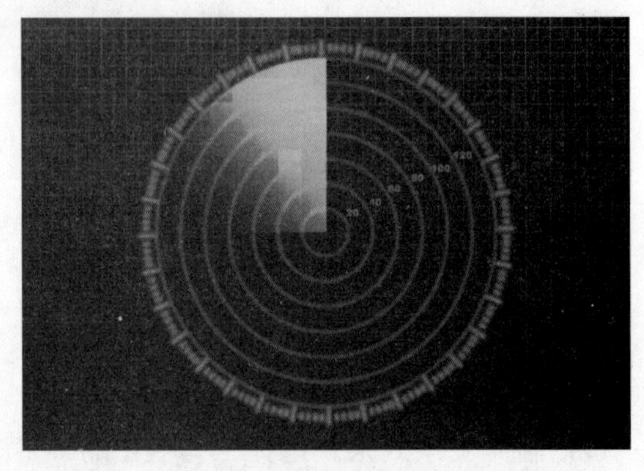

图 8-54　画面效果

14）制作光束效果。方法为：选择“Effect（效果）|Generate（生成）|Beam（光束）”命令，给它添加一个“Beam（光束）”特效，然后在“Effect Controls（特效控制台）”面板中设置参数，如图 8-55 所示，效果如图 8-56 所示。

15）添加表达式。方法为：选择“beam”图层，按〈R〉键，打开并选择“Rotation（旋转）”属性。然后选择“Animation（动画）| Add Expression（添加表达式）”命令，为当前属性应用表达式效果。

16）展开“叠加”图层的“旋转”属性，将鼠标指针放在表达式的◎上，在按下鼠标左键的同时将其拖到“叠加”图层的“Rotation（旋转）”属性上，再单击如图 8-57 所示的圆圈处，输入“-90”，以保证光束与扇形同步运动。

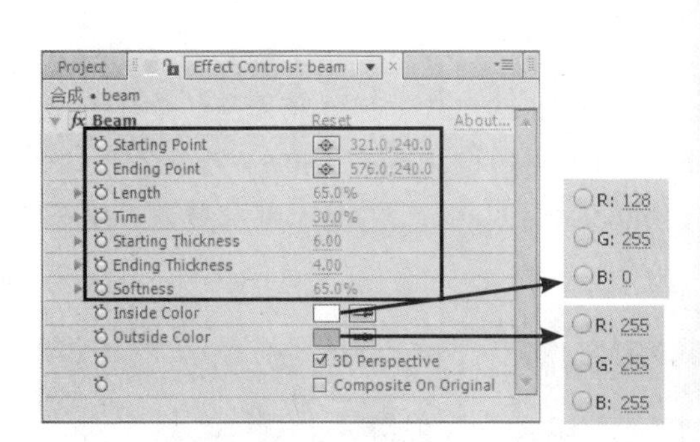

图 8-55　设置“Beam（光束）”特效参数

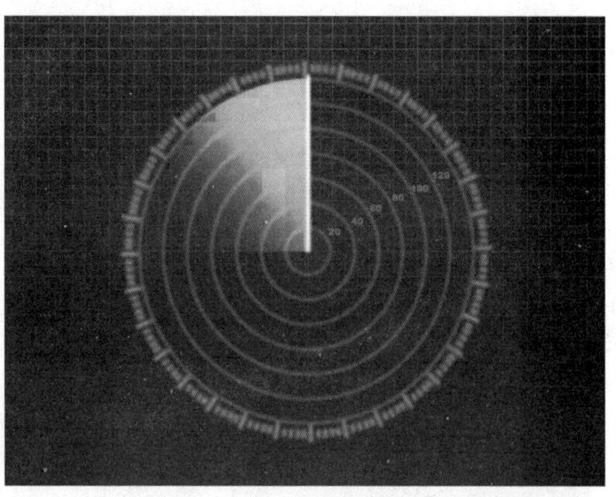

图 8-56　“Beam（光束）”效果

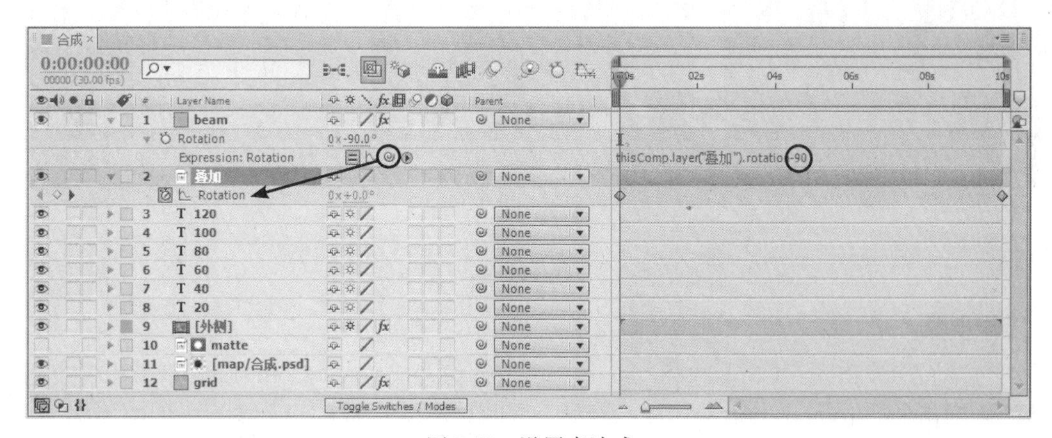

图 8-57　设置表达式

17）按小键盘上的〈0〉键预览动画，效果如图 8-58 所示。

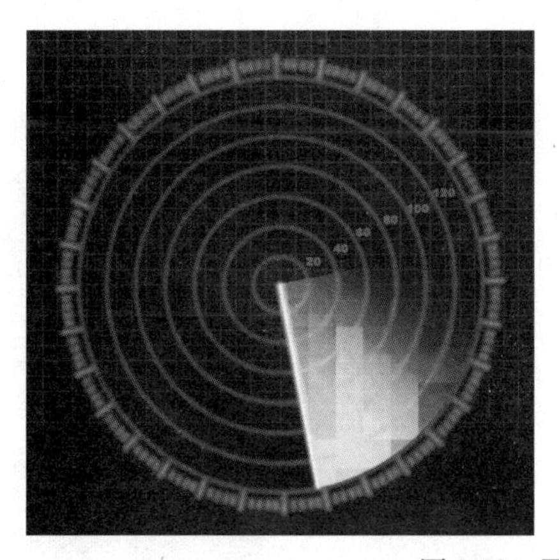
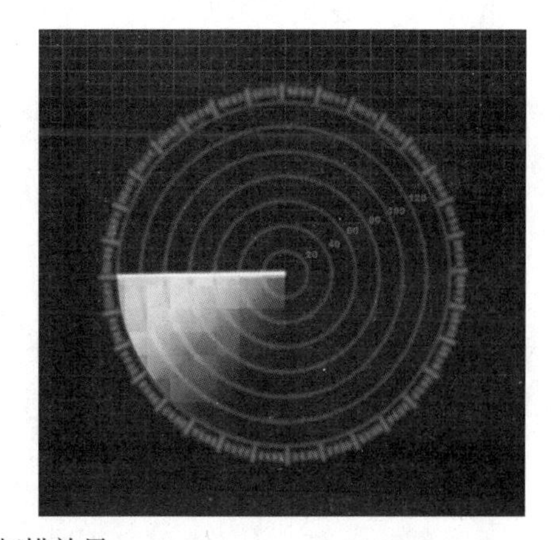

图 8-58　雷达扫描效果

18）选择“File（文件）| Save（保存）”命令，将文件进行保存。然后选择“File（文件）| Collect Files（收集文件）”命令，将文件进行打包。

8.3 玻璃质感

要点：

本例将利用外挂插件及自身特效，制作玻璃效果，如图8-59所示。通过对本例的学习，读者应掌握“基本文字”“Fast（快速模糊）”“Gaussian Blur（高斯模糊）”“Glow（辉光）”“Levels（色阶）”和“Fractal Noise（分形噪波）”特效，Sinedots、shine、T_Glass外挂特效，以及嵌套、层模式和轨道蒙版的应用。

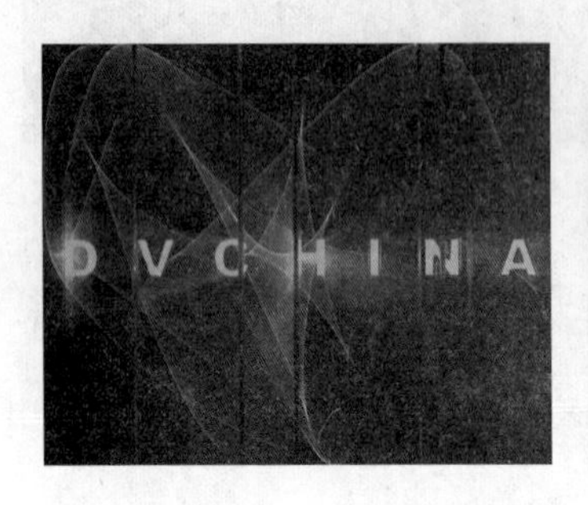

图 8-59　玻璃质感

操作步骤：

1）启动 After Effects CS6，选择“Composition（图像合成）|New Composition（新建合成组）”命令，在弹出的“Composition Settings（图像合成设置）”对话框中设置参数，如图 8-60 所示，单击“确定”按钮，创建一个新的合成图像。

2）新建固态层。方法为：选择“Layer（图层）| New（新建）| Solid（固态层）”命令，创建新的固态层，参数设置及效果如图 8-61 所示。

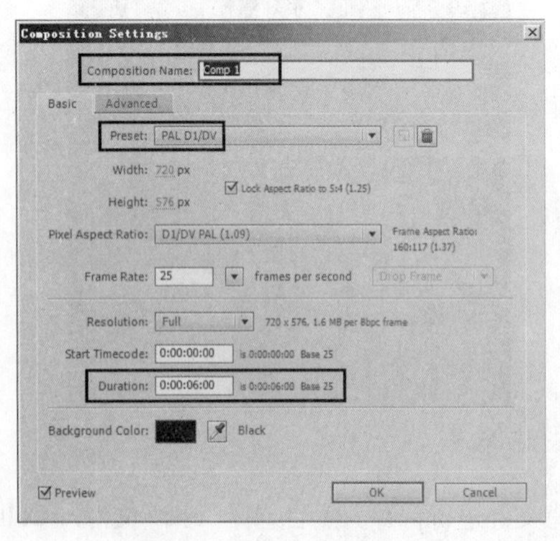

图 8-60　设置合成图像参数

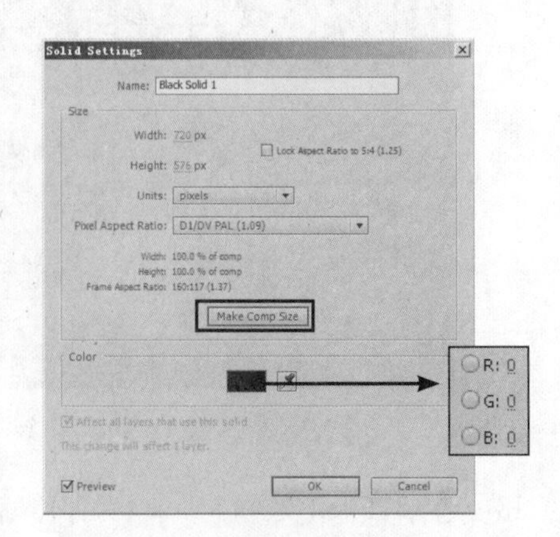

图 8-61　设置固态层参数

3）创建文本。方法为：选择“Black Solid 1”图层，然后选择“Effect（效果）|Obsolete（旧版本）| Basic Text（基本文字）”命令，在弹出的对话框中输入文字，如图 8-62 所示，单击“OK”按钮。接着在弹出的“Effect Controls（特效控制台）”面板中设置参数，如图 8-63 所示，效果如图 8-64 示。

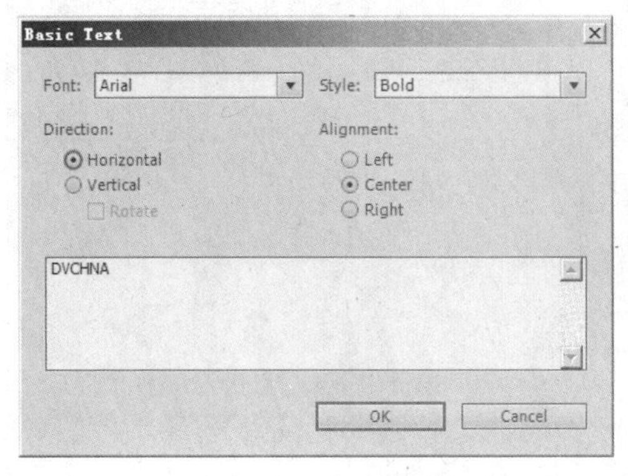

图 8-62　输入文字

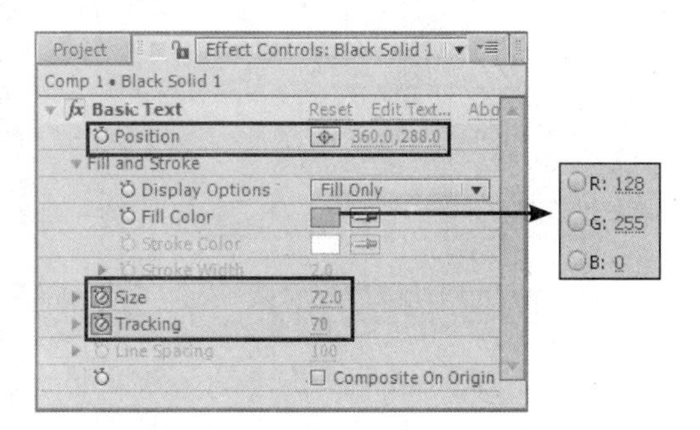

图 8-63　设置“Basic Text（基本文字）”参数

图 8-64　画面效果

4）仍然选择“Black Solid 1”图层，选择“效果 | DragonFLY（飞舞）| T_Glass（玻璃）”命令，然后在弹出的“Effect Controls（特效控制台）”面板中设置参数，如图 8-65 所示，效果如图 8-66 所示。

5）新建合成图像。方法为：在“Project（项目）”窗口中选择“Comp1”并将其拖至该窗口下方的 （新建合成）按钮上，创建一个新的合成图像“Comp2”。

6）在“Comp2”合成图像的“时间线”窗口中选择“Comp1”嵌套层，然后选择工具栏中的 矩形遮罩工具，在“合成图像”窗口中创建矩形遮罩，并将“Mask Feather（遮罩羽化）”的数值设置为“35”，如图 8-67 所示，效果如图 8-68 所示。

7）在“时间线”窗口中将时间线移至第 1 帧的位置，将矩形遮罩移至“合成图像”窗口的左外侧，然后打开“Mask Path（遮罩形状）”关键帧记录器，将时间线移至第 2 秒 15 帧的位置，将矩形遮罩移至“合成图像”窗口的右外侧，如图 8-69 所示。

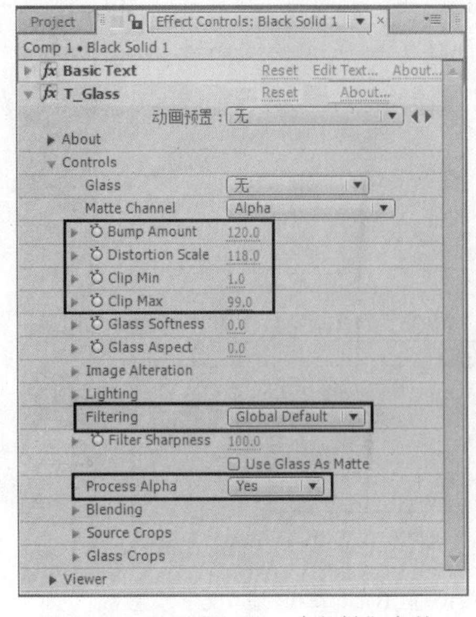

图 8-65　设置“T_Glass（玻璃）”参数

图 8-66　T_Glass（玻璃）效果

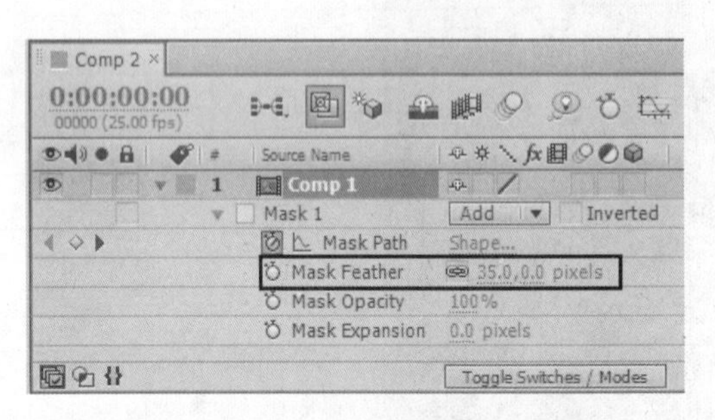

图 8-67　将“Mask Feather（遮罩羽化）”的数值设置为“35”

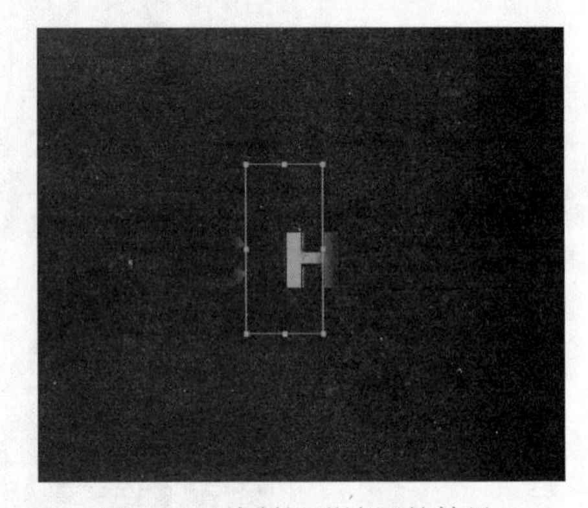

图 8-68　绘制矩形遮罩的效果

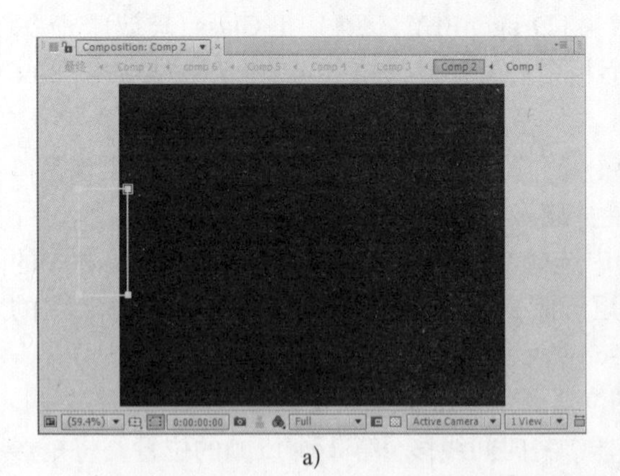

a)

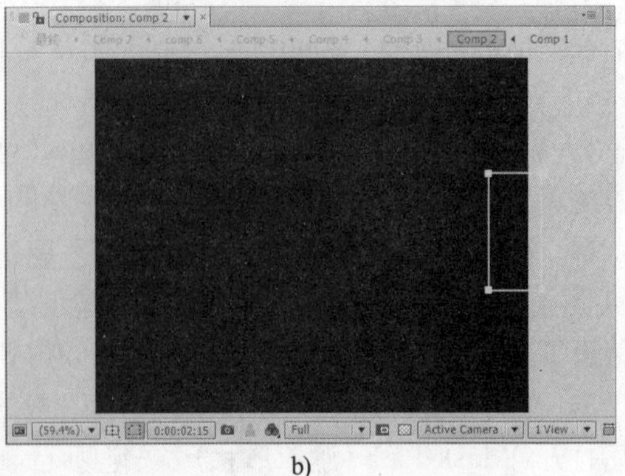

b)

图 8-69　设置矩形遮罩运动动画
a）第 0 帧　b）第 2 秒 15 帧

8）新建合成图像。方法为：在“项目”窗口中选择“Comp2”合成图像，并将其拖至该窗口下方的▣（新建合成）按钮上，创建一个新的合成图像“Comp3”。

9）展开“Comp2”合成图像并选择嵌套层“Comp1”的“Mask1”，按〈Ctrl+C〉组合键进行复制。然后展开“Comp3”合成图像并选择嵌套层“Comp2”，按〈Ctrl+V〉组合键 3 次，复制 3 个遮罩。

10）在“时间线”窗口中分别改变 3 个遮罩的运动时间，每个由原来的 2 秒 15 帧变为 1 秒，并改变它们的相对运动位置，此时“时间线”窗口中的关键帧分布如图 8-70 所示，效果如图 8-71 所示。

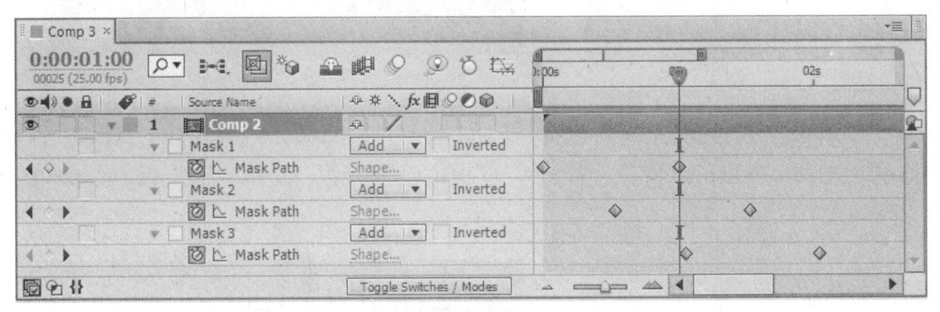

图 8-70　关键帧分布

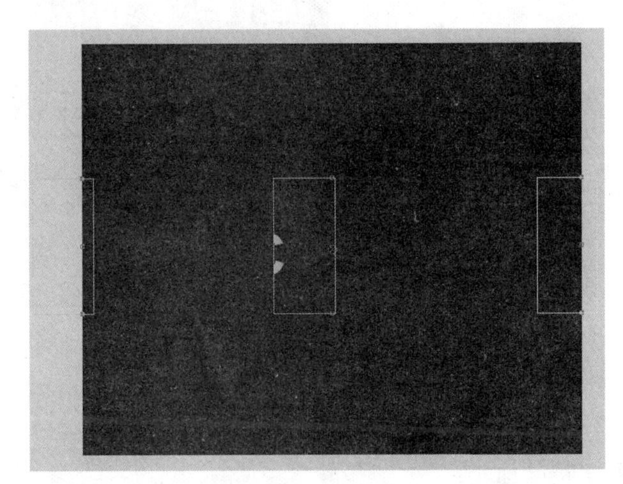

图 8-71　画面效果

11）新建合成图像。方法为：选择“Composition（图像合成）|New Composition（新建合成组）”命令，创建一个新的合成项目“Comp4”，其他设置与“Comp1”的设置相同。

12）在“Project（项目）”窗口中，依次将“Comp1”～“Comp3”加入到“Comp4”中。

13）选择“Comp3”嵌套图层，然后选择“Effect（效果）| Stylize（风格化）| Glow（辉光）”命令，在弹出的“Effect Controls（特效控制台）”面板中设置参数，如图 8-72 所示，效果如图 8-73 所示。

14）单击“Comp3”嵌套图层的眼睛图标，隐藏该图层在“合成”窗口中的显示。

提示：为了操作方便以提高制作速度，可以暂时将已设置好效果的图层隐藏，等所有图层效果设置完成后，再显示图层。

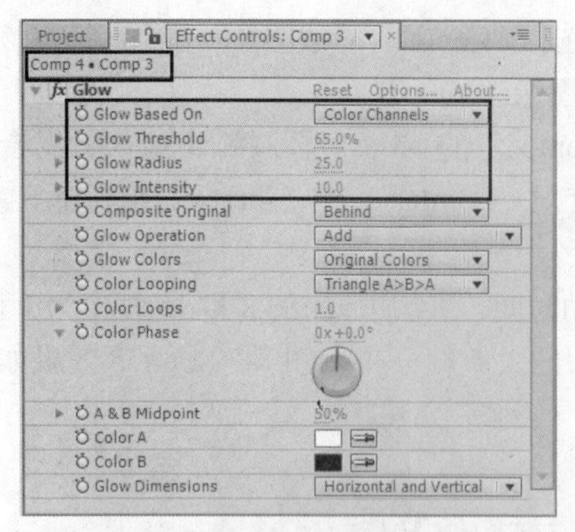

图 8-72　设置“Glow（辉光）”参数 1

图 8-73　“Glow（辉光）”效果 1

15）选择“Comp2”嵌套图层，然后选择“Effect（效果）| Stylize（风格化）| Glow（辉光）”命令，在弹出的“Effect Controls（特效控制台）”面板中设置参数，如图 8-74 所示，效果如图 8-75 所示。

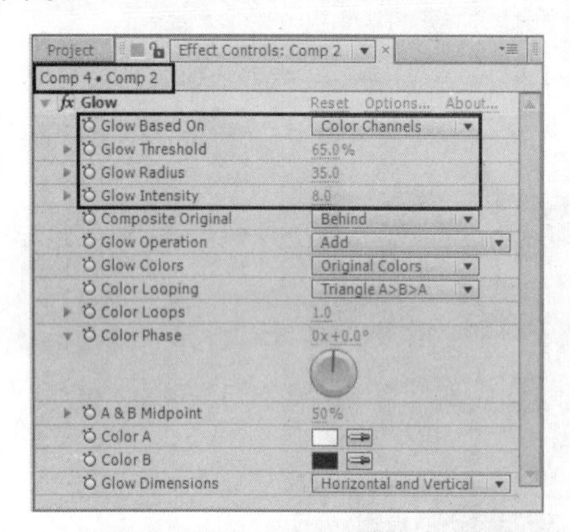

图 8-74　设置“Glow（辉光）”参数 2

图 8-75　“Glow（辉光）”效果 2

16）再次选择“Comp2”嵌套图层，选择“Effect（效果）|Blur&Sharpen（模糊与锐化）|Fast Blur（快速模糊）”命令，在弹出的“Effect Controls（特效控制台）”面板中设置参数，如图 8-76 所示，效果如图 8-77 所示。

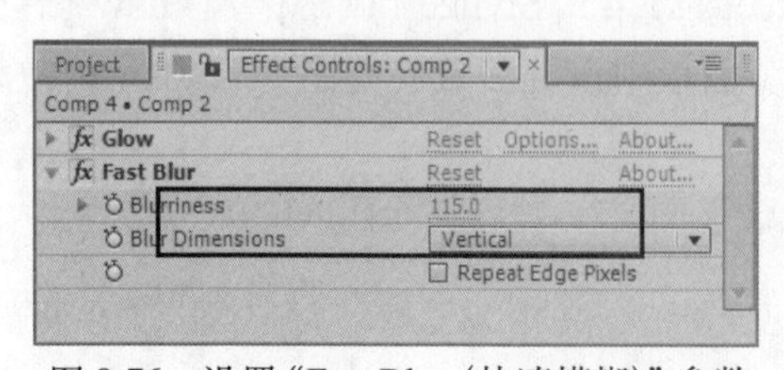

图 8-76　设置“Fast Blur（快速模糊）”参数

图 8-77　“Fast Blur（快速模糊）”效果

17）单击“Comp2”嵌套图层的眼睛图标，隐藏该图层的显示。然后选择“Comp1”嵌套图层，选择“Effect（效果）|Trapcode（编码）| Shine（光芒）”命令，在弹出的“Effect Controls（特效控制台）”面板中设置参数，如图 8-78 所示，效果如图 8-79 所示。

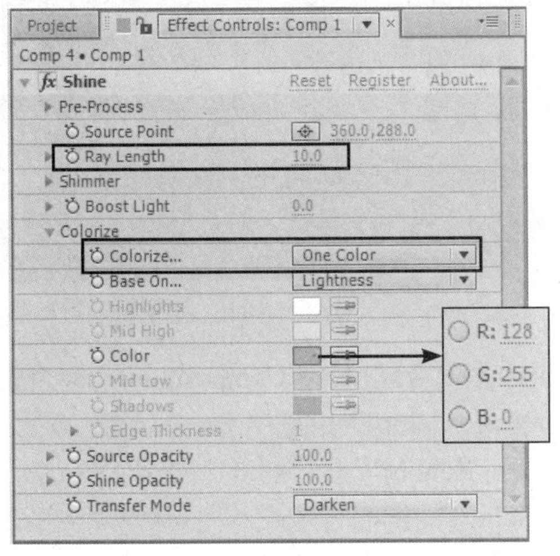

图 8-78　设置“Shine（光芒）”参数

图 8-79　“Shine（光芒）”效果

18）使所有图层效果显示在“合成图像”窗口中，为了使选区内对应的主体文字更加醒目，下面将“Comp2”和“Comp3”图层的混合模式设为“Add（添加）”，此时时间线分布如图 8-80 所示。

19）新建合成图像。方法为：在“Project（项目）”窗口中选择“Comp4”合成图像，并将其拖至该窗口下方的（新建合成）按钮上，如图 8-81 所示，从而创建一个新的合成图像“Comp5”。

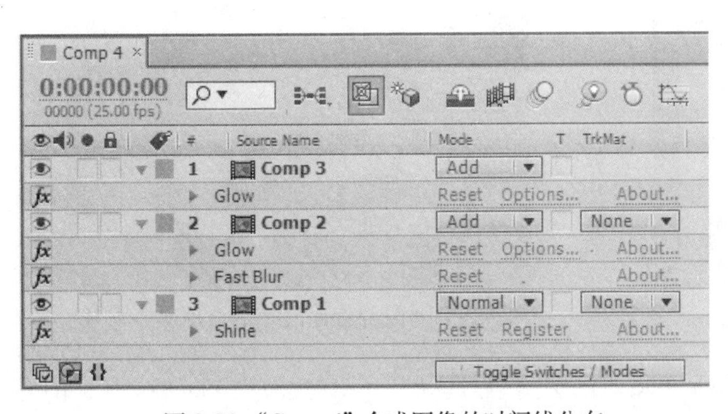

图 8-80　“Comp4”合成图像的时间线分布

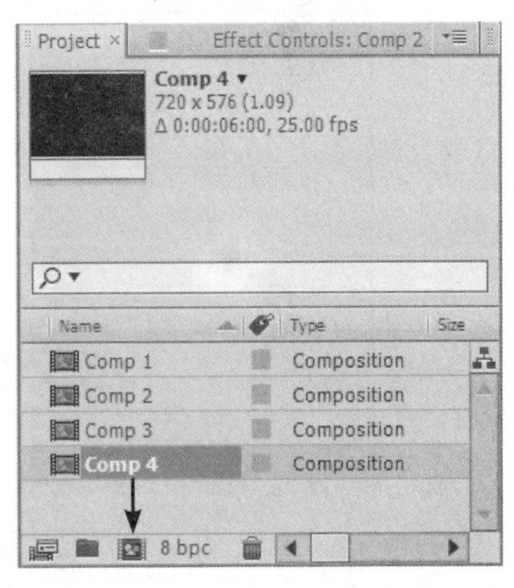

图 8-81　将“Comp4”拖到（新建合成）按钮上

20）在“Comp5”合成图像中，使“Comp4”嵌套图层成为作用状态，选择“Effect（效果）| Blur&Sharpen（模糊与锐化）| Gaussian Blur（高斯模糊）”命令，在弹出的“Effect Controls（特效控制台）”面板中设置参数，如图 8-82 所示，效果如图 8-83 所示。

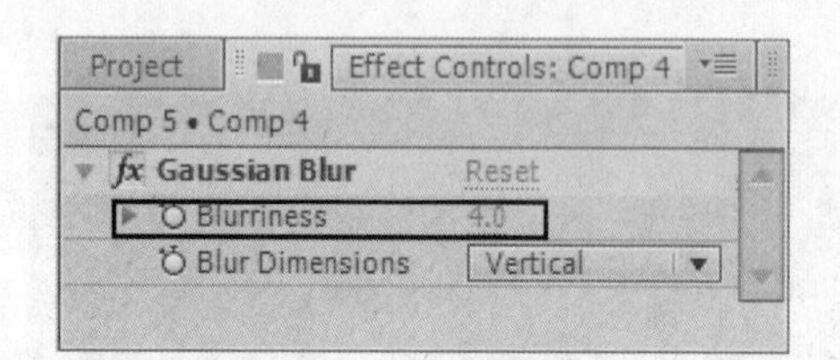

图 8-82 设置“Gaussian Blur（高斯模糊）”参数

图 8-83 “Gaussian Blur（高斯模糊）”效果

21）新建合成图像。方法为：选择“Composition（图像合成）|New Composition（新建合成组）”命令，创建一个新的合成图像“Comp6”，其他设置与“Comp1”相同。

22）新建固态层。方法为：选择“Layer（图层）| New（新建）| Solid（固态层）”命令，创建新的固态层“Black Solid 2”，其他设置与“Black Solid 1”相同。

23）在“Comp6”合成图像的“时间线”窗口中选择“Black Solid 2”，选择“Effect（效果）| Noise &Grain（噪波与颗粒）| Fractal Noise（分形噪波）”命令，在弹出的“Effect Controls（特效控制台）”面板中设置参数，如图8-84所示，效果如图8-85所示。

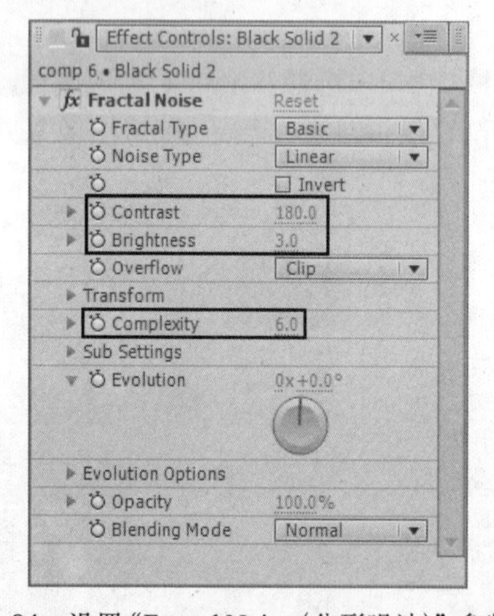

图 8-84 设置“Fractal Noise（分形噪波）”参数

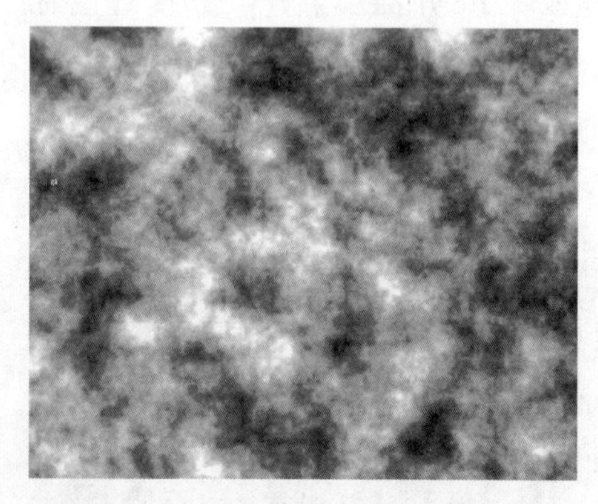

图 8-85 “Fractal Noise（分形噪波）”效果

24）调整色阶。方法为：选择“Black Solid 2”图层，然后选择“Effect（效果）| Color Correction（色彩校正）| Levels（色阶）”命令，在“Effect Controls（特效控制台）”面板中设置参数，如图8-86所示，效果如图8-87所示。

25）将时间线移至第0帧的位置，将“Comp5”由“项目”窗口加入到当前“合成图像”窗口中，将“Comp5”嵌套图层放置在“Black Solid 2”图层的下方，并将其轨道蒙版设置为“Luma Matte‘Black Solid 2’”，如图8-88所示，效果如图8-89所示。

26）新建固态层。方法为：选择“Layer（图层）| New（新建）| Solid（固态层）”命令，创建新的固态层“Black Solid 3”，参数设置如图 8-90 所示。然后将其放置在“Comp5”嵌套图层的下方。

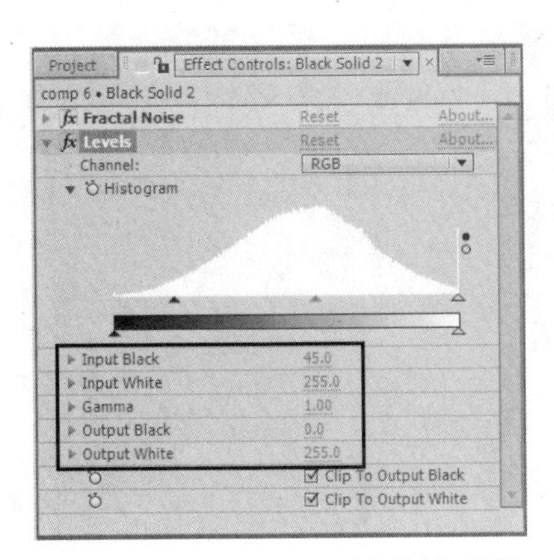

图 8-86　设置“Levels (色阶)”参数

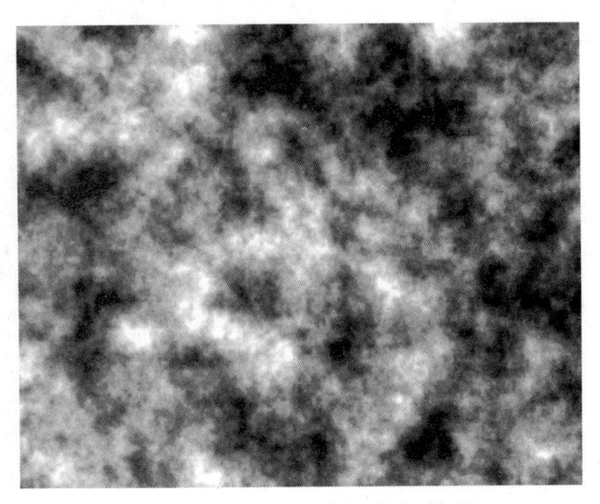

图 8-87　“Levels (色阶)”效果

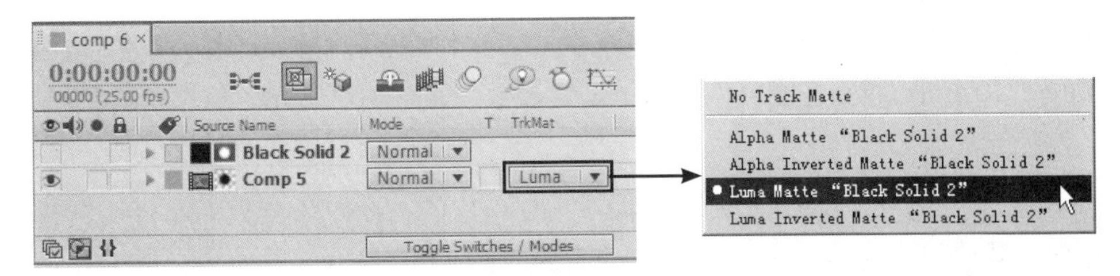

图 8-88　设置轨道蒙版为“Luma Matte ‘Black Solid 2’”

图 8-89　画面效果

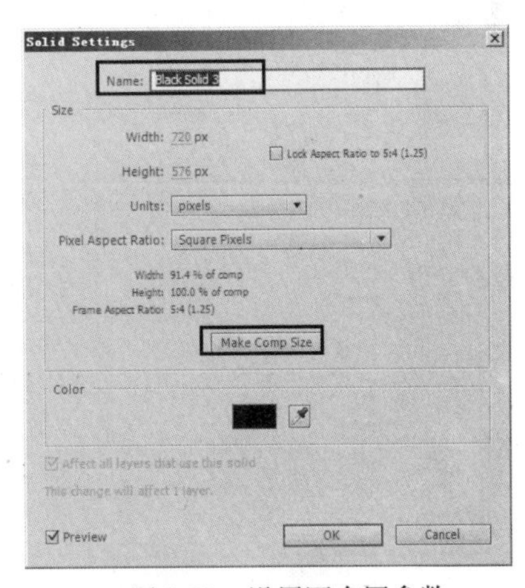

图 8-90　设置固态层参数

27）将“Comp5”嵌套图层的眼睛图标关闭。然后选择“Black Solid 3”图层，选择“效果 | DragonFLY (飞舞) | Sinedots II (正弦)”命令，在弹出的“Effect Controls (特效控制台)”面板中设置参数，如图 8-91 所示，效果如图 8-92 所示。

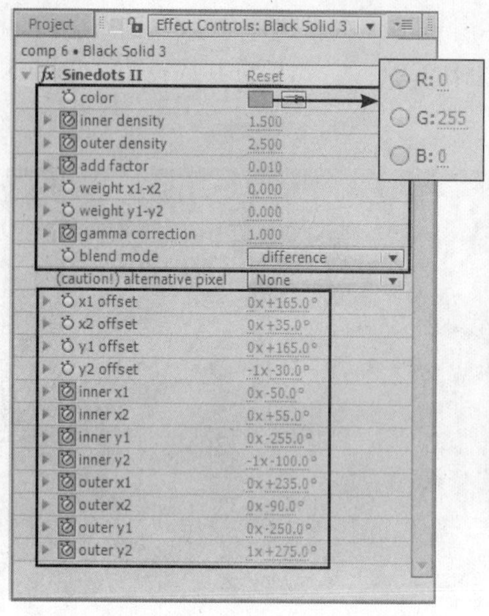

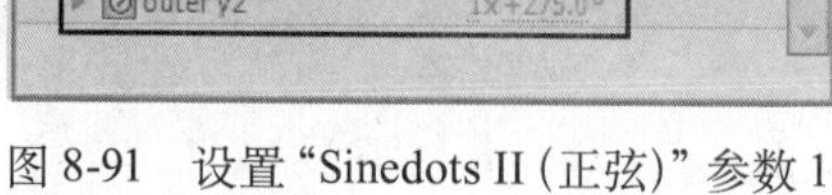

图 8-91　设置“Sinedots II (正弦)”参数 1

图 8-92　“Sinedots II (正弦)”效果 1

28）为了增强效果，再次选择“效果 | DragonFLY (飞舞) | Sinedots II (正弦)”命令，在弹出的“Effect Controls (特效控制台)”面板中设置参数，如图 8-93 所示，效果如图 8-94 所示。

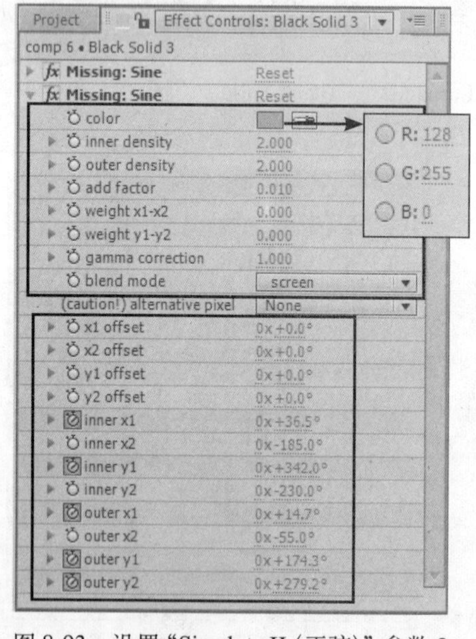

图 8-93　设置“Sinedots II (正弦)”参数 2

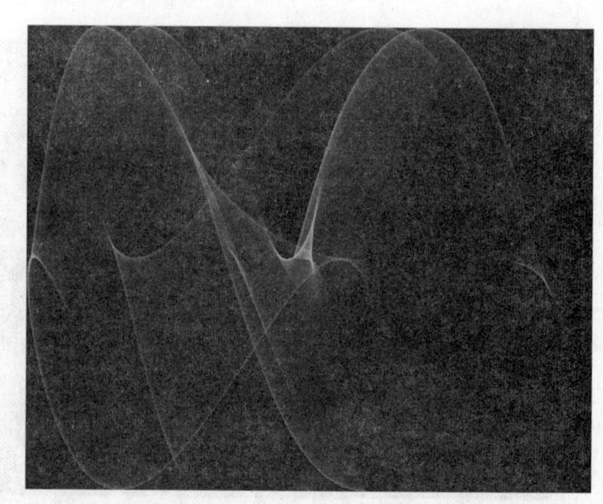

图 8-94　“Sinedots II (正弦)”效果 2

29）在“时间线”窗口中展开两个“Sinedots II”效果属性，分别设置动画，使其产生动态效果，具体设置因人而异。

30）将“Comp4”合成图像从“Project（项目）”窗口中加入到当前合成图像的“时间线”窗口中，并放置在最底层。然后选择“Black Solid 3”图层，并将其图层模式设为“Add（添加）”模式。接着单击“Comp5”的眼睛图标，显示该图层的效果。此时，时间线分布如图 8-95 所示，效果如图 8-96 所示。

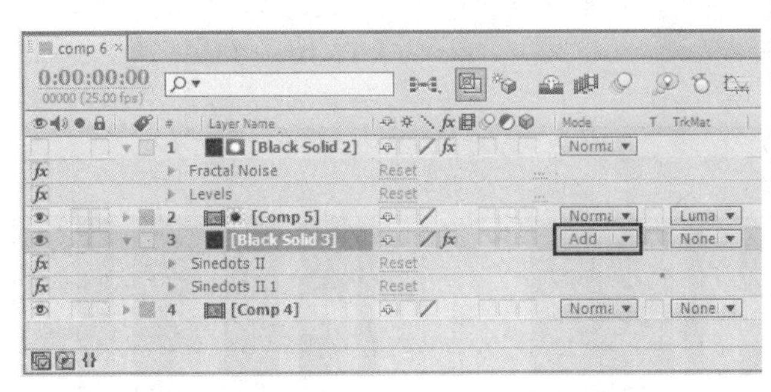

图 8-95　时间线分布

图 8-96　合成效果

31）新建合成图像。方法为：选择“Composition（图像合成）|New Composition（新建合成组）”命令，创建一个新的合成图像“Comp7”，其他设置与“Comp1”相同。

32）新建固态层。方法为：选择“Layer（图层）| New（新建）| Solid（固态层）”命令，创建新的固态层“White Solid 1”，其他设置与第 3）步创建固态层的设置相同。

33）绘制遮罩。方法为：选择工具栏中的□矩形遮罩工具，创建 9 个宽度不同的遮罩，高度要超过合成图像的高度，如图 8-97 所示。

图 8-97　绘制矩形遮罩

34）设置遮罩动画。方法为：保留合成图像左右两侧的遮罩不动，分别在第 0 帧、第 1 秒、第 1 秒 19 帧和第 3 秒设置遮罩关键帧，此时关键帧分布如图 8-98 所示，不同关键帧的画面效果如图 8-99 所示。

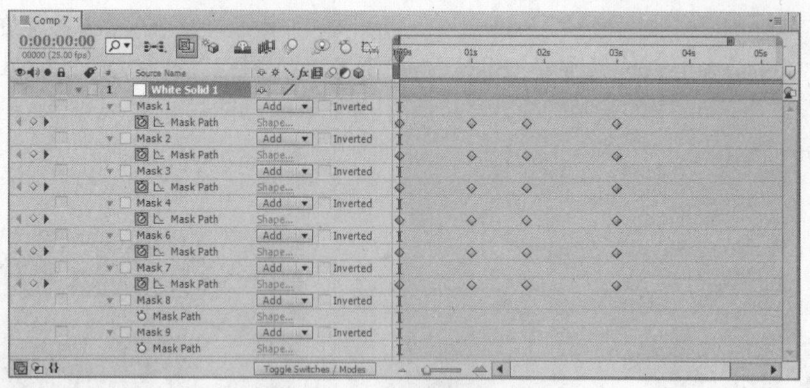

图 8-98 关键帧分布

图 8-99 不同关键帧的画面效果

a) 第 1 秒 b) 第 1 秒 19 帧 c) 第 3 秒

35）将“Comp6”从“项目”窗口中加入到当前合成图像的“时间线”窗口中，在轨道蒙版中设置“Luma Matte‘White Solid 1’”，如图 8-100 所示，效果如图 8-101 所示。

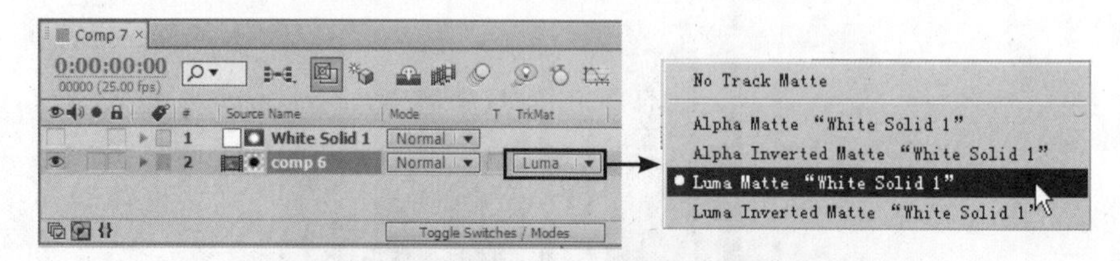

图 8-100 在轨道蒙版中设置“Luma Matte‘White Solid 1’”

图 8-101 合成效果

36）选择“Composition（图像合成）|New Composition（新建合成组）”命令，创建一个新的合成图像，并命名为“最终”，其他设置与“Comp1”相同。

37）将“Comp7”从“Project（项目）”窗口加入到当前合成图像中，然后选择“Effect（效果）| DragonFLY（飞舞）| T_Glass（玻璃）”命令，在弹出的“Effect Controls（特效控制台）”面板中设置参数，如图 8-102 所示，效果如图 8-103 所示。

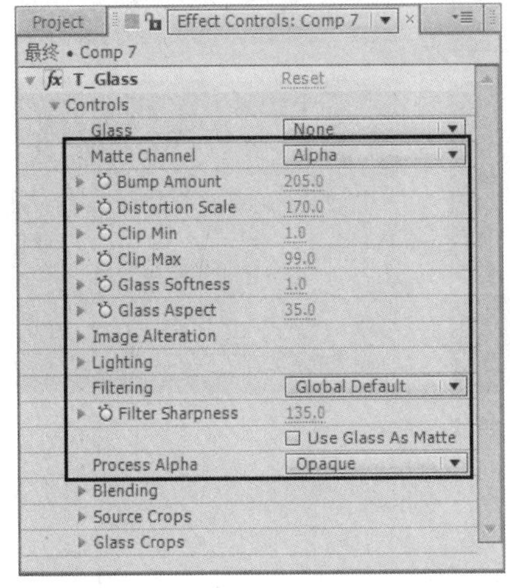

图 8-102　设置“T_Glass（玻璃）”参数　　　　图 8-103　“T_Glass（玻璃）”效果

38）按小键盘上的〈0〉键预览动画，效果如图 8-104 所示。

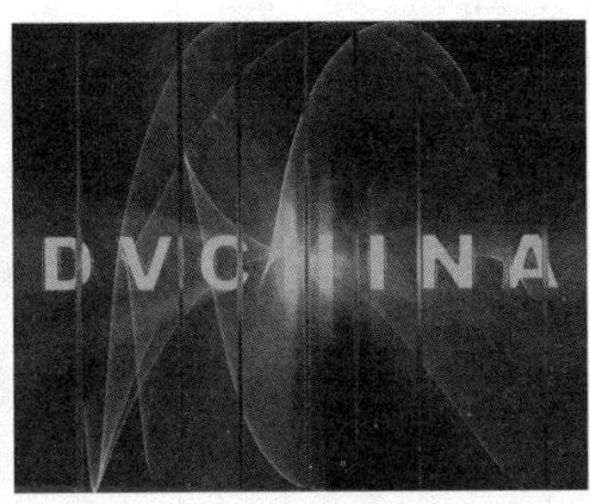

图 8-104　最终效果

39）选择“File（文件）| Save（保存）”命令，将文件进行保存。然后选择“File（文件）| Collect Files（收集文件）”命令，将文件进行打包。

8.4　光芒变化的文字效果

要点：

本例将制作栏目片头中常见的光芒变化的文字效果，如图8-105所示。通过对本例的学习，读者应掌握“Cape Wipe（卡片擦除）”“Directional Blur（方向模糊）”“Levels（色阶）”“Colorama（彩色光）”“Lens Flare（镜头光晕）”特效，以及图层混合模式和利用摄像机层对3D图层进行设置的综合应用。

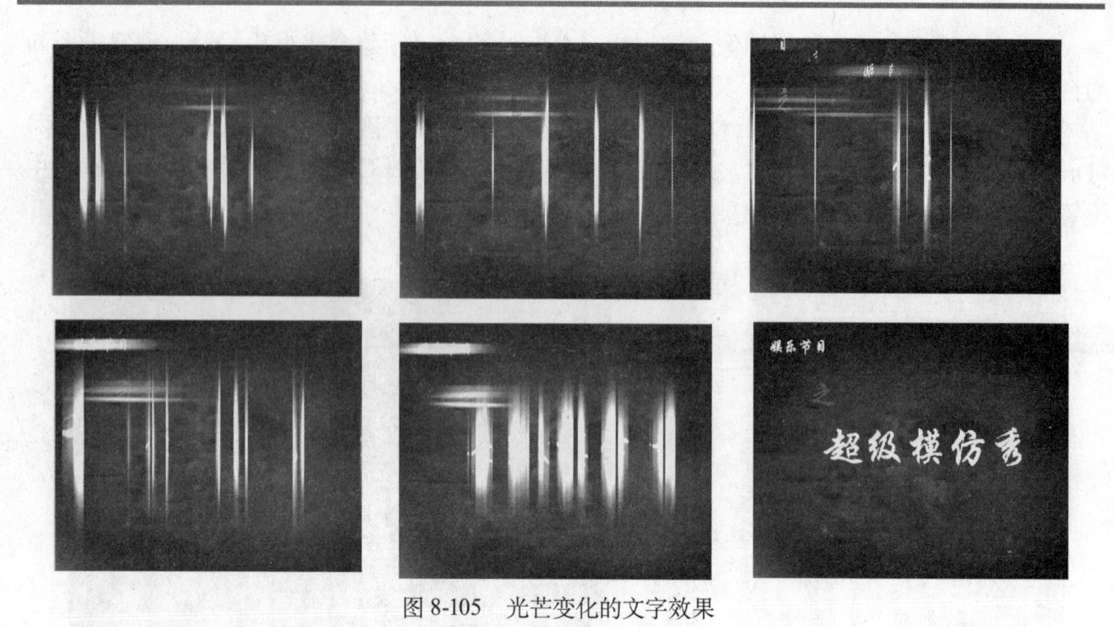

图 8-105　光芒变化的文字效果

操作步骤：

1. 制作文字卡片擦除动画

1）启动 After Effects CS6，选择“Composition (图像合成) | New Composition (新建合成组)”命令，在弹出的对话框中设置参数，如图 8-106 所示，单击“OK”按钮。

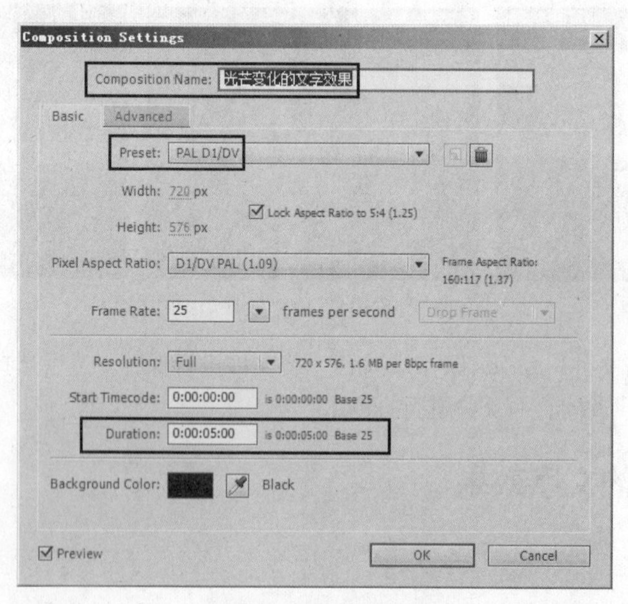

图 8-106　设置合成图像参数

2）选择工具栏中的 T 横行文本工具，然后输入文字“娱乐节目”，并在“Character (文字)”面板中设置参数，如图 8-107 所示，效果如图 8-108 所示。

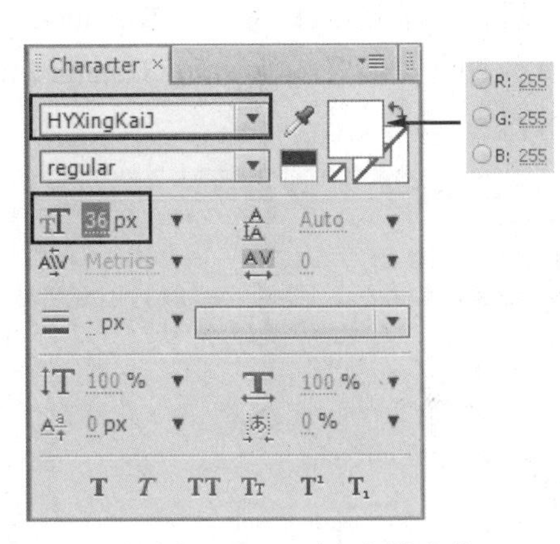

图 8-107　设置“Character（文字）”参数

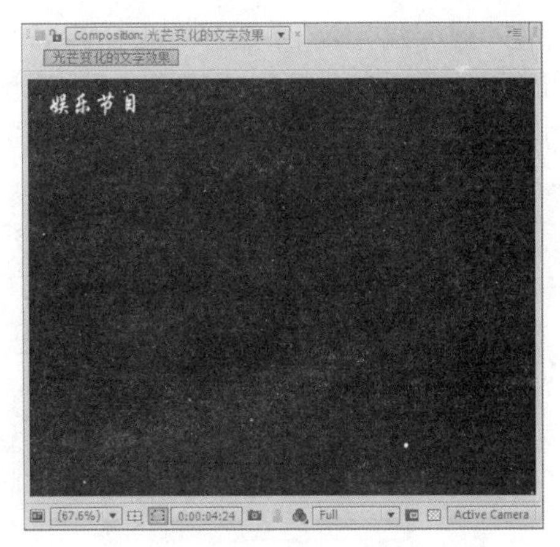

图 8-108　输入文字

3）同理，分别输入文字“之”和“超级模仿秀”。并设置文字“之”的字号为 70px、字色 RGB（195，70，70）；文字“超级模仿秀”的字号为 100px、字色为 RGB（255，255，255），如图 8-109 所示。

4）选择“File（文件）|Import（导入）|File（文件）”命令，导入配套光盘中的“源文件\第 3 部分 特效实例\第 8 章 动感光效\8.4 光芒变化的文字效果 folder\（Footage）\背景.jpg”文件到当前“Project（项目）”窗口中。然后将其拖入“时间线”窗口并放置到最底层，接着将 3 个文字图层的起点定位在第 0 秒 5 帧处，此时效果如图 8-110 所示，“时间线”窗口如图 8-111 所示。

图 8-109　输入文字“之”和“超级模仿秀”

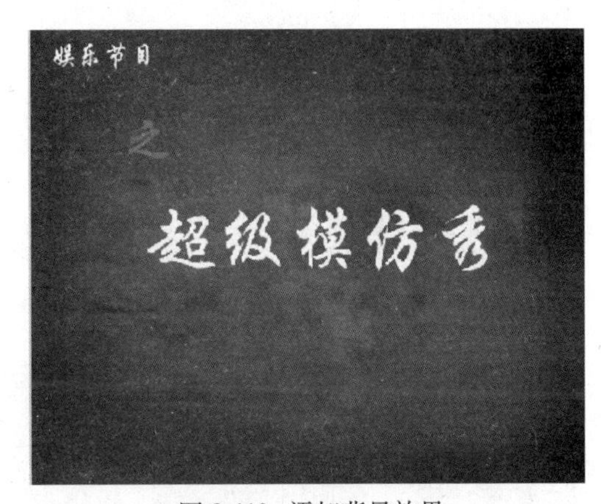

图 8-110　添加背景效果

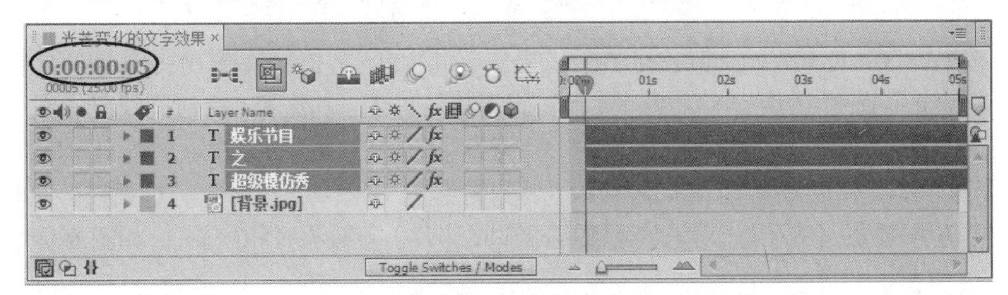

图 8-111　时间线分布

5）在“时间线”窗口中选择“娱乐节目”图层，然后选择“Effect（效果）| Transition（过渡）| Card Wipe（卡片擦除）”命令，分别在第 0 秒 5 帧和第 2 秒 20 帧处设置“Transition Completetion（变换完成度）”关键帧，并设置参数，如图 8-112 所示。

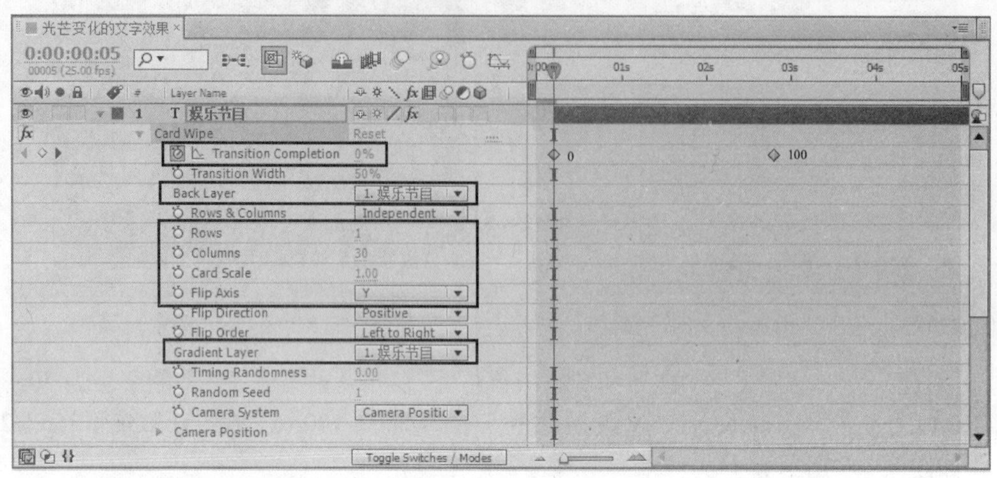

图 8-112 设置“Transition Completetion（变换完成度）”关键帧参数

6）打开“Camera Position（摄像机位置）”和“Position Jitter（位置抖动）”属性，分别在第 0 秒 5 帧和第 2 秒 20 帧处设置相关关键帧，并设置参数，如图 8-113 所示。

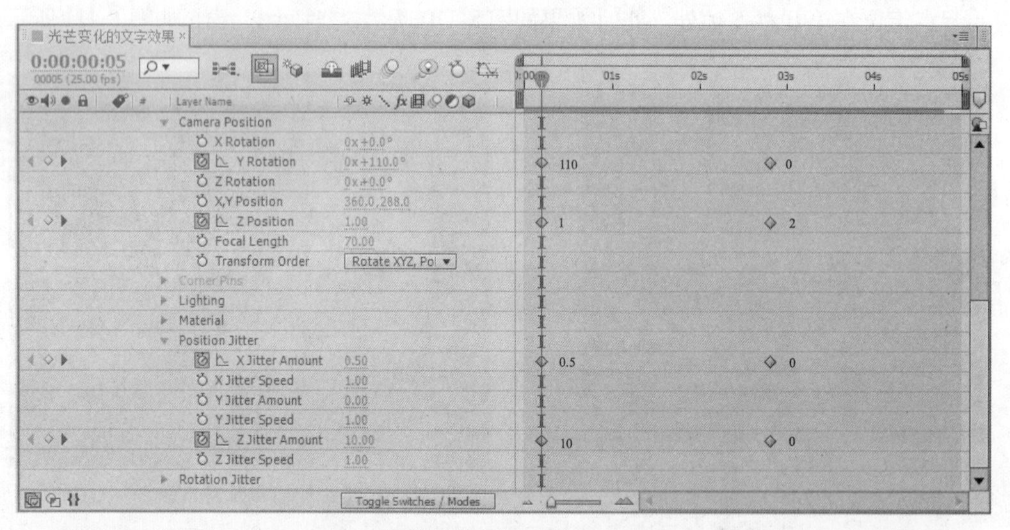

图 8-113 设置“Camera Position（摄像机位置）”和“Position Jitter（位置抖动）”关键帧参数

7）按小键盘上的〈0〉键，即可看到文字“娱乐节目”的卡片擦除效果，效果如图 8-114 所示。

8）将“娱乐节目”图层的卡片擦除效果复制到其他两层。方法为：将时间线定位在第 0 秒 5 帧的位置，然后选择“娱乐节目”图层的“Card Wipe（卡片擦除）”效果，按〈Ctrl+C〉组合键进行复制。接着分别选择“之”和“超级模仿秀”图层，按〈Ctrl+V〉组合键进行粘贴。此时“之”和“超级模仿秀”图层具有了与“娱乐节目”图层相同的卡片擦除效果及相关属性，如图 8-115 所示。

提示：在复制“Card Wipe（卡片擦除）”效果前，一定要确认时间线定位在第0秒5帧的位置。

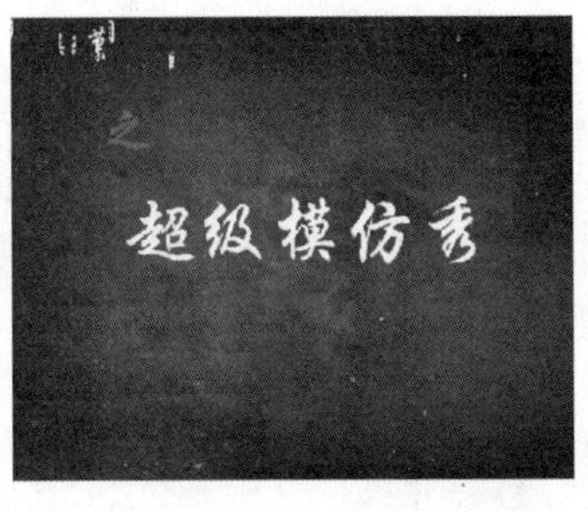

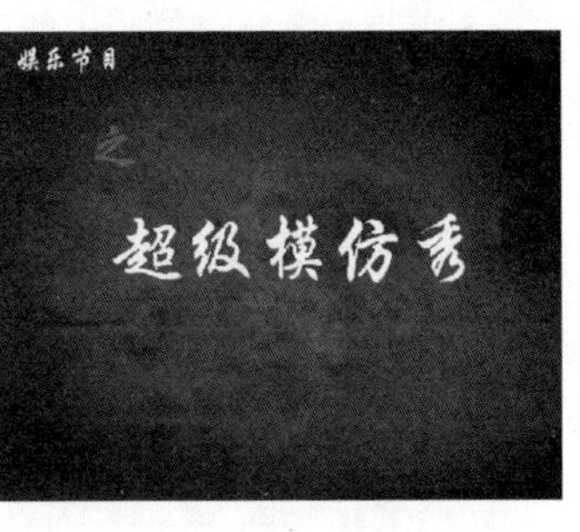

图 8-114　文字“娱乐节目”的卡片擦除效果

图 8-115　时间线分布

9) 使“超级模仿秀”图层的卡片擦除效果比其他两个图层滞后一些，从而突出文字“超级模仿秀”。下面将“超级模仿秀”图层第 0 秒 5 帧的关键帧移动到第 1 秒 10 帧，将第 2 秒 20 帧的关键帧移动到第 4 秒，如图 8-116 所示。

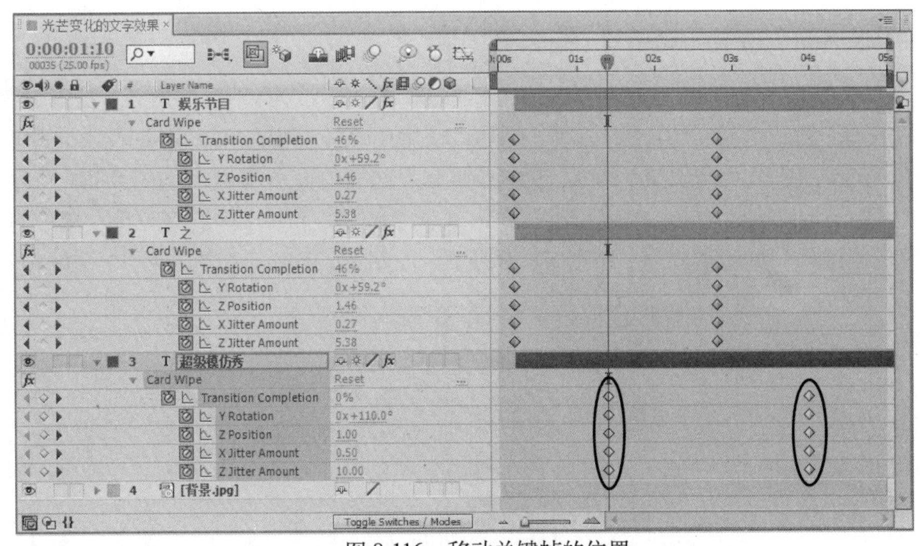

图 8-116　移动关键帧的位置

10）此时按小键盘上的〈0〉键，预览动画，看不到“之”和“超级模仿秀”图层的卡片擦除效果，下面来解决这个问题。方法为：在“时间线”窗口中分别选择“之”和“超级模仿秀”图层，然后在“Effect Controls（特效控制台）”面板中调整参数，如图 8-117 所示。

11）为了增强效果，在时间线中同时选择 3 个文字图层，按〈Ctrl+D〉组合键，从而复制出 3 个文字图层。然后将复制后图层的混合模式设置为“Add（添加）”，如图 8-118 所示。

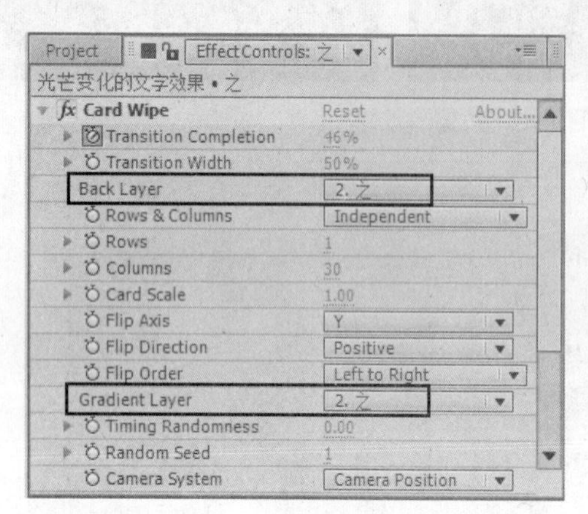

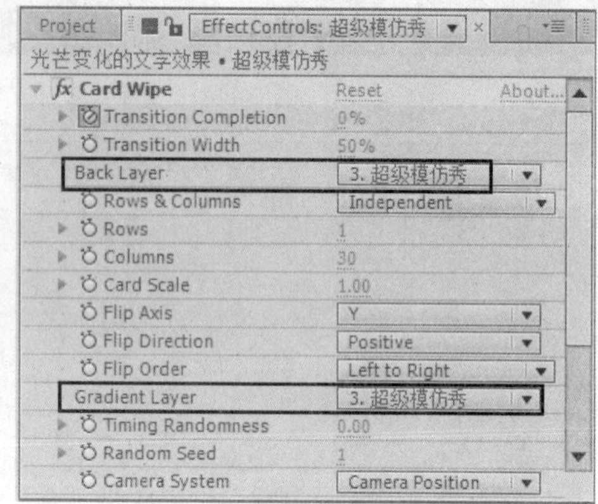

图 8-117　分别设置“之”和“超级模仿秀”的参数

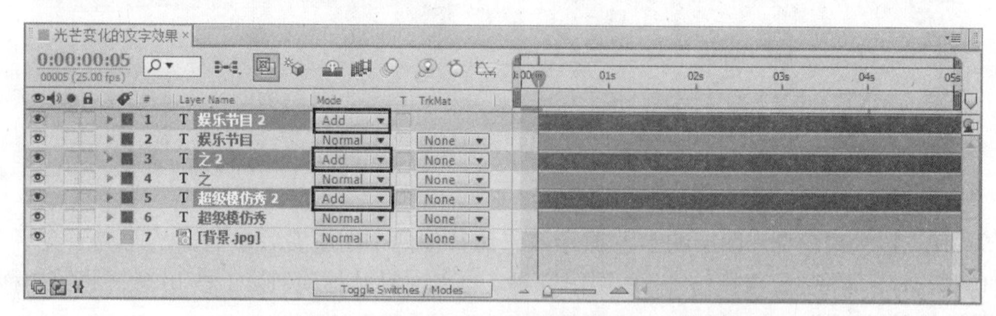

图 8-118　复制 3 个文字图层并将图层混合模式设置为“Add（添加）”

2. 制作文字光芒变化的动画

1）设置文字“娱乐节目”在水平方向上的模糊效果。方法为：在“时间线”窗口中选择“娱乐节目 2”图层，然后选择“Effect（效果）| Blur&Sharpen（模糊与锐化）| Directional Blur（方向模糊）”命令，在“Effect Controls（特效控制台）”面板中设置参数，如图 8-119 所示。接着分别在“娱乐节目 2”图层的“模糊长度”的第 0 秒 5 帧、第 1 秒 12 帧、第 3 秒、第 3 秒 10 帧、第 4 秒插入关键帧，并设置参数，如图 8-120 所示。如图 8-121 所示为第 3 秒 10 帧的模糊效果。

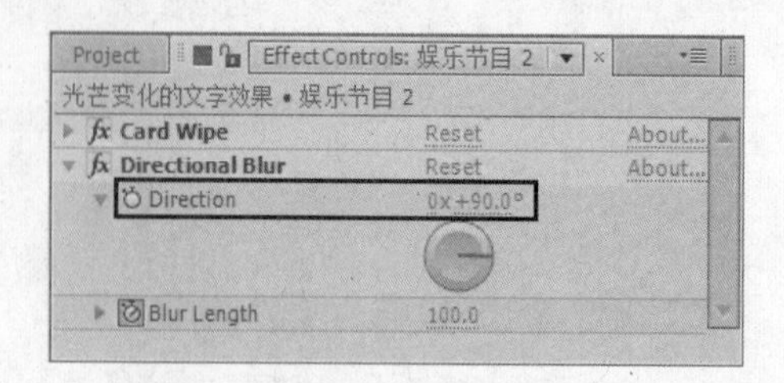

图 8-119　设置“Directional Blur（方向模糊）”参数

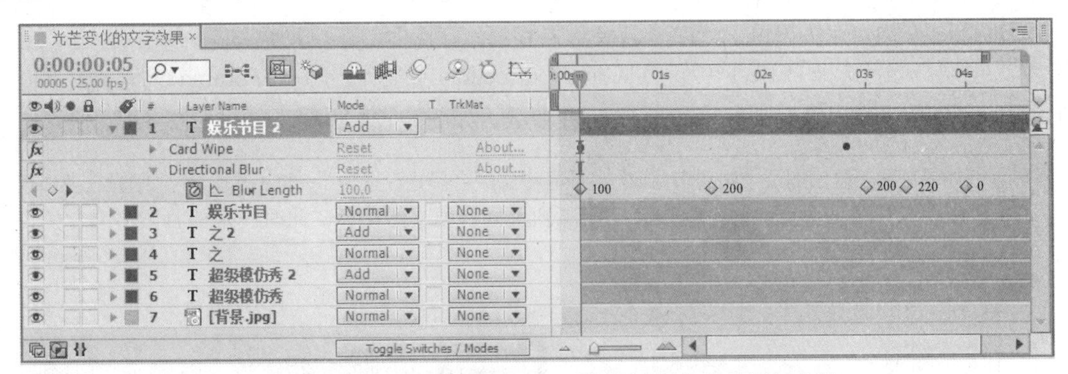

图 8-120　设置“Directional Blur (模糊长度)”的关键帧参数

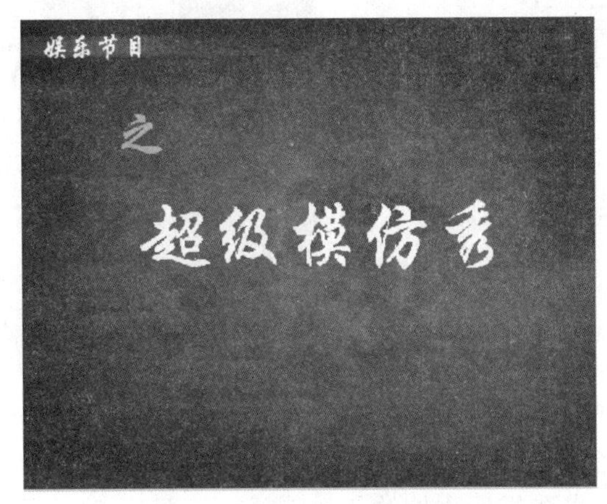

图 8-121　第 3 秒 10 帧的模糊效果

2) 为了增强模糊效果，在“时间线”窗口中选择“娱乐节目 2”图层，然后选择“Effect (效果) | Color Correction (色彩校正) | Levels (色阶)”命令，在“Effect Controls (特效控制台)”面板中设置参数，如图 8-122 所示，效果如图 8-123 所示。

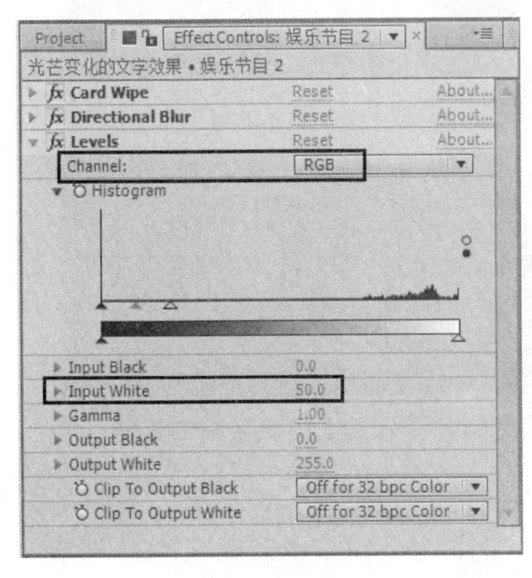

图 8-122　设置“Levels (色阶)”参数

图 8-123　调整“Levels (色阶)”参数后的效果

3）此时模糊效果为白色，下面将其设置为彩色。方法为：在“时间线”窗口中选择“娱乐节目 2”图层，然后选择“Effect（效果）| Color Correction（色彩校正）| Colorama (彩色光)”命令，在“Effect Controls (特效控制台)”面板中设置参数，如图 8-124 所示，效果如图 8-125 所示。

提示：如果前面不复制图层“娱乐节目 2”，并将图层混合模式设置为“Add（添加）”，则光芒会出现黑色边缘，这是不正确的。前面忘记调整图层混合模式的读者，此时一定要将图层混合模式设为“Add（添加）”。

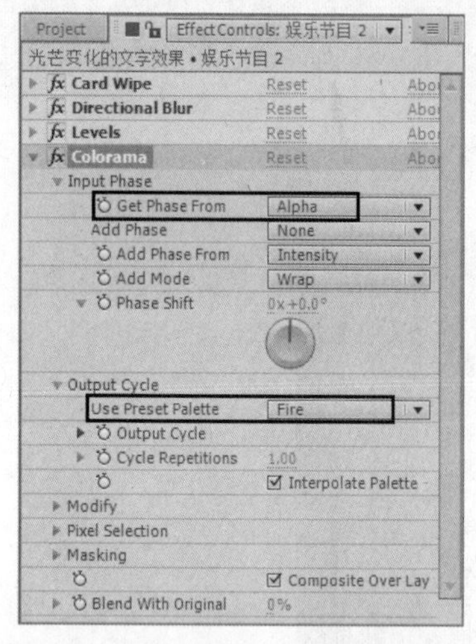

图 8-124　设置“Colorama (彩色光)”参数　　图 8-125　“Colorama (彩色光)”效果

4）将光芒效果复制到其他两层。方法为：将时间线定位到第 0 秒 5 帧，在“Effect Controls（特效控制台)”面板中选择后添加的 3 个效果，如图 8-126 所示，按〈Ctrl+C〉组合键进行复制。然后分别选择“之 2”和“超级模仿秀 2”图层，按〈Ctrl+V〉组合键进行粘贴。此时“之 2”和“超级模仿秀 2”图层具有了与“娱乐节目 2”图层相同的效果及相关属性。如图 8-127 所示为第 3 秒 10 帧的模糊效果。

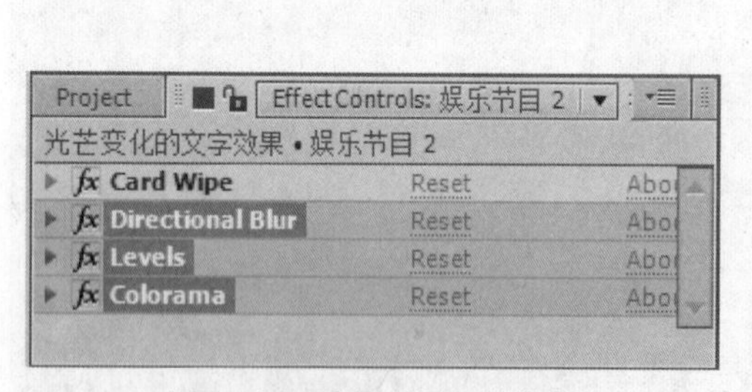

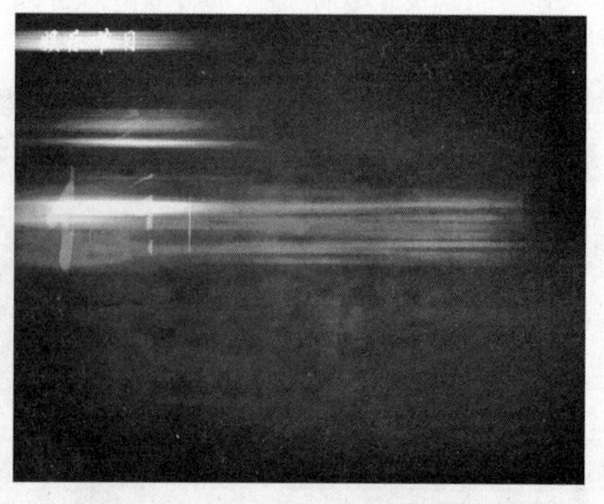

图 8-126　选择后添加的效果　　图 8-127　第 3 秒 10 帧的模糊效果

5）此时在第 4 秒，文字“之”的颜色由红色变为白色，如图 8-128 所示。下面调整第 4 秒文字“之”的颜色，使其恢复到红色。方法为：在“时间线”窗口中选择“之 2”图层，然后在第 0 秒 5 帧单击“Effect Controls (特效控制台)”面板中“Colorama (彩色光)”特效的“Get

Phase From（获取相位自）”前的◎按钮，插入关键帧，如图 8-129 所示。接着在第 4 秒将“Alpha”改为“Zero”，如图 8-130 所示，效果如图 8-131 所示。

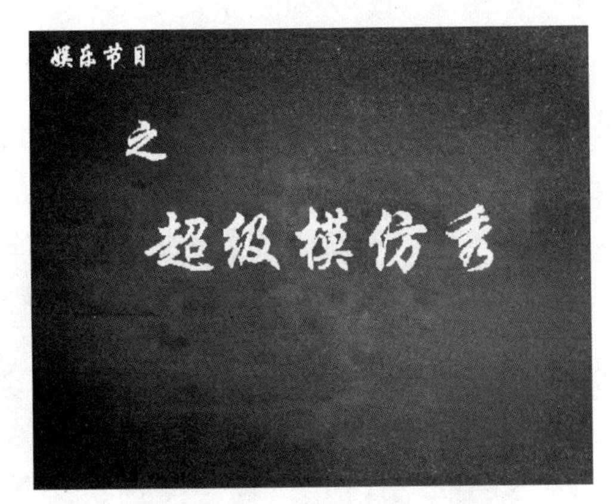

图 8-128　第 4 秒的文字效果

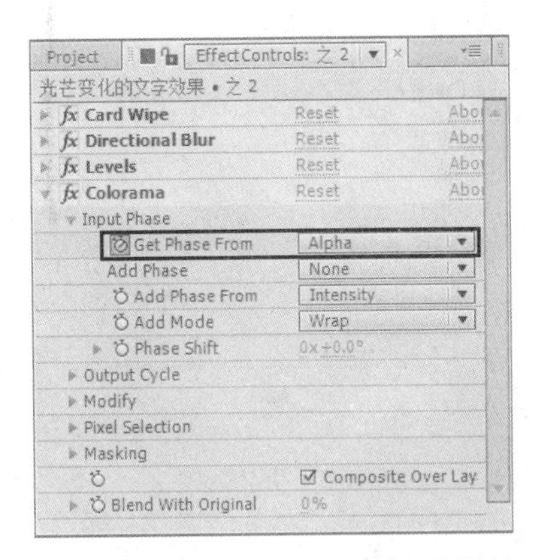

图 8-129　在第 0 秒 5 帧插入关键帧

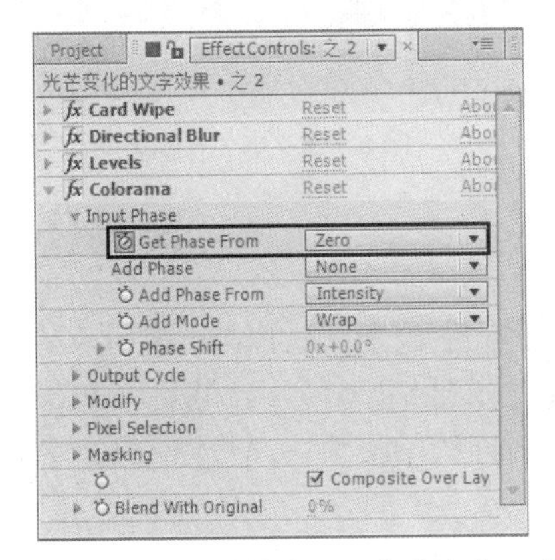

图 8-130　在第 4 秒将“Alpha”改为“Zero”

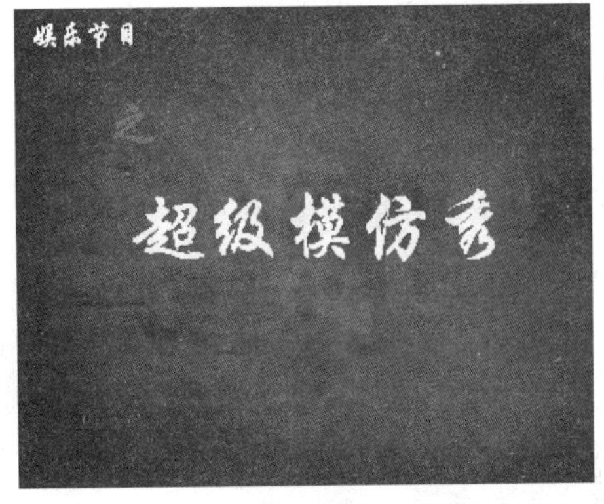

图 8-131　在第 4 秒改变参数后的文字效果

6）制作文字“超级模仿秀”垂直模糊效果。方法为：在“时间线”窗口中选择“超级模仿秀 2”图层，然后在“Effect Controls（特效控制台）”面板中设置“Directional Blur（方向模糊）”参数，如图 8-132 所示。如图 8-133 所示为第 2 秒的效果图。

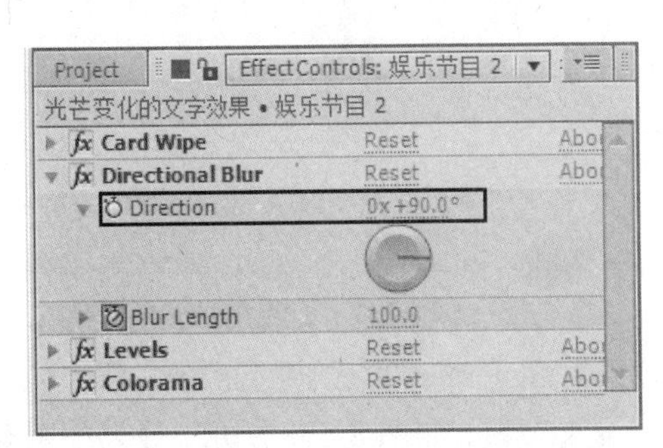

图 8-132　设置“超级模仿秀 2”图层的“Directional Blur（方向模糊）”参数

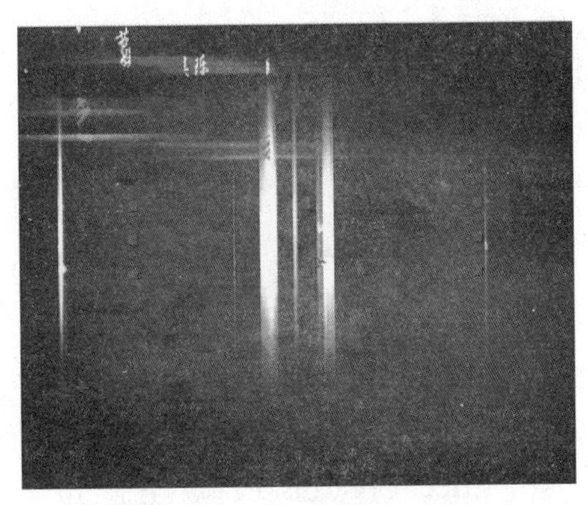

图 8-133　第 2 秒的效果图

7）调整文字“超级模仿秀”的光芒。方法为：在“时间线”窗口中选择“超级模仿秀 2”图层，然后在“Effect Controls (特效控制台)”面板中设置“Colorama (彩色光)”参数，如图 8-134 所示。如图 8-135 所示为第 3 秒的效果图。

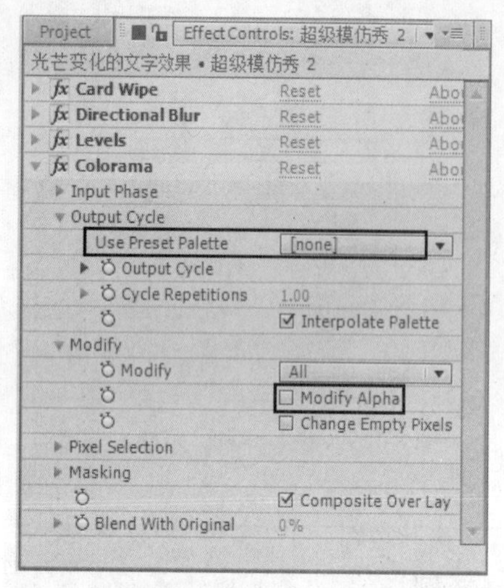

图 8-134　设置“超级模仿秀 2”图层的“Colorama（彩色光）”参数

图 8-135　第 3 秒的效果图

3. 制作镜头光晕效果

1）选择“Layer (图层) | New (新建) | Solid (固态层)”命令（快捷键为〈Ctrl+Y〉），在弹出的对话框中单击 Make Comp Size （制作为合成大小）按钮，如图 8-136 所示。然后单击“OK”按钮，创建一个与合成图像等大的固态层。再将其放置到时间线的最顶层，并将图层混合模式设置为“Add (添加)”，如图 8-137 所示。

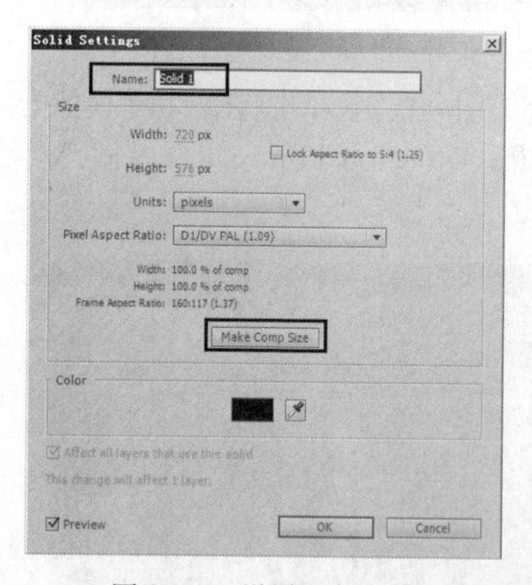

图 8-136　设置固态层参数

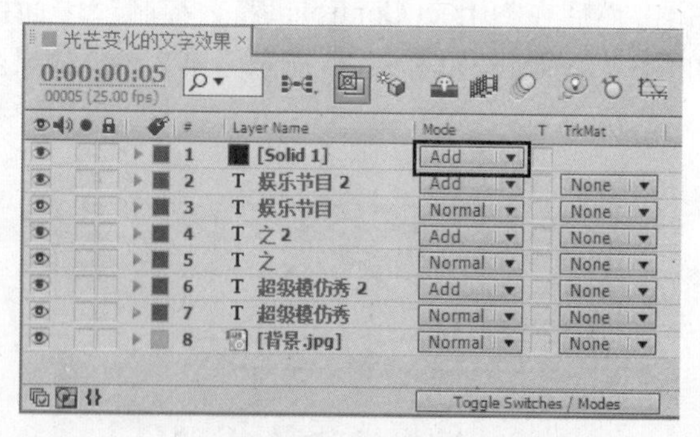

图 8-137　时间线分布

2）选择“Solid 1”图层，然后选择“Effect (效果) | Generate (生成) |Lens Flare (镜头光晕)”命令，在“Effect Controls（特效控制台）”面板中设置参数，如图 8-138 所示，效果如图 8-139 所示。

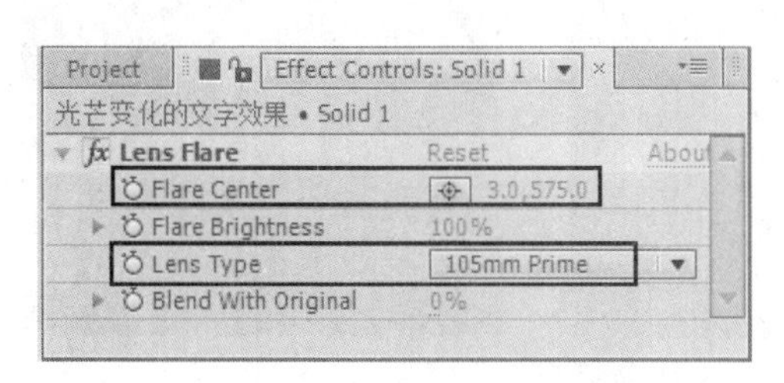

图 8-138　设置“Lens Flare（镜头光晕）”参数

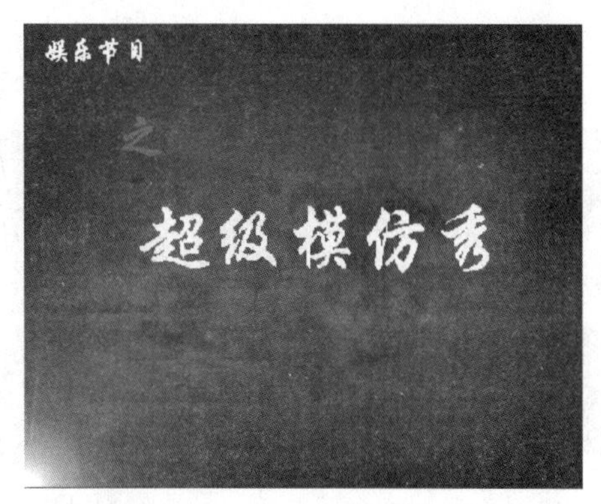

图 8-139　“Lens Flare（镜头光晕）”效果

3）添加摄像机。方法为：选择“Layer（图层）| New（新建）| Camera（摄像机）”命令，然后在弹出的对话框中设置参数，如图 8-140 所示。

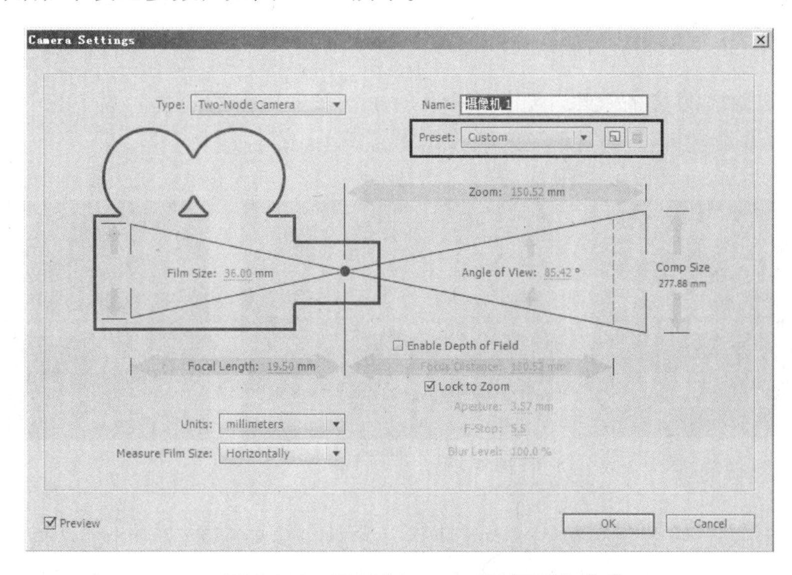

图 8-140　设置“Camera（摄像机）”参数

4）选择“Solid”图层，利用工具栏中的按钮调整视角，效果如图 8-141 所示。

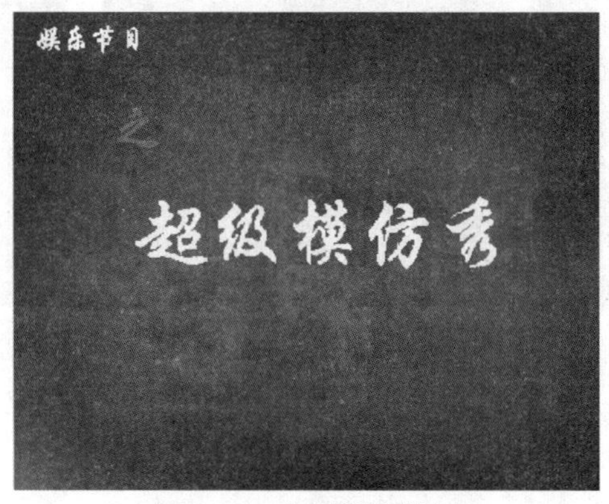

图 8-141　调整视角效果

5）至此，整个动画制作完毕。按小键盘上的〈0〉键预览动画，效果如图 8-142 所示。

图 8-142　光芒变化的文字效果

6）选择“File（文件）| Save（保存）”命令，将文件进行保存。然后选择“File（文件）| Collect Files（收集文件）”命令，将文件进行打包。

8.5 课后练习

1. 制作光影缥缈的文字效果，如图 8-143 所示。参数可参考配套光盘中的“源文件\第 3 部分 特效实例\第 8 章 动感光效\课后练习\练习 1\练习 1.aep”文件。

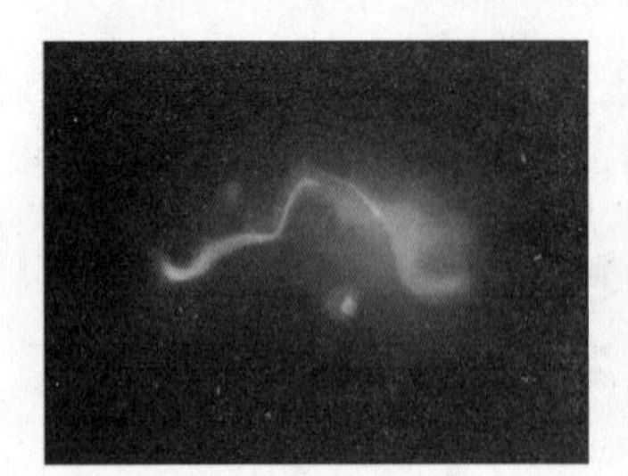
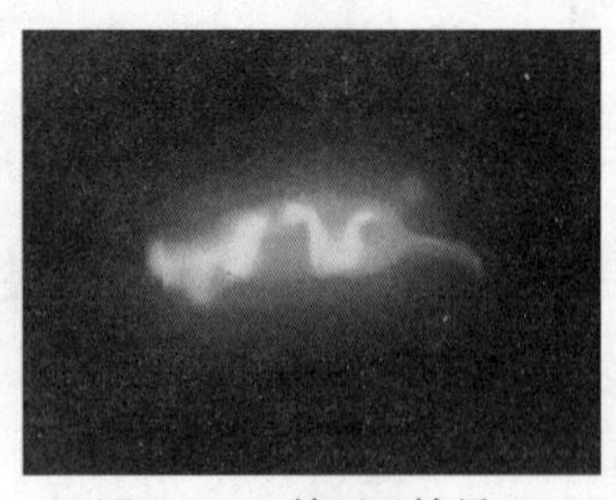

图 8-143　练习 1 效果

2. 制作流动的光线效果，如图 8-144 所示。参数可参考配套光盘中的“源文件\第 3 部分 特效实例\第 8 章 动感光效\课后练习\练习 2\练习 2.aep”文件。

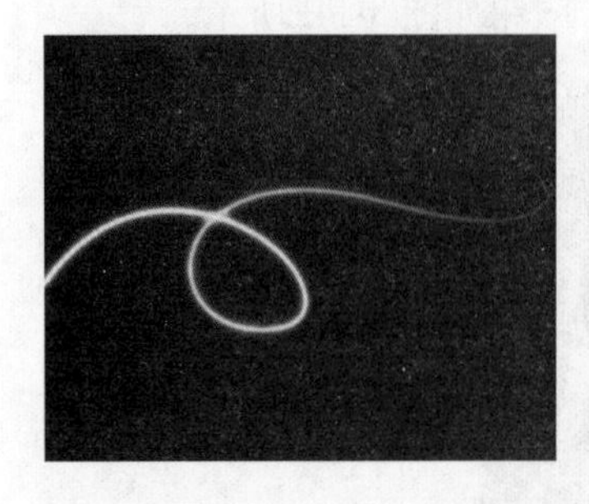
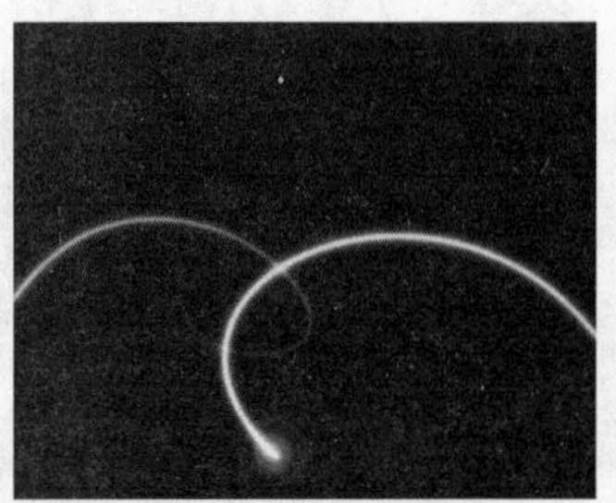
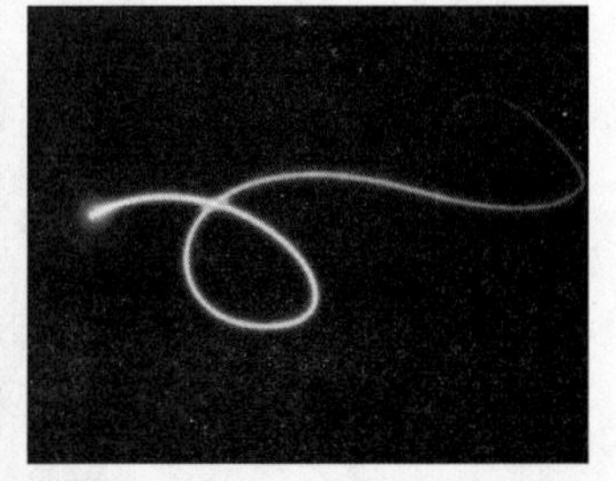

图 8-144　练习 2 效果

3. 制作光芒变化的文字效果，如图 8-145 所示。参数可参考配套光盘中的“源文件\第 3 部分 特效实例\第 8 章 动感光效\课后练习\练习 3\练习 3.aep”文件。

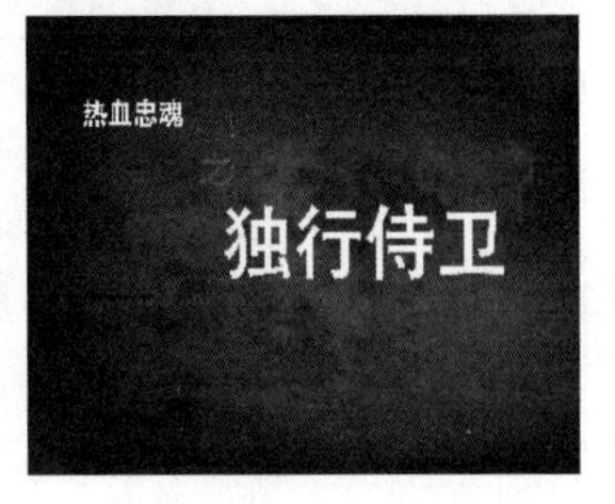

图 8-145　练习 2 效果

第4部分　高 级 技 巧

■第9章　三维效果

■第10章　矢量画笔与变形效果

■第11章　抠像与跟踪

■第12章　表达式

第9章　三维效果

本章重点：

在影视广告中三维效果也是十分常见的特效。本章将通过 4 个实例来具体讲解利用 After Effects CS6 制作的三维效果在实际制作中的具体应用。通过对本章的学习，读者应掌握常用三维效果的制作方法。

9.1　三维光环

要点：

本例将制作彩色光环环绕文字旋转的效果，如图9-1所示。通过对本例的学习，读者应掌握三维图层、“Glow（辉光）”特效和“Rotation（旋转）”关键帧的设置方法。

图 9-1　三维光环

操作步骤：

1）启动 After Effects CS6，然后选择“File（文件）|Import（导入）|File（文件）”命令，导入配套光盘中的“源文件\第 4 部分 高级技巧\第 9 章 三维效果\9.1 三维光环 folder\(Footage)\5.tga”“白圈 .psd”“背景 .jpg”文件，如图 9-2 所示。

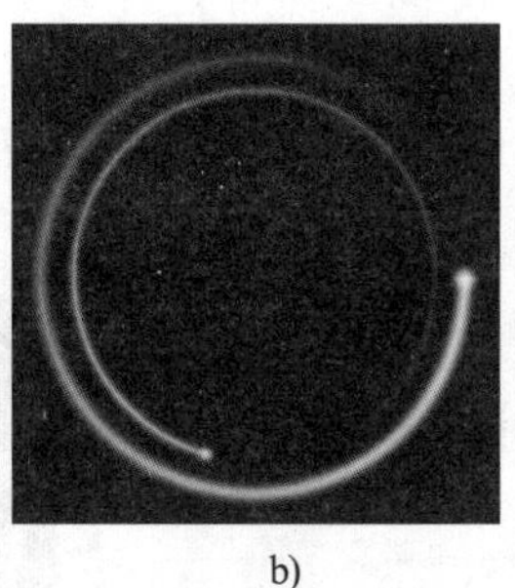
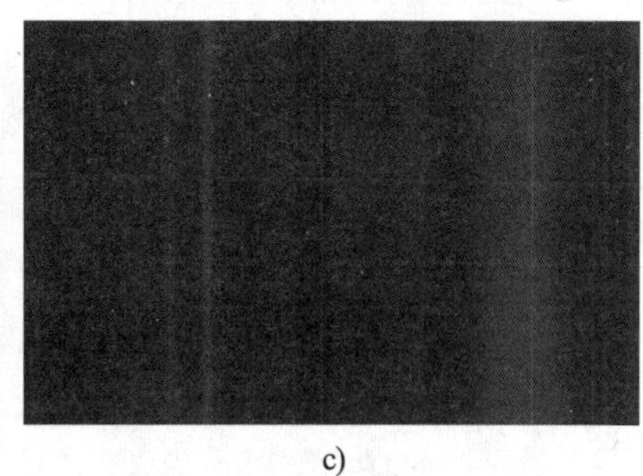

a)　　b)　　c)

图 9-2　素材文件

a）5.tga　b）白圈 .psd　c）背景 .jpg

2）创建一个和“背景 .jpg”等大的合成图像。方法为：选择“Project（项目）”窗口中的

“背景 .jpg”素材图片，将它拖到 （新建合成）按钮上，生成一个尺寸与素材相同的合成图像。然后将其命名为“三维光环”。

3）此时背景色彩过于暗淡，下面就来解决这个问题。方法为：在“时间线”窗口中的空白处右击，从弹出的快捷菜单中选择“New（新建）|Solid（固态层）”命令，然后在弹出的对话框中设置参数，如图 9-3 所示，单击“确定”按钮，新建一个固态层。接着将固态层的图层混合模式设置为“Overlay（叠加）”，如图 9-4 所示，效果如图 9-5 所示。

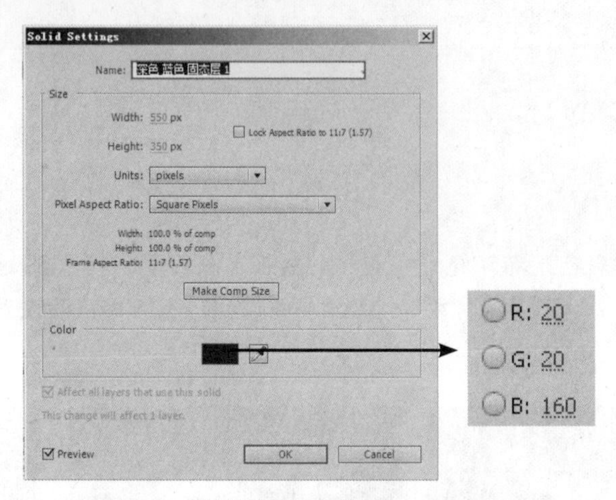

图 9-3　设置固态层参数

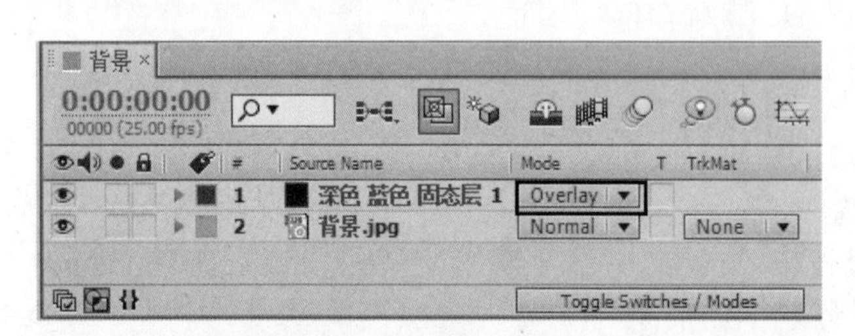

图 9-4　将固态层的图层混合模式设置为“Overlay（叠加）”

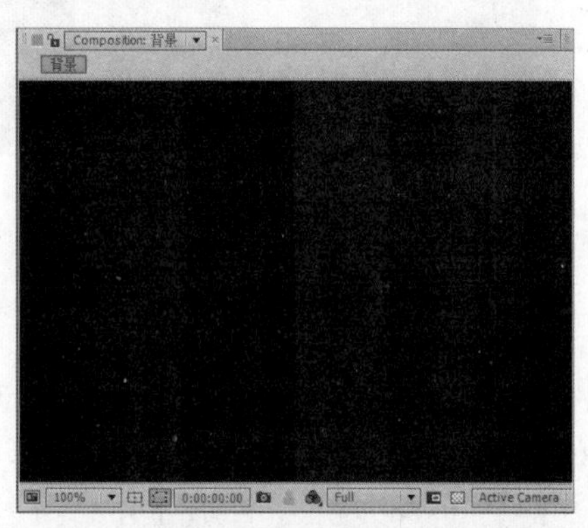

图 9-5　调整图层混合模式为“Overlay（叠加）”的效果

4）将“5.tga”拖入“时间线”窗口，然后将其缩小为原来的“70%”，如图 9-6 所示，效果如图 9-7 所示。

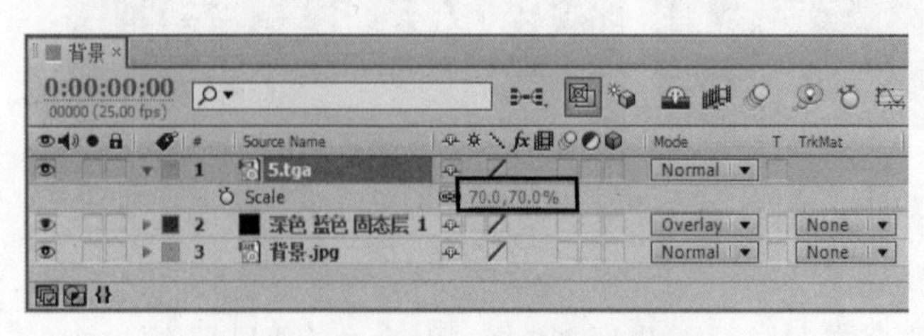

图 9-6　将“5.tga”缩小为“70%”

图 9-7　缩小后的效果

5）将“光圈 .psd”拖入“时间线”窗口，然后将其缩小为原来的“60%”，如图 9-8 所示，效果如图 9-9 所示。

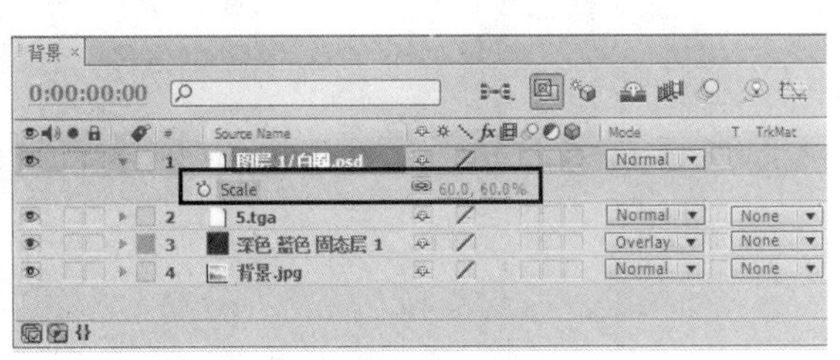

图 9-8　将“光圈 .psd”缩小为“60%”

图 9-9　缩小后的效果

6）单击（三维图层）按钮，将“白圈 .psd”图层转换为三维图层。然后按〈R〉键，显示出“图层 1/ 白圈 .psd”的“Rotation（旋转）”属性。接着设置“Orientation（方向）”参数，如图 9-10 所示，效果如图 9-11 所示。

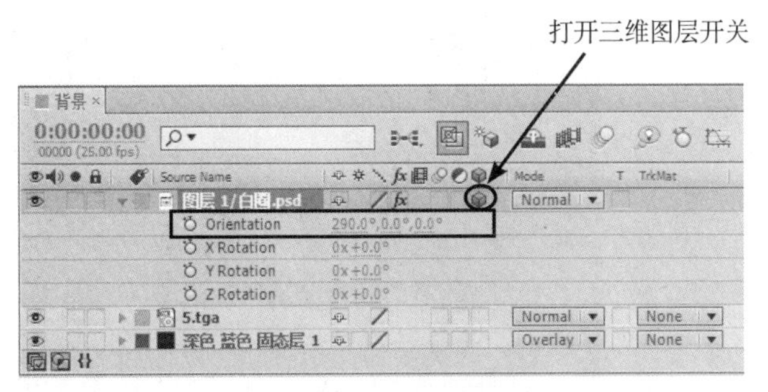

图 9-10　设置“Orientation（方向）”参数

图 9-11　调整“Orientation（方向）”参数后的效果

7）分别在第 0 秒和第 4 秒设置“Z Rotation（Z 轴 旋转）”的旋转关键帧参数，如图 9-12 所示，从而使光圈在第 0~4 秒逆时针旋转 4 周。

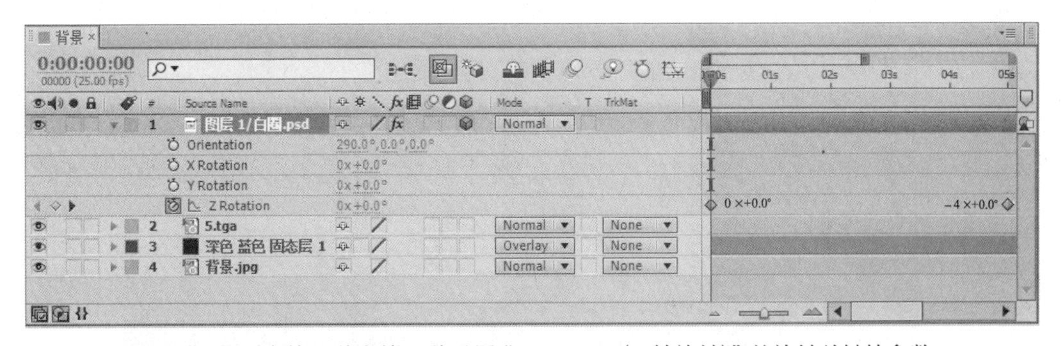

图 9-12　分别在第 0 秒和第 4 秒设置“Z Rotation（Z 轴旋转）”的旋转关键帧参数

8）制作光环发光效果。方法为：选择“光圈”图层，然后选择“Effect（效果）| Stylize（风格化）| Glow（辉光）”命令，给它添加一个“Glow（辉光）”特效。接着在“Effect Controls（特效控制台）”面板中设置参数，如图 9-13 所示，效果如图 9-14 所示。

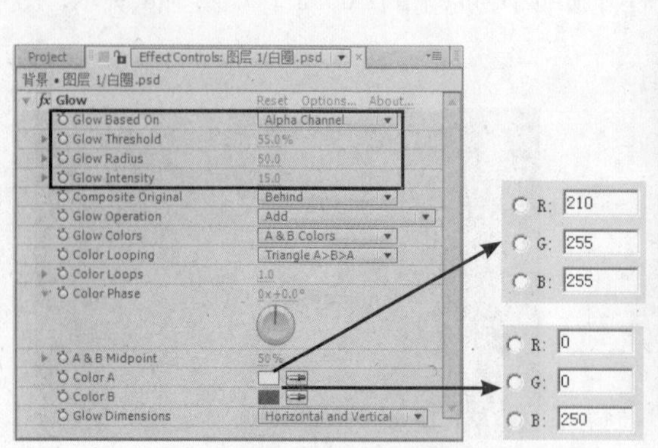

图 9-13 设置“Glow (辉光)”参数

图 9-14 “Glow (辉光)”效果

9) 为了使光环与背景更好地融合，将“光圈 1/ 白圈 .psd”图层的混合模式设置为“Screen(屏幕)”，如图 9-15 所示，效果如图 9-16 所示。

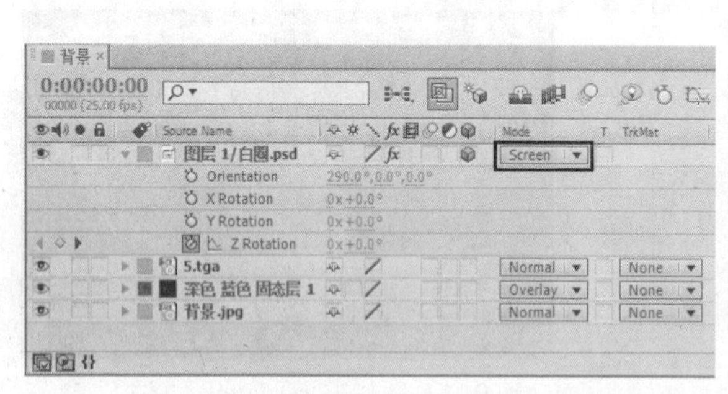

图 9-15 将“光圈 1/ 白圈 .psd”图层的混合模式设置为“Screen (屏幕)”

图 9-16 “Screen (屏幕)”效果

10) 制作另外两个光环。方法为：选择“白圈”图层，按〈Ctrl+D〉组合键两次，从而复制两个“白圈”图层。然后分别改变它们的发光颜色和旋转角度，如图 9-17 所示。

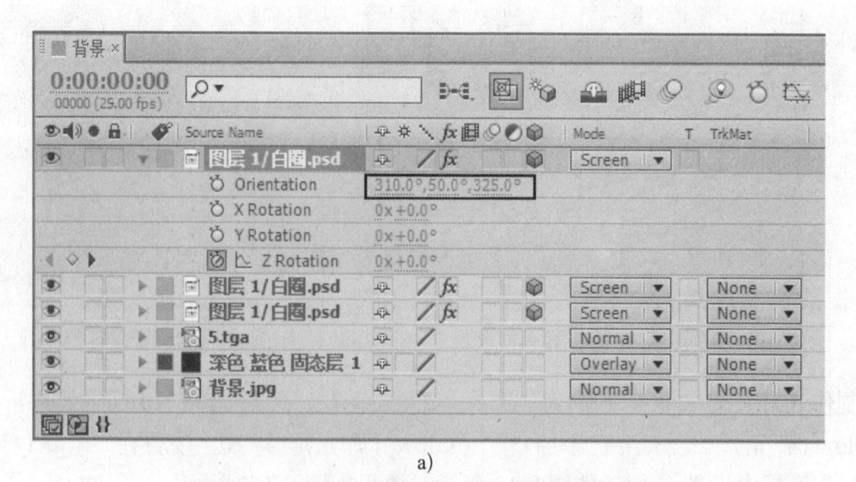

a)

图 9-17 改变复制后图层的发光颜色和旋转角度

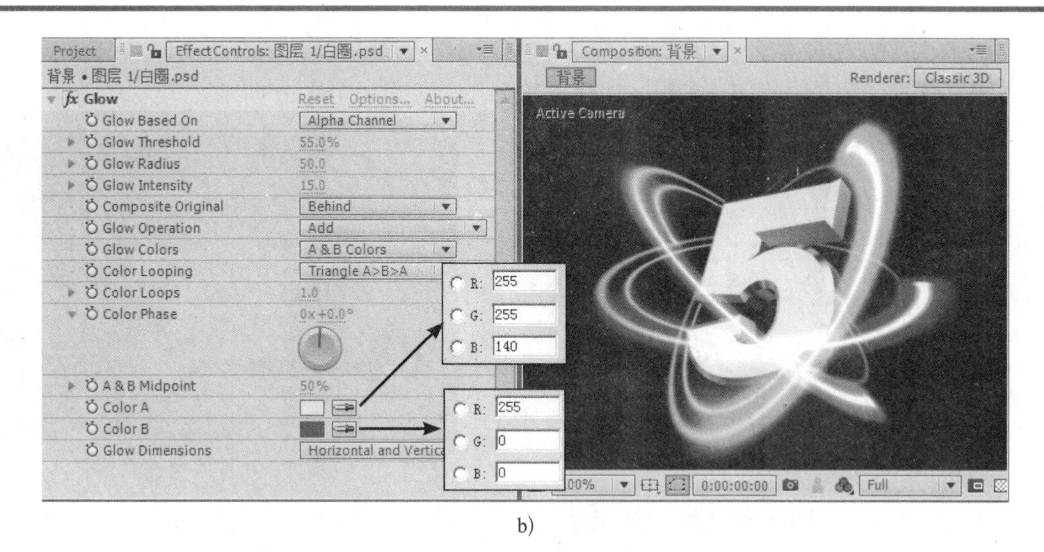

b)

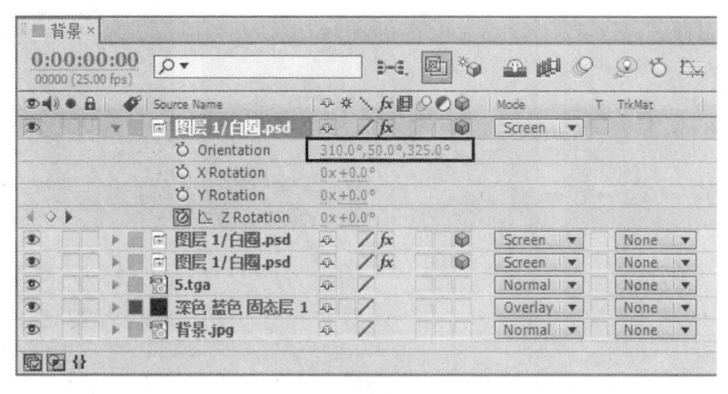

c)

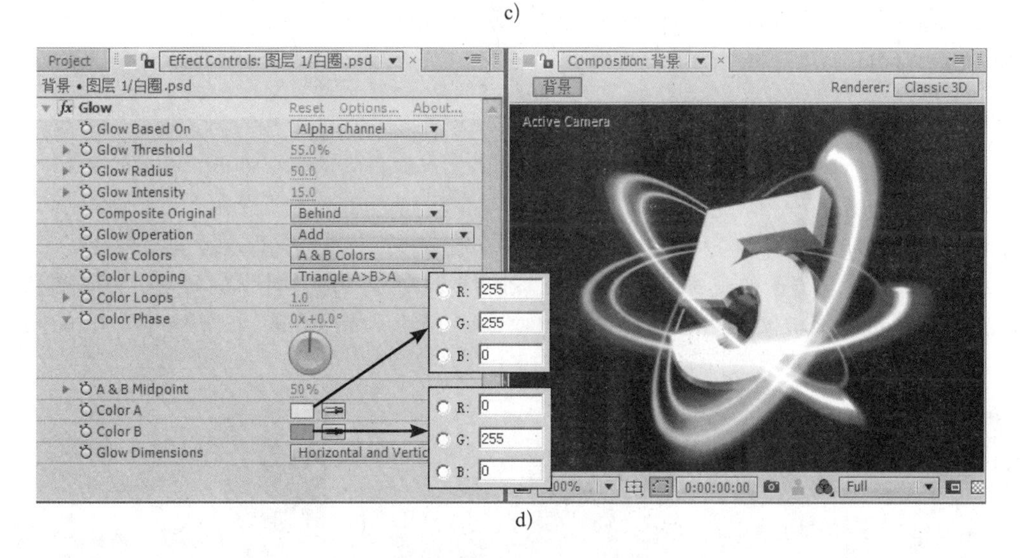

d)

图 9-17　改变复制后图层的发光颜色和旋转角度（续）

a）改变第 1 个复制图层的旋转角度　b）改变第 1 个复制图层的发光颜色
c）改变第 2 个复制图层的旋转角度　d）改变第 2 个复制图层的发光颜色

11）此时光环显现在文字的上方，而不是穿越文字。解决这个问题的方法很简单，只要将“5.tga”图层转换为三维图层即可，如图 9-18 所示，效果如图 9-19 所示。

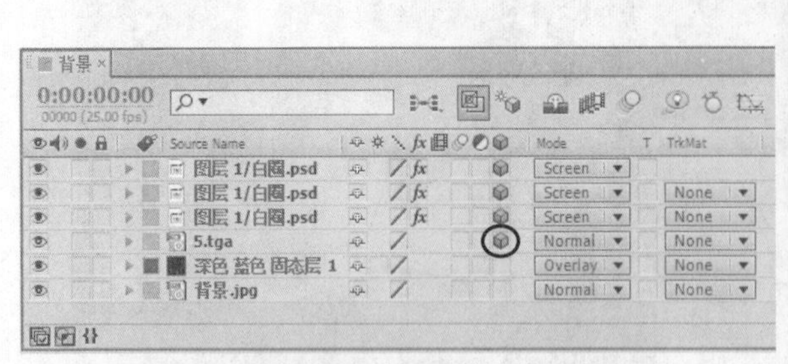

图 9-18　将“5.tga”图层转换为三维图层

图 9-19　光环穿越文字效果

12）按小键盘上的〈0〉键预览动画，最终效果如图 9-20 所示。

图 9-20　最终效果

13）选择“File（文件）| Save（保存）”命令，将文件进行保存。然后选择“File（文件）| Collect Files（收集文件）”命令，将文件进行打包。

9.2　旋转的立方体

要点：

本例将制作飞入场景的旋转立方体效果，如图9-21所示。通过对本例的学习，读者应掌握三维图层、“Camera（摄像机）”图层、“Null（空白）”图层、“Position（位置）”和“Rotation（旋转）”关键帧的应用。

图 9-21　旋转的立方体

操作步骤：

1）启动 After Effects CS6，然后选择“Composition（图像合成）|New Composition（新建合成组）”命令，在弹出的“Composition Settings（图像合成设置）”对话框中设置参数，如图 9-22 所示，单击“OK”按钮，从而创建一个新的合成图像。

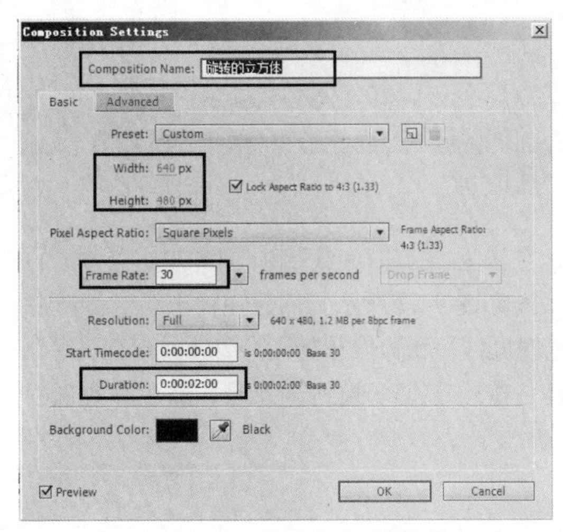

图 9-22　设置合成图像参数

2）选择“Layer（图层）| New（新建）| Solid（固态层）”命令，在弹出的对话框中设置参数，如图 9-23 所示，单击“OK”按钮，新建一个固态层，效果如图 9-24 所示。

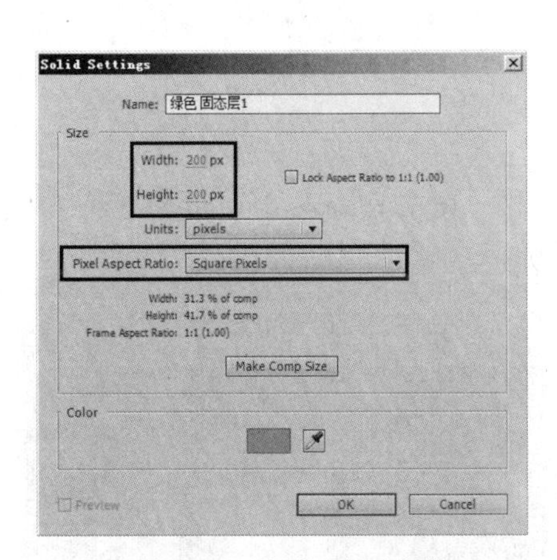

图 9-23　设置固态层参数

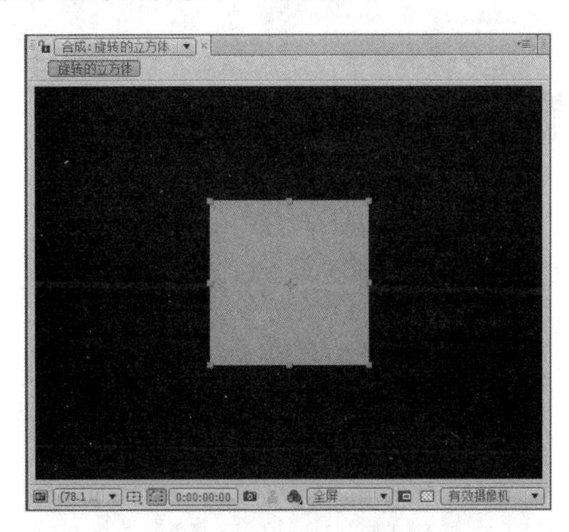

图 9-24　新建一个固态层

3）选择固态层，按〈Ctrl+D〉组合键 5 次，从而复制出 5 个图层，如图 9-25 所示。这 6 个固态层将成为立方体的 6 个面。

4）赋予 6 个图层不同的颜色，以便于区分立方体的 6 个面。方法为：分别选择复制后的固态层，选择“Layer（图层）| Solid Settings（固态层设置）”命令，在弹出的对话框中改变固态

层的颜色。

5）单击 （三维图层）按钮，将 6 个固态层转换为三维图层，如图 9-26 所示。

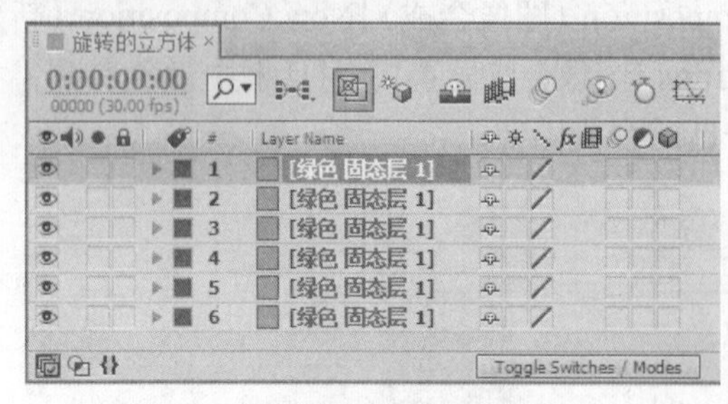

图 9-25　复制图层

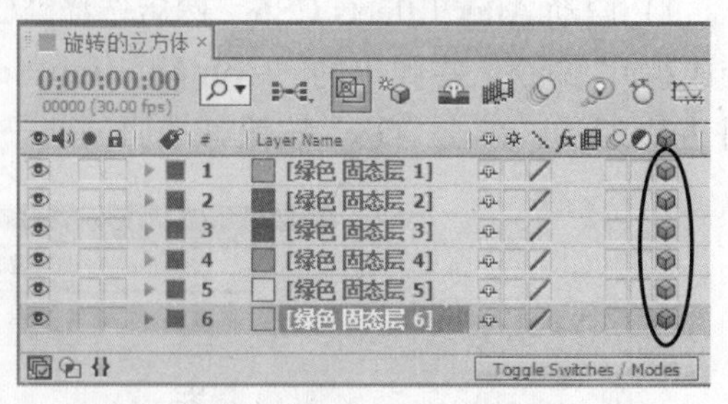

图 9-26　将 6 个固态层转换为三维图层

6）创建摄像机图层。方法为：在"时间线"窗口中右击，在弹出的快捷菜单中选择"New（新建）| Camera（摄像机）"命令，如图 9-27 所示。然后在弹出的对话框中设置参数，如图 9-28 所示，单击"OK"按钮，此时的"时间线"窗口效果如图 9-29 所示。

7）为便于观察立方体，按〈C〉键切换到 工具，然后旋转视图，效果如图 9-30 所示。

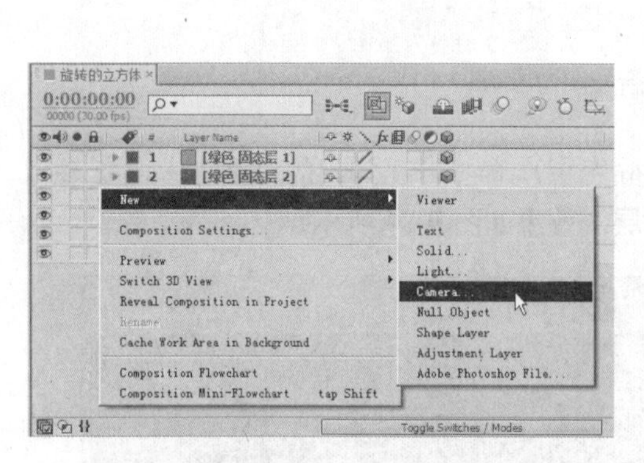

图 9-27　选择"Camera（摄像机）"命令

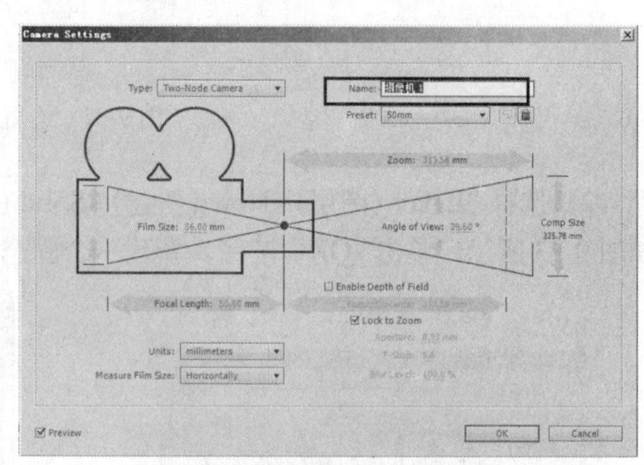

图 9-28　设置摄像机参数

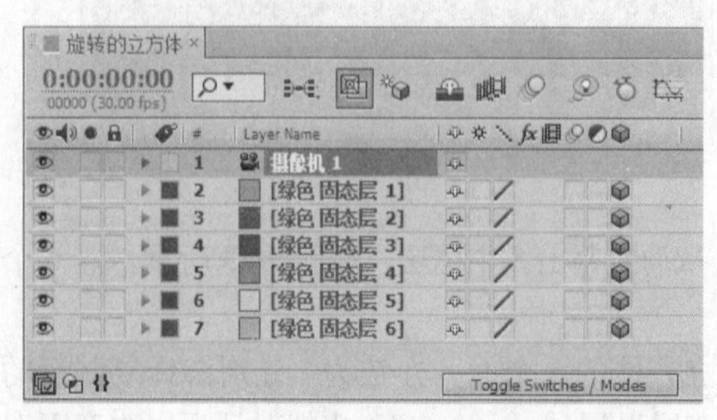

图 9-29　创建"摄像机 1"图层的"时间线"窗口

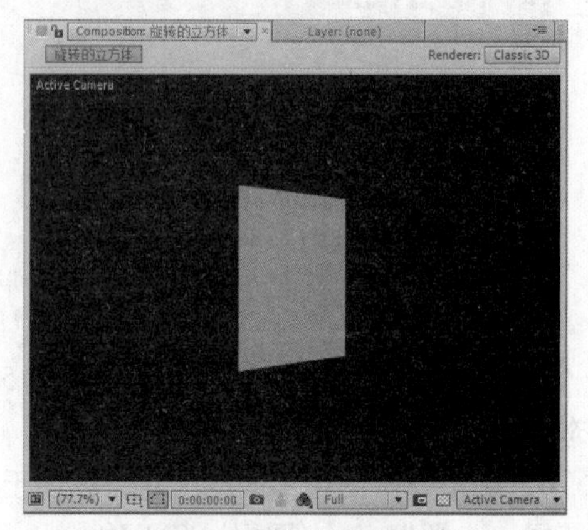

图 9-30　旋转视图效果

8) 制作立方体。方法为:同时选择 6 个固态层，按〈R〉键打开“Rotation (旋转)”参数设置，设置“Orientation (方向)”参数如图 9-31 所示。然后按〈P〉键打开“Position (位移)”参数设置，设置参数如图 9-32 所示，效果如图 9-33 所示。

提示：在调整立方体位置和旋转的关系时要不断旋转，以便于观察6个面的位置关系。

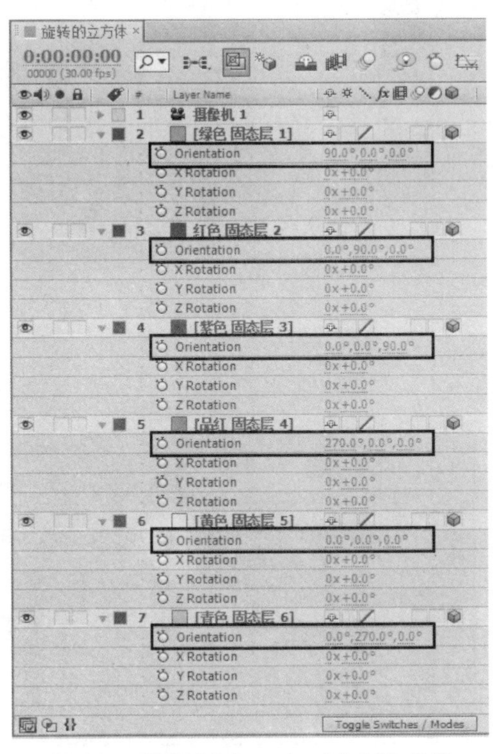

图 9-31　设置“Orientation (方向)”参数

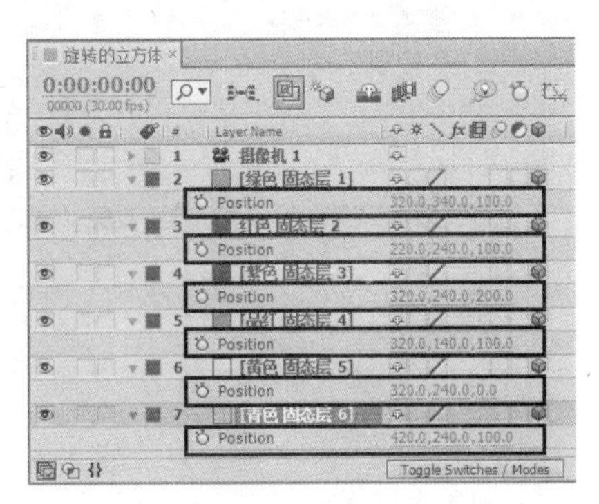

图 9-32　设置“Position (位移)”参数

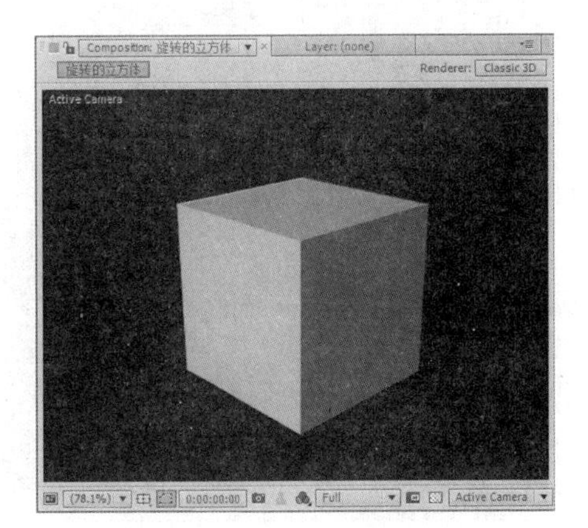

图 9-33　立方体效果

9) 用图片替换不同颜色的固态层。方法为：在“Project (项目)”窗口中选择一个固态层，然后右击，在弹出的快捷菜单中选择“Replace Footage(替换素材)| File (文件)”命令，如图 9-34 所示。接着在弹出的对话框中选择配套光盘中的“源文件\第 4 部分 高级技巧\第 9 章 三维效果\9.2 旋转的立方体 folder\ (Footage)\固态层 \1.jpg”图片，如图 9-35 所示，单击“打开”按钮。同理，利用同样的方法替换其余的图片，效果如图 9-36 所示。

10) 制作立方体旋转着飞入场景的动画。

若想让这个立方体任意旋转，可以想象一下，这对于 6 个单独的固态层来说是多么困难。但是借助“空白对象”可以很方便地完成。方法为：在“时间线”窗口的空白处右击，从弹出的快捷菜单中选择“New (新建) |Null Object (空白对象)”命令，新建一个“空白 1”图层，如图 9-37 所示。然后打开三维图层开关，将“空白 1”图层转换为三维图层。接着将 6 个固态层的父物体设置为“空白 1”，如图 9-38 所示。再分别在第 0 帧和第 1 秒 20 帧的位置设置“空白 1”图层的旋转和位置关键帧，如图 9-39 所示。

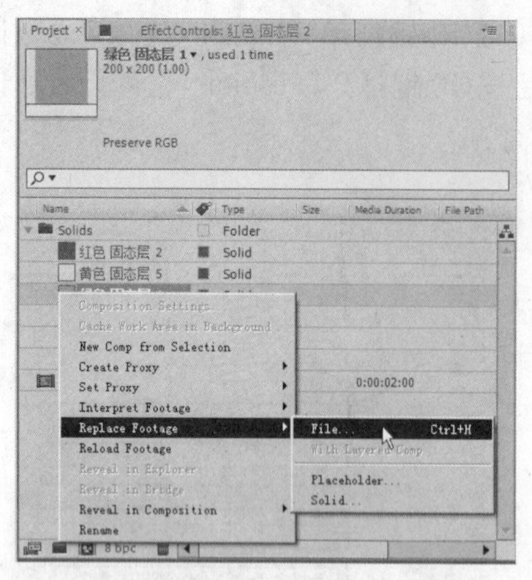

图 9-34　选择“File（文件）”命令

图 9-35　选择要替换的文件

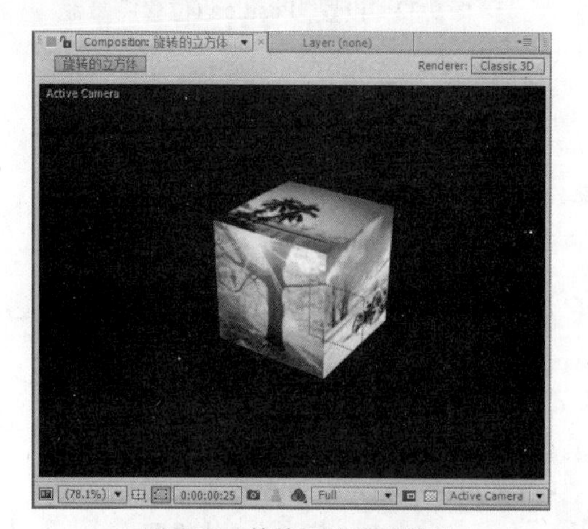

图 9-36　替换图片后的效果

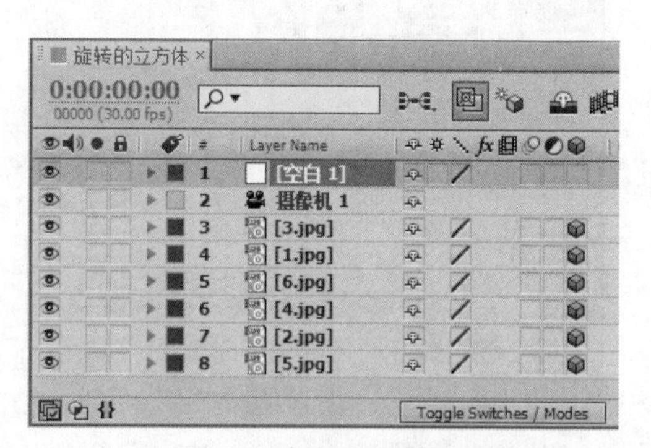

图 9-37　新建“空白 1”图层

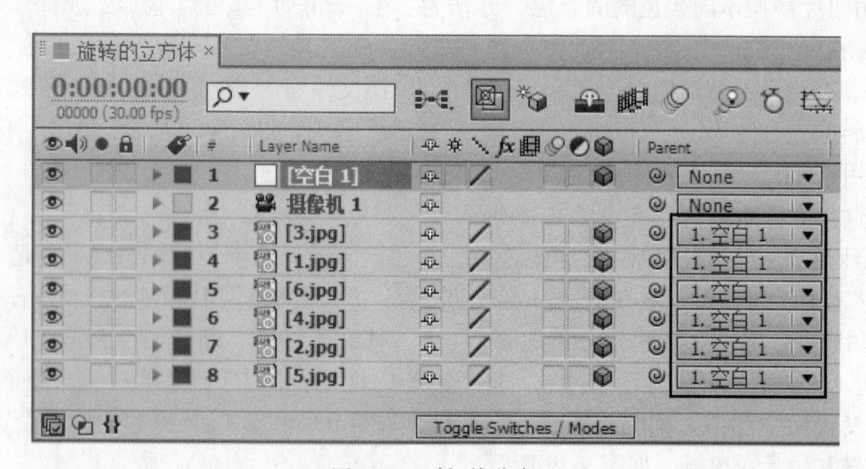

图 9-38　时间线分布

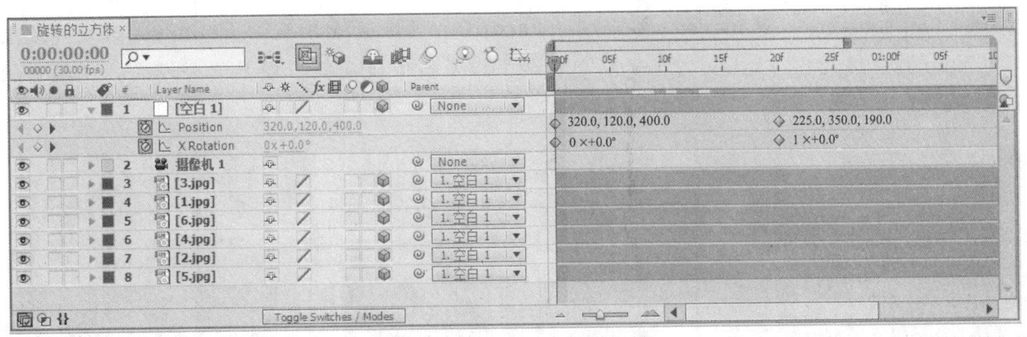

图 9-39　分别在第 0 帧和第 1 秒 20 帧的位置设置“空白 1”图层的“Position (位置)”和“Rotation (旋转)”关键帧

11）按小键盘上的〈0〉键，即可看到立方体旋转着飞入场景的效果，如图 9-40 所示。

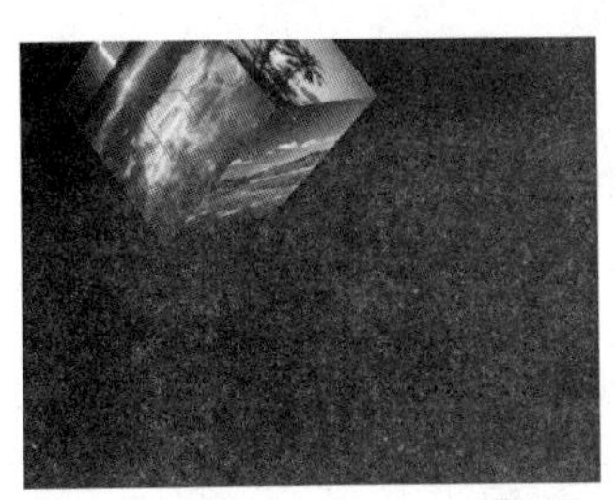

图 9-40　立方体旋转着飞入场景的效果

12）为了美观，下面给合成图像添加一个背景。双击“项目”窗口的空白处，导入配套光盘中的“源文件\第 4 部分 高级技巧\第 9 章 三维效果\9.2 旋转的立方体 folder\(Footage)\背景.tif”图片，将其放在“时间线”窗口的最底层，然后按小键盘上的〈0〉键预览动画，如图 9-41 所示。

图 9-41　最终效果

13）选择“File (文件) | Save (保存)”命令，将文件进行保存。然后选择“File (文件) | Collect Files (收集文件)”命令，将文件进行打包。

9.3　三维光栅

要点：

本例将制作变化的三维光栅效果，如图9-42所示。通过对本例的学习，读者应掌握“Fractal Noise（分形噪波）”“Levels（色阶）”“Fase Blur（快速模糊）”“Change Color（更改颜色）”“Numers（编号）”“Glow（辉光）”特效，以及摄像机动画、图层混合模式、三维空间和嵌套图层的应用。

图 9-42　三维光栅

操作步骤：

1. 创建“光栅”合成图像

1）启动 After Effects CS6，选择“Composition（图像合成）|New Composition（新建合成组）”命令，在弹出的“Composition Settings（图像合成设置）”对话框中设置参数，如图 9-43 所示，单击“OK”按钮，创建一个新的合成图像。

2）选择“Layer（图层）| New（新建）| Solid（固态层）”命令，在弹出的“Solid Settings（固态层设置）”对话框中设置参数，如图 9-44 所示，单击“OK”按钮，新建一个固态层。

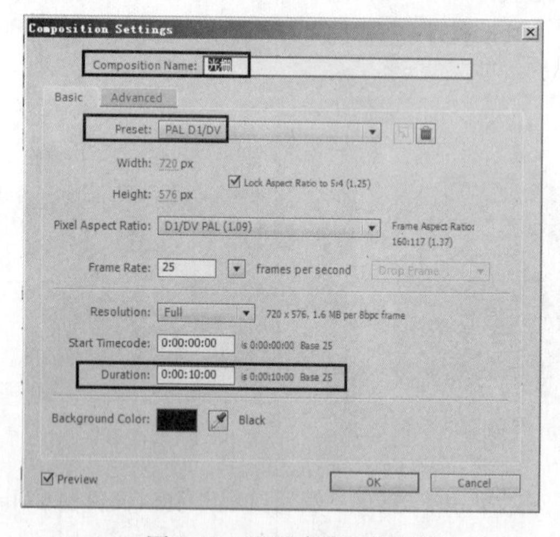

图 9-43　设置合成图像参数

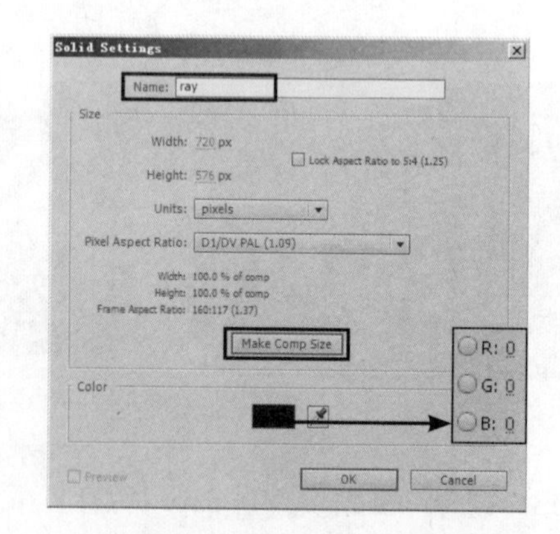

图 9-44　设置固态层参数

3）制作灰度线条。方法为：在“时间线”窗口中选择“ray”图层，然后选择“Effect（效果）| Noise&Grain（噪波与颗粒）| Fractal Noise（分形噪波）”命令，给它添加一个“Fractal Noise（分形噪波）”特效。接着在“Effect Controls（特效控制台）”面板中设置参数，如图 9-45 所示，效果如图 9-46 所示。

4）设置灰色线条水平方向上的动画效果。方法为：分别在第 0 帧和第 9 秒 24 帧设置“Sub

Offset（附加偏移）”和“Evolutiong（演变）”属性关键帧参数，如图 9-47 所示，效果如图 9-48 所示。

提示：这一步的目的是产生随机变化的灰度线条。

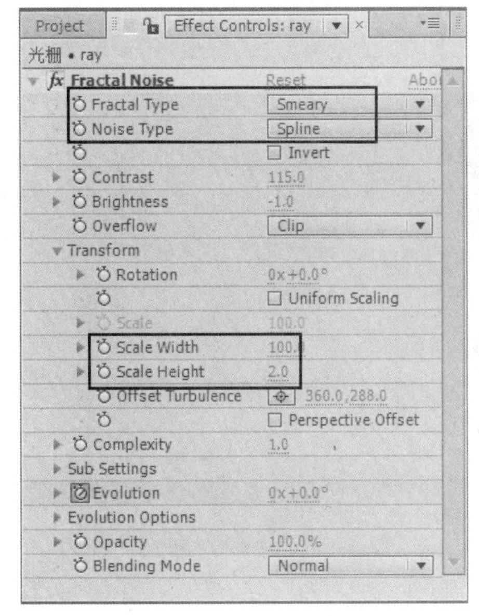

图 9-45　设置“Fractal Noise（分形噪波）”参数

图 9-46　灰度线条效果

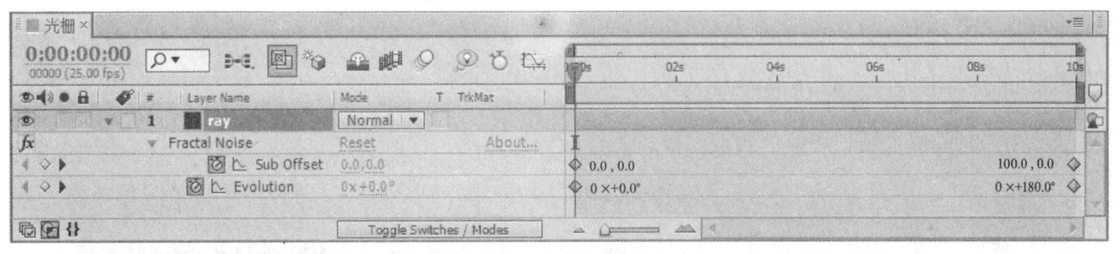

图 9-47　分别在第 0 帧和第 9 秒 24 帧设置“Sub Offset（附加偏移）”和“Evolutiong（演变）”属性关键帧参数

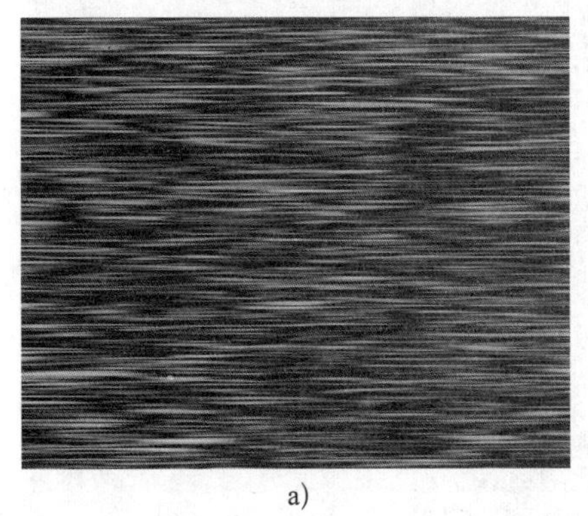

a)

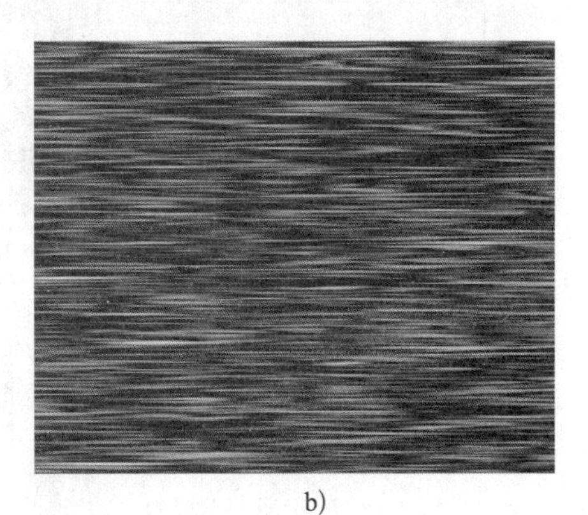

b)

图 9-48　不同帧的画面效果
a）第 0 帧　b）第 9 秒 24 帧

5）此时黑白线条过于密集，下面将黑白线条变得稀疏一些。方法为：在“时间线”窗口中选择“ray”图层，然后选择“Effect（效果）| Color Correction（色彩校正）| Levels（色阶）”命令，给它添加一个“Levels（色阶）”特效。接着在“Effect Controls（特效控制台）”面板中设置参数，如图 9-49 所示。

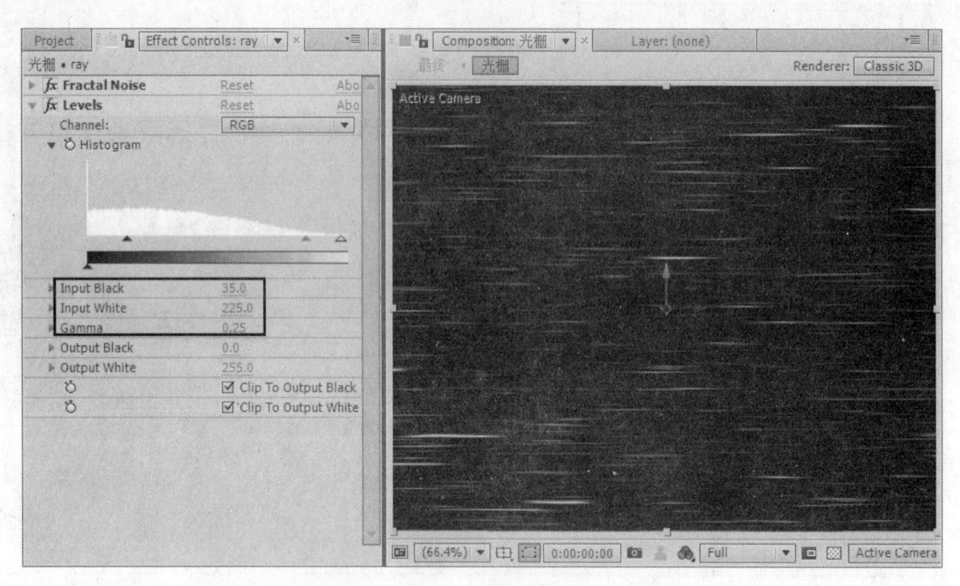

图 9-49　设置“Levels（色阶）”参数

6）制作发光效果。方法为：在“时间线”窗口中继续选择“ray”图层，然后选择“Effect（效果）| Stylize（风格化）| Glow（辉光）”命令，给它添加一个“Glow（辉光）”特效。接着在“Effect Controls（特效控制台）”面板中设置参数，如图 9-50 所示。

提示：在“时间线”窗口中播放合成图像，光线即开始运动。

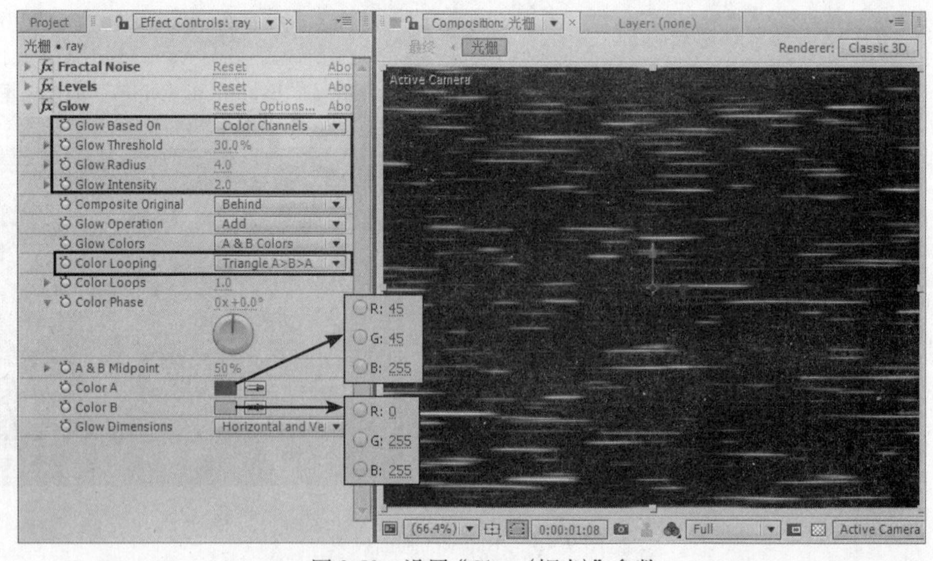

图 9-50　设置“Glow（辉光）”参数

7）选择“Layer（图层）| New（新建）| Solid（固态层）”命令，在弹出的“Solid Settings（固态层设置）”对话框中设置参数，如图 9-51 所示，单击“OK”按钮，新建一个固态层。

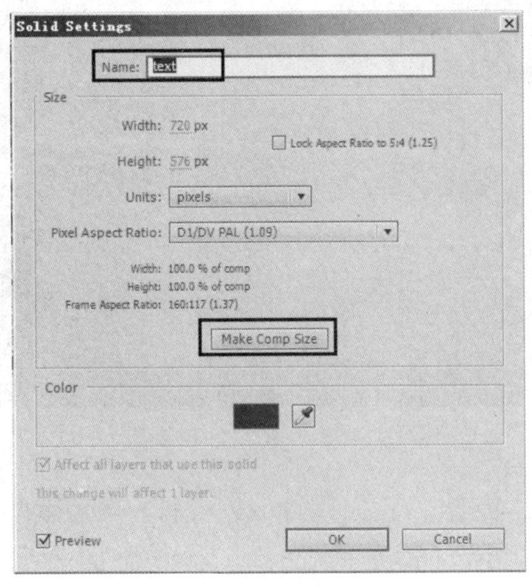

图 9-51　设置固态层参数

8）为了使画面看起来更加丰富多彩，下面使用“Numbers（编号）”特效，为其添加随机变化的数字。方法为：在“时间线”窗口中选择“text”图层，然后选择“Effect（效果）|Text（文字）| Numbers（编号）”命令，在“Effect Controls（特效控制台）”面板中设置参数，如图 9-52 所示。

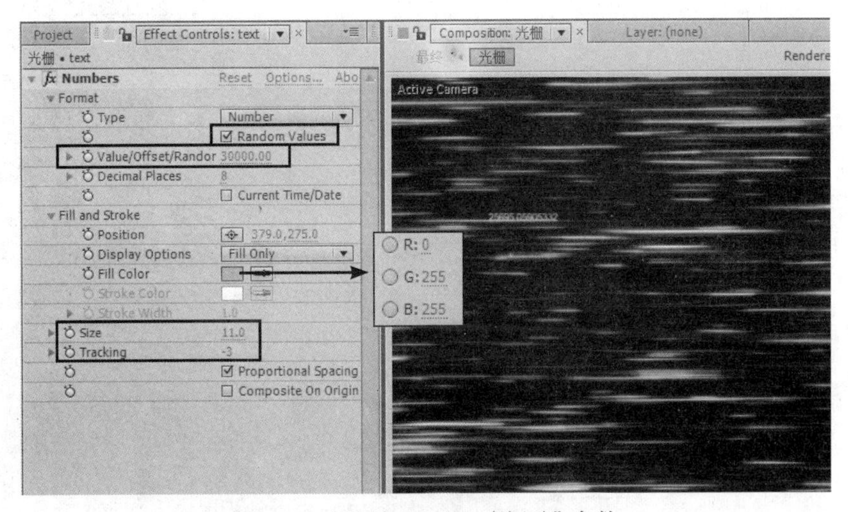

图 9-52　设置“Numbers（编号）”参数

9）制作多个文字效果。方法为：在“Effect Controls（特效控制台）”面板中选择“Numbers（编号）”效果，然后按〈Ctrl+D〉组合键，将“编号”效果再复制 5 次，这样就创建了 6 个“Numbers（编号）”效果。接着分别展开复制的 5 个“Numbers（编号）”效果，选择“Proportional Spacing（合成于原始素材之上）”复选框，再分别改变“Value/Offset/Randor（值/偏移/最大随机值）”的值，依次设置为“20000”“25000”“5000”“1500”和“4500”。最后改变这 6 个“编号”效果在合成窗口中的位置，效果如图 9-53 所示。

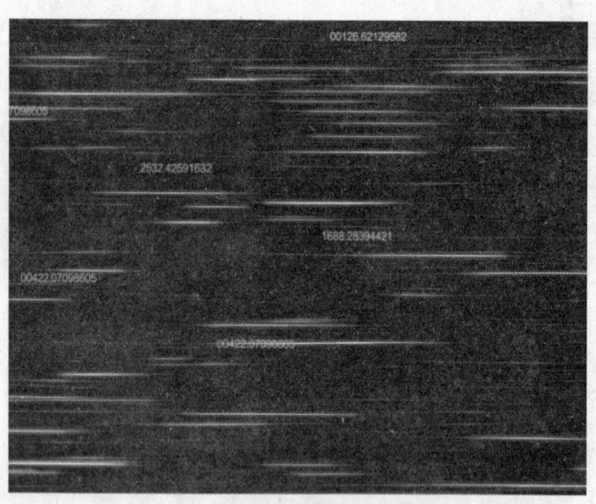

图 9-53　多个文字效果

10）制作文字发光效果。方法为：在“时间线”窗口中选择“text”图层，然后选择“Effect（效果）| Stylize（风格化）| Glow（辉光）”命令，给它添加一个“Glow（辉光）”特效。接着在“Effect Controls（特效控制台）”面板中设置参数，如图 9-54 所示。

提示：为了使图层的立体感更强一些，需要将前面做过的“ray”图层及“text”图层各复制两个，并将所有图层的空间关系由二维变成三维，改变它们在 Z 轴方向上的坐标值，从而在纵深方向上有不同的位置。

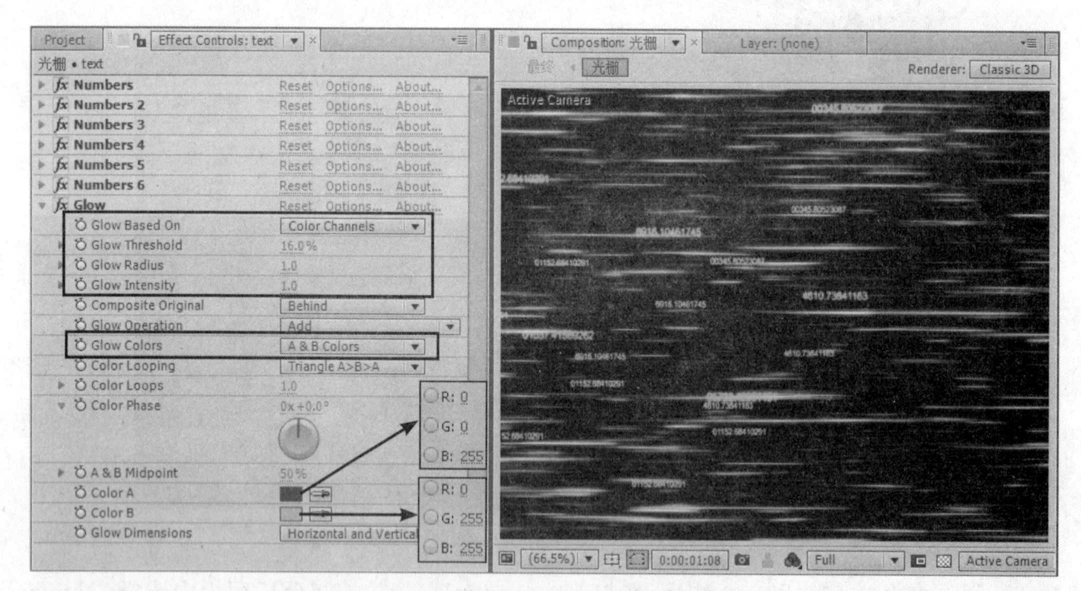

图 9-54　设置“Glow（辉光）”参数

11）在“时间线”窗口中选择“ray”图层及“text”图层，按〈Ctrl+D〉组合键两次，将两个图层各复制两个。然后单击（三维图层）按钮，将 1~5 层的图层混合模式设置为“Add（添加）”。接着按〈P〉键，显示并调整“Position（位置）”属性，如图 9-55 所示，从而形成多重文字和光线效果，如图 9-56 所示。

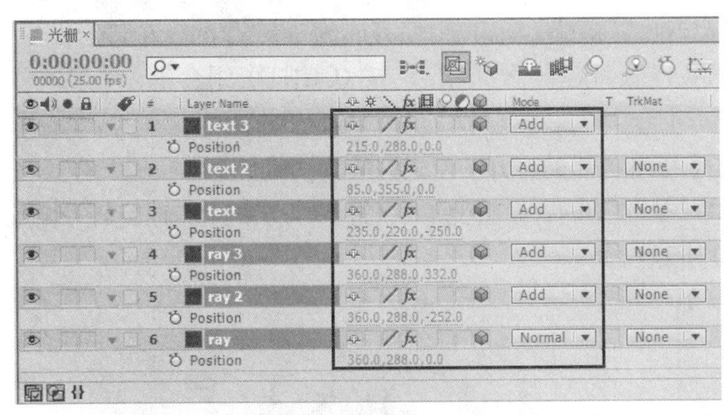

图 9-55　将复制图层转换为三维图层并将图层模式设置为“Add（添加）”

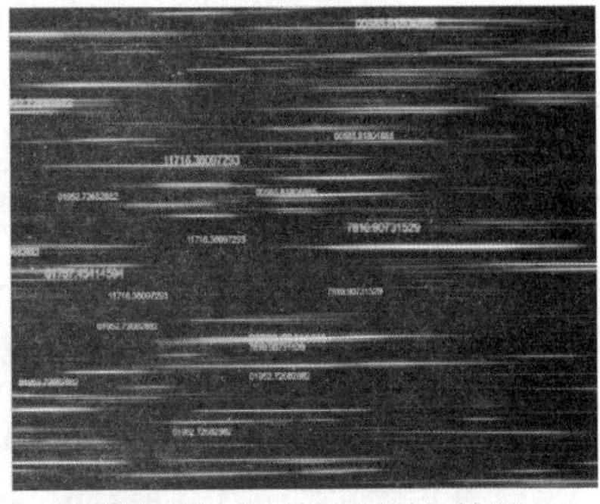

图 9-56　“Add（添加）”效果

12）制作文字移动动画。方法为：在“时间线”窗口中分别选择“text”“text1”和“text2”图层，然后分别在第 0 帧和第 9 秒 24 帧设置“Position（位置）”关键帧，并调整参数，如图 9-57 所示。接着按小键盘上的〈0〉键预览动画，即可看到文字移动动画，如图 9-58 所示。

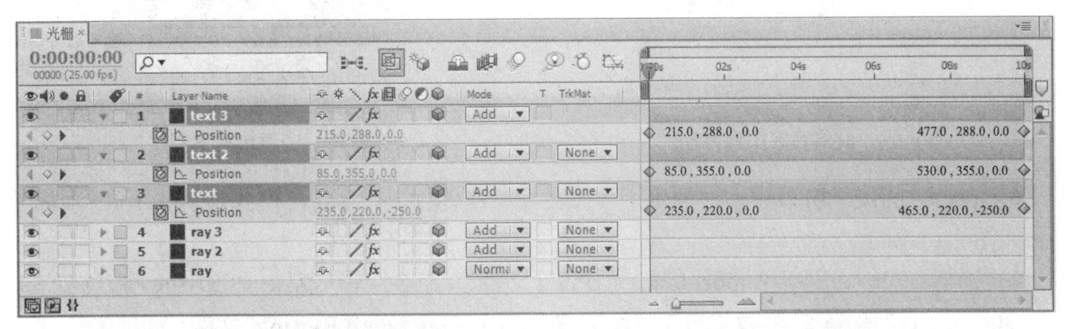

图 9-57　分别在第 0 帧和第 9 秒 24 帧设置“Position（位置）”关键帧

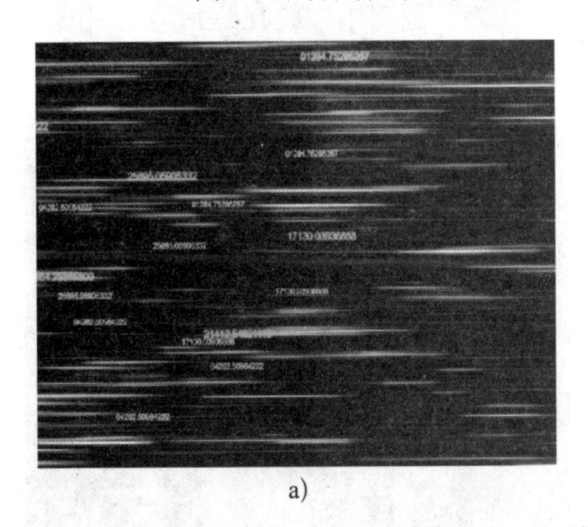

a)

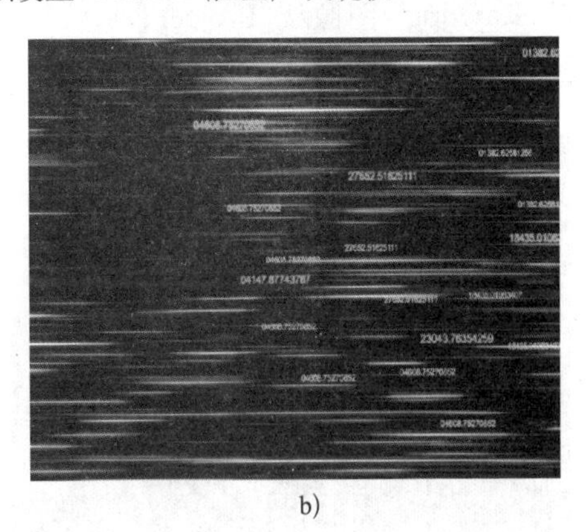

b)

图 9-58　不同帧的画面效果

a）第 0 帧　b）第 9 秒 24 帧

2. 创建“最终”合成图像

1）选择“Composition（图像合成）|New Composition（新建合成组）”命令，在弹出的“Composition Settings（图像合成设置）”对话框中设置参数，如图 9-59 所示，单击“OK”按钮，创建一个新的合成图像。

2）将“光栅”从“Project(项目)”窗口拖入“最终”窗口中，使其成为“最终”的一个嵌套图层。

3）将“光栅”嵌套图层改名为“X”，然后选择“X”图层，按〈Ctrl+D〉组合键，将“X”图层再复制两个，分别改名为“Y”“Z”。

4）将“X”层、“Y”层、“Z”层的三维图层开关打开，使它们成为三维图层。

5）在“时间线”窗口中将“Z”层的“Y轴旋转”设置为90°，将“Y”层的“Z轴旋转”设置为90°，其他属性保持不变，如图9-60所示。

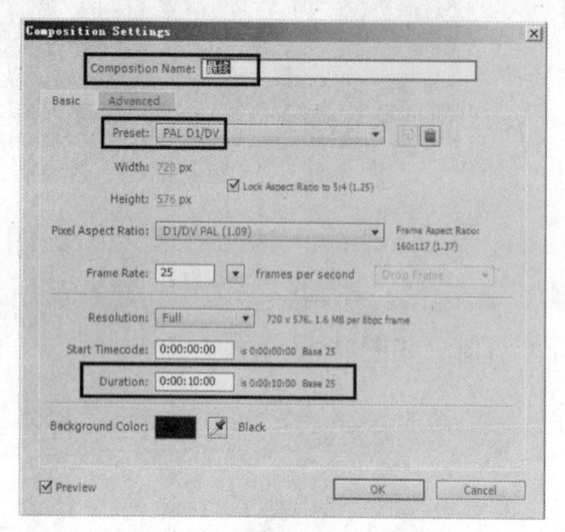

图9-59 设置合成图像参数

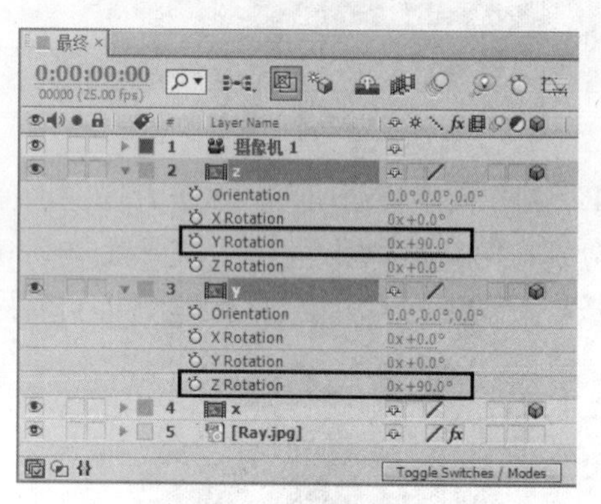

图9-60 设置旋转参数

6）在“时间线”窗口中，分别将“Y”层及“Z”层的图层混合模式设为“Add(添加)”，效果如图9-61所示。

7）选择“File(文件)|Import(导入)|File(文件)”命令，导入配套光盘中的“源文件\第4部分 高级技巧\第9章 三维效果\9.3 三维光栅 folder \(Footage)\ Ray.jpg”文件，如图9-62所示。然后将“Ray. jpg”图像从“Project(项目)”窗口拖入“最终”窗口中，放在最底层，用来丰富画面的色彩。

图9-61 “Add(添加)”效果

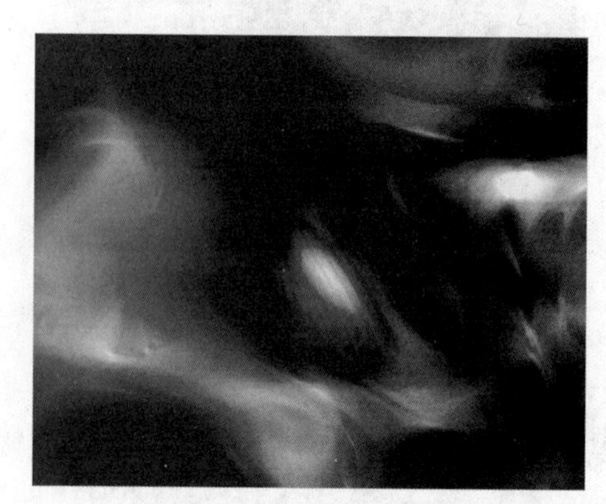

图9-62 “Ray.jpg”文件

8）隐藏“Ray.jpg”以外的图层，然后在“时间线”窗口中选择“Ray.jpg”图层，选择“Effect(效果)|Color Correction(色彩校正)|Change Color(更改颜色)”命令，给它添加一个“Change Color(更改颜色)”特效。接着设置参数，如图9-63所示，效果如图9-64所示。

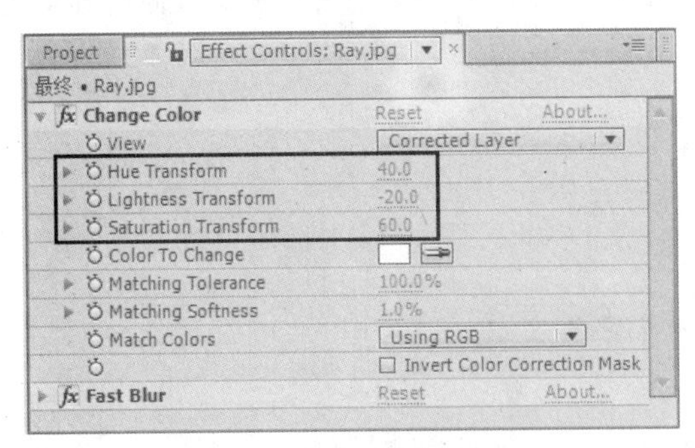

图 9-63 设置“ Change Color (更改颜色)” 参数

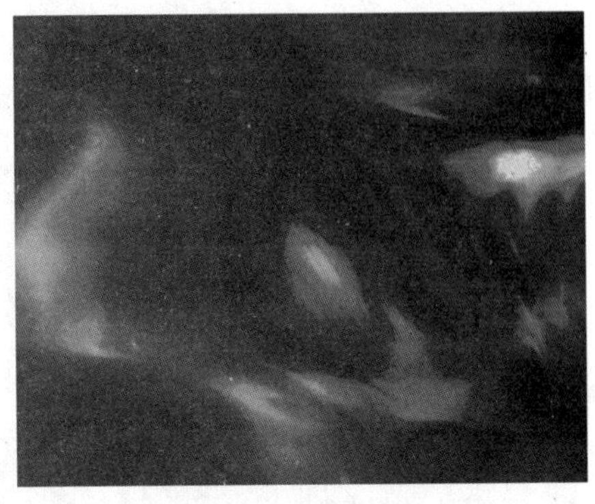

图 9-64 “Change Color (更改颜色)” 效果

9) 使用模糊命令，将图像变得模糊，使色彩分布均匀一些。方法为:选择“Effect (效果) |Blur&Sharpen(模糊与锐化)| Fast Blur(快速模糊)”命令，给它添加一个“Fast Blur(快速模糊)”特效。然后在“Effect Controls (特效控制台)” 面板中设置参数，如图 9-65 所示，效果如图 9-66 所示。接着重新显示其他图层，效果如图 9-67 所示。

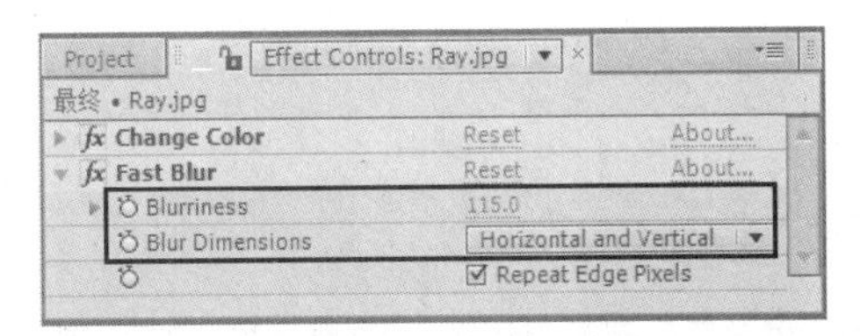

图 9-65 设置“Fast Blur (快速模糊)” 参数

图 9-66 “Fast Blur (快速模糊)” 效果

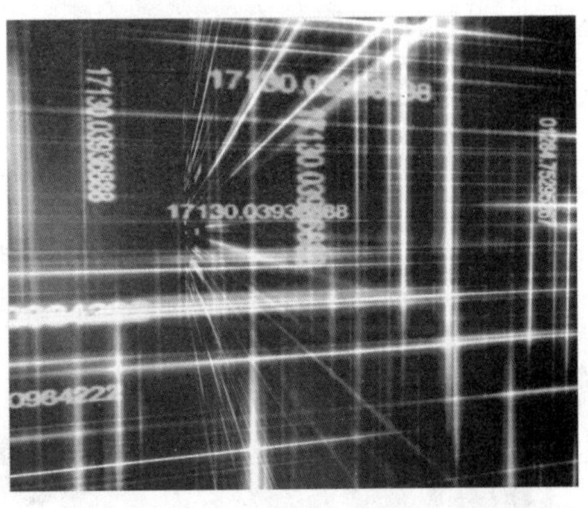

图 9-67 显示出其他图层的效果

10) 选择“Layer (图层) | New (新建) | Camera (摄像机)” 命令，新建一部摄像机，参数设置如图 9-68 所示，然后单击“OK” 按钮，完成设置。

11) 在“时间线” 窗口中展开“摄像机 1” 中的“Transform (变换)” 属性，将时间线移至第 0 帧的位置，单击“Point of Interest(目标兴趣点)” 及“Position(位置)” 属性左侧的关键帧记录器，选择工具栏中的 摄像机角度移动工具，将鼠标指针放在“合成” 窗口中，按住鼠标左键的同时向右上角拖动， 使摄像机的镜头焦点对准合成图像的左下角部分，摄像机镜头将从左下角开始；将时间线移至第 9 秒 24 帧的位置，再次使用摄像机角度移动工具，在按住鼠标左键的同时向左下角移动。此时，时间线上的关键帧分布如图 9-69 所示。

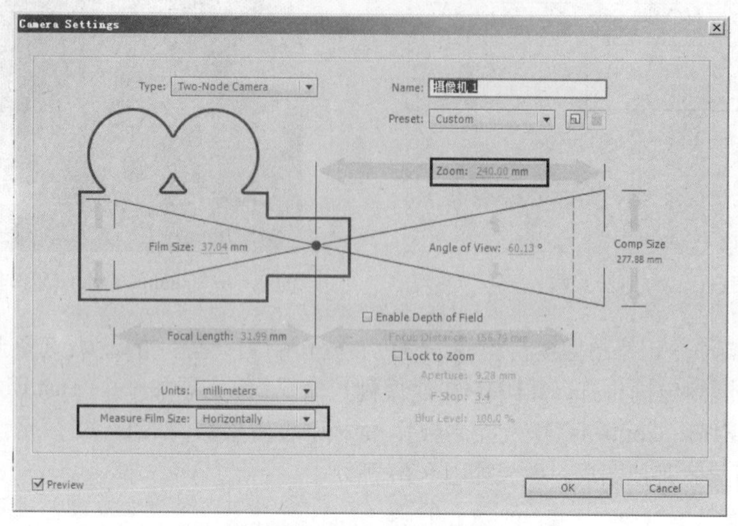

图 9-68 设置摄像机参数

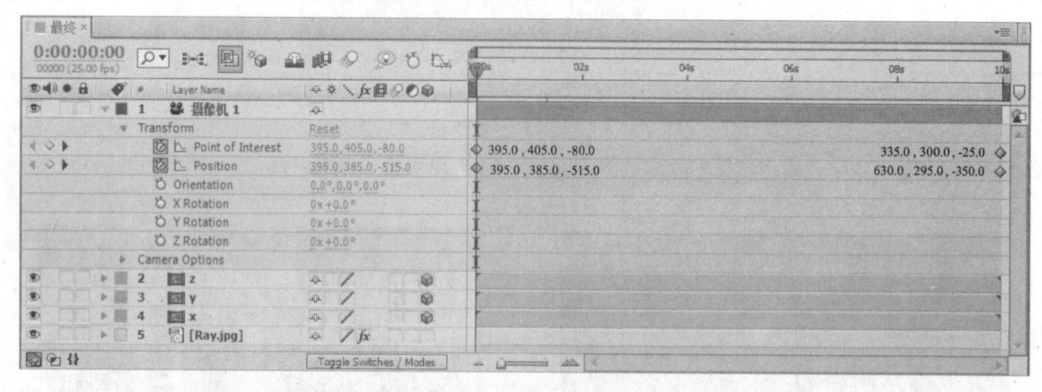

图 9-69 关键帧分布

12）按小键盘上的〈0〉键预览动画，效果如图 9-70 所示。

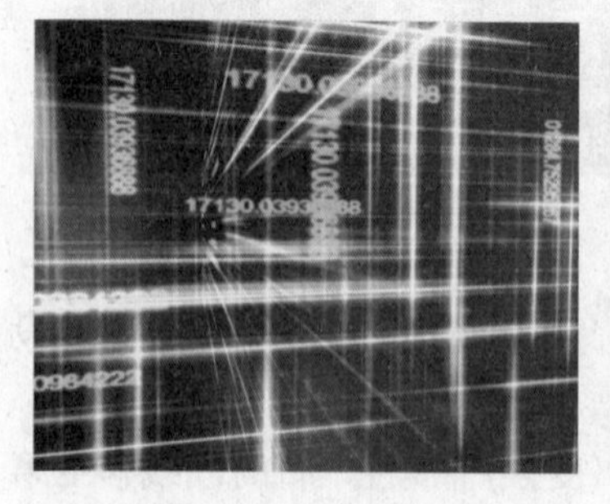

图 9-70 最终效果

13）选择“File（文件）| Save（保存）”命令，将文件进行保存。然后选择“File（文件）| Collect Files（收集文件）”命令，将文件进行打包。

9.4　三维图层的使用和灯光投影

要点：

本例将制作图标旋转的同时灯光也随之旋转的效果，并学习灯光投影的使用，如图9-71所示。通过对本例的学习，读者应掌握三维图层、“照明”图层、“摄像机”图层、父子链接和旋转关键帧的应用。

图 9-71　三维图层的使用和灯光投影

操作步骤：

1）启动 After Effects CS6，选择“Composition（图像合成）|New Composition（新建合成组）”命令，在弹出的“Composition Settings（图像合成设置）”对话框中设置参数，如图 9-72 所示，单击“OK”按钮，创建一个新的合成图像。

2）选择“Layer（图层）| New（新建）| Solid（固态层）”命令，在弹出的对话框中设置参数，如图 9-73 所示，单击“OK”按钮，新建一个固态层。

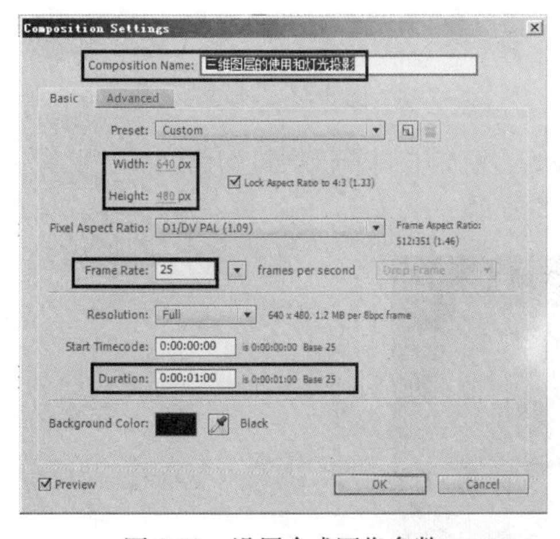

图 9-72　设置合成图像参数

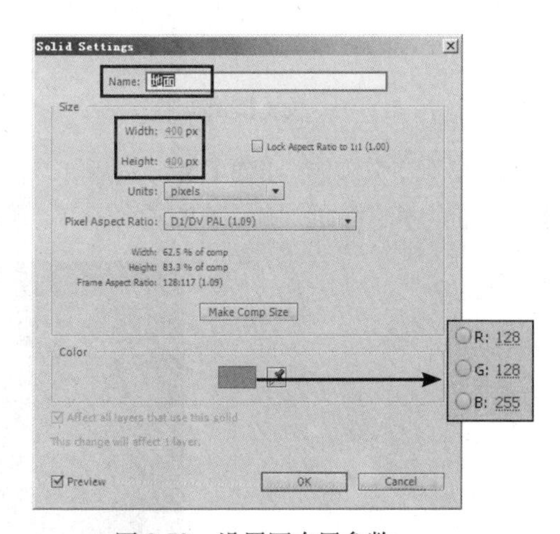

图 9-73　设置固态层参数

3）选择“地面”图层，按〈Ctrl+D〉组合键复制出一个“地面”图层，然后将其命名为“墙面”。

4）选择“地面”和“墙面”图层，单击 （三维图层）按钮，将它们转换为三维图层。然后按〈R〉键，参数设置如图 9-74 所示。

5）添加摄像机图层。方法为：在“时间线”窗口中右击，在弹出的快捷菜单中选择“New（新建）|Camera（摄像机）”命令，如图 9-75 所示。然后在弹出的对话框中设置参数，如图 9-76 所示，单击“OK”按钮，此时时间线分布如图 9-77 所示。

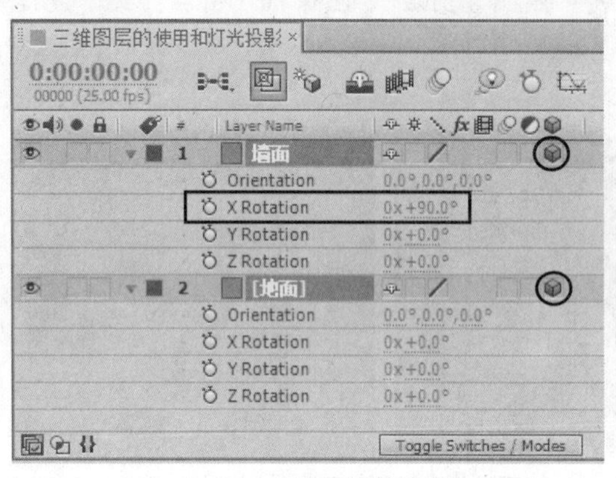

图 9-74　设置旋转参数

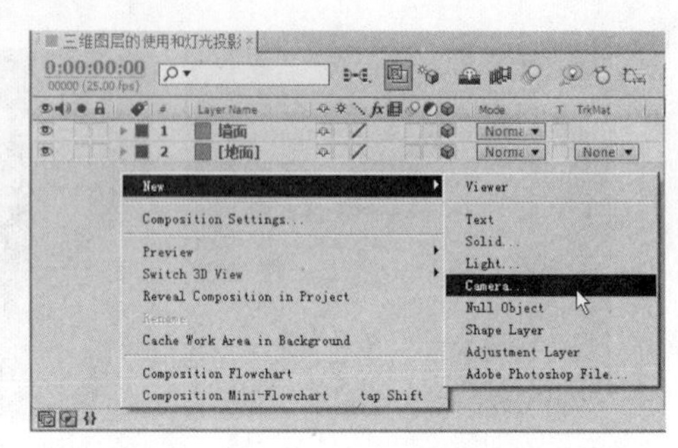

图 9-75　选择“Camera（摄像机）”命令

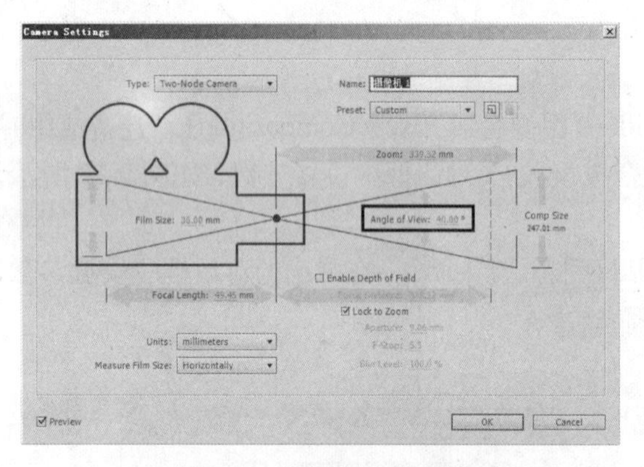

图 9-76　设置摄像机参数

图 9-77　时间线分布

6）按〈C〉键切换到 工具，然后在“合成图像”窗口中调节摄像机的角度，并用 工具调整“地面”和“墙面”图层的位置，效果如图 9-78 所示。

图 9-78　调整位置后的效果

7）导入“图标”图片。方法为：选择“File（文件）|Import（导入）|File（文件）”命令，导入配套光盘中的“源文件\第 4 部分 高级技巧\第 9 章 三维效果\9.4 三维图层的使用和灯光投影 folder\(Footage)\图标 .tga”图片。然后将其拖入时间线，并缩放到适当大小。接着将其转换为三维图层，效果如图 9-79 所示。

8）添加“照明”图层，并制作阴影效果。方法为：在“时间线”窗口中右击，在弹出的快捷菜单中选择“New（新建）| Light（照明）”命令，如图 9-80 所示。然后在弹出的对话框中设置参数，如图 9-81 所示，单击“OK”按钮，效果如图 9-82 所示。

图 9-79　导入图标图片效果

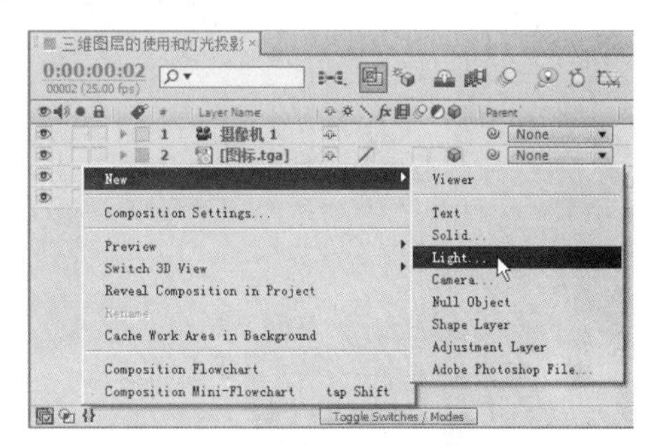

图 9-80　选择“Light（照明）”命令

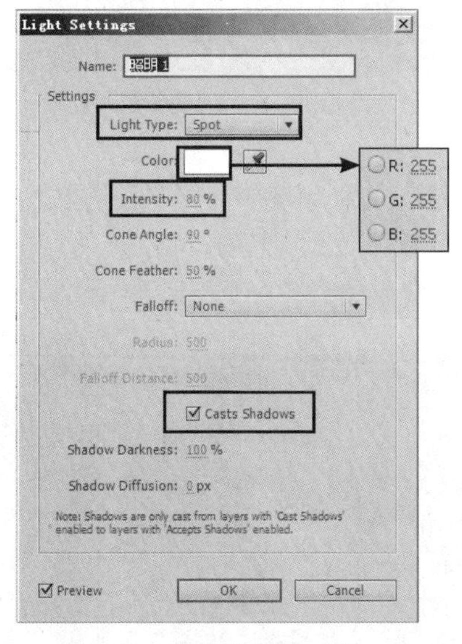

图 9-81　设置“照明”参数

图 9-82　添加“照明”后的效果

9）此时图标没有阴影，下面就来解决这个问题。方法为：将“Casts Shadows（投射阴影）”属性打开，如图 9-83 所示，效果如图 9-84 所示。

10）为了让图案的颜色融合在阴影里，将“Light Transmission（照明传递）”的数值设置为“100%”，如图 9-85 所示，效果如图 9-86 所示。

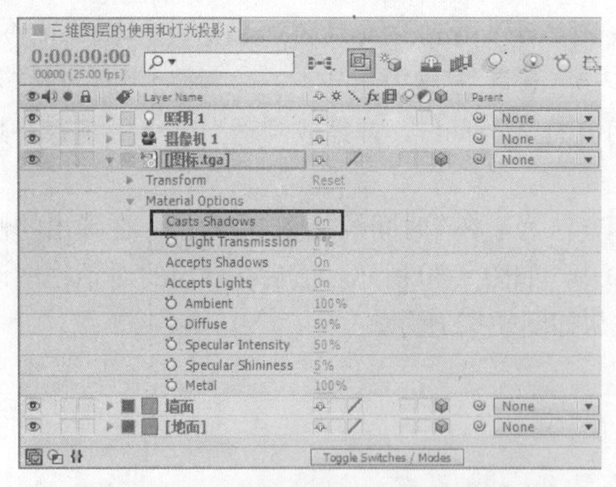

图 9-83 打开“Casts Shadows (投射阴影)”属性

图 9-84 “投射阴影”效果

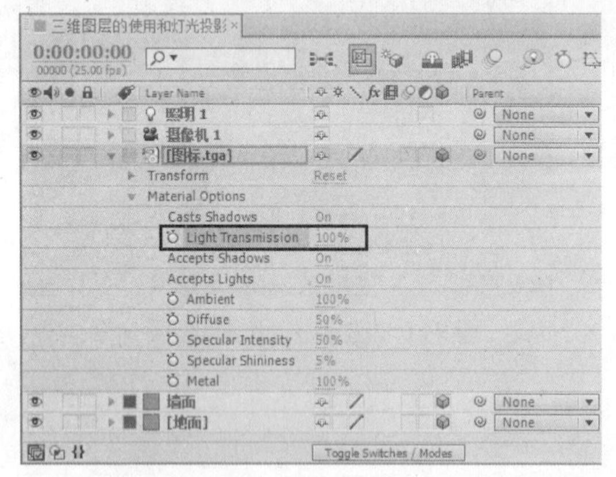

图 9-85 将“Light Transmission (照明传输)”的数值设置为“100%”

图 9-86 “照明传递”效果

11) 此时环境过暗，下面给场景添加一盏灯作为环境光，以便照亮整个场景。方法为：在“时间线”窗口中右击，在弹出的快捷菜单中选择“New (新建) | Light (照明)”命令。然后在弹出的对话框中设置参数，如图 9-87 所示，单击“OK”按钮，效果如图 9-88 所示。

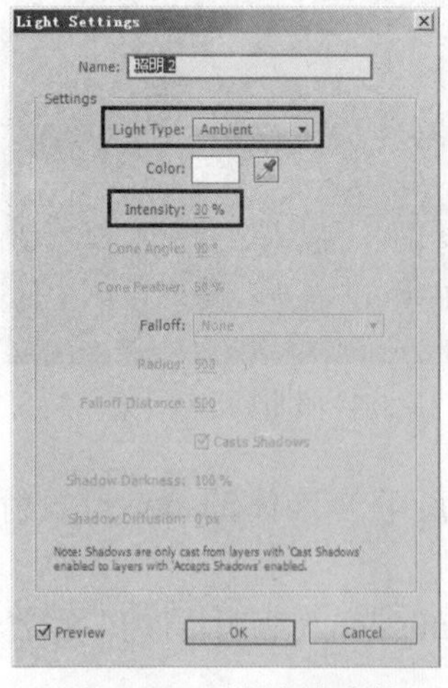

图 9-87 设置灯光参数

图 9-88 添加环境光后的效果

12）制作灯光随图标的旋转而旋转的效果。方法为：单击“照明 1”图层的“@”，将其拖到“图标”图层上，如图 9-89 所示，从而建立“照明 1”图层与“图标”图层的父子链接。然后选择“图标”图层，按〈R〉键打开旋转参数。接着分别在第 0 帧和第 15 帧设置参数，如图 9-90 所示，效果如图 9-91 所示。

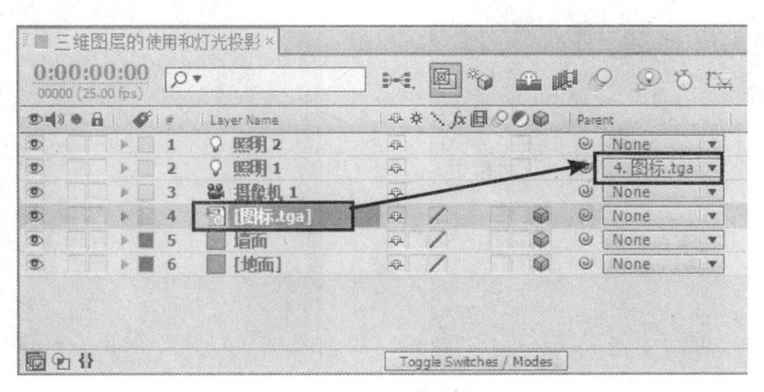

图 9-89　建立“照明 1”图层与“图标”图层的父子链接

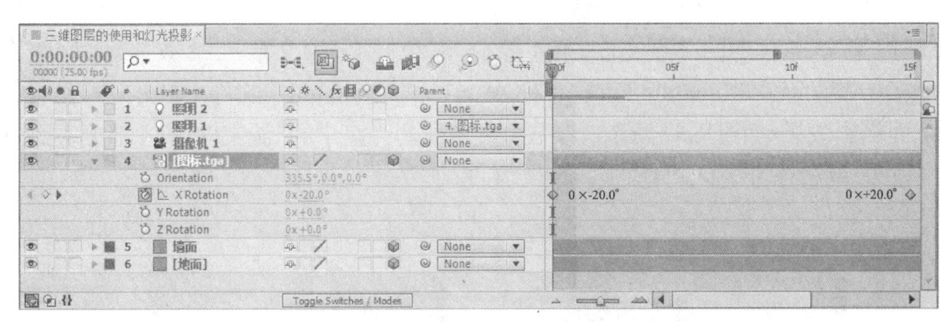

图 9-90　设置关键帧参数

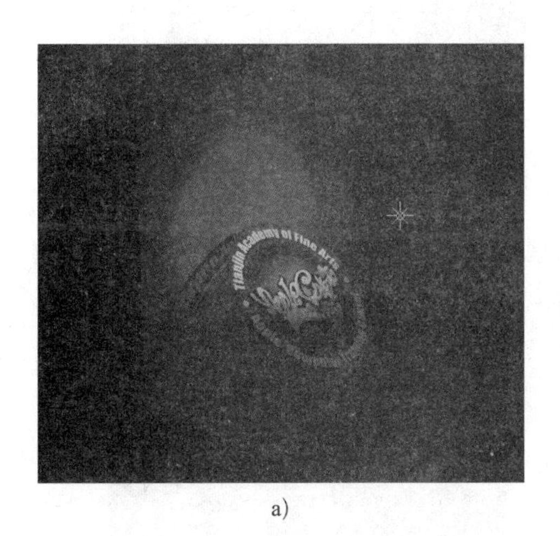

a)

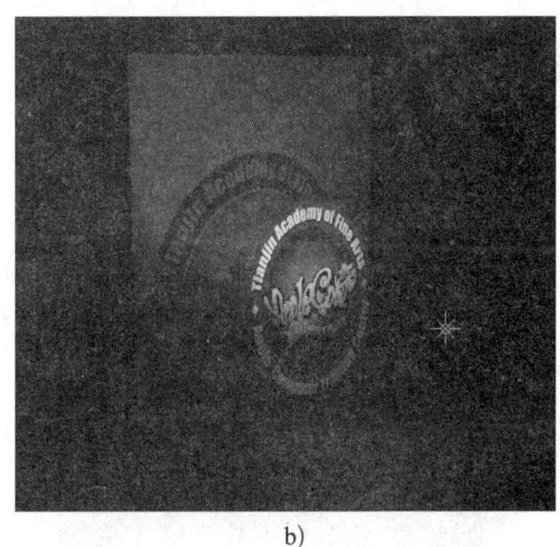

b)

图 9-91　不同帧的画面效果

a）第 0 帧　b）第 15 帧

13）按小键盘上的〈0〉键预览动画。

14）选择“File（文件）| Save（保存）”命令，将文件进行保存。然后选择“File（文件）| Collect Files（收集文件）”命令，将文件进行打包。

9.5 课后练习

1. 制作三维场景及灯光效果，如图 9-92 所示。参数可参考配套光盘中的“源文件\第 4 部分 高级技巧\第 9 章三维效果\课后练习\练习 1\练习 1.aep”文件。

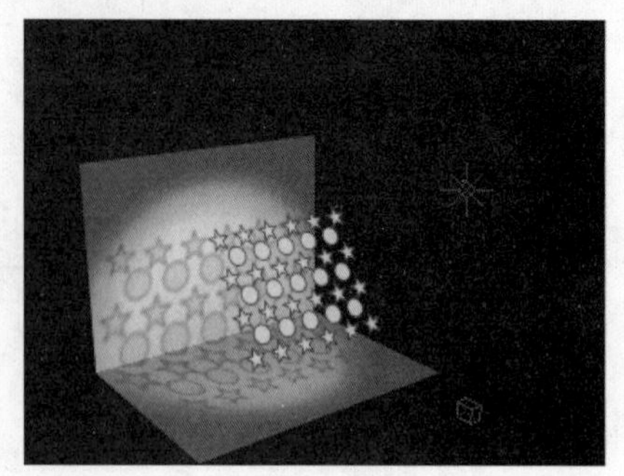

图 9-92　练习 1 效果

2. 利用配套光盘中的“源文件\第 4 部分 高级技巧\第 9 章三维效果\课后练习\练习 2\(Footage) \Advanced Projection Footage\COW.ai”和“Pond.png”文件（如图 9-93 所示），制作真实的水面倒影效果，如图 9-94 所示。参数可参考配套光盘中的“源文件\第 4 部分 高级技巧\第 9 章三维效果\课后练习\练习 2\练习 2.aep”文件。

图 9-93　素材

图 9-94　练习 2 效果

3. 利用配套光盘中的“源文件\第 4 部分 高级技巧\第 9 章三维效果\课后练习\练习 3\(Footage)”中的相关素材制作三维片头效果，如图 9-95 所示。参数可参考配套光盘中的“源文件\第

4 部分 高级技巧\第 9 章三维效果\课后练习\练习 3\练习 3.aep”文件。

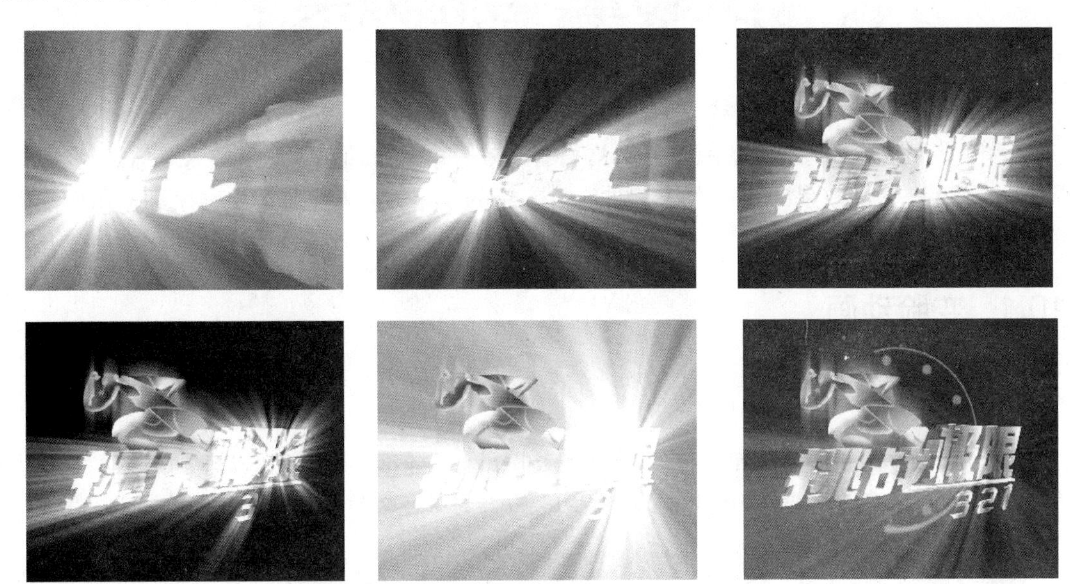

图 9-95　练习 3 效果

第10章　变形效果

本章重点：

手写字和变形动画也是影视广告中常见的特效。本章将通过 3 个实例来具体讲解在 After Effects CS6 中变形效果的使用方法。通过对本章的学习，读者应掌握手写字和常用变形动画的制作。

10.1　变脸动画

要点：

本例将综合运用After Effects CS6外挂特效，制作一个变形效果，如图10-1所示。通过本例的学习，读者应掌握“Flex Morph（弯曲变形）”外挂特效、关键帧动画和嵌套的综合应用。

图 10-1　变形动画

操作步骤：

1）启动 After Effects CS6，选择“Composition（图像合成）|New Composition（新建合成组）”命令，在弹出的对话框中设置参数，如图 10-2 所示，单击“OK”按钮。

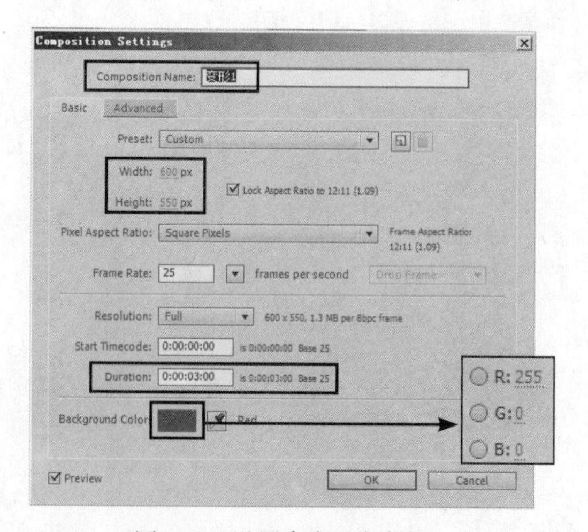

图 10-2　设置合成图像参数

提示：将“Background Color（背景色）”设置为红色的目的，主要是使主体与背景的颜色反差大一点，以便在制作时看得更加清晰。

2）选择“File（文件）|Import（导入）|File（文件）”命令，导入配套光盘中的“源文件\第 4 部分 高级技巧\第 10 章 变形效果\10.1 变脸动画 folder\(Footage)\DOG.psd”文件。然后选择“DOG-1”和“DOG-2”，如图 10-3 所示，单击“OK”按钮。

提示：DOG.psd 是一个 Photoshop 文件，其中含有一个背景图层和两个 DOG 图层，在 After Effects 中可以打开 Photoshop 文件的任何一个图层，并且带有“Alpha”通道，这也是 Adobe 家族软件实现无缝连接的优势所在。

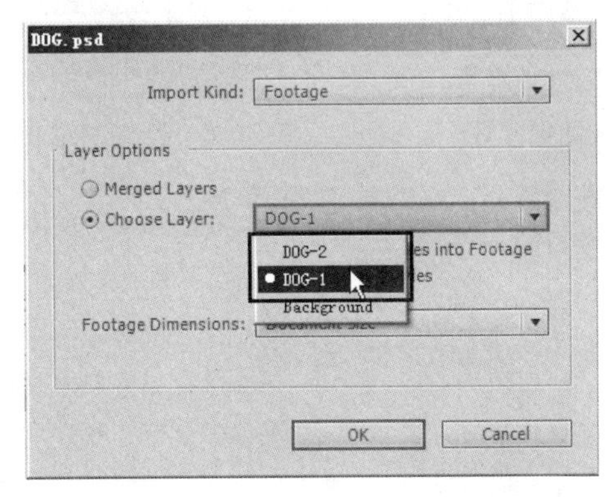

图 10-3　分层导入“DOG-1”和“DOG-2”

3）在“变形 1”合成图像的“时间线”窗口中，将“DOG-1”与“DOG-2”的长度均设为 1 秒 13 帧，并将其首尾相接，如图 10-4 所示。

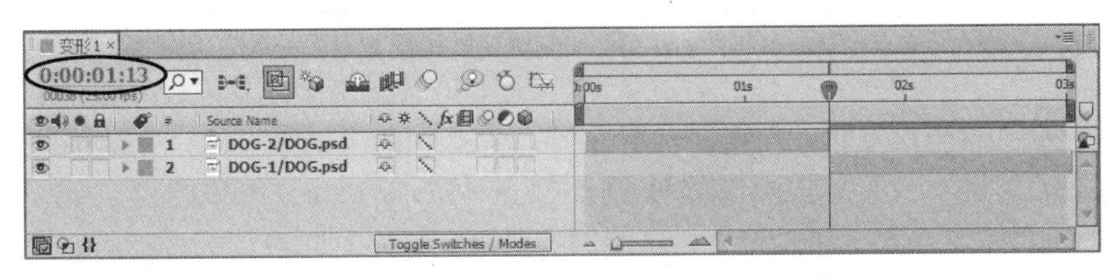

图 10-4　将“DOG-1”与“DOG-2”的长度均设为 1 秒 13 帧，且首尾相接

4）在“Project（项目）”窗口中，选择“变形 1”项目，将其拖至“Project（项目）”窗口下方的 (新建合成）按钮上，这样就创建了一个与“变形 1”项目同等大小且时间同长的嵌套合成图像。然后选择“Composition（图像合成）| Composition Settings（图像合成设置）”命令，在弹出的“Composition Settings（图像合成设置）”对话框中设置参数，如图 10-5 所示，单击“OK”按钮，完成设置。

5）在“变形 2”项目中选择嵌套图层“变形 1”，然后选择“Effect(效果）| RE：Version Plug-in（插件版本）| RE Flex Morph（弯曲变形）”命令，给它添加一个“RE Flex Morph（弯曲变形）”特效，设置参数，如图 10-6 所示。将时间线移至第 0 秒的位置，单击“Picture Key?”左侧的关键帧记录器，使其打开，将“Picture Key?”设置为“打开”。接着将时间线移至第 1 秒 13 帧的位置，将“Picture Key?”设为“关闭”。最后将时间移至第 3 秒的位置，将“Picture Key?”设置为“打开”，参数设置如图 10-7 所示。

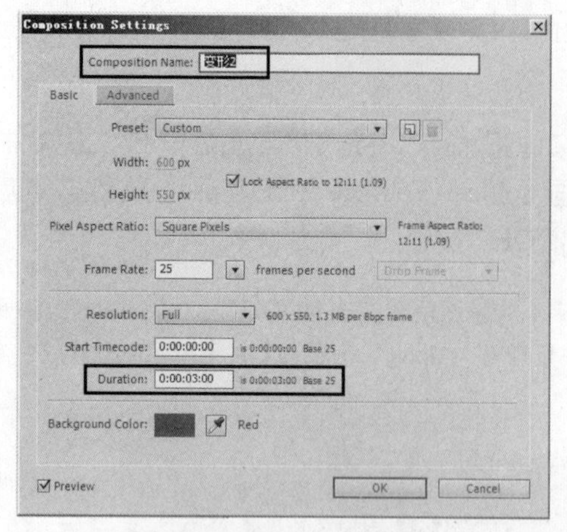

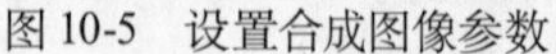
图 10-5　设置合成图像参数

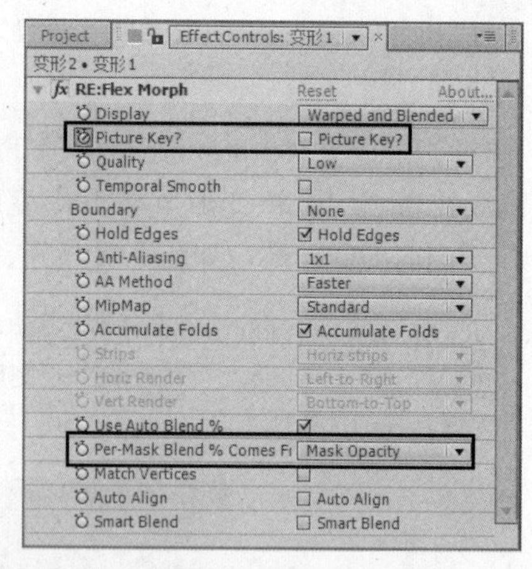

图 10-6　设置“RE Flex Morph（弯曲变形）”参数

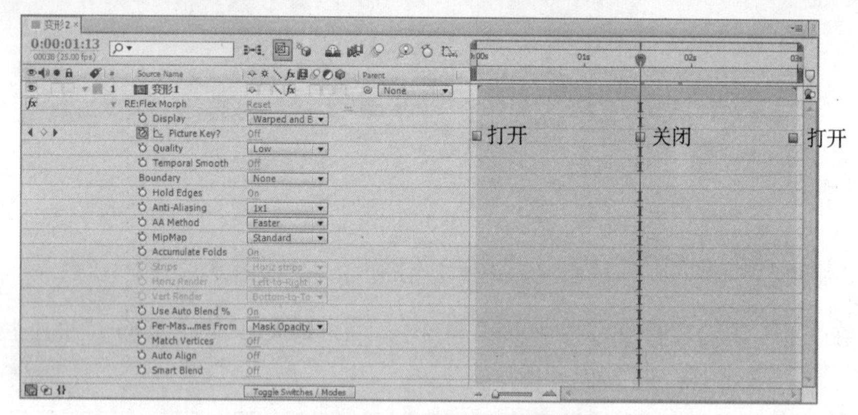

图 10-7　设置关键帧参数

6）将时间线移至第 0 秒的位置，然后选择工具栏中的钢笔工具，沿着狗的轮廓描绘出如图 10-8 所示的遮罩。接着按两次〈M〉键，打开“Mask Path（遮罩路径）”左侧的关键帧记录器，将时间线移至第 3 秒的位置，将绘制的遮罩变为如图 10-9 所示的形状。

图 10-8　在第 0 秒绘制形状

图 10-9　在第 3 秒绘制形状

提示：1）在绘制时，根据轮廓的形状绘制多个遮罩，既可以是封闭的，也可以是开放的。例如，将狗的左耳朵、右耳朵等单独绘制遮罩，本例中一共绘制了9个遮罩。

2）使用“RE Flex Morph”特效主要是利用遮罩（既可以是封闭的，也可以是开放的）的变形进行整体变形，根据变形前图片（From）与变形后图片（To）的物体轮廓分别绘制遮罩。本例中的两条狗的品种不一样，所以其五官的轮廓也不尽相同，我们要分别绘制第一条狗的五官轮廓。然后根据第二条狗的轮廓，分别对应进行变形。如果遮罩是封闭的，在“Mask Shape”的遮罩模式中一定要选择“None”。因为只是想要遮罩作为变形的形状而不是选区，所以对于开放的遮罩则无所谓。

7）按小键盘上的〈0〉键，预览动画，效果如图 10-10 所示（分别为第 0 秒、第 1 秒、第 2 秒、第 3 秒的效果）。

图 10-10　最终效果

8）选择“File（文件）| Save（保存）”命令，将文件进行保存。然后选择“File（文件）| Collect Files（收集文件）”命令，将文件进行打包。

10.2　浮出水面的logo

要点：

本例将利用After Effects CS6自身的特效，制作logo从水中浮出的效果，如图10-11所示。通过本例的学习，读者应掌握“Fractal Noise（分形噪波）”“Wave World（水波世界）”“Caustics（焦散）”“Displacement Map（置换映射）”特效和图层混合模式的应用。

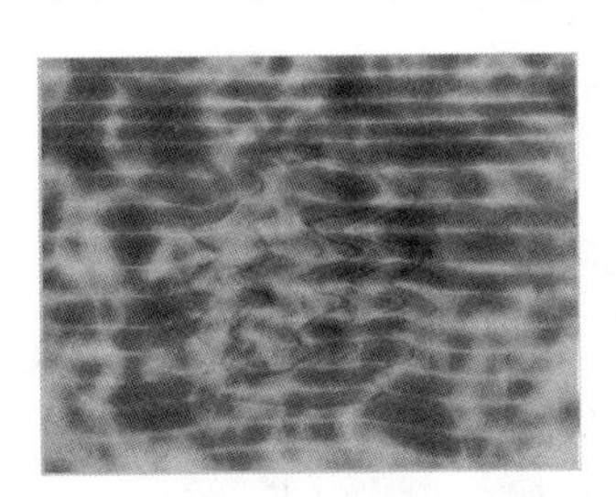
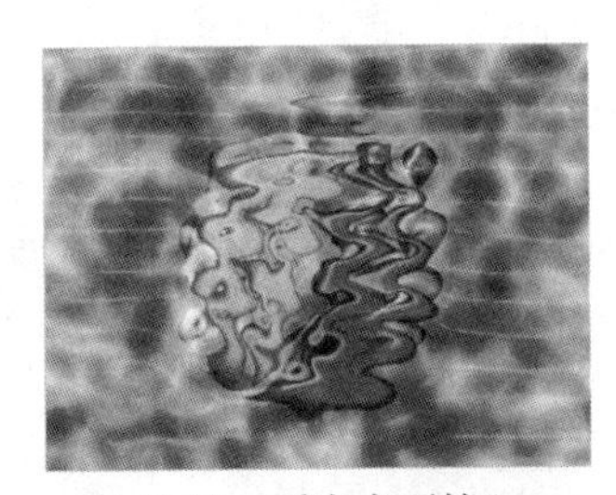

图 10-11　浮出水面的 logo

操作步骤：

1. 创建“水”合成图像

1）启动 After Effects CS6，选择“Composition（图像合成）|New Composition（新建合成组）”命令，在弹出的对话框中设置参数，如图 10-12 所示，单击“OK”按钮。

2）创建固态层。方法为：选择“Layer（图层）| New（新建）| Solid（固态层）”命令，创建一个新的固态层，参数设置如图 10-13 所示，然后单击“OK”按钮。

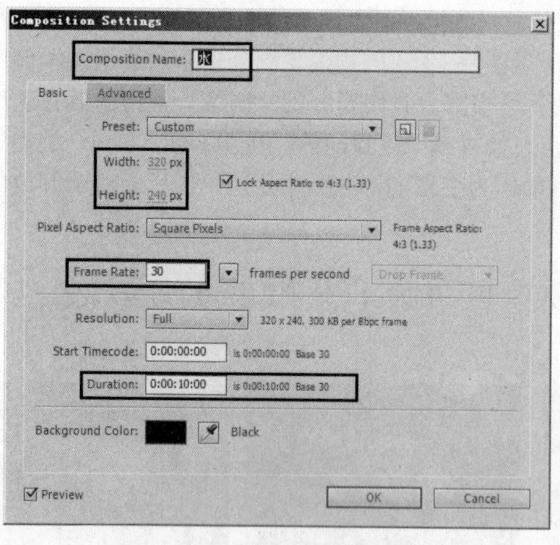

图 10-12　设置合成图像参数

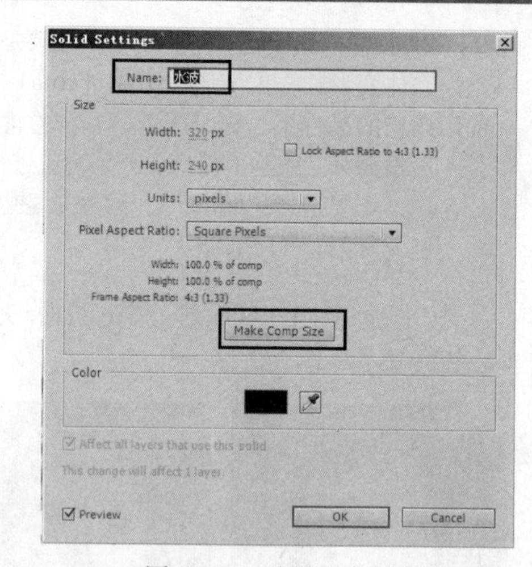

图 10-13　设置固态层参数

3）创建水波效果。方法为：选择“水波”图层，然后选择“Effect（效果）| Noise&Grain（噪波与颗粒）| Fractal Noise（分形噪波）”命令，给它添加一个“Fractal Noise（分形噪波）”特效。接着分别在第 0 帧和第 9 秒 29 帧为“Evolution（演变）”属性设置两个关键帧，使水波运动起来，参数设置及效果如图 10-14 所示。

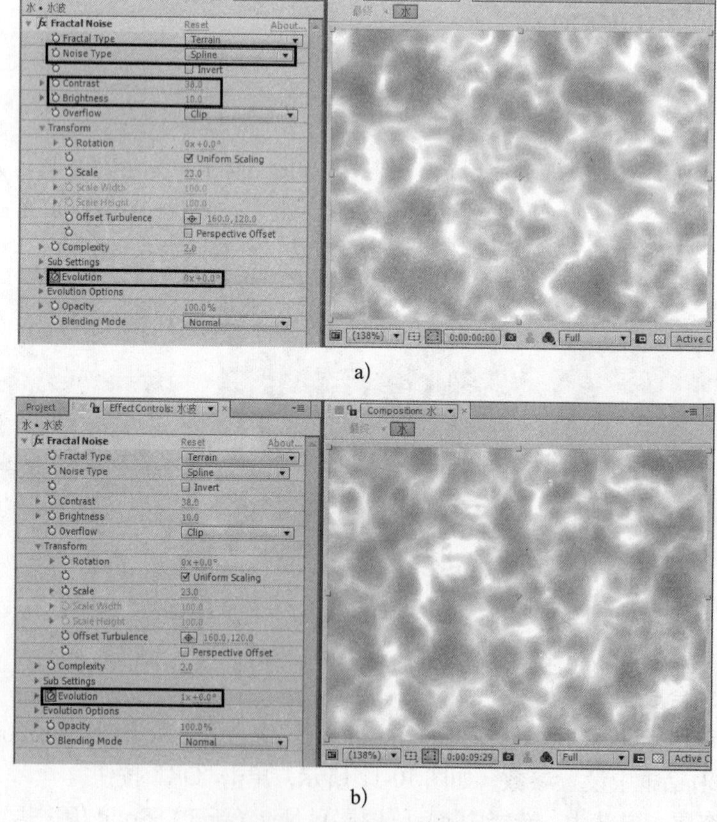

图 10-14　关键帧设置及效果

a）第 0 帧　b）第 9 秒 29 帧

4）将水波颜色调整为蓝色。方法为：选择“Layer（图层）| New（新建）| Solid（固态层）”命令，创建新的固态层，在“Name(名称)”文本框中输入“颜色”，其他设置如图 10-15 所示。然后将“颜色”图层放置在“水波”图层的上面，设置图层混合模式为“Screen（屏幕）”，如图 10-16 所示，效果如图 10-17 所示。

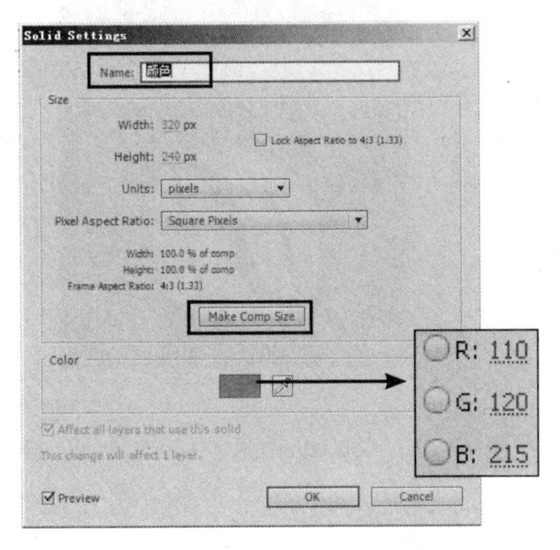

图 10-15　设置固态层参数

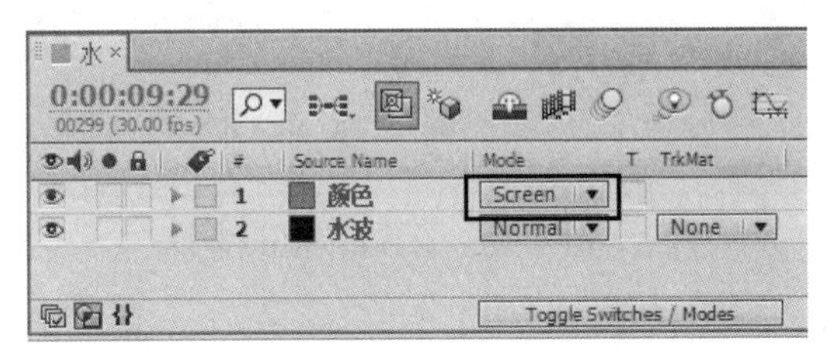

图 10-16　设置图层混合模式为“Screen（屏幕）”

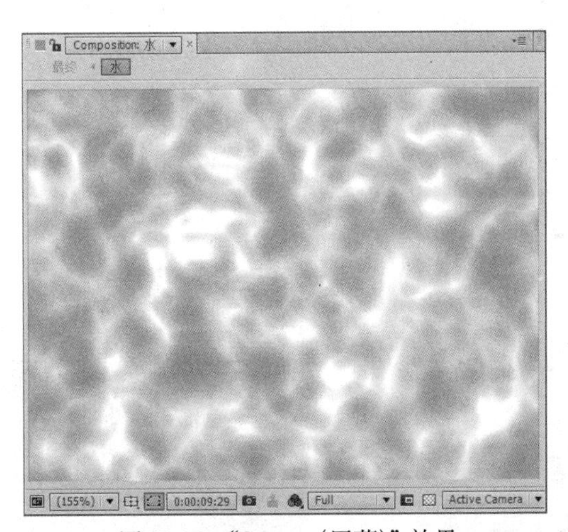

图 10-17　“Screen（屏幕）”效果

2. 创建“波纹置换”合成图像

1）选择“Composition（图像合成）|New Composition（新建合成组）”命令，在弹出的对话框中设置参数，如图 10-18 所示，单击“OK”按钮，从而创建一个新的合成图像。

2）选择“File（文件）|Import（导入）|File（文件）”命令，导入配套光盘中的“源文件\第 4 部分 高级技巧\第 10 章 变形效果\10.2 浮出水面的 Logo folder\(Footage)\logo.tga” 图片（带有 Alpha 通道），如图 10-19 所示，将其拖入到合成项目中，形成素材图层，命名为“logo”，并关闭该图层的视频开关。

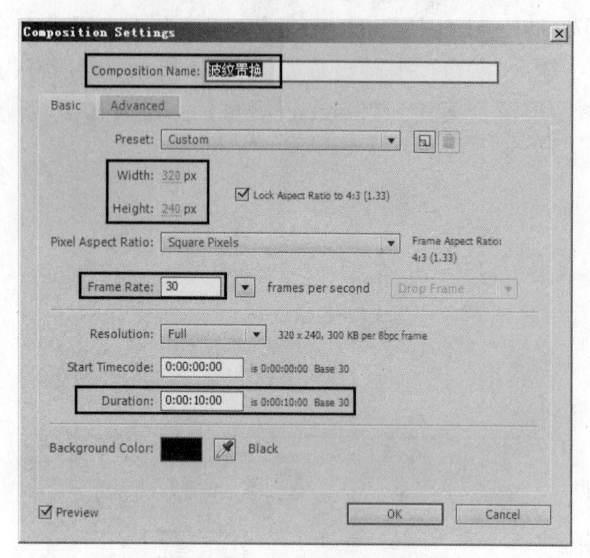

图 10-18　设置合成图像参数

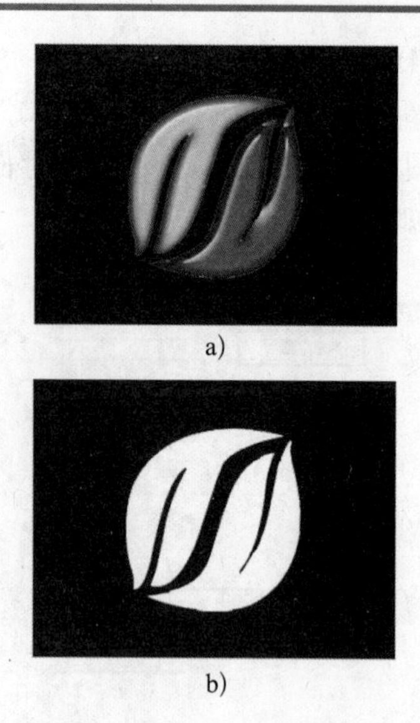

图 10-19　“logo.tga” 图片（带有 Alpha 通道）
a）图像　b）Alpha 通道

3）创建固态层。方法为：选择“Layer（图层）| New（新建）| Solid（固态层）”命令，在弹出的对话框中设置参数，如图 10-20 所示，单击“OK”按钮。然后在“时间线”窗口中，将“涌动”图层放在“logo”图层的上面，如图 10-21 所示。

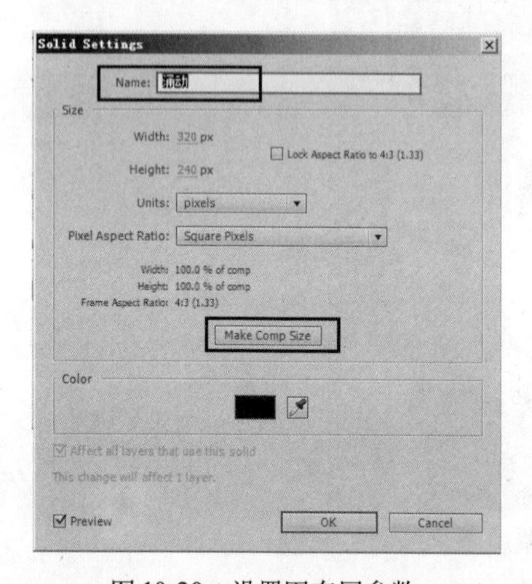

图 10-20　设置固态层参数

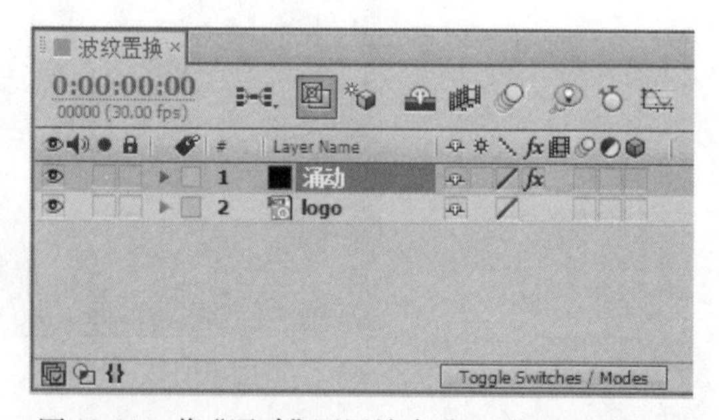

图 10-21　将“涌动”图层放在“logo”图层的上面

4）制作水波纹效果。方法为：选中“涌动”图层，选择“Effect（效果）| Simulation（模拟仿真）| Wave World（水波世界）”命令，给它添加一个“Wave World（水波世界）”特效，参数设置如图 10-22 所示。

在“Ground（地面）”选项组中选择“logo”图层作为地形的映射图，此时“Wave World（水波世界）”效果将利用 logo 图像的“Alpha”通道来映射地形形状，网格预览效果如图 10-23 所示。

将“Render Dry Areas As（渲染干燥区域为）”设置为“Solid（固态）”，可以使地形高度的变化以灰度的形式表现出来。

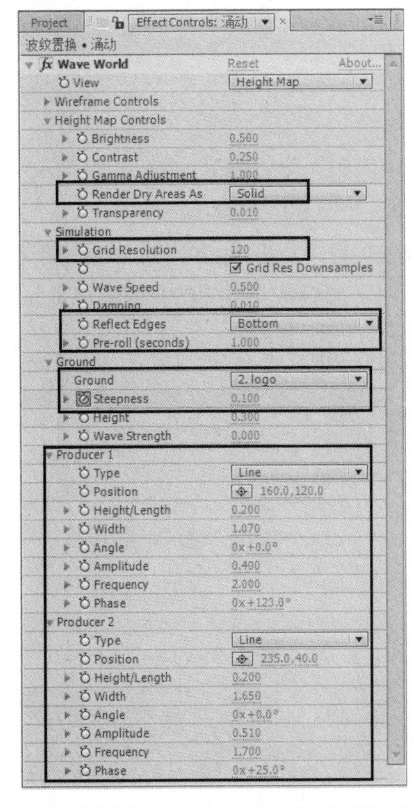

图 10-22　设置“Wave World (水波世界)”参数

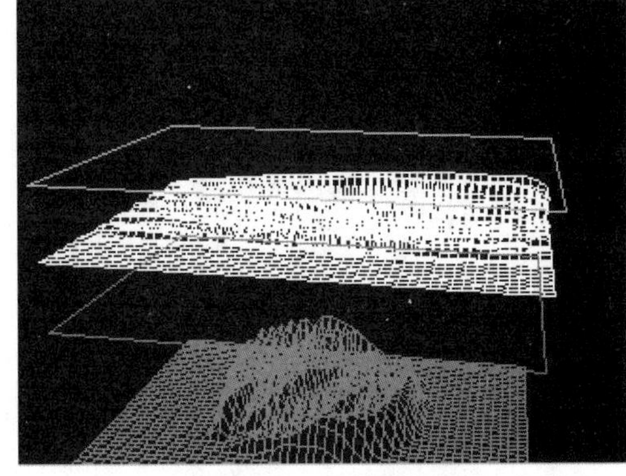

图 10-23　网格预览效果

将“Grid Resolution (栅格分辨率)”设置为“120”，使网格更密一些，这样波纹会对 logo 的形状更敏感一些。

将“Reflect Edges (边缘反射)”设置为“下”，波纹会沿着 logo 的边缘产生反射。

将“Pre-roll (seconds) (预滚 (秒))”设置为“1”，可以使波纹在动画刚开始的时候就已经出现，从而避免波纹的突然出现。

为“Steepness (倾斜度)”分别在第 0 秒、第 5 秒的位置设置两个关键帧，参数为“0.1”和“0.25”，这样可以在网格预览中看到地形的顶端在缓缓升起，这样可以模拟 logo 向上浮动的过程。

将波形“制作 1”和“制作 2”的“Type (类型)”设置为“Line (线性)”，因为现实中水波纹一般不是规则的圆形，并对波纹的 Length (长度)、Width (宽度)、Amplitude (振幅)、Frequency (频率) 等参数进行设置。灰度效果如图 10-24 所示。

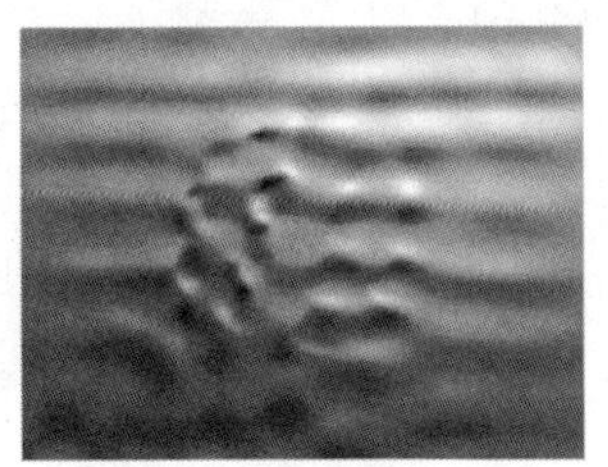

图 10-24　灰度效果

图形波纹逐渐显现出 logo 的形状，并且在 logo 边缘产生了反弹，这与真实的情况完全相同，在此将用它作为下面“焦散”效果的映射层。

3. 创建“最终”合成图像

1）选择“Composition（图像合成）|New Composition（新建合成组）”命令，在弹出的对话框中设置参数，如图 10-25 所示，单击“OK”按钮，创建一个新的合成图像。

2）将“波纹置换”“水”项目及 logo 图片拖入到该合成项目中，把 logo 图片形成的素材图层命名为“logo”，再创建一个固态层，命名为“焦散”，并将图层混合模式设置为“Hard Light（强光）”，如图 10-26 所示。

提示：“logo”图层此时是放置在最底层的。

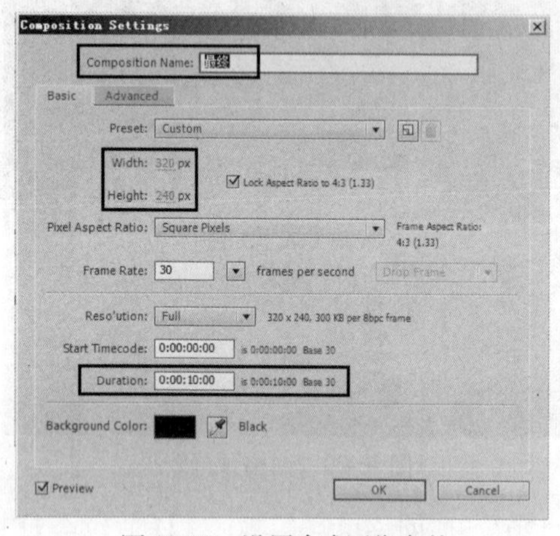

图 10-25　设置合成图像参数

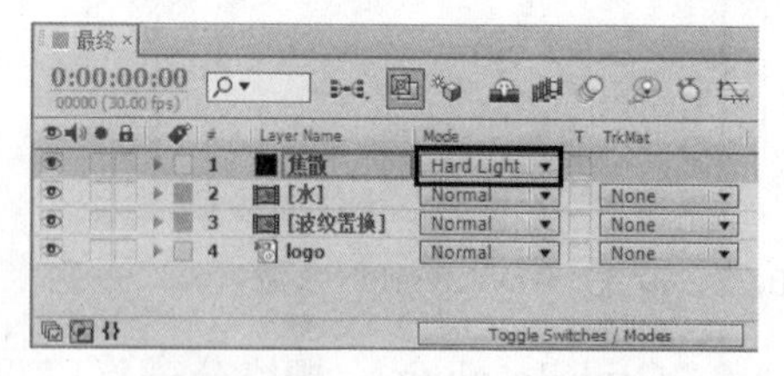

图 10-26　将图层混合模式设置为“Hard Light（强光）”

3）选中“焦散”图层，选择“Effect（效果）| Simulation（模拟仿真）| Caustics（焦散）”命令，给它添加一个“Caustics（焦散）”特效。然后将“logo”图层作为水下部分的映射，再分别在第 0 秒和第 4 秒为“Scale（比例）”属性设置关键帧，如图 10-27 所示。接着分别在第 1 秒和第 3 秒为“Water Surface（表面透明度）”属性设置关键帧，如图 10-28 所示，这样水面将由完全不透明到半透明，模拟水下的逐渐显现过程。此时，时间线分布如图 10-29 所示。

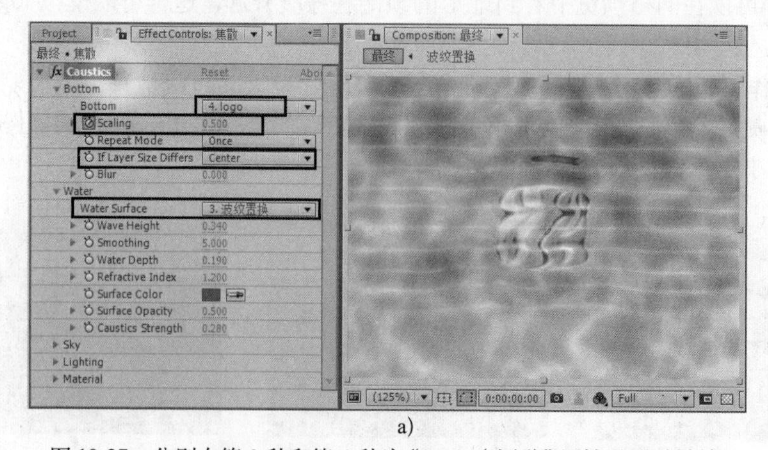

a)

图 10-27　分别在第 0 秒和第 4 秒为“Scale（比例）”属性设置关键帧

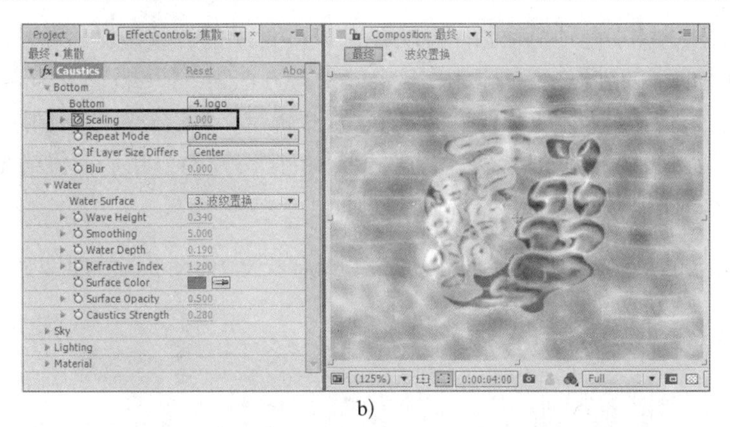

b)

图 10-27　分别在第 0 秒和第 4 秒为“Scale (比例)”属性设置关键帧 (续)

a) 第 0 秒　b) 第 4 秒

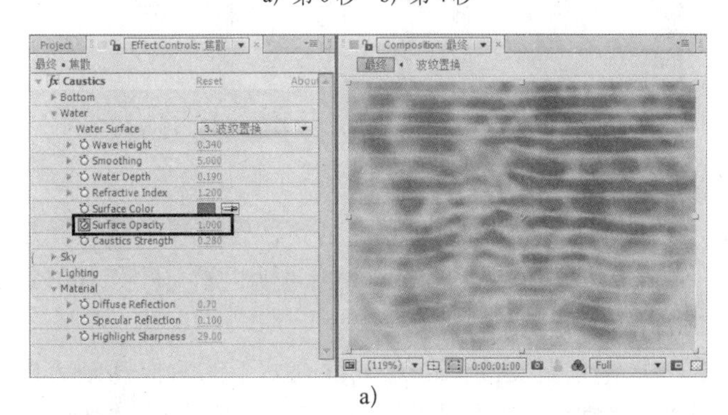

a)

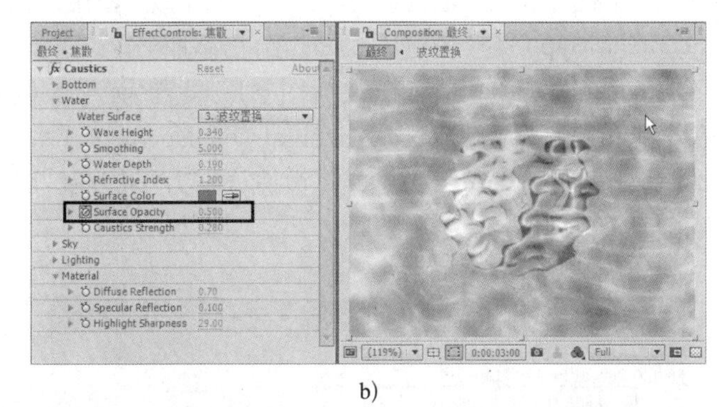

b)

图 10-28　分别在第 1 秒和第 3 秒为“Water Surface (表面透明度)”属性设置关键帧

a) 第 1 秒　b) 第 3 秒

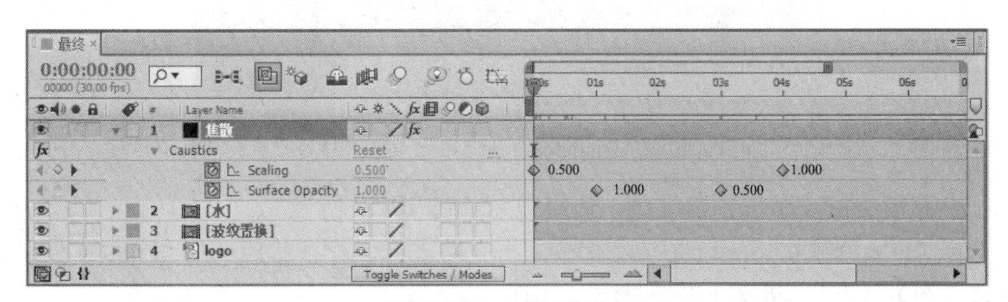

图 10-29　时间线分布

4）按小键盘上的〈0〉键预览动画，可以看到 logo 形状的波纹慢慢出现。现在还缺少 logo 露出水面前逐渐变清晰的过程，下面来制作这个效果。方法为：将 logo 图片拖入"时间线"窗口，并放置在最顶层，命名为"logo 的出现"，如图 10-30 所示。然后分别在该图层的第 0 秒、第 5 秒处设置"Scale（比例）"关键帧，并将第 0 秒 logo 的比例设为"90%"，将第 5 秒 logo 的比例设为"100%"，从而模拟 logo 由小变大的上升过程。

提示：应该让最后的 logo 尺寸略小于"焦散"图层中 logo 状波纹的尺寸，这样可以显现出 logo 边缘处的波纹。

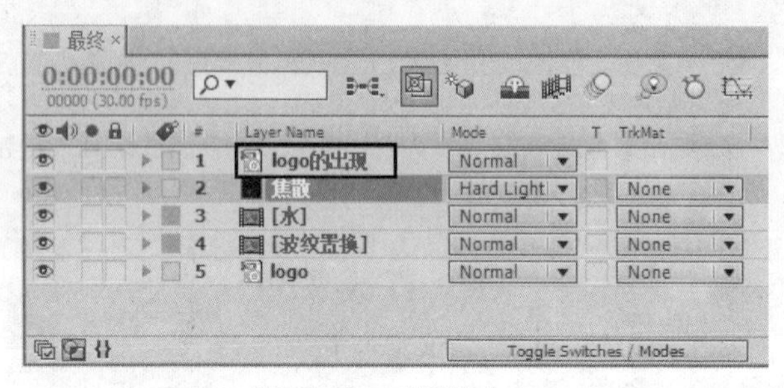

图 10-30 时间线分布

分别在"Opacity（透明度）"属性的第 2 秒、第 5 秒处设置关键帧，并将第 2 秒处 logo 的不透明度设为"0%"、将第 5 秒处 logo 的"Opacity（透明度）"设为"100%"，使 logo 逐渐显现出来，从而模拟出水的深度。

5）按小键盘上的〈0〉键预览动画，可见 logo 在水下的时候还缺乏由于水的折射而发生的扭曲变形，下面来解决这个问题，方法为：选中"logo 的出现"图层，选择"Effect（效果）| Distort（扭曲）| Displacement Map（置换映射）"命令，给它添加一个"Displacement Map（置换映射）"特效，并将"Displacement Map Layer（映射图层）"设置为"4. 波纹置换"，如图 10-31 所示。然后分别在第 4 秒和第 5 秒的"Max Horizontal Displacement（水平置换量）"、"Max Vertical Displacement（垂直置换量）"设置关键帧，数值分别为"30"和"0"，从而模拟出 logo 在露出水面后不再扭曲变形的效果。

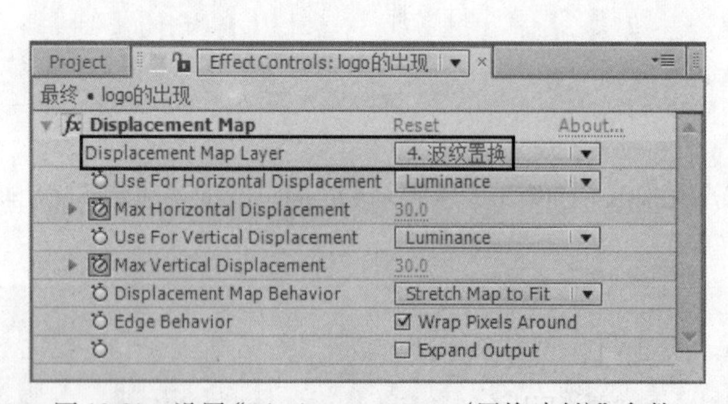

图 10-31 设置"Displacement Map（置换映射）"参数

6）按小键盘上的〈0〉键预览动画，最终效果如图 10-32 所示。

7）选择"File（文件）| Save（保存）"命令，将文件进行保存。然后选择"File（文件）| Collect Files（收集文件）"命令，将文件进行打包。

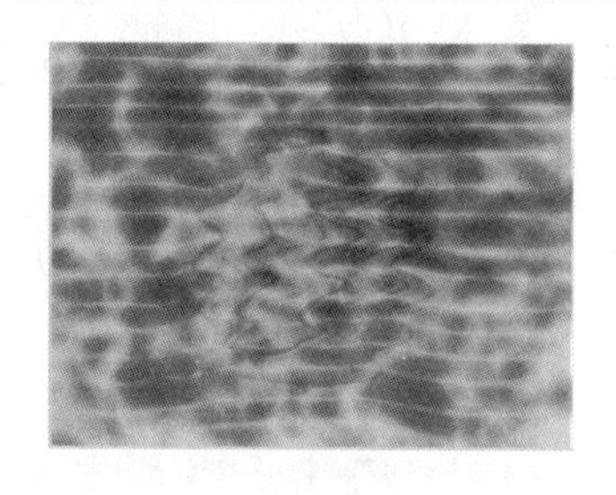
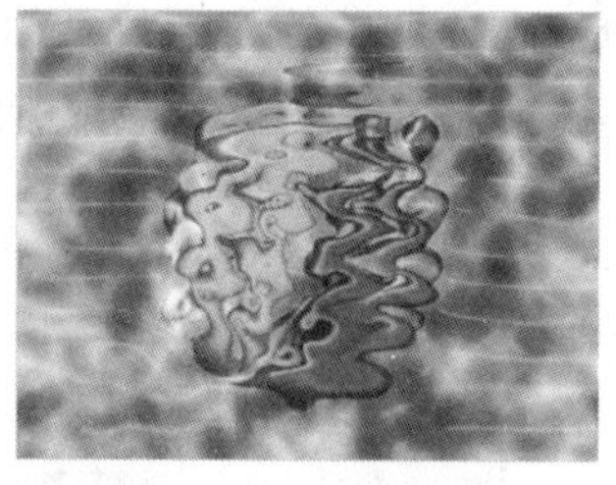
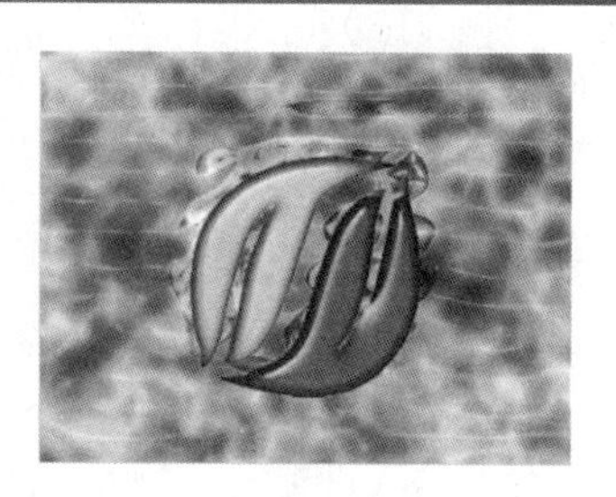

图 10-32　最终效果

10.3　飞龙穿越水幕墙效果

要点：

本例将制作飞龙穿越水幕墙的效果，如图10-33所示。通过对本例的学习，读者应掌握“Wave World（水波世界）”“Caustics（焦散）”“Minimax (最大/最小)”“Glow（辉光）”“Shine（光芒）”“Gaussian Blur（高斯模糊）”特效，以及“Pre-compose（预合成）”命令和图层混合模式的应用。

图 10-33　飞龙穿越水幕墙效果

操作步骤：

1 .制作飞龙近大远小的效果

1）启动 After Effects CS6，选择“Composition（图像合成）|New Composition（新建合成组）”命令，在弹出的对话框中设置参数，如图 10-34 所示，单击“OK”按钮。

2）导入素材。方法为：选择“File（文件）|Import（导入）|File（文件）”命令，在弹出的“导入文件”对话框中选择配套光盘中的“源文件\第 4 部分 高级技巧\第 10 章 变形效果\10.3 飞龙穿越水幕 folder\(Footage) \dragon2 \dragon20000.tga”图片，然后选中“Targa Sequence”复选框，如图 10-35 所示，单击“打开”按钮。接着在弹出的对话框中单击 Guess （自动预测）按钮，如图 10-36 所示，单击“OK”按钮，将其导入“Project（项目）”面板中。同理，导入配套

光盘中的“源文件\第 4 部分 高级技巧\第 10 章 变形效果\10.3 飞龙穿越水幕 folder\ (Footage) \背景 .jpg” 图片。此时“Project (项目)”面板如图 10-37 所示。

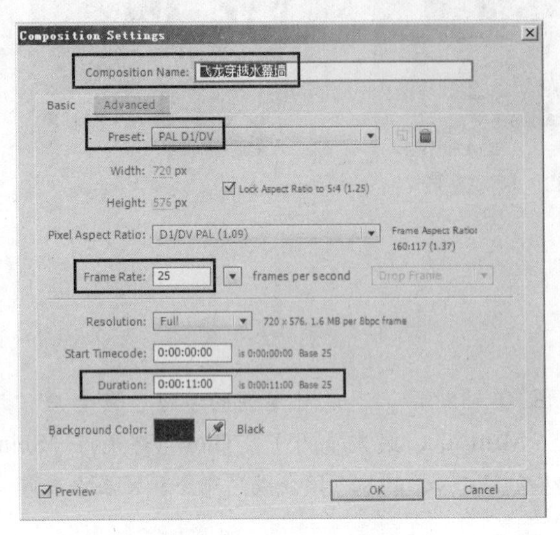

图 10-34　设置合成图像参数

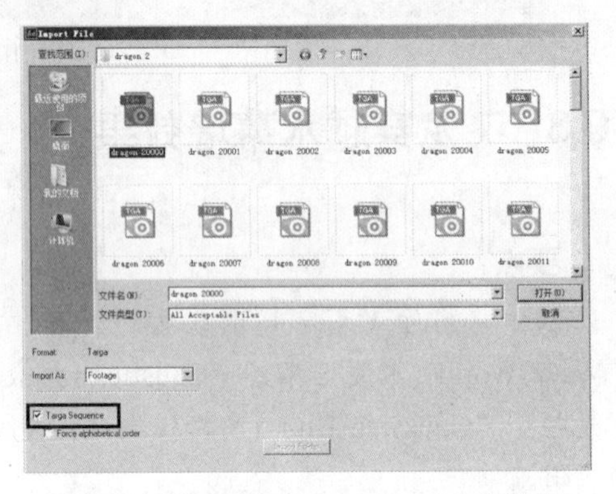

图 10-35　选中“Targa Sequence”复选框

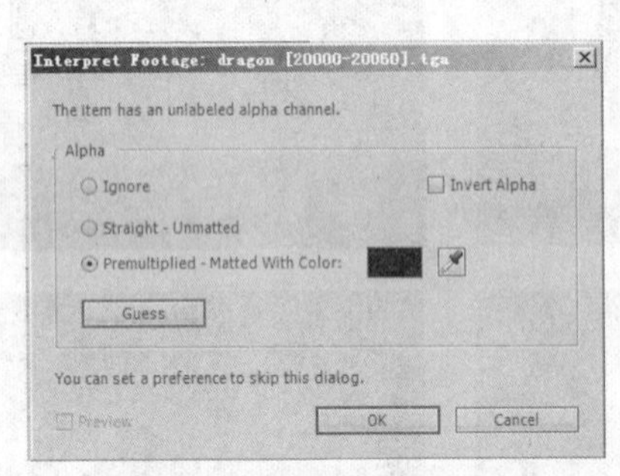

图 10-36　单击 Guess 按钮

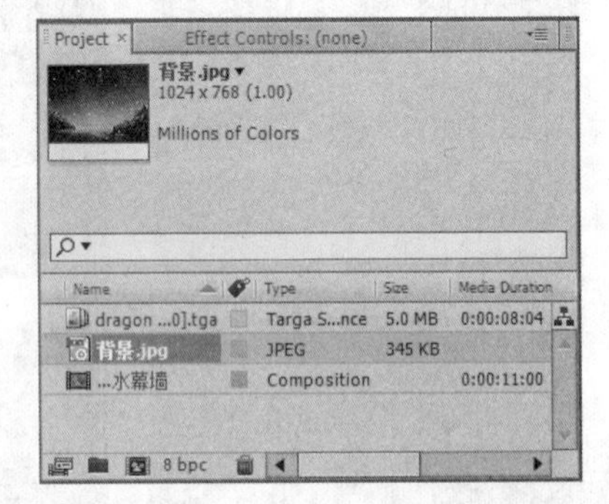

图 10-37　“Project (项目)” 面板

3）从“Project (项目)”面板中将 “dragon [20000-20060].tga” 和 “背景 .jpg” 拖入 “时间线” 窗口，然后将 “背景 .jpg” 放置到最下面。

4）此时飞龙素材的长度只有 2 秒 10 帧，如图 10-38 所示，下面延长飞龙素材的长度。方法为：在项目窗口中右击 “dragon [20000-20060].tga” 素材，然后从弹出的快捷菜单中选择 “Interpret Footage (定义素材) | Main (主要)” 命令，如图 10-39 所示。接着在弹出的 “Interpret Footage (定义素材)” 对话框中将 “Loop (循环)” 设置为 4 次，如图 10-40 所示，单击 “OK” 按钮。最后在 “时间线” 窗口中延长 “dragon [20000-20060].tga” 图层的长度，如图 10-41 所示。

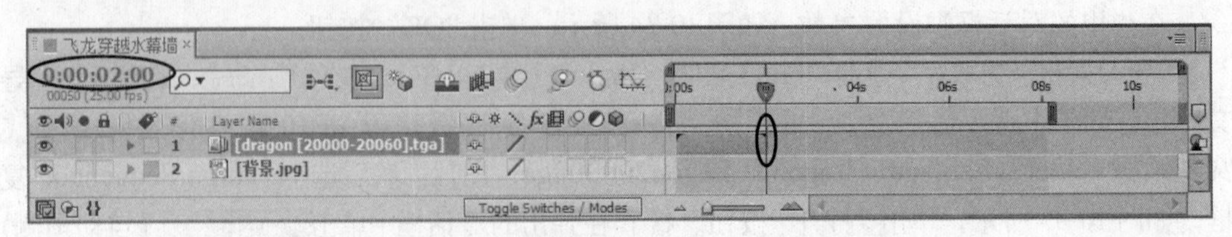

图 10-38　飞龙素材的长度只有 2 秒 10 帧

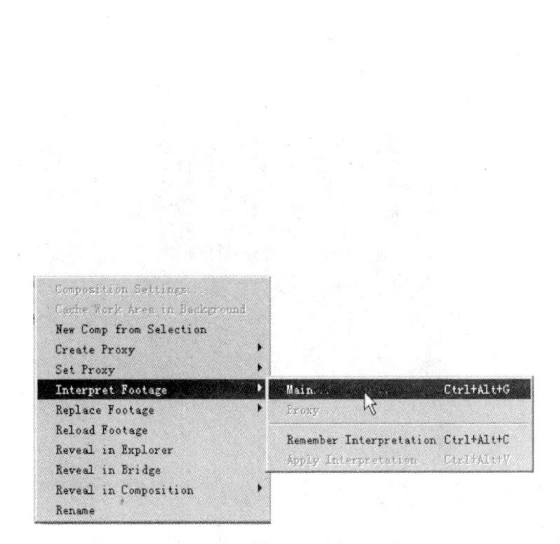

图 10-39　选择“Main（主要）”命令

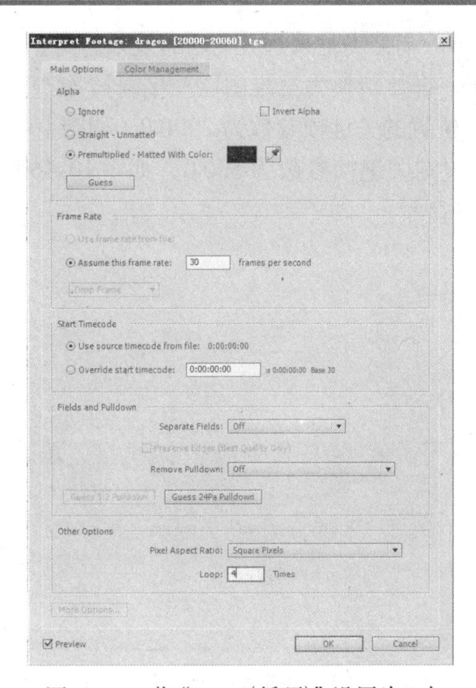

图 10-40　将“Loop（循环）”设置为4次

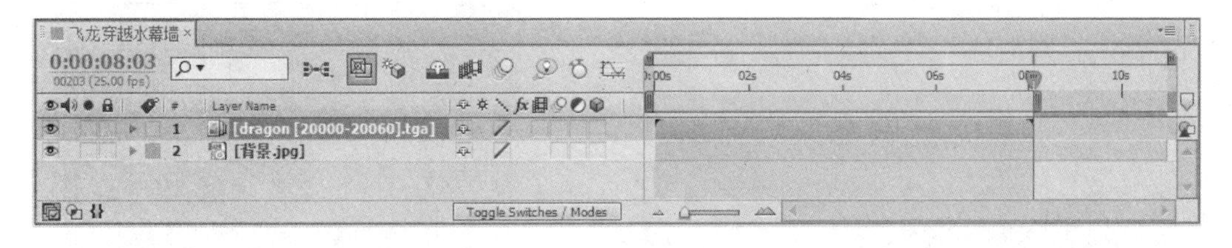

图 10-41　延长“dragon [20000-20060].tga”图层的长度

5）调整“背景.jpg”的大小。方法为：在“时间线”窗口中选择“背景.jpg”图层，然后按〈S〉键，显示出“Scale（比例）”属性。接着将“Scale（比例）”设置为 80%，如图 10-42 所示，效果如图 10-43 所示。

图 10-42　将“背景.jpg”图层的“Scale（比例）”设置为 80%

图 10-43　调整“背景.jpg”图层“Scale（比例）”后的效果

6）调整飞龙从远处飞近的效果。方法为：选择“dragon [20000-20060].tga”，然后单击 按钮，将其转换为三维图层。接着按〈P〉键，显示出“Position（位置）”属性。再在第 0 帧记录 Z 位置的关键帧参数为 2000.0，如图 10-44 所示，效果如图 10-45 所示。最后在第 4 秒记录 Z 位置的关键帧参数为 500.0，如图 10-46 所示，效果如图 10-47 所示。此时关键帧分布如图 10-48 所示。

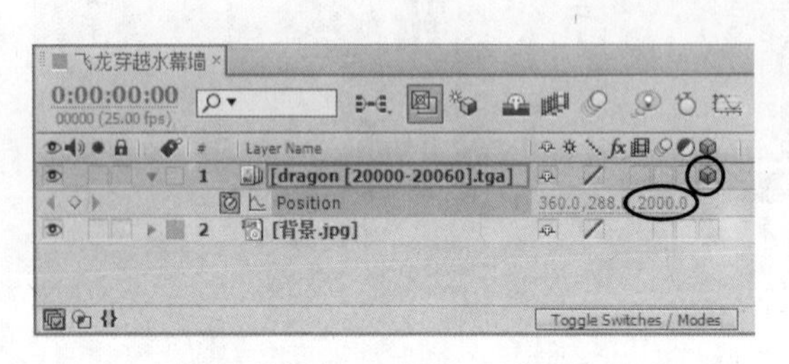

图 10-44　在第 0 帧记录 Z 位置的关键帧参数为 2000.0

图 10-45　第 0 帧的画面效果

图 10-46　在第 4 秒记录 Z 位置的关键帧参数为 500.0

图 10-47　第 4 秒的画面效果

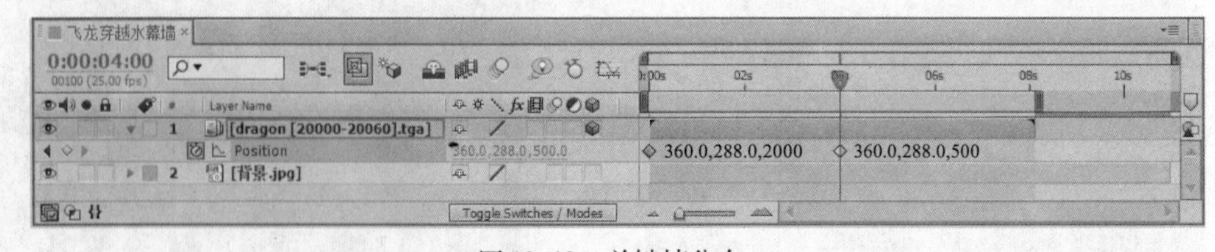

图 10-48　关键帧分布

2.制作飞龙穿透水幕墙时水幕墙的涟漪效果

1）新建一个与“飞龙穿越水幕墙”合成图像等大的图层“灰色 固态层 1”。然后选择“灰色 固态层 1”图层，选择“Effect（效果）| Simulation（模拟仿真）| Wave World（水波世界）”命令，效果如图 10-49 所示。

图 10-49　“Wave World（水波世界）”效果

2）为了便于观看效果，下面在“Effect Controls（特效控制台）”面板中将“灰色 固态层 1”的“View（查看）”设置为“Height Map（高光贴图）”，如图 10-50 所示，效果如图 10-51 所示。此时预览，可以看到波纹的动画效果。

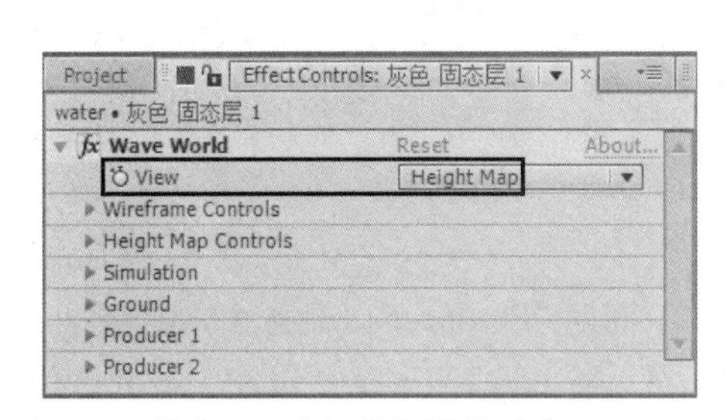

图 10-50　将“View（查看）”设置为“Height Map（高光贴图）”

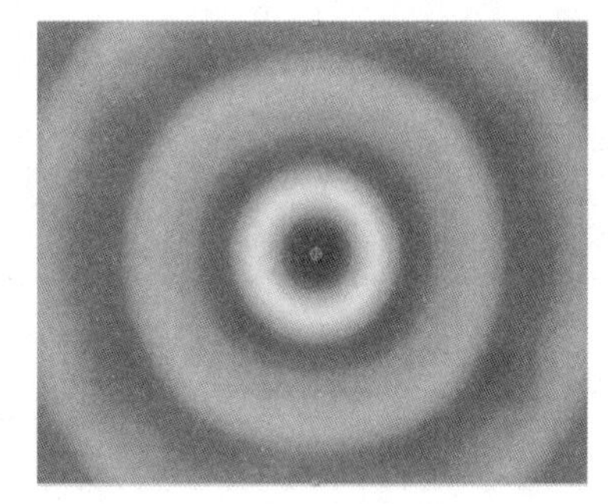

图 10-51　将“View（查看）”设置为“Height Map（高光贴图）”后的效果

3）根据对飞龙穿透水幕墙产生波纹的理解，波纹开始区域应该和飞龙大小相似，而此时波纹有些大，下面在“Effect Controls（特效控制台）”面板中调节“Wave World（水波世界）”特效中“Producer 1（制作 1）”的“Height/Length（高度/长度）”和“Width（宽度）”的值，如图 10-52 所示，效果如图 10-53 所示。

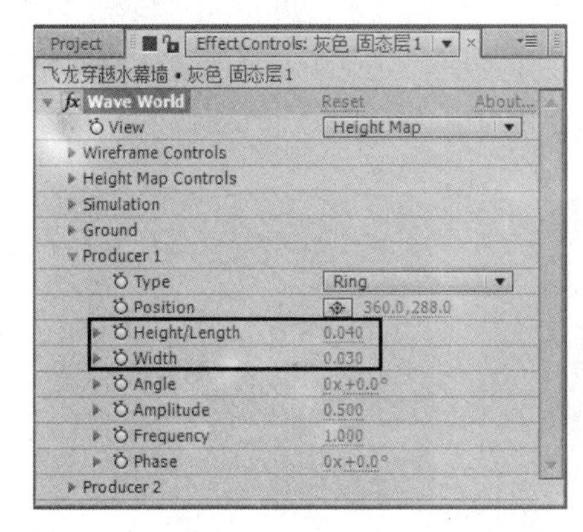

图 10-52　设置“Producer 1（制作 1）”参数

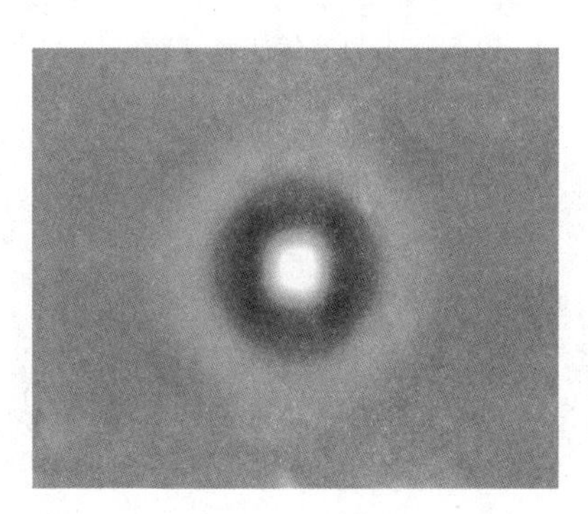

图 10-53　调整“Producer 1（制作 1）”参数后的效果

4）飞龙在穿透水幕墙前，水幕墙是没有水波涟漪效果的，而此时的水波涟漪效果是始终存在的。下面调节参数，使水波涟漪在飞龙第 24 帧以后开始穿透水幕墙时产生。方法为：分别在第 24 帧、第 1 秒 12 帧、第 2 秒和第 2 秒 14 帧录制“Producer 1（制作 1）”中的“Amplitude（振幅）”关键帧参数，如图 10-54 所示，预览效果如图 10-55 所示。

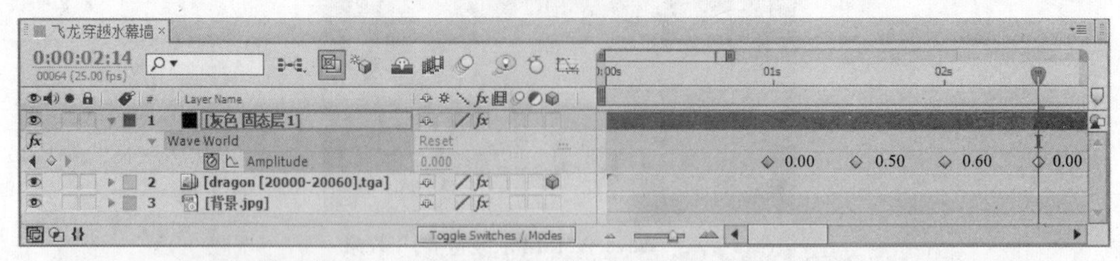

图 10-54　分别在第 24 帧、第 1 秒 12 帧、第 2 秒和第 2 秒 14 帧录制“Producer 1（制作 1）”中的“Amplitude（振幅）”关键帧参数

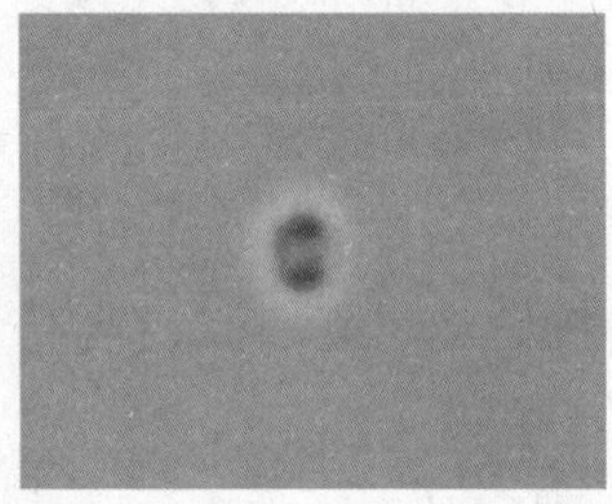
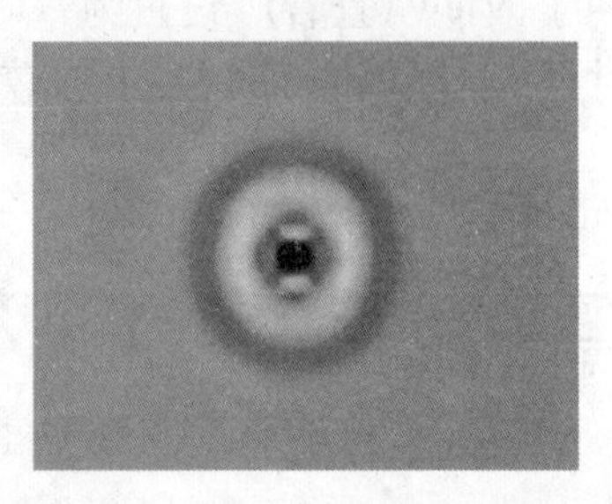

图 10-55　预览效果

5）此时预览，可以发现水波涟漪效果过于规则。下面对“Producer 1（制作 1）”中“Position（位置）”参数进行调节。方法为：分别在第 1 秒 4 帧、第 1 秒 12 帧和第 2 秒录制“Position（位置）”的关键帧参数，如图 10-56 所示，预览效果如图 10-57 所示。

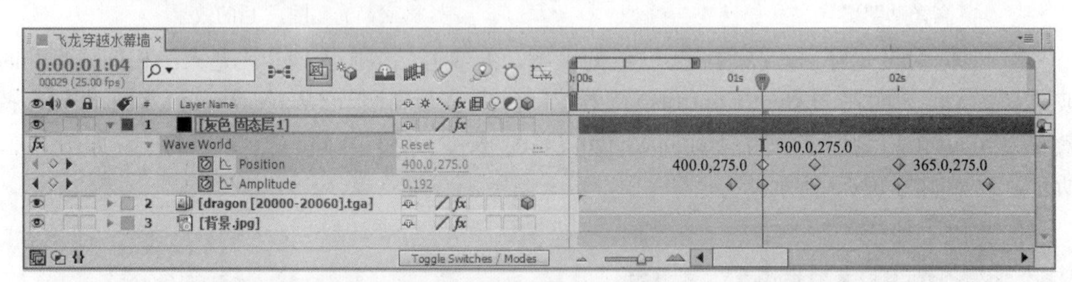

图 10-56　分别在第 1 秒 4 帧、第 1 秒 12 帧和第 2 秒录制“Position（位置）”的关键帧参数

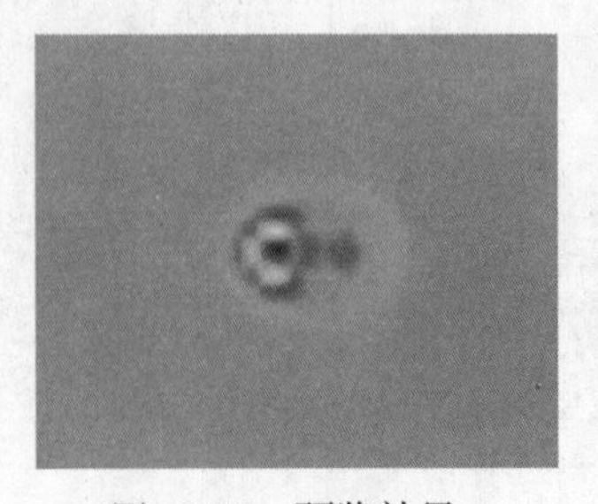
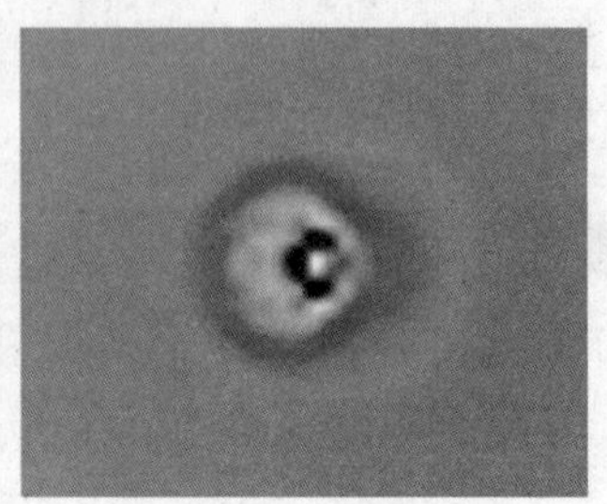

图 10-57　预览效果

6）为了使涟漪效果更加真实，下面进一步设置“Wave World（水波世界）”中“Producer 2（制作 2）”中的相关参数。方法：展开“Producer 2（制作 2）”选项组，然后调整“Height/Length（高度/长度）”和“Width（宽度）”的值，如图 10-58 所示。接着分别在第 24 帧、第 1 秒 12 帧、第 2 秒和第 2 秒 14 帧录制“Producer 2（制作 2）”选项组中的“Amplitude（振幅）”关键帧参数，再分别录制第 1 秒 4 帧、第 1 秒 12 帧和第 2 秒“Position（位置）”的关键帧参数，如图 10-59 所示，预览效果如图 10-60 所示。

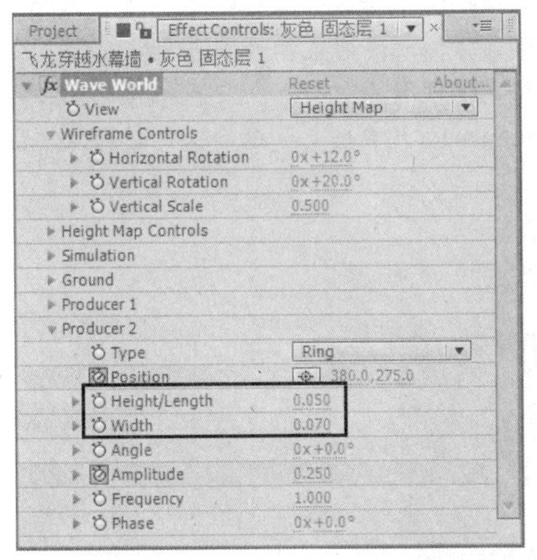

图 10-58　调整“Producer 2（制作 2）”选项组中的“Height/Length（高度/长度）”和“Width（宽度）”的值

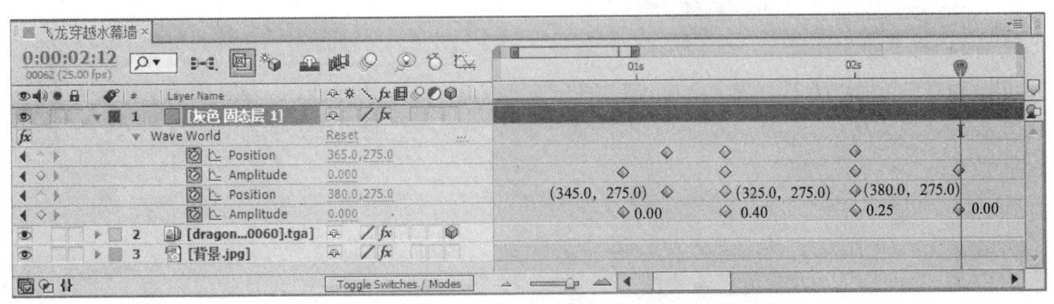

图 10-59　在不同帧录制“Producer 2（制作 2）”选项组中的“Amplitude（振幅）”和“Position（位置）”参数

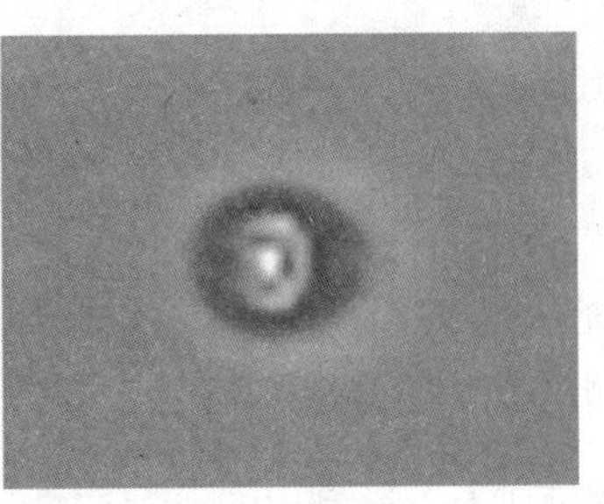
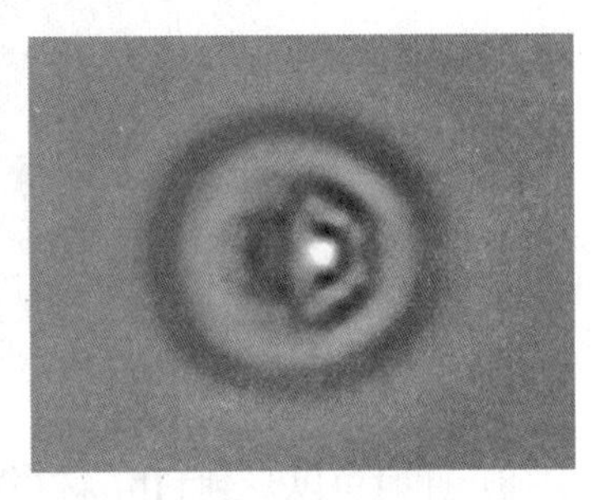

图 10-60　预览效果

7）水波涟漪的区域只局限于天空，下面利用遮罩约束水波涟漪的区域。方法为：新建一个与“飞龙穿越水幕墙”合成图像等大的“灰色 固态层 2”图层，然后为了方便绘制隐藏除“背景”图层以外的其余图层，接着利用工具栏中的钢笔工具，根据背景图像中的天空位置在“灰色 固态层 2”图层上进行绘制，如图 10-61 所示。最后选择“灰色 固态层 2”图层，将“Mask 1（遮罩 1）”的遮罩模式设置为“Subtract（减）”，如图 10-62 所示，再显示出“灰色 固态层 2”图层和“灰色 固态层 1”图层，效果如图 10-63 所示。

提示：本例通过在新建的“灰色 固态层2”图层上绘制遮罩，而不是直接在“灰色 固态层1”图层上绘制遮罩来限制天空区域，是因为遮罩只对图层起作用，而不对效果起作用。我们在“灰色 固态层1”上添加了“Wave World（水波世界）”效果，因此在该图层上绘制遮罩是无法约束水波涟漪效果的区域的。此时要限制水波涟漪效果的区域有两种方法。一是新建固态层，然后在新建固态层上绘制遮罩（也就是本例采用的方法）；二是将当前添加了“Wave World（水波世界）”效果的图层通过“Pre-compose（预合成）”命令进行嵌套，然后再在嵌套后的图层上绘制要限制的区域。

图 10-61　在“灰色 固态层 2”图层上绘制出天空的区域

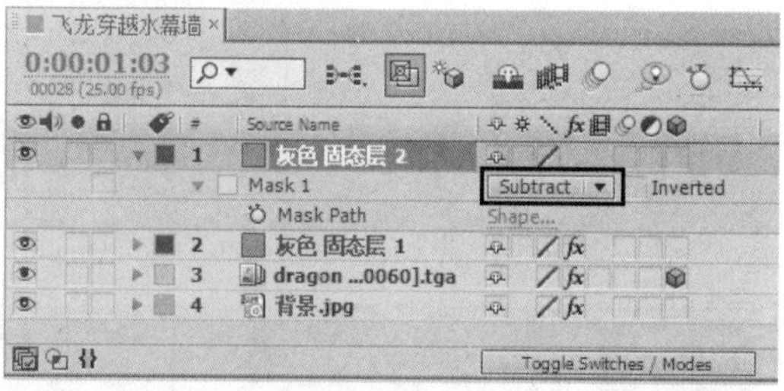

图 10-62　将“Mask1（遮罩 1）”的遮罩模式设置为“Subtract（减）”

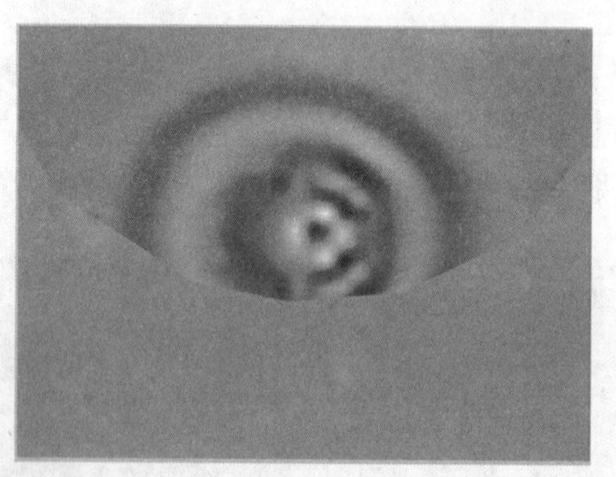

图 10-63　显示出“灰色 固态层 2”和“灰色 固态层 1”图层的效果

8）此时可以看到利用（钢笔工具）绘制出的遮罩边缘与“灰色 固态层 1”上的水波涟漪的接缝不圆滑，下面通过调整“Mask Feather（遮罩羽化）”值来解决这个问题。方法为：选择“灰色 固态层 2”图层，然后按〈M〉键两次，展开“Mask1（遮罩 1）”属性，接着将“Mask Feather（遮罩羽化）”的数值设置为 125 像素，如图 10-64 所示，效果如图 10-65 所示。

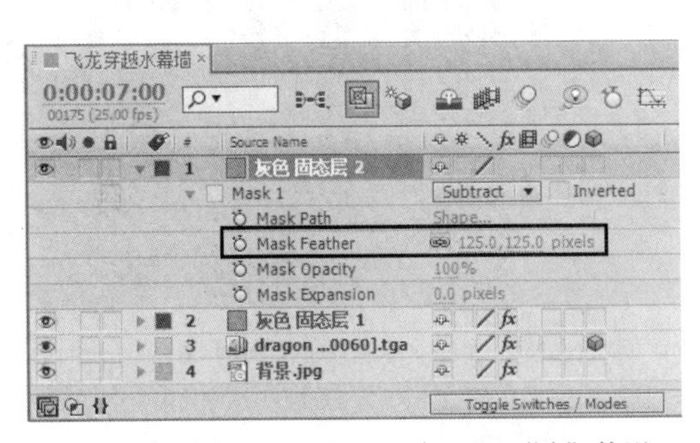

图 10-64　将“Mask Feather（遮罩羽化）”值设置为 125 像素

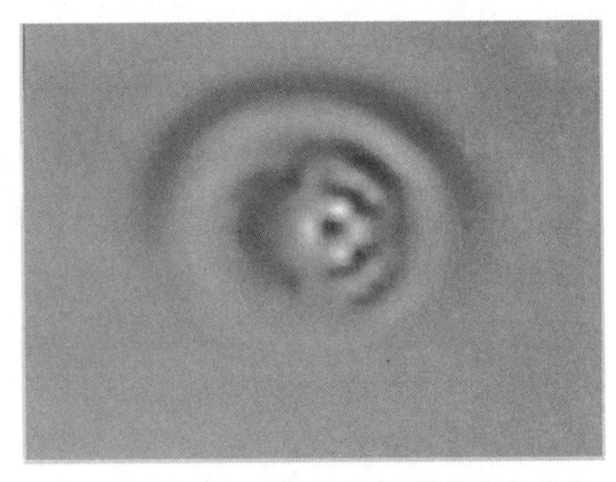

图 10-65　将“Mask Feather（遮罩羽化）”值设置为 125 像素后的效果

9）天空是具有透视效果的，因此飞龙穿越水幕墙时的水波涟漪效果也应该是具有透视效果的，下面通过三维图层和摄像机来制作这个效果。方法为：选择“灰色 固态层 1”图层，然后单击按钮，将其转换为三维图层。选择“Layer（图层）|New（新建）|Camera（摄像机）”命令，在弹出的“Camera Settings（摄像机设置）”对话框中设置参数，如图 10-66 所示，单击“确定”按钮，从而新建“摄像机 1”图层，此时时间线分布如图 10-67 所示。最后利用工具栏中的（旋转工具）沿 X 轴旋转“灰色 固态层 1”图层中的图像，使之与天空透视角度相同，如图 10-68 所示。

提示：如果此时通过水波涟漪可以看到背景图像，则可对遮罩上的节点进行调节，使之完全遮挡住背景图像。

10）将相关的水波涟漪的图层进行嵌套。方法为：选择“摄像机 1”“灰色 固态层 1”和“灰色 固态层 2”图层，然后选择“Layer（图层）|Pre-compose（预合成）”命令，在弹出的对话框中，设置“新建合成名称”为“water”，如图 10-69 所示，单击“OK”按钮，此时时间线分布如图 10-70 所示。

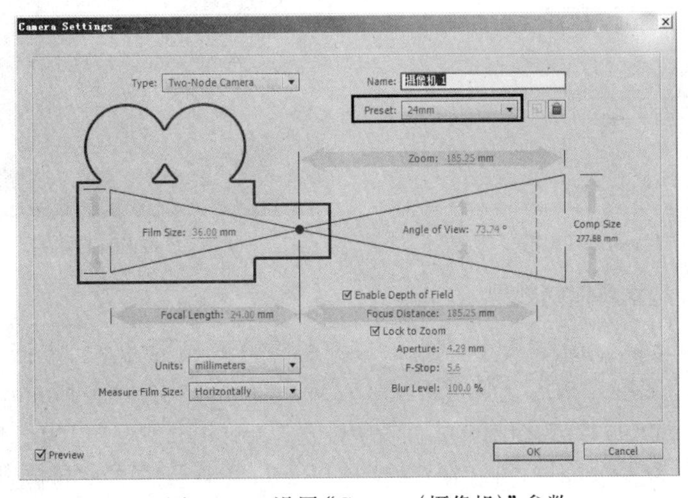

图 10-66　设置“Camera（摄像机）”参数

图 10-67　时间线分布

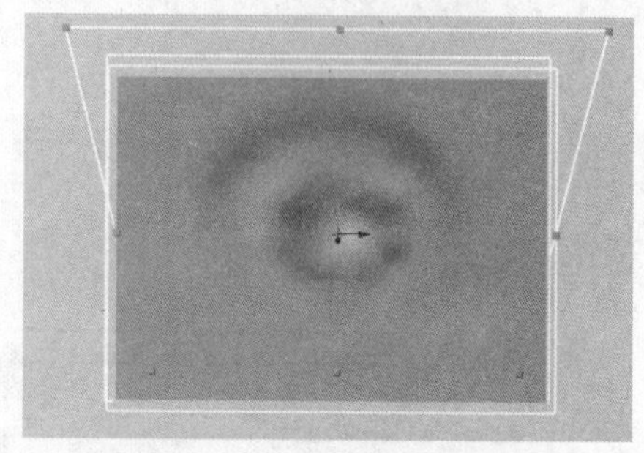

图 10-68　旋转“灰色 固态层 1”图层中的图像使之与天空透视角度相同

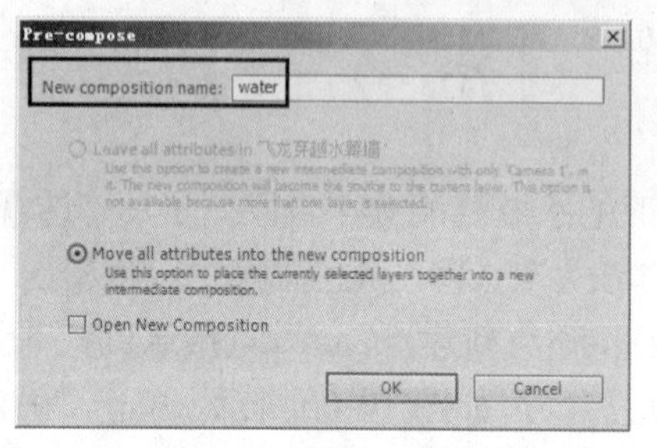

图 10-69　设置“新建合成名称”为“water”

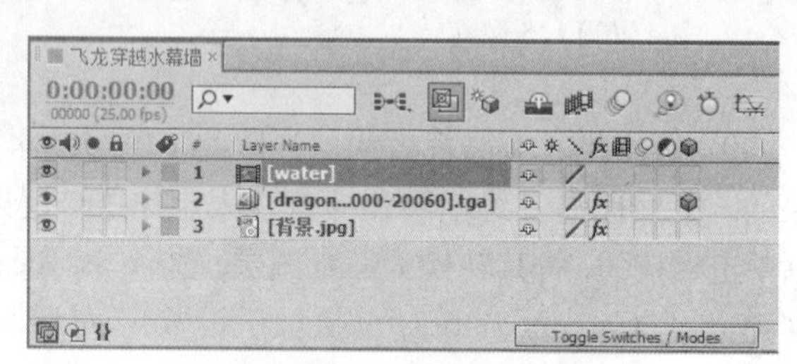

图 10-70　时间线分布

11) 利用“water”图层的水波涟漪效果来影响天空。方法为：隐藏嵌套后的“water”图层，然后选择“背景”图层，选择“Effect (效果) |Simulation (模拟仿真) |Caustics (焦散)”命令，然后在“Effect Controls (特效控制台)”面板中将“Caustics (焦散)”中“Water Surface (水面)”设置为“1.water”，再将“Surface Opacity (表面透明度)”设置为0，如图10-71所示，效果如图10-72所示。

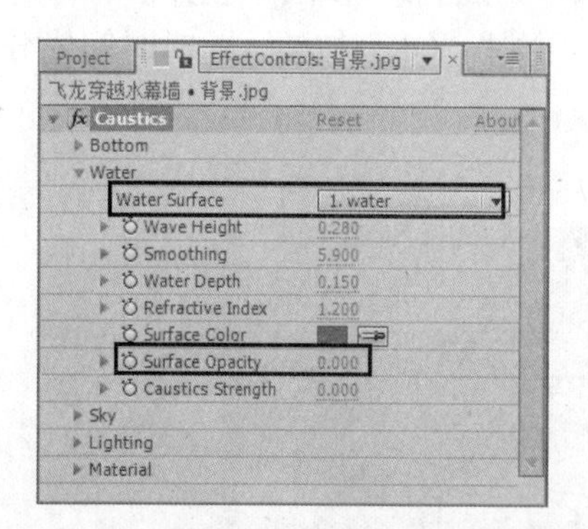

图 10-71　设置“Caustics (焦散)”参数

图 10-72　调整“Caustics (焦散)”参数后的效果

3.制作飞龙穿越水幕墙的效果

1) 利用“Minimax (最大/最小)”特效来控制隐藏或显示飞龙。方法为：选择“dragon [20000-20060].tga”图层，然后选择“Effect (效果) |Channel (通道) |Minimax (最大/最小)”命令，在“Effect Controls (特效控制台)”面板中设置“Operation (操作)”为“Minimum (最小)”，“Channel (通道)”为“Alpha”，再在第24帧将“Radius (半径)”的关键帧参数设置为“25”，如图10-73所示，从而完全隐藏飞龙，效果如图10-74所示。接着在第1秒23帧录制“Radius (半

径）”的关键帧参数为“0”，从而完全显示出飞龙，效果如图 10-75 所示，此时时间线的关键帧分布如图 10-76 所示。最后预览动画，即可看到飞龙从无到有逐渐显现的效果，如图 10-77 所示。

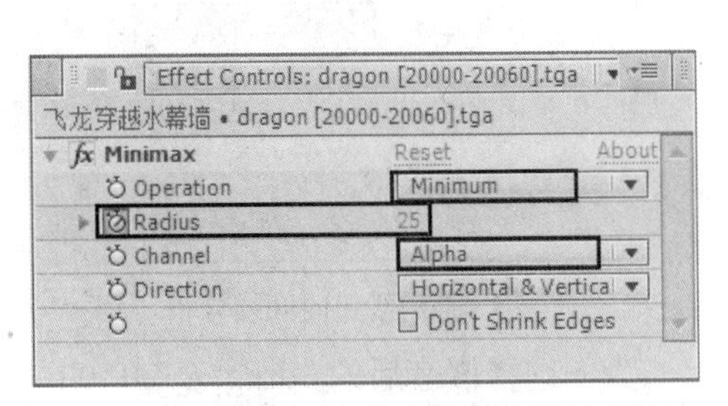

图 10-73　设置“最大/最小”特效的参数

图 10-74　第 24 帧的画面效果

图 10-75　第 1 秒 23 帧的画面效果

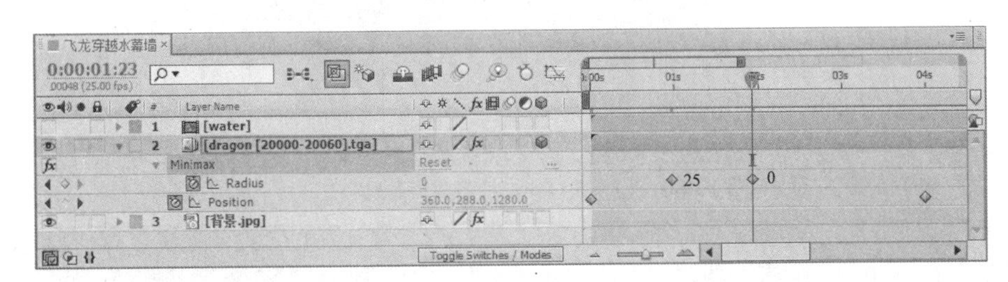

图 10-76　关键帧分布

图 10-77　预览效果

2）为了便于管理，下面对“dragon [20000-20060].tga”图层进行嵌套。方法为：选择“dragon [20000-20060].tga”图层，选择“Layer（图层）|Pre-compose（预合成）”命令，然后在弹出的对话框中设置参数，如图 10-78 所示，单击“OK”按钮，此时时间线分布如图 10-79 所示。

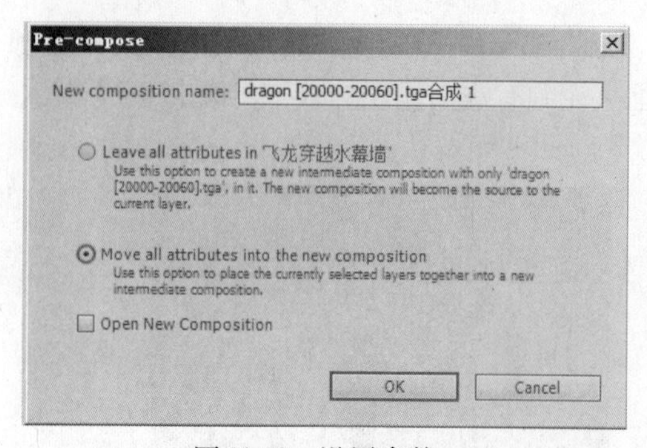

图 10-78　设置参数

图 10-79　时间线分布

3）制作飞龙穿越水幕时产生的辉光效果。方法为：选择嵌套后的“dragon [20000-20060]. tga 合成 1”图层，然后选择“Effect（效果）|Stylize（风格化）|Glow（辉光）”命令，在“Effect Controls（特效控制台）”面板中设置参数，如图 10-80 所示。接着根据飞龙穿越水幕前后辉光从小到大再到小的特点，分别在第 1 秒 19 帧、第 2 秒 3 帧和第 2 秒 22 帧录制“Glow Radius（辉光半径）”和“Glow Intensity（辉光强度）”的关键帧参数，如图 10-81 所示，此时预览效果如图 10-82 所示。

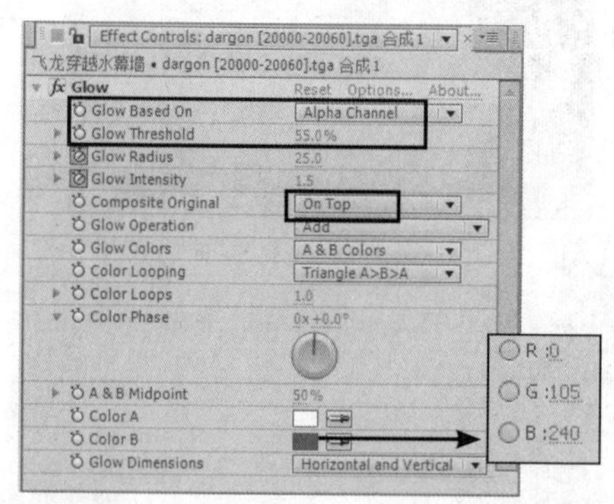

图 10-80　设置“Glow（辉光）”参数

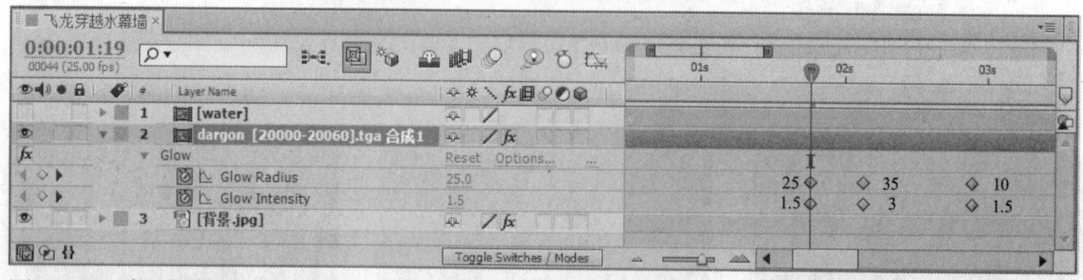

图 10-81　在不同帧录制“Glow Radius（辉光半径）”和“Glow Intensity（辉光强度）”的关键帧参数

图 10-82　辉光预览效果

4）为了增强视觉冲击力，下面再给飞龙添加一个扫光效果。方法为：选择嵌套后的“dragon [20000-20060].tga 合成 1”图层，然后选择“Effect（效果）|Trapcode（编码）|Shine（光芒）”命令，此时默认扫光颜色为黄色，如图 10-83 所示，而我们需要飞龙按照自身的颜色进行扫光。下面在“特效控制台”面板中将“Colorize”设置为“None”，如图 10-84 所示，从而使扫光按照飞龙自身的色彩进行扫光。接着分别在第 2 秒 03 帧、第 2 秒 18 帧和第 4 秒 01 帧录制 Ray Length 和 Boost Light 的关键帧参数，如图 10-85 所示。此时预览效果如图 10-86 所示。

图 10-83　默认扫光效果

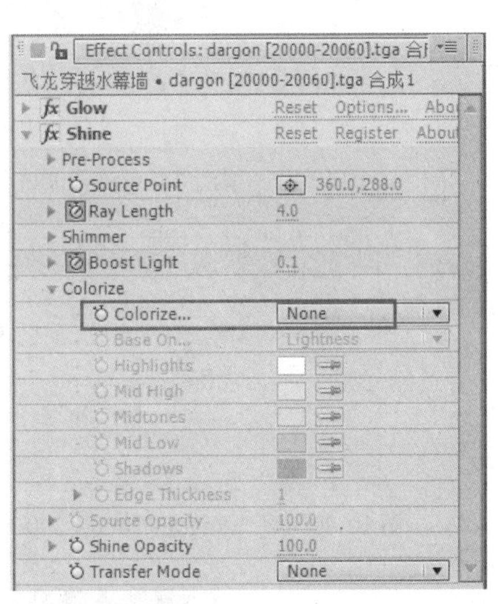

图 10-84　将“Colorize”设置为“None”

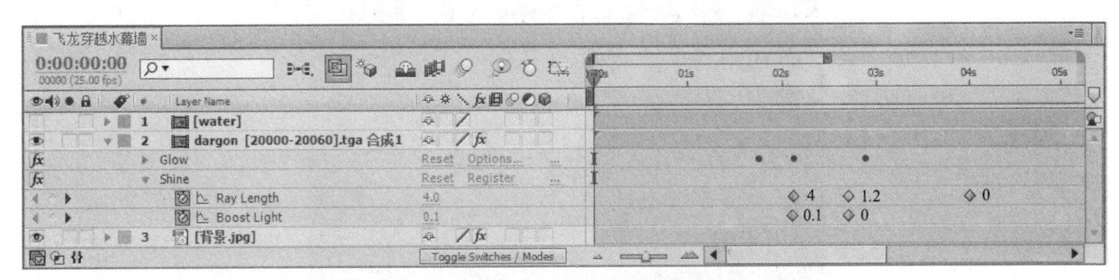

图 10-85　Shine 特效的关键帧分布

图 10-86　扫光预览效果

5）此时飞龙在穿越水幕墙时自身被光芒完全覆盖了，而我们需要飞龙在穿越水幕墙时自身是可见的，光芒只在飞龙边缘出现，下面通过复制“dragon [20000-20060].tga 合成 1”图层来解决这个问题。方法为：选择“dragon [20000-20060].tga 合成 1”图层，按快捷键〈Ctrl+D〉，复制出“dragon [20000-20060].tga 合成 2”图层，然后在“Effect Controls (特效控制台)”面板中取消“dragon [20000-20060].tga 合成 2”图层“Shine”特效的显示，如图 10-87 所示。接着将“dragon [20000-20060].tga 合成 1”图层的混合模式设置为“Add (添加)”，如图 10-88 所示，效果如图 10-89 所示。

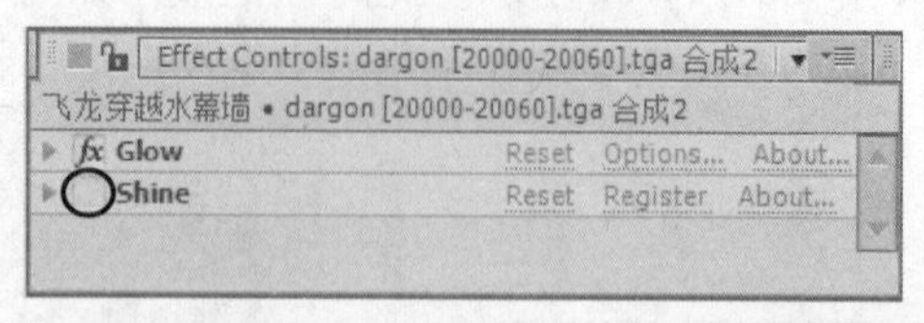

图 10-87　取消“dragon [20000-20060].tga 合成 2”图层“Shine”特效的显示

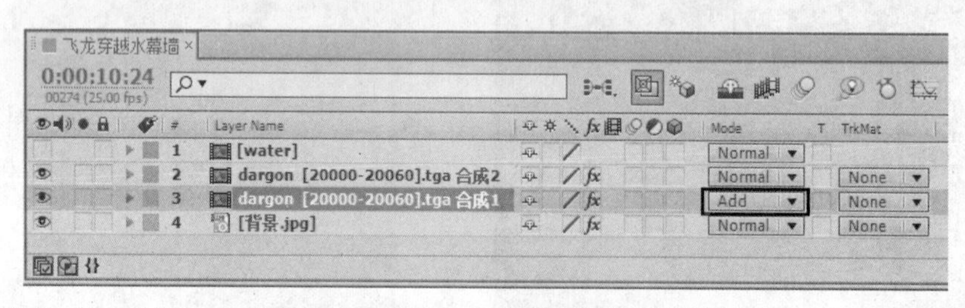

图 10-88　将“dragon [20000-20060].tga 合成 1”图层的混合模式设置为“Add (添加)”

图 10-89　预览效果

4. 制作飞龙穿越水幕前的半透明效果

1）此时预览会发现飞龙在穿越水幕墙前是不可见的，而实际情况应该是飞龙在穿越水幕墙前是可见的，只是虚化而已。下面就来制作这个效果。

2）在“项目”面板中双击“dragon [20000-20060].tga Comp 1”合成图像进入编辑状态，然后在“时间线”窗口中选择“dragon [20000-20060].tga”图层，如图 10-90 所示，按快捷键〈Ctrl+C〉进行复制。接着回到“飞龙穿越水幕墙”合成图像中按快捷键〈Ctrl+V〉进行粘贴，如图 10-91 所示。

3）选择粘贴后的“dragon [20000-20060].tga”图层，然后在“Effect Controls (特效控制台)”面板中删除“Minimax (最大/最小)”特效。此时第 0 帧的效果如图 10-92 所示。

图 10-90　选择“dragon [20000-20060].tga”图层

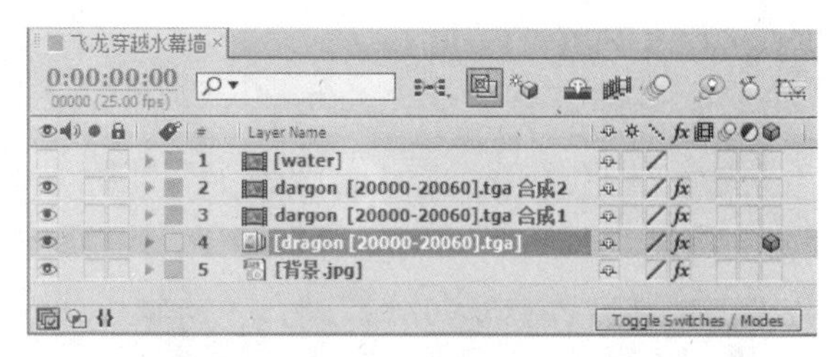

图 10-91　将“dragon [20000-20060].tga”图层粘贴到“飞龙穿越水幕墙”合成图像中

图 10-92　第 0 帧的效果

4）制作飞龙穿越水幕前的虚化效果。方法为：选择“dragon [20000-20060].tga”图层，然后将图层的混合模式设置为“Soft Light（柔光）”，如图 10-93 所示，效果如图 10-94 所示。接着选择“dragon [20000-20060].tga”图层，执行菜单中的“Effect（效果）|Blur&Sharpen（模糊与锐化）|Gaussian Blur（高斯模糊）”命令，再在“Effect Controls (特效控制台)”面板中设置参数如图 10-95 所示，效果如图 10-96 所示。

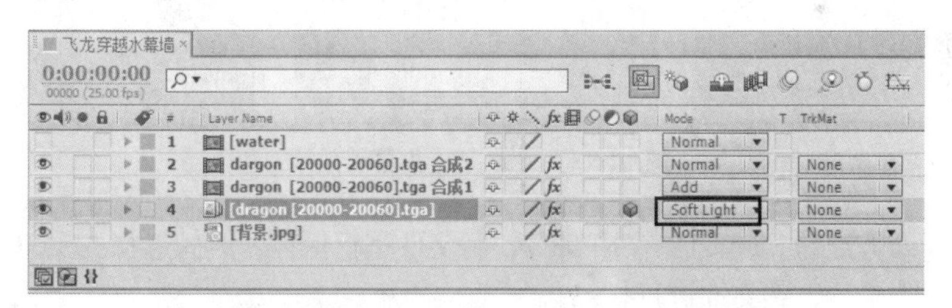

图 10-93　将图层的混合模式设置为“Soft Light (柔光)”

图 10-94　将图层的混合模式设置为“Soft Light (柔光)”后的效果

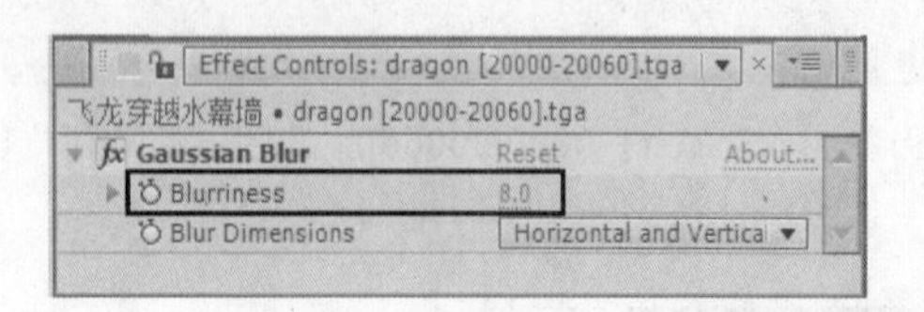

图 10-95　设置“Gaussian Blur（高斯模糊）”参数

图 10-96　调整“Gaussian Blur（高斯模糊）”参数后的效果

5）至此，飞龙穿越水幕墙的效果制作完毕。下面按小键盘上的〈0〉键，预览动画，效果如图 10-97 所示。

图 10-97　飞龙穿越水幕墙效果

6）选择“File（文件）| Save（保存）”命令，将文件进行保存。然后选择“File（文件）| Collect Files（收集文件）”命令，将文件进行打包。

10.4　课后练习

1. 利用配套光盘中的“源文件\第 4 部分 高级技巧\第 10 章 变形效果\课后练习\练习 1\(Footage)\Logo.tga”文件，制作出水的 Logo 效果，如图 10-98 所示。参数可参考配套光盘中的“源文件\第 4 部分 高级技巧\第 10 章 变形效果\课后练习\练习 1\练习 1.aep”文件。

2. 利用配套光盘中的“源文件\第 4 部分 高级技巧\第 10 章 变形效果\课后练习\练习 2\(Footage)\老人.jpg”和“青年.jpg”文件，制作变脸效果，如图 10-99 所示。参数可参考配套光盘中的“源文件\第 4 部分 高级技巧\第 10 章 变形效果\课后练习\练习 2\练习 2.aep”文件。

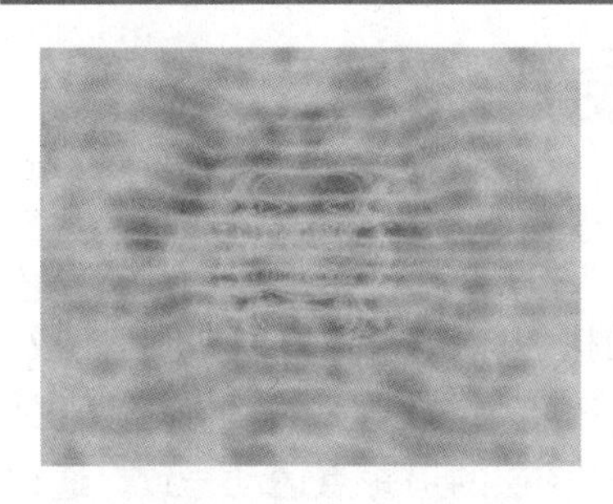
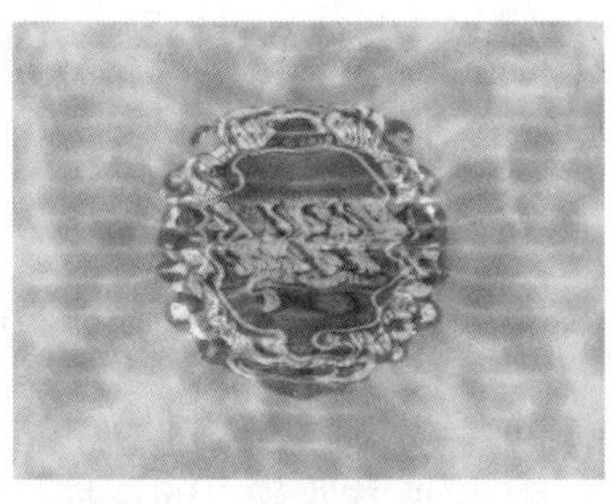

图 10-98　练习 1 效果

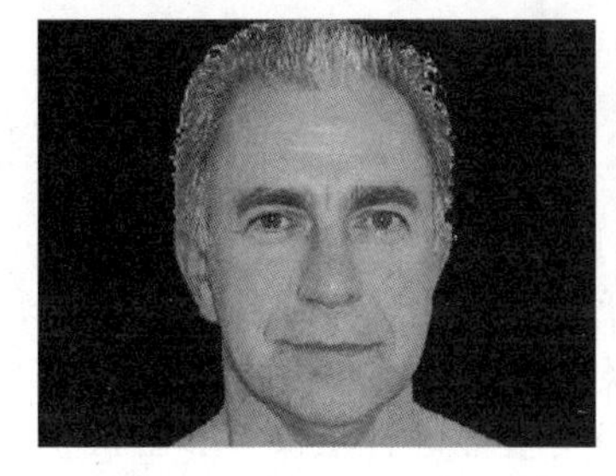

图 10-99　练习 2 效果

第11章　抠像与跟踪

本章重点：

在影视广告中，利用抠像可以十分方便地将蓝屏或绿屏拍摄的影像与其他影像进行合成。利用跟踪可以获得图层中某些效果点的运动信息，例如位置、旋转、缩放等，然后将其传送到另一图层的效果点中，从而实现另一图层或者效果点的运动与该图层的追踪点运动一致。通过本章的学习，读者应掌握抠像与跟踪的使用方法。

11.1　蓝屏抠像

要点：

我国通常采用蓝屏作为背景拍摄后进行抠像。在欧美，由于很多人眼睛是蓝色的，如果采用蓝屏拍摄，抠像时容易将人眼抠除。为了避免这种情况，欧美多采用绿屏作为背景拍摄，再进行抠像，无论蓝屏还是绿屏抠像，抠像方法大致相同。本例将对蓝屏进行抠像，如图11-1所示。通过本例的学习，读者应掌握“Linear　Color Key（线性色键）”和“Spill Suppressor（溢出抑制）”特效的应用。

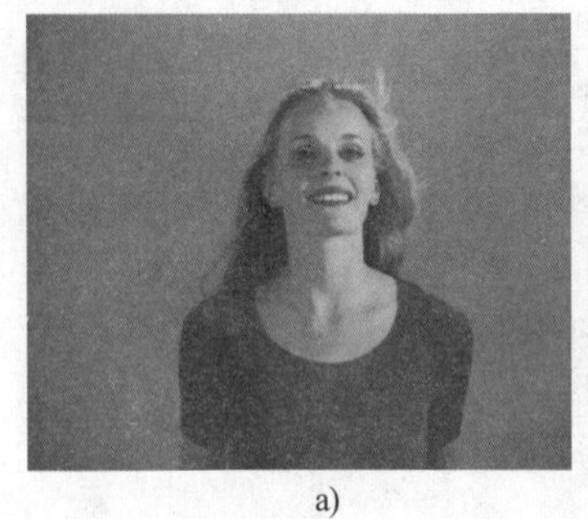
a)

b)

c)

图 11-1　蓝屏抠像

a）人物 .jpg　b) 背景 .jpg　c) 结果图

操作步骤：

1）启动 After Effects CS6，选择“File（文件）|Import（导入）|File（文件）”命令，导入配套光盘中的“源文件 \ 第 4 部分 高级技巧 \ 第 11 章 抠像与跟踪 \11.1 蓝屏抠像 folder\（Footage）\人物 .jpg”“背景 .jpg”图片。

2）创建一个与“人物 .jpg”文件等大的合成图像。方法为：将“Project（项目）”窗口中的“人物 .jpg”拖到下方的（新建合成）按钮上，从而创建一个与“人物 .jpg”文件等大的合成图像。

3）对“人物 .jpg”进行初步抠像处理。方法为：在“时间线”窗口中选择“人物 .jpg”图层，然后选择“Effect（效果）| Keying（键控）| Linear　Color Key（线性色键）”命令，在“Effect Controls（特效控制台）”面板中设置参数，如图 11-2 所示，效果如图 11-3 所示。

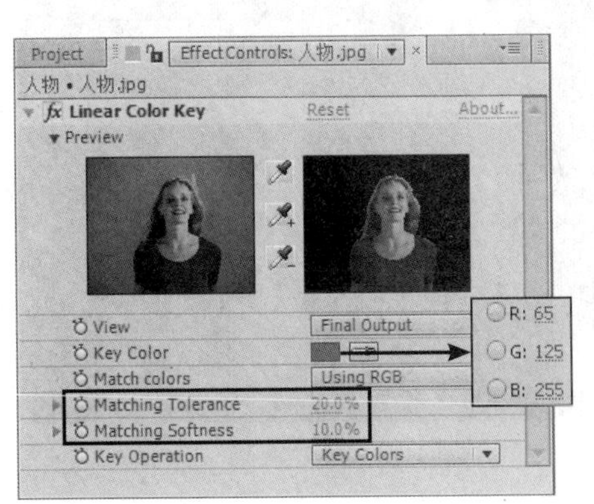

图 11-2　设置“LinearColorKey (线性色键)”参数

图 11-3　初步抠像效果

4）此时图像大部分的蓝色已被去除，但人物边缘和图像下方的局部还残留有少量的蓝色，下面通过“Spill Suppressor (溢出抑制)”特效将其去除。方法为：在“时间线”窗口中选择“人物 .jpg”图层，然后选择“Effect (效果) | Keying (键控) | Spill Suppressor (溢出抑制)”命令，接着在“Effect Controls (特效控制台)”面板中设置参数，如图 11-4 所示，效果如图 11-5 所示。

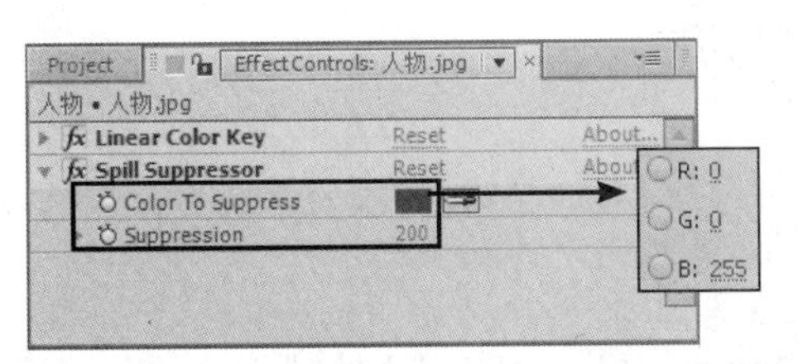

图 11-4　设置“Spill Suppressor (溢出抑制)”参数

图 11-5　继续抠像效果

5）为便于观看效果，下面添加背景。方法为：将“Project (项目)”窗口中的“背景 .jpg”拖入“时间线”窗口，并放置到“人物 .jpg”图层的下方，如图 11-6 所示，效果如图 11-7 所示。

6）选择“File (文件) | Save (保存)”命令，将文件进行保存。然后选择“File (文件) | Collect Files (收集文件)”命令，将文件进行打包。

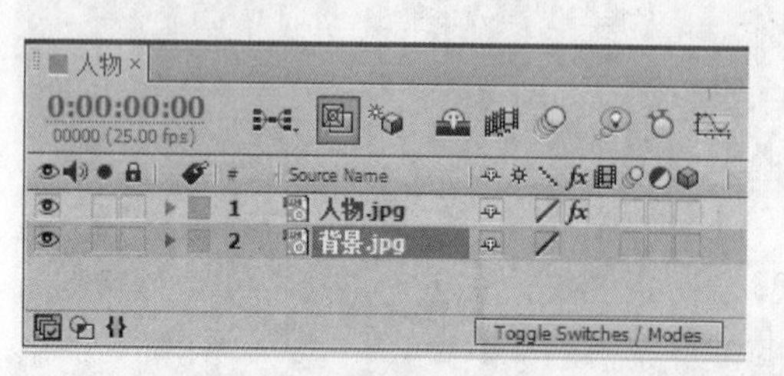

图 11-6　将“背景 .jpg”图层放到“人物 .jpg”图层的下方

图 11-7　最终效果

11.2　晨雾中的河滩

要点：

本例将利用After Effects CS6自身所带的键控工具，制作晨雾中的河滩效果，如图11-8所示。通过对本例的学习，读者应掌握“Color Difference Key（颜色差异键）”“Matte Choker（蒙版抑制）”“Curve（曲线）”特效的应用。

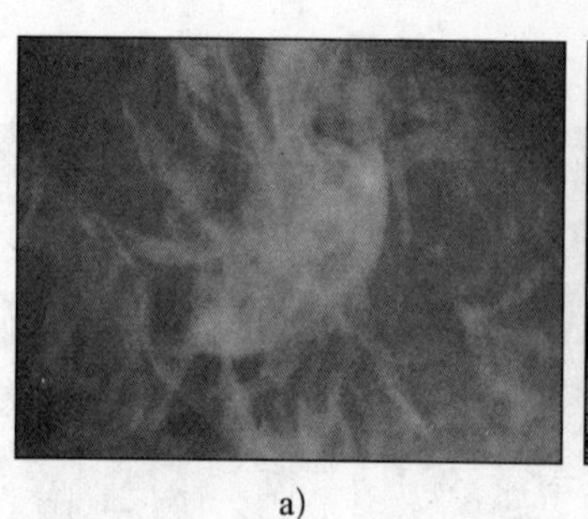

a)

b)

c)

图 11-8　晨雾中的河滩
a）烟雾　b）河滩　c）结果图

操作步骤：

1）启动 After Effects CS6，选择“File（文件）|Import（导入）|File（文件）”命令，导入配套光盘中的“源文件\第 4 部分 高级技巧\第 11 章 抠像与跟踪\11.2 晨雾中的河滩 folder\(Footage)\ 0230.jpg”图片。

2）创建一个与“烟 .avi”文件等大的合成图像。方法为：选择“File（文件）|Import（导入）|File（文件）”命令，导入配套光盘中的“源文件\第 4 部分 高级技巧\第 11 章 抠像与跟踪\11.2 晨雾中的河滩 folder\ (Footage)\烟 .avi”文件，然后将其拖到（新建合成）按钮上，创建一个与“烟 .avi”文件等大的合成图像。

3）将“Project（项目）”窗口中的“0230.jpg”图片拖入“时间线”窗口，并放置在“烟 .avi”图层的下方，然后将入点与“烟 .avi”图层对齐，如图 11-9 所示。

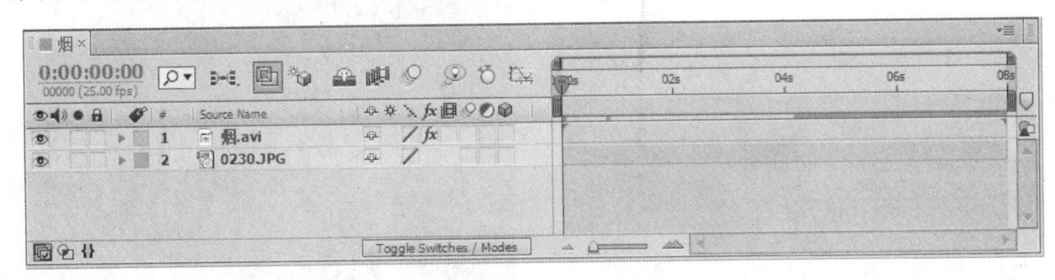

图 11-9　时间线分布

4）利用键控工具去除蓝色。方法为：选择“烟 .avi”图层，然后选择“Effect（效果）|Keying（键控）| Color Difference Key（颜色差异键）”命令，在弹出的“Effect Controls（特效控制台）”面板中设置参数，如图 11-10 所示，效果如图 11-11 所示。

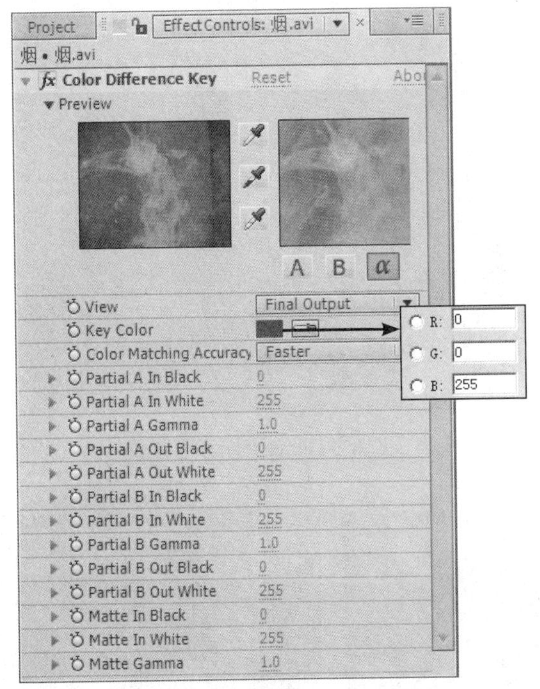

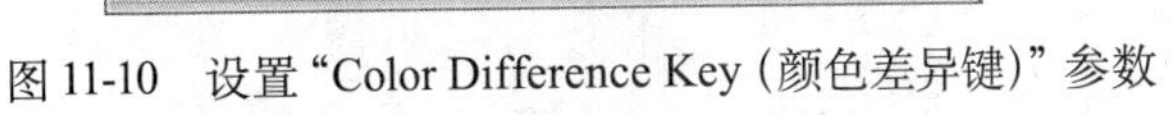

图 11-10　设置“Color Difference Key（颜色差异键）”参数

图 11-11　调整“Color Difference Key（颜色差异键）”参数后的效果

5）为了使烟雾与背景更好地融合，选择“烟 .avi”图层，然后选择“Effect（效果）|Matte（蒙版）| Matte Choker（蒙版抑制）”命令，参数设置如图 11-12 所示，效果如图 11-13 所示。

6）调整烟雾对比度。方法为：选择“烟 .avi”图层，然后选择“Effect（效果）|Color Correction（色彩校正）| Curve（曲线）”命令，接着设置参数，如图 11-14 所示，效果如图 11-15 所示。

7）按小键盘上的〈0〉键，预览动画，效果如图 11-16 所示。

8）选择“File（文件）| Save（保存）”命令，将文件进行保存。然后选择“File（文件）| Collect Files（收集文件）”命令，将文件进行打包。

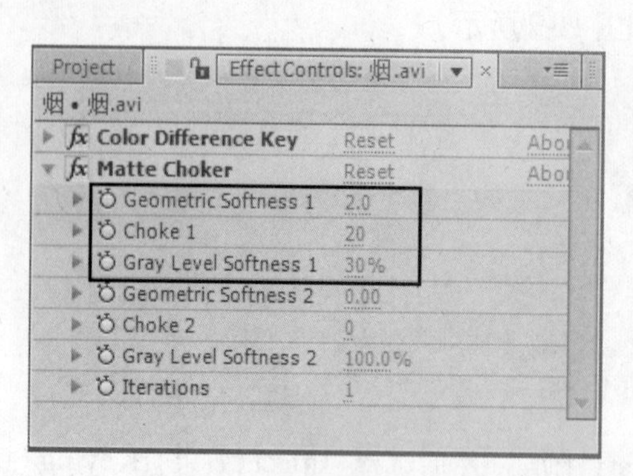

图 11-12　设置“Matte Choker（蒙版抑制）”参数

图 11-13　调整“Matte Choker（蒙版抑制）”参数后的效果

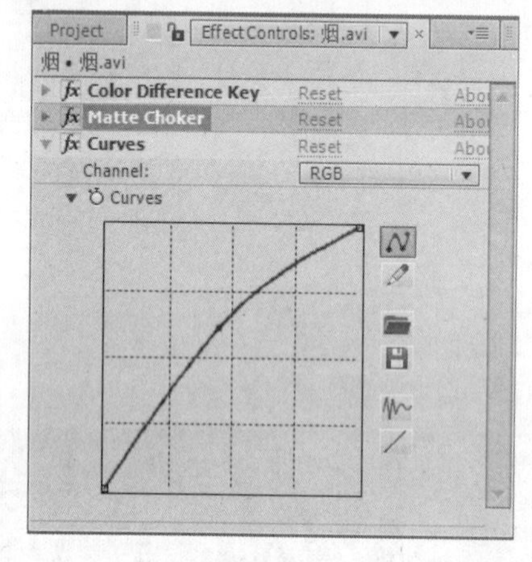

图 11-14　设置“Curve（曲线）”参数

图 11-15　调整“Curve（曲线）”参数后的效果

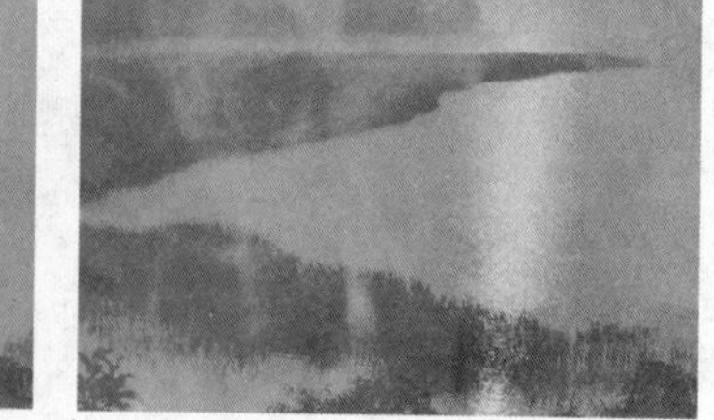

图 11-16　最终效果

11.3　局部马赛克效果

要点：

本例将制作人物访谈中常见的人脸局部的马赛克效果，如图11-17所示。通过对本例的学习，读者应掌握“动态跟踪”与“马赛克”特效的综合应用。

图 11-17　局部马赛克效果

操作步骤：

1）启动 After Effects CS6，选择“File（文件）|Import（导入）|File（文件）”命令，导入配套光盘中的“源文件\第 4 部分 高级技巧\第 11 章 抠像与跟踪\11.3 局部马赛克效果 folder\(Footage)\人物 .avi”文件到当前“项目”窗口中。

2）在“Project（项目）”窗口中，将“人物 .avi”拖到（新建合成）按钮上，创建一个与“人物 .avi”文件等大的合成图像。

3）创建马赛克。方法为：选择“Layer（图层）| New（新建）| Solid（固态层）”命令（快捷键为〈Ctrl+Y〉），然后在弹出的对话框中设置参数，如图 11-18 所示，单击“OK”按钮，效果如图 11-19 所示。

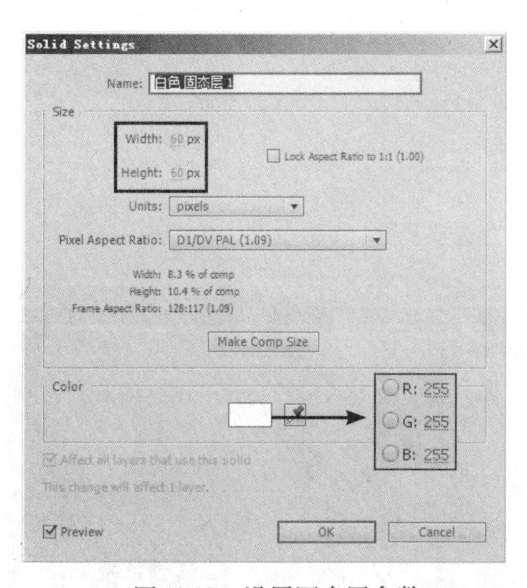

图 11-18　设置固态层参数

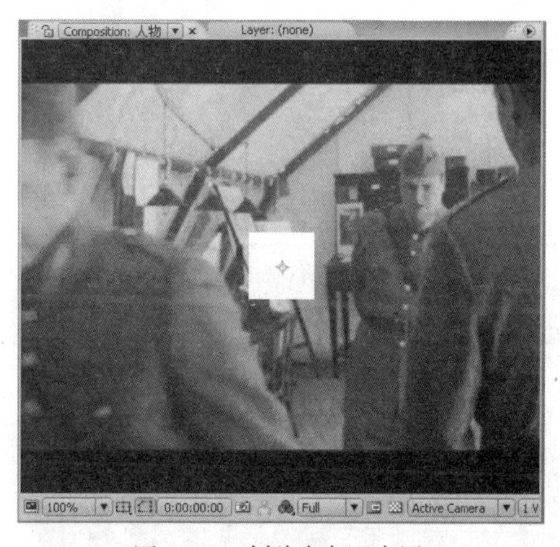

图 11-19　创建白色固态层

4）在“时间线”窗口中选择“人物 .avi”图层，如图 11-20 所示。然后选择“Animation（动画）| Track Motion（运动跟踪）”命令，调出“Tracker（跟踪）”面板，接着设置参数，如图 11-21 所示。最后单击 Options... 按钮，在弹出的对话框中设置参数，如图 11-22 所示，单击 Apply 按钮。

5）此时，视图中的运动追踪框如图 11-23 所示，接下来按照图 11-24 所示调整运动追踪框的位置。

图 11-20 选择“人物 .avi” 图层

图 11-21 设置“Tracker (跟踪)” 参数

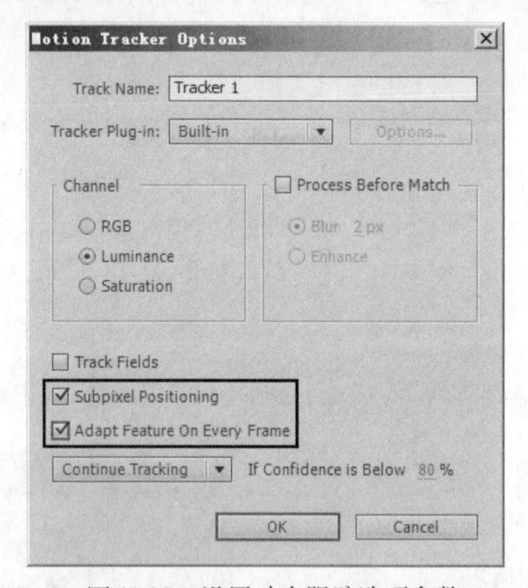

图 11-22 设置动态跟踪选项参数

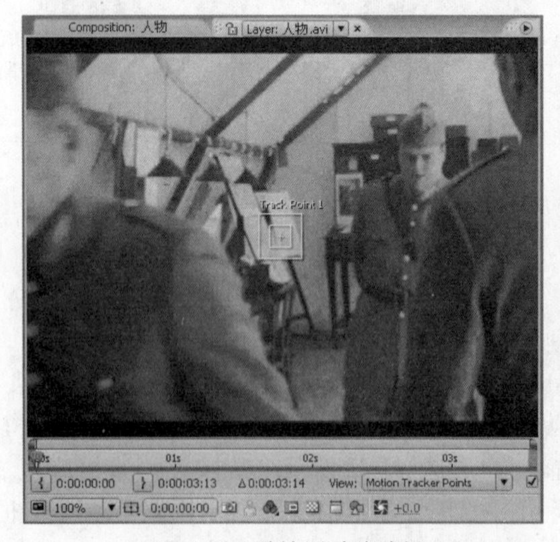

图 11-23 默认运动追踪框

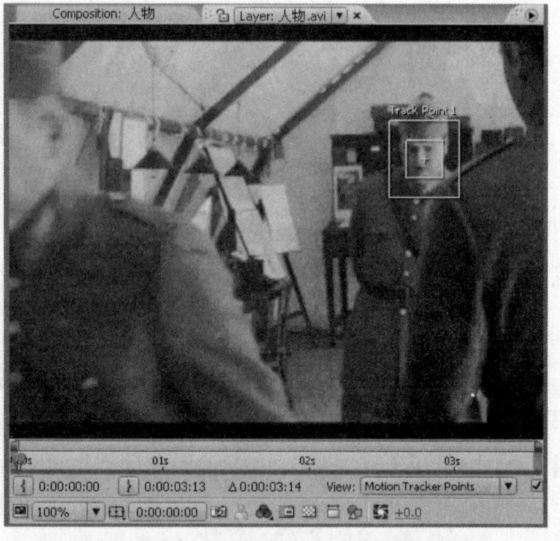

图 11-24 调整运动追踪框的位置

6）单击“Tracker（跟踪）”面板中的▶按钮，跟踪效果如图 11-25 所示。在“时间线”窗口中展开“Motion Trackers（动态跟踪）”属性，会看到每个跟踪点都产生了一个关键帧，如图 11-26 所示。

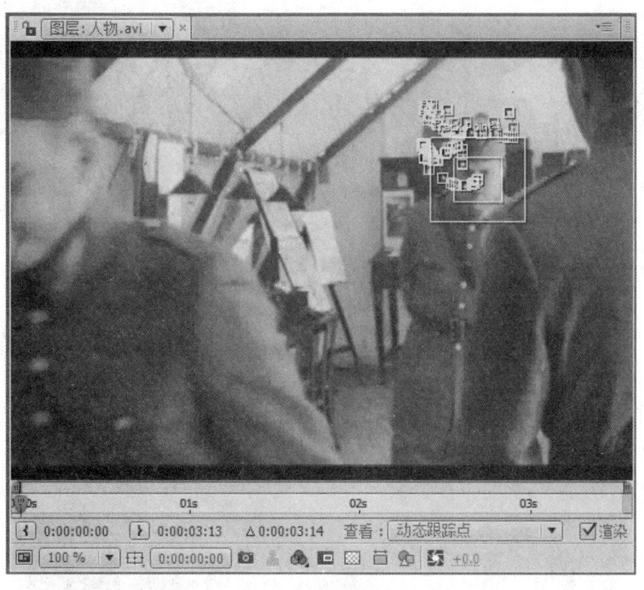

图 11-25　跟踪效果

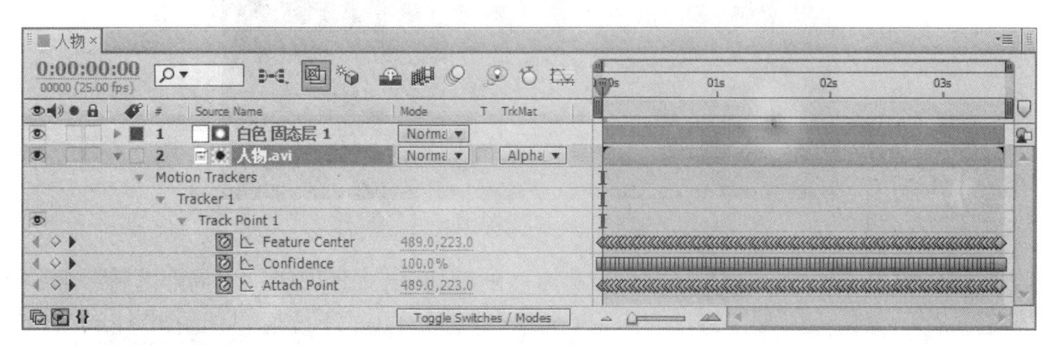

图 11-26　时间线分布

7）单击“Tracker（跟踪）”面板中的 Apply 按钮，然后在弹出的对话框中设置参数，如图 11-27 所示，单击 OK 按钮，应用跟踪。此时，在“时间线”窗口中展开“白色 固态层 1”图层中的“位置”属性，会看到每个跟踪点都产生了一个关键帧，如图 11-28 所示，效果如图 11-29 所示。

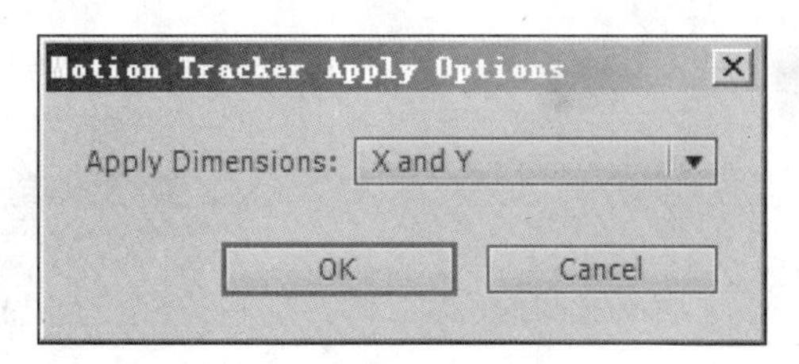

图 11-27　设置参数

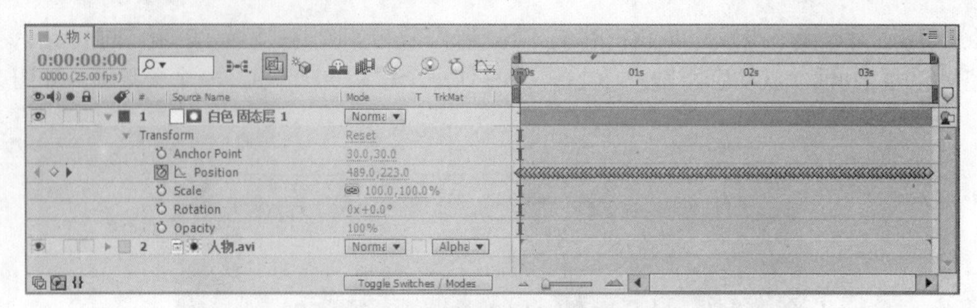

图 11-28　应用跟踪后的时间线分布

图 11-29　应用跟踪效果

8）利用蒙版只显示局部模糊区域。方法为：在“时间线”窗口中选择“局部模糊”图层，单击“轨道蒙版”下的 None 按钮，如图 11-30 所示。然后在弹出的下拉菜单中选择“AlphaMate‘白色 固态层 1’” 命令，如图 11-31 所示，效果如图 11-32 所示。

9）制作局部模糊效果。方法为：选择“人物 .avi” 图层，然后选择“Effect（效果）| Stylize（风格化）| Mosaic（马赛克）”命令，接着在“Effect Controls（特效控制台）”面板中设置参数，如图 11-33 所示，效果如图 11-34 所示。

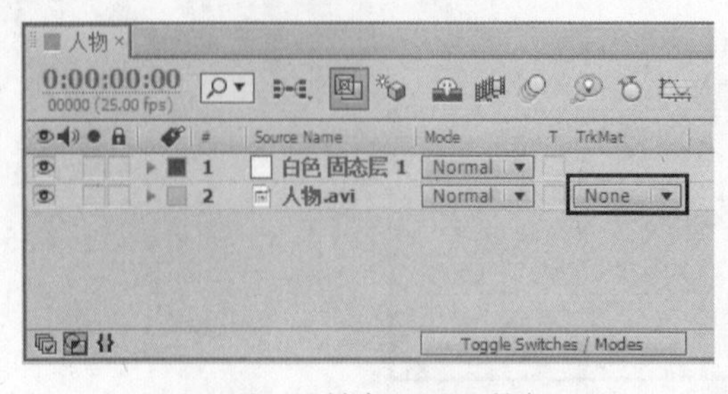

图 11-30　单击 None 按钮

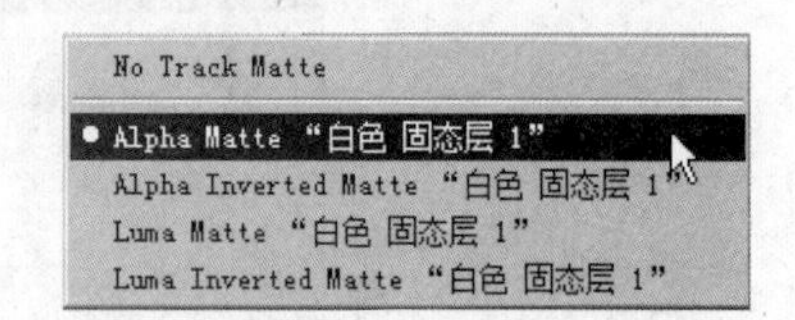

图 11-31　选择“Alpha Matte‘白色 固态层 1’”命令

图 11-32　只显示局部模糊区域效果

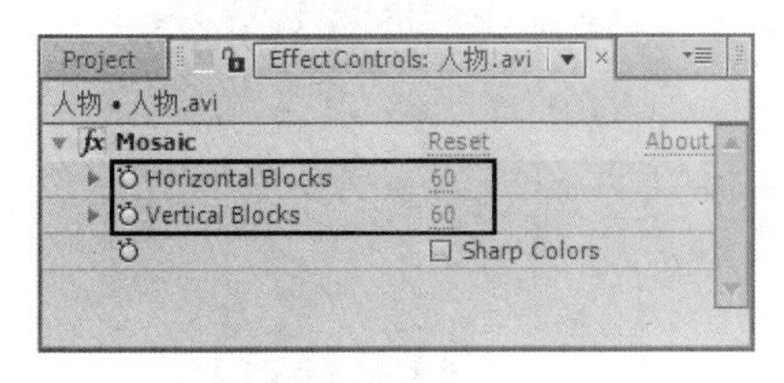

图 11-33　设置“Mosaic（马赛克）”参数

图 11-34　“Mosaic（马赛克）”效果

10）选择“Project（项目）”窗口中的“人物 .avi”，将其再次拖入“时间线”窗口中，并放置在最底层，如图 11-35 所示。

图 11-35　将“人物 .avi”放置在“时间线”窗口的最底层

11）按小键盘上的〈0〉键，预览动画，效果如图 11-36 所示。

12）选择“File（文件）| Save（保存）”命令，将文件进行保存。然后选择“File（文件）| Collect Files（收集文件）”命令，将文件进行打包。

图11-36 局部马赛克效果

11.4 键控与自动跟踪

要点：

本例将利用After Effects CS6的键控与跟踪功能制作逼真的后期合成效果，如图11-37所示。通过对本例的学习，读者应掌握“Color Range（颜色范围）”“Matte Choker（蒙版抑制）”特效，“动态跟踪”“自动轨迹”命令，以及重组和遮罩复制的应用。

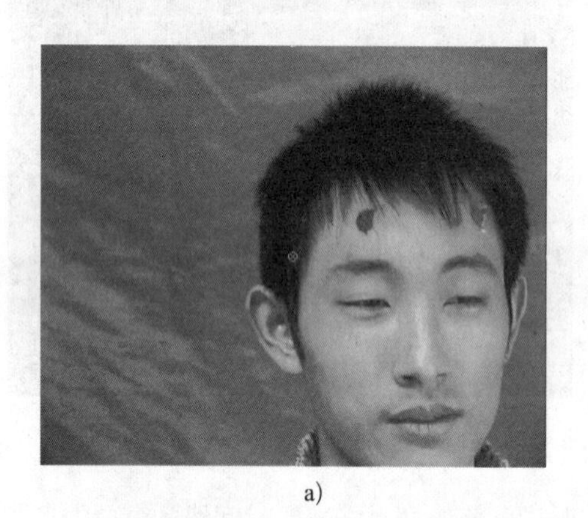

a)

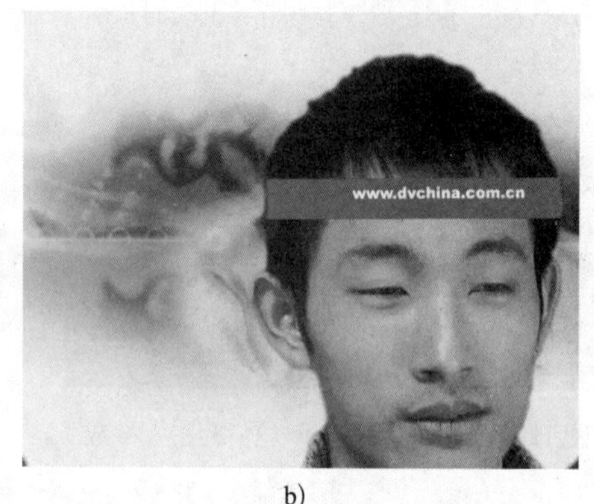

b)

图11-37 键控与自动跟踪
a) 原图像 b) 合成效果

操作步骤

1. 利用键控去除“跟踪.avi”的背景

1）启动After Effects CS6，选择“File（文件）|Import（导入）|File（文件）”命令，导入配套光盘中的“源文件\第4部分 高级技巧\第11章 抠像与跟踪\11.4 键控与自动跟踪 folder\(Footage)\跟踪.avi”“背景.jpg”文件到当前“Project（项目）”窗口中。

2）在“Project（项目）”窗口中，将“跟踪.avi”拖到 （新建合成）按钮上，创建一个与“跟踪.avi”文件等大的合成图像。

3）将“背景.jpg”放入“时间线”窗口中，并适当放大，使其与“跟踪.avi”等大。

4）在“时间线”窗口中选择“跟踪.avi”图层，然后选择“Effect（效果）| Keying（键控）|Color Range（颜色范围）”命令。

5）在弹出的“Effect Controls (特效控制台)”面板中选择吸管工具，在“合成图像”窗口中人体周围的蓝色上单击，再选择工具吸取第一次没有完全去除的颜色，如此反复操作，直到将人体周围的颜色去除为止。然后设置“Color Range (颜色范围)”参数，如图 11-38 所示，效果如图 11-39 所示。

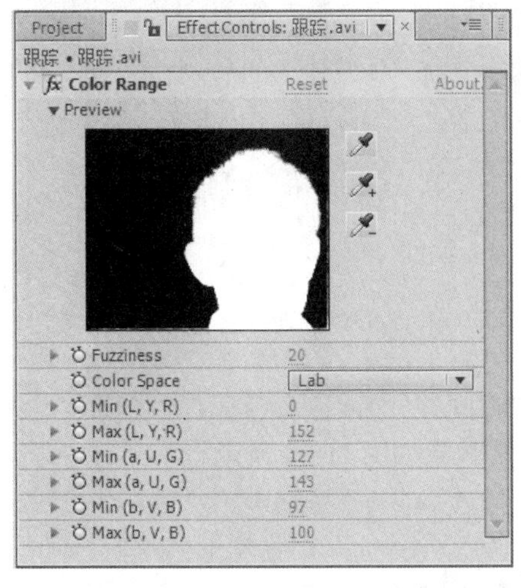

图 11-38　设置“Color Range (颜色范围)”参数

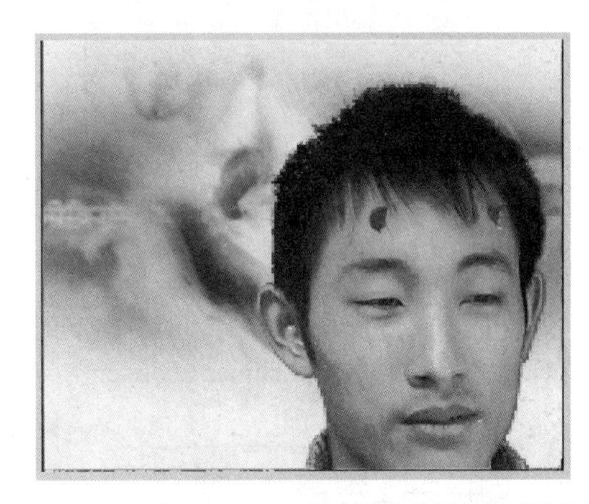

图 11-39　设置“Color Range (颜色范围)”参数后的效果

6）此时，“跟踪 .avi”的背景去除得不是很干净，下面继续进行处理。方法为：选择“图层 1”图层，然后选择“Effect (效果) | Matte (蒙版) | Matte Choker (蒙版抑制)”命令，会弹出对经键控处理后的图像边缘进行调整的一个工具，共有两组，第 1 组进行收缩，第 2 组进行扩张。这样反复进行相同的操作，最终将边缘残留的颜色去掉，参数设置如图 11-40 所示，效果如图 11-41 所示。

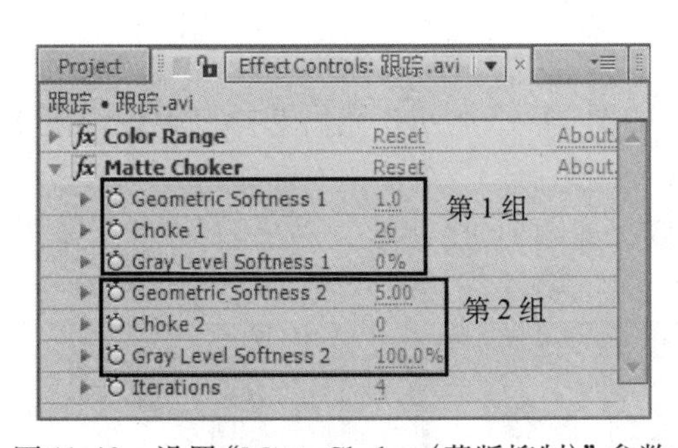

图 11-40　设置“Matte Choker (蒙版抑制)”参数

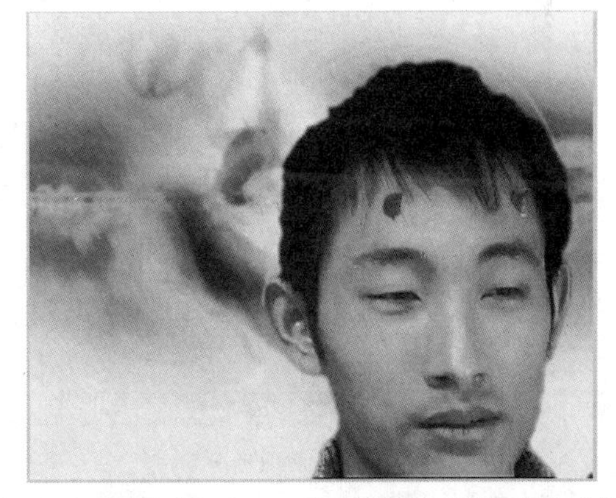

图 11-41　调整“Matte Choker (蒙版抑制)”参数后的效果

2. 制作彩带重组层

1）创建新的固态层。方法为：选择“Layer (图层) |New (新建) | Solid (固态层)”命令，然后在弹出的对话框中设置参数，如图 11-42 所示，单击“OK”按钮，效果如图 11-43 所示。

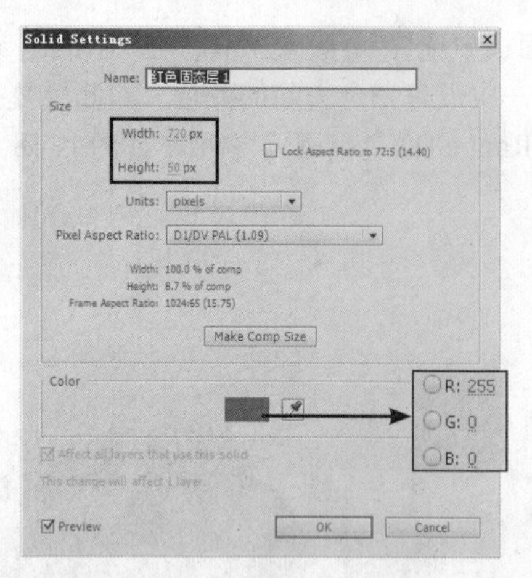

图 11-42　设置固态层参数

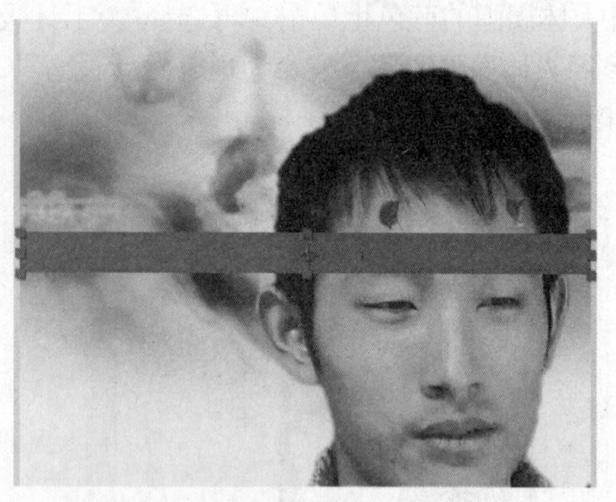

图 11-43　创建的固态层

2）在“工具”面板中选择 T 创建文字工具，在“时间线”窗口中，将时间线移至第 1 帧的位置，输入文字“www.chinadv.com.cn”，参数设置及效果如图 11-44 所示。

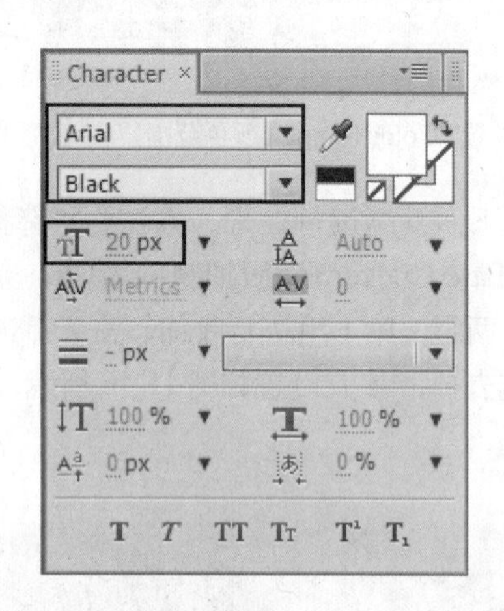

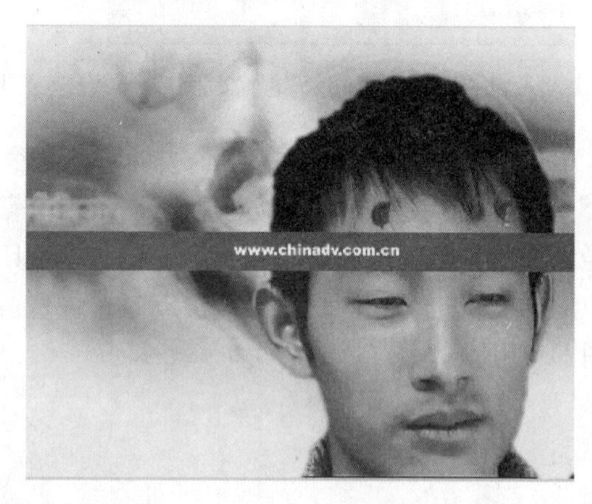

图 11-44　输入文本及效果

3）重组图层。方法为：选择文字图层及固态层，如图 11-45 所示。然后选择“Layer(图层) | Pre-compose（预合成）”命令，在弹出的“Pre-compose（预合成）”对话框中选择第 2 项，其他采用默认设置，如图 11-46 所示，单击“OK”按钮，效果如图 11-47 所示。

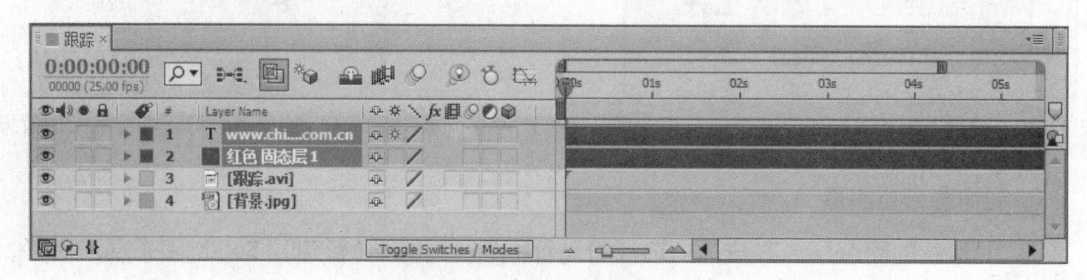

图 11-45　选择文字图层及固态层

图 11-46　设置“Pre-compose（预合成）”参数

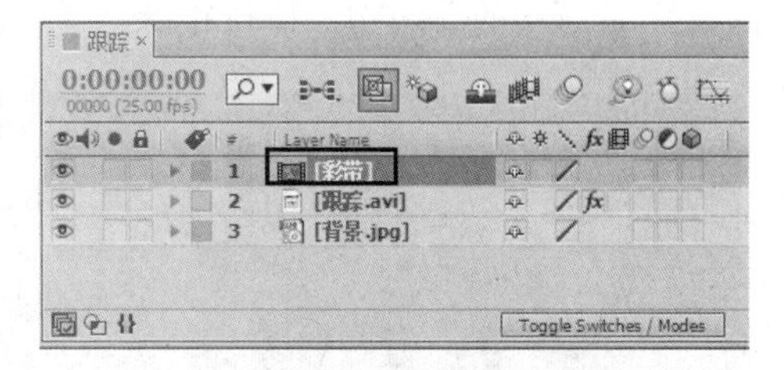

图 11-47　重组图层效果

3. 制作跟踪效果

1）选择“跟踪 .avi”图层，然后选择“Animation（动画）| Track Motion（动态跟踪）”命令，在弹出的“Tracker（跟踪）”面板的“Track Type（跟踪类型）”下拉列表中选择“Transform（变换）”选项，选中“Position（位置）”与“Rotation（旋转）”复选框，接着分别单击“Edit Target（设置目标）”与“Options（选项）”按钮，在弹出的对话框中进行设置，具体设置如图 11-48 所示，效果如图 11-49 所示。

图 11-48　设置“Tracker（跟踪）”参数

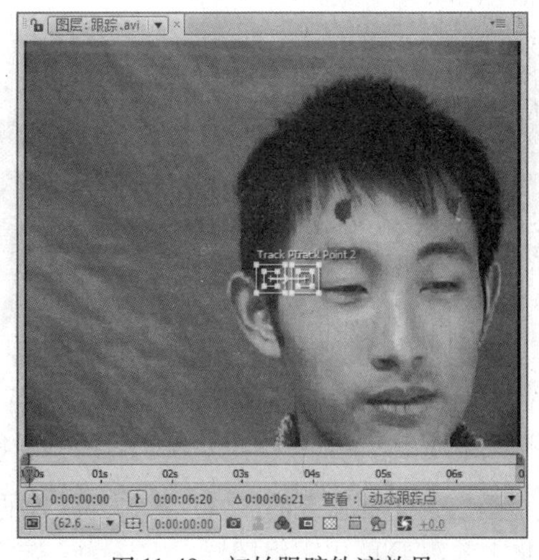

图 11-49　初始跟踪轨迹效果

2) 在“跟踪”窗口中，将“Track Point 1(轨迹点 1)”放在左侧红色小点上，将“Track Point 2”放在右侧红点上。

3) 放大“跟踪”窗口，调整跟踪点、特征区域与搜索区域，如图 11-50 所示。然后单击“Tracker (跟踪)”面板中的 ▶ 按钮，执行跟踪运算，跟踪后的效果如图 11-51 所示。

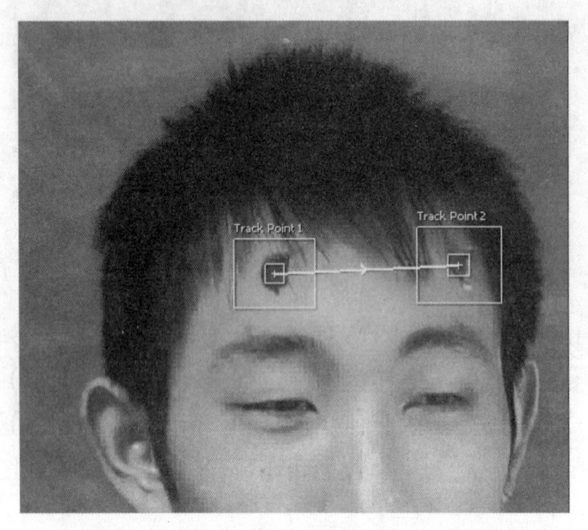

图 11-50　调整跟踪点、特征区域与搜索区域

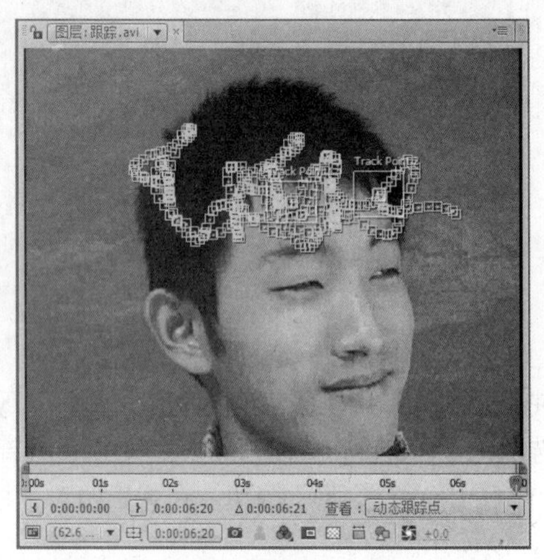

图 11-51　跟踪后的效果

4) 跟踪运算完成后，单击“跟踪”面板中的 Apply 按钮，然后在弹出的对话框中设置参数，如图 11-52 所示，单击 OK 按钮，从而将跟踪效果赋予“彩带”重组层。此时，重组层将随着头部的两个红色信息点进行位置及角度的变化，如图 11-53 所示。

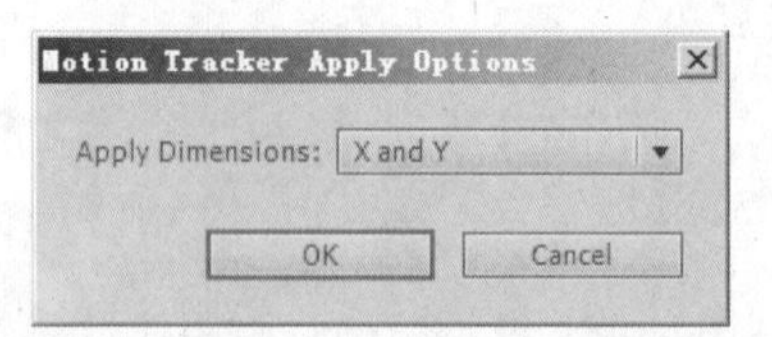

图 11-52　设置参数

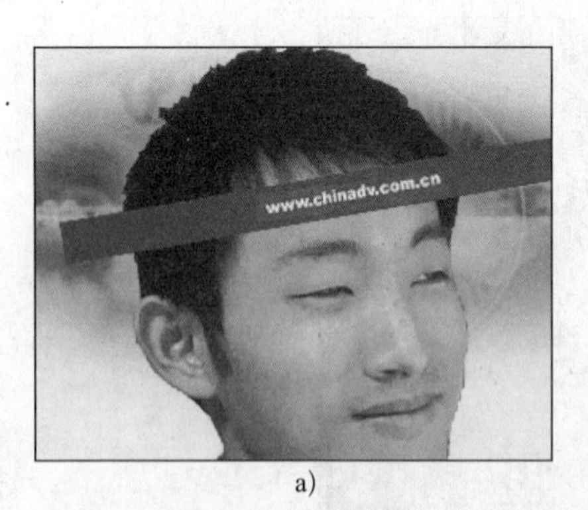

a)

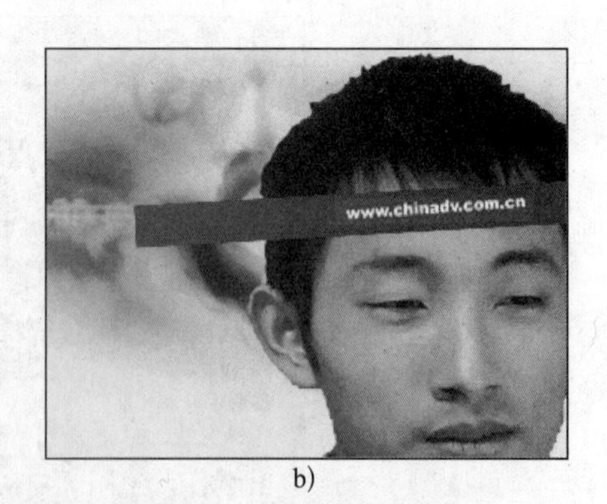

b)

图 11-53　“彩带”图层随头部的两个红色信息点进行位置及角度的变化

5) 此时需要只保留重组图层与头部重叠的区域，对头部以外的区域进行删除，这个步骤可以通过遮罩来实现，在此之前需要再次重组图层。方法为：选择“彩带”重组图层，选择

“Layer（图层）| Pre-compose（预合成）”命令，在弹出的对话框中设置参数，如图 11-54 所示，单击“确定”按钮。

提示：在这里，如果不进行再次重组，下面将无法把“跟踪 .avi”的头部遮罩（Mask1）中的所有关键帧复制到重组图层上，而只能复制一帧。

6）选择“跟踪 .avi”图层，选择“Layer（图层）| Auto-trace（自动跟踪）”命令，然后在弹出的对话框中设置参数，如图 11-55 所示，单击“是”按钮，此时“时间线”窗口中的效果如图 11-56 所示。

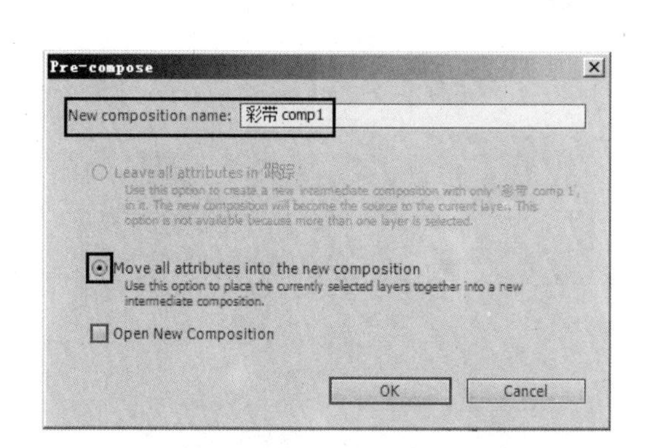

图 11-54　设置“Pre-compose（预合成）”参数

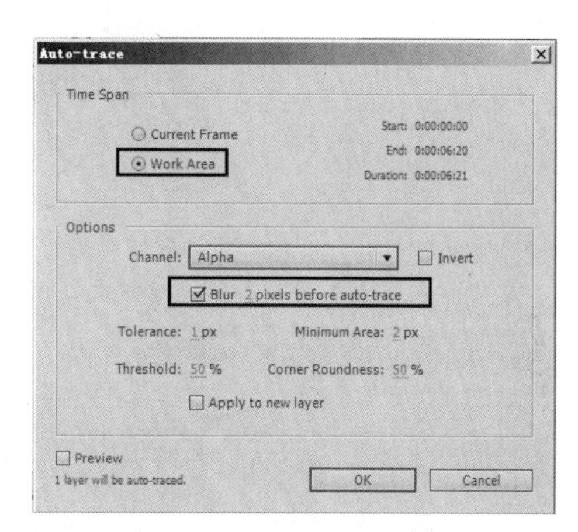

图 11-55　设置“Auto trace（自动跟踪）”参数

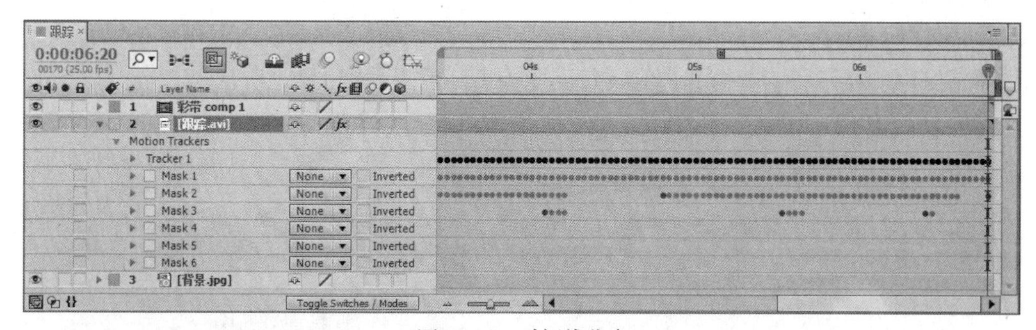

图 11-56　时间线分布

7）将“时间线”窗口的显示比例放大，然后选择“Mask1”，单击“播放”面板中的 ▶I（逐帧向前播放）工具，观看 Mask1 工具是否始终为作用状态，且与头部轮廓吻合。若发现与上述不符，可选择“Mask2”中相同时间位置的关键帧复制给“Mask1”相同时间位置的关键帧，使“Mask1”成为有效的遮罩。如图 11-57 所示为第 0 帧的遮罩效果。

8）将时间线定位在第 0 帧，然后选择“Mask1”，按〈Ctrl+C〉组合键进行复制。接着选择“彩带 comp1”重组图层，按〈Ctrl+V〉组合键将“Mask1”复制给“彩带 comp1”重组图层，这样“彩带 compl”重组图层会与头部保持相同的区域。最后将“Mask1”的图层混合模式设置为“Add（加）”，如图 11-58 所示，效果如图 11-59 所示。

图 11-57　第 0 帧的遮罩效果

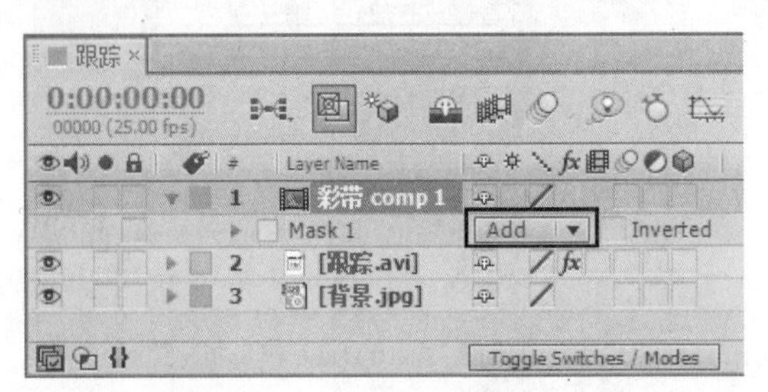

图 11-58　设置为“Add (加)”模式

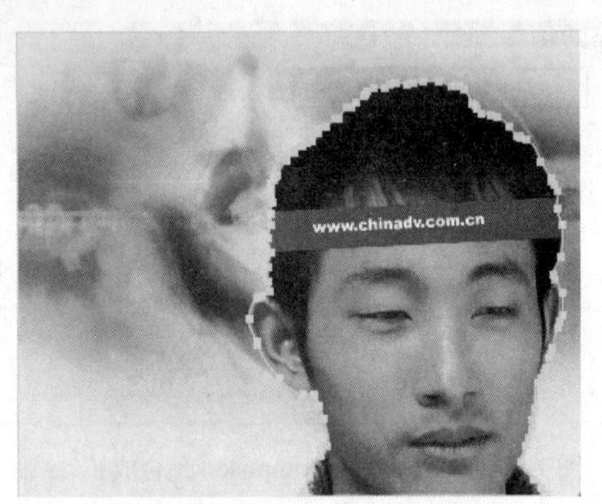

图 11-59　“Add (加)”效果

9）展开“彩带 comp1”重组图层的“Mask1”属性，将“Mask Feather (羽化)”值设置为“8.0”像素，如图 11-60 所示，对丝带的边缘进行羽化处理，效果如图 11-61 所示。

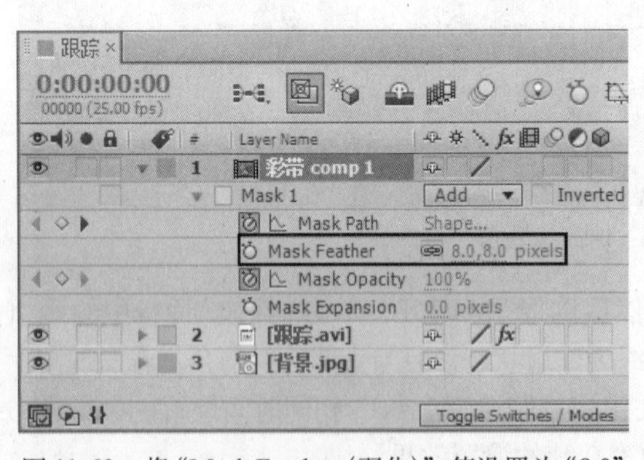

图 11-60　将“Mask Feather (羽化)”值设置为“8.0”

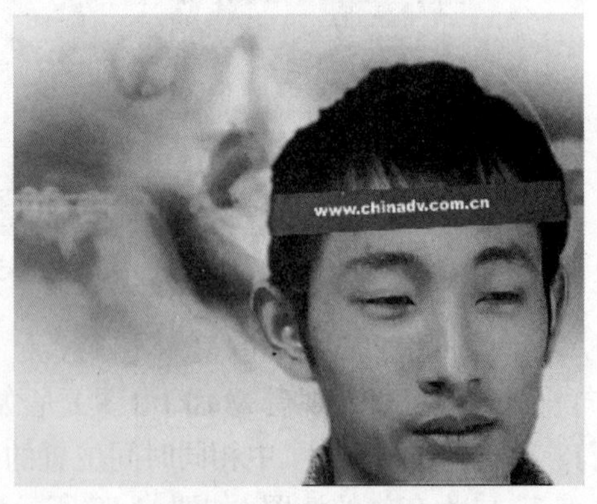

图 11-61　羽化处理效果

10）按小键盘上的〈0〉键，预览动画，效果如图 11-36 所示。

11）选择“File (文件) | Save (保存)”命令，将文件进行保存。然后选择“File (文件) | Collect Files (收集文件)”命令，将文件进行打包。

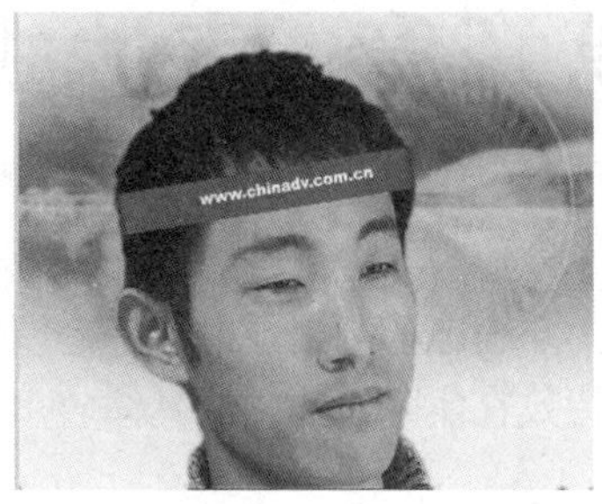

图 11-62　预览动画

11.5　课后练习

利用配套光盘中的“源文件\第 4 部分 高级技巧\第 11 章 抠像与跟踪\课后练习\练习\(Footage)\背景 1.tga”和“蓝屏 1.tga”图片（如图 11-63 所示），制作抠像效果，如图 11-64 所示。参数可参考配套光盘中的“源文件\第 4 部分 高级技巧\第 11 章 抠像与跟踪\课后练习\练习 .aep”文件。

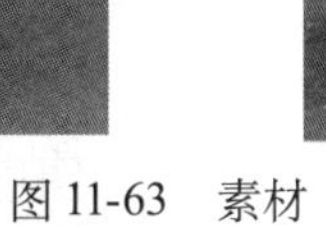

图 11-63　素材

图 11-64　效果图

第12章　表达式

本章重点:

为图层添加表达式可以方便、准确地控制图层中的各个属性，使其效果更加完美。本章将通过 3 个实例来具体讲解表达式特效在实际制作中的具体应用。通过对本章的学习，读者应掌握表达式特效的使用方法。

12.1　指针转动

要点：

本例将利用“表达式”制作指针转动的效果，如图12-1所示。通过对本例的学习，读者应掌握“表达式”的应用。

图 12-1　指针转动效果

操作步骤：

1）首先，在 Photoshop 中制作出“背景”“时针”“分针”图层。如图 12-2 所示为这些图层在 Photoshop 中的图层分布。

图 12-2　图层分布

2）导入文件。方法为：启动 After Effects CS6， 然后选择“File（文件）|Import（导入）|File（文件）”命令，以“Composition-Retain Layer Sizes（合成已裁剪图层）”方式导入配套光盘中的“源文件\第 4 部分 高级技巧\第 12 章 表达式\12.1 指针转动 folder\（Footage）\手表 图层\手表.psd”文件，如图 12-3 所示。此时，“Project（项目）”窗口会显示文件夹和合成文件，如图 12-4 所示。

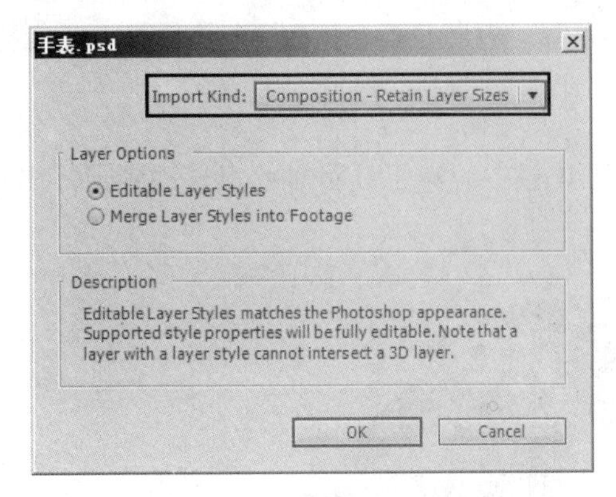

图 12-3　选择“导入”方式

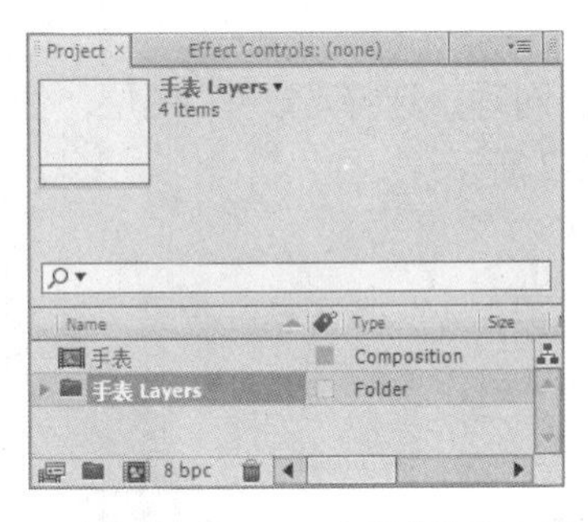

图 12-4　“Project（项目）”窗口

3）调整时针轴心点位置。方法为：双击“Project（项目）”窗口中的“手表”合成图像，进入其编辑状态。然后选择“时针”图层，利用工具栏中的工具将轴心点移动到圆环的中心位置，如图 12-5 所示。

图 12-5　调整时针轴心点位置

4）制作时针旋转效果。方法为：选择“时针”图层，按〈R〉键打开“Rotation（旋转）”选项进行设置。然后在第 0 秒和第 2 秒设置关键帧，如图 12-6 所示，从而制作出在两秒内时针顺时针旋转一周的效果。

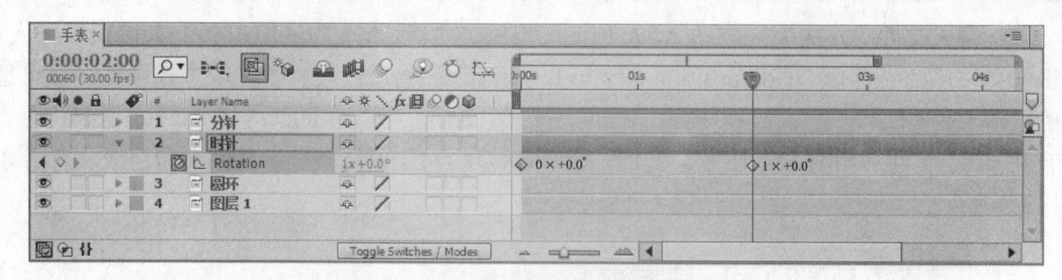

图 12-6　设置时针旋转关键帧参数

5）同理，选择“分针”图层，然后利用工具栏中的■工具将轴心点移动到圆环中心位置，如图 12-7 所示。

图 12-7　设置分针轴心点位置

6）制作分针的旋转效果。方法为：选择“分针”图层，按〈R〉键打开“Rotation（旋转）”选项进行设置。然后选择“Rotation（旋转）”选项，再选择“Animation（动画）|Add Expression（添加表达式）”命令，在“旋转”选项上设置“表达式”。接着单击■图标，并拖动到“时针”图层的“Rotation（旋转）”参数上，设置链接，如图 12-8 所示。

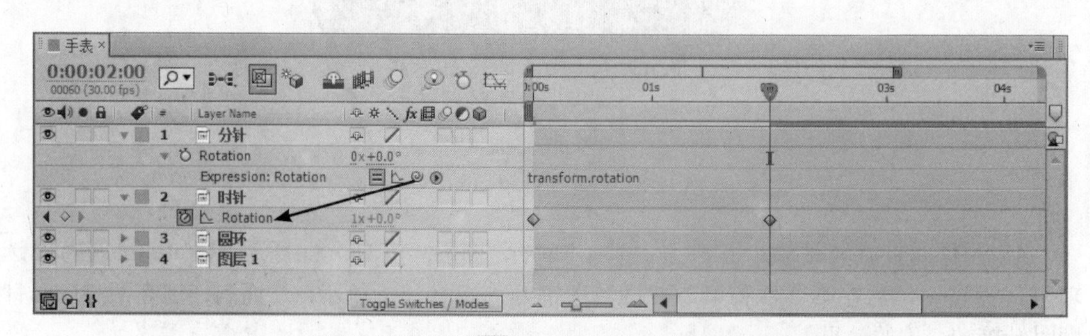

图 12-8　将“分针”图层的■图标拖动到“时针”图层的“旋转”参数上

7）顺利设置好“表达式”后，表达式区域会显示“thisComp.layer ("时针").transform.rotation”，如图 12-9 所示。按小键盘上的〈0〉键预览动画，可以看到，两个图层保持当前相同的角度一起旋转。

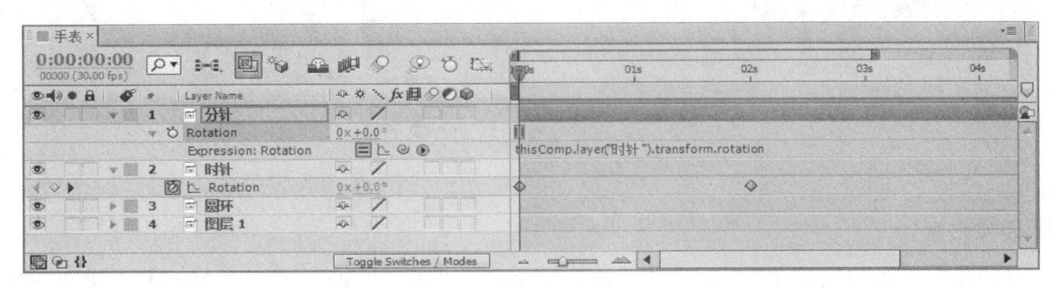

图 12-9　链接后的效果

8）一般来说，时针和分针是有差异的。时针旋转 1 圈，分针应该旋转 12 圈，那么需要对 Script 略做调节。只要让分针不是旋转 1 圈，而是旋转 12 圈就可以了。下面来修改表达式部分。“thisComp.layer ("时针").transform.rotation”是在分针上应用时间图层的旋转值的命令。那么，加上 12 以后，分针就会旋转 12 圈，而时针则旋转 1 圈。下面在“时间线”窗口中将“分针”的“Rotation（旋转）”表达式修改成“thisComp.layer ("时针").transform.rotation*12”，如图 12-10 所示。此时，分针的旋转明显加快了。

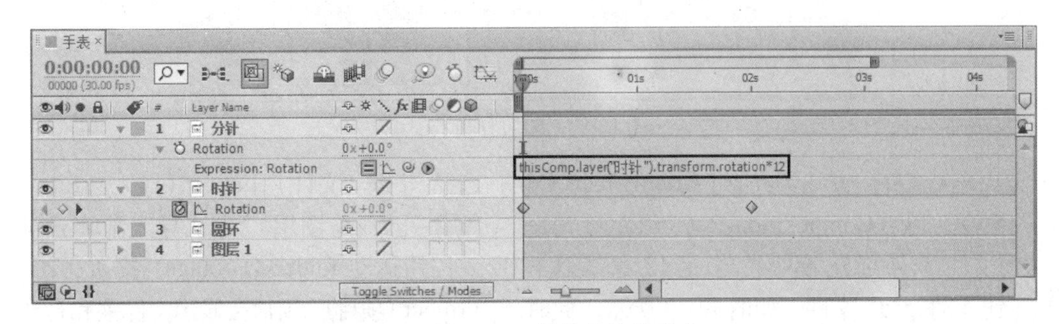

图 12-10　调整分针表达式

9）按小键盘上的〈0〉键，预览动画。

10）选择“File（文件）| Save（保存）”命令，将文件进行保存。然后选择“File（文件）| Collect Files（收集文件）”命令，将文件进行打包。

12.2　按钮运动

要点：

本例将制作随着播放按钮的旋转，其他按钮按照前进/后退/前进的方式从左向右运动的效果，如图12-11所示。通过对本例的学习，读者应掌握“表达式”和表达式语言菜单的应用。

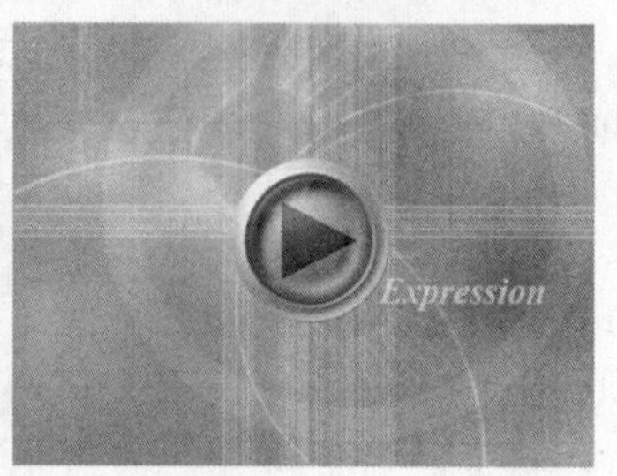

图 12-11　按钮运动效果

操作步骤：

1）首先，在 Photoshop 中制作出“背景”“播放”“快速后退”“停止”“暂停”“快速前进”图层。如图 12-12 所示为这些图层在 Photoshop 中的图层分布。

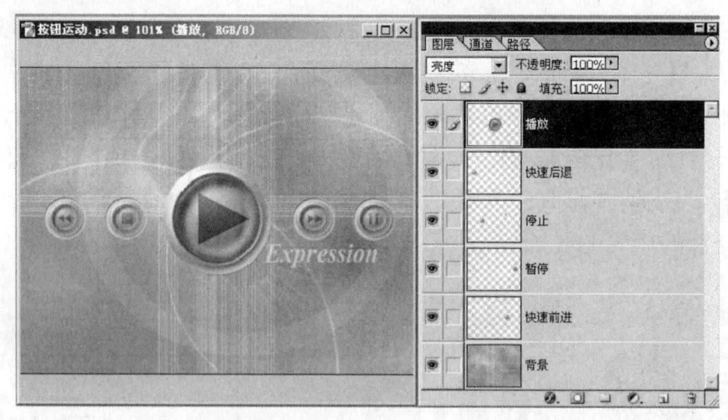

图 12-12　图层分布

2）导入文件。方法为：启动 After Effects CS6，选择“File（文件）|Import（导入）|File（文件）”命令，以“Composition-Retain Layer Sizes（合成 - 已裁剪图层）”方式导入配套光盘中的“源文件\第 4 部分 高级技巧\第 12 章 表达式\12.2 按钮运动 folder\(Footage)\按钮运动 图层\按钮运动 .psd”文件，如图 12-13 所示。此时，“Project (项目)”窗口会显示文件夹和合成文件，如图 12-14 所示。

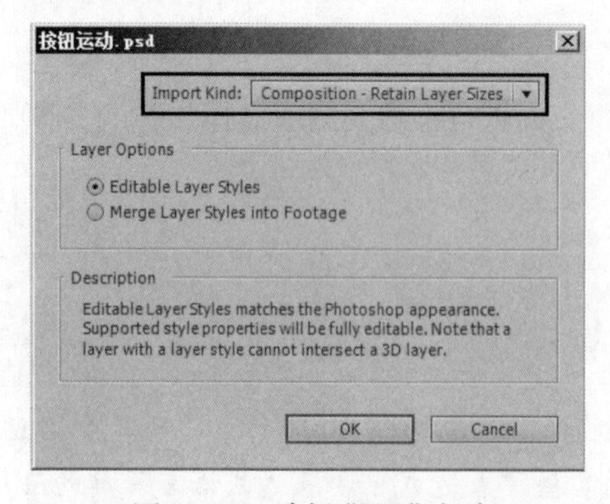

图 12-13　选择“导入”方式

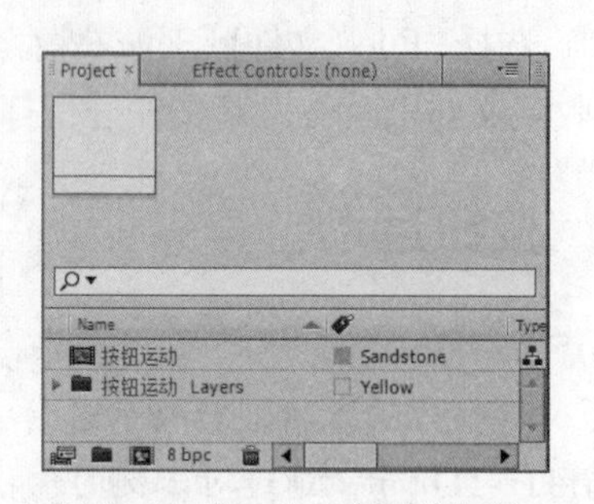

图 12-14　“Project (项目)”窗口

3）设置播放按钮的旋转效果。方法为：双击“项目”窗口中的“按钮运动”合成图像，进入编辑状态。然后选择“播放”图层，按〈R〉键打开“Rotaion（旋转）”参数进行设置。接着在第 0 秒和第 2 秒设置关键帧，如图 12-15 所示，从而制作出在 2 秒钟内播放按钮顺时针旋转一周的效果。

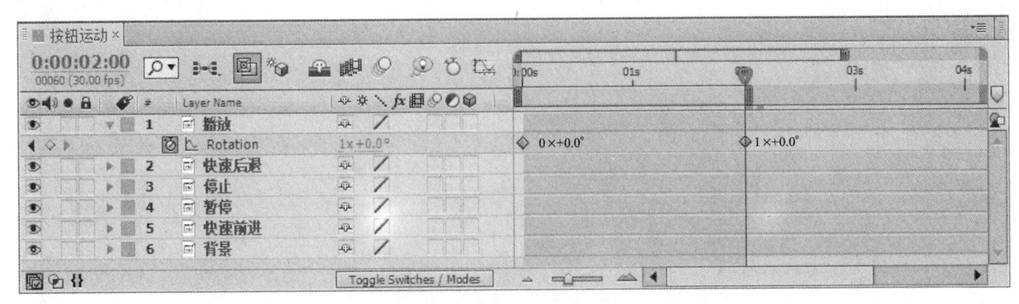

图 12-15　设置“旋转”关键帧参数

4）设置“快速后退”图层的运动效果。方法为：选择“快速后退”图层，按〈P〉键打开“Position（位置）”参数进行设置。然后选择“Animation（动画）|Add Expression（添加表达式）”命令，在“Position（位置）”参数上设置“表达式”。接着单击图标，并将其拖动到“播放”图层的“Rotation（旋转）”参数上，设置链接，效果如图 12-16 所示。

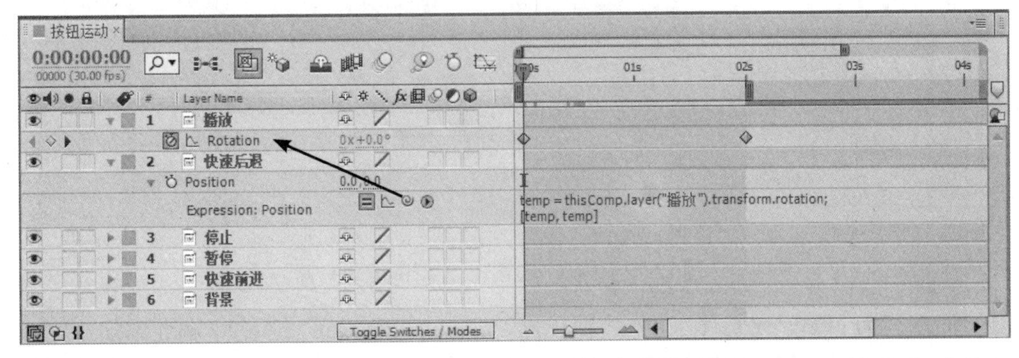

图 12-16　将“快速倒退”图层的“Position（位置）”属性链接到“播放”图层的“Rotation（旋转）”参数上

5）此时预览可以看到，随着“播放”按钮的旋转，“快速后退”按钮从左上端向右下端移动，如图 12-17 所示。而本例需要的是“快速后退”按钮从当前图像的中间位置移动到右侧，为此需要重新修改表达式。

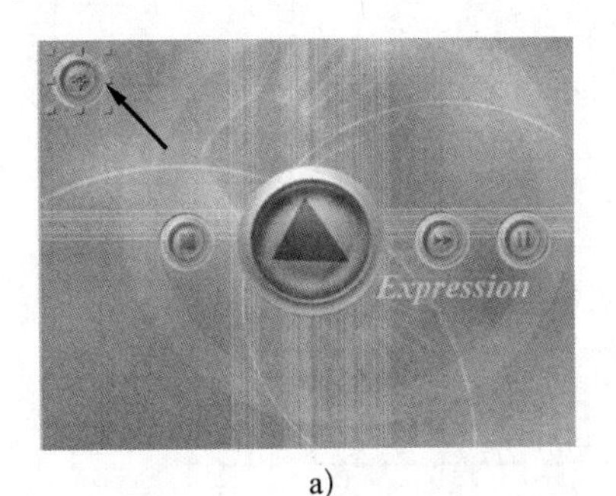

a)

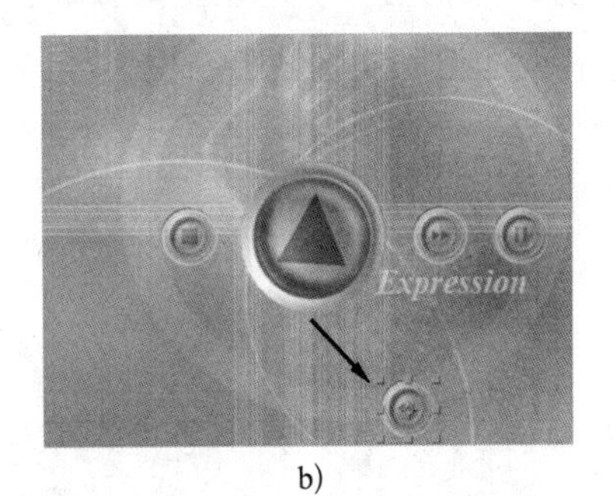

b)

图 12-17　预览效果
a) 左上端　b) 右下端

6）单击“快速后退”图层中的“位置”参数，会显示出其坐标“X：47.5，Y：147.5”，如图 12-18 所示。此时“表达式”中的“[temp,temp]”中前面显示的是 X 轴坐标值，后面显示的是 Y 轴坐标值，由于需要 Y 轴不能上/下变化，因此修改“表达式”为“[temp,147.5]”，如图 12-19 所示。这样“快速后退”按钮就产生了水平方向从左向右运动，而垂直方向不发生任何变化的效果。

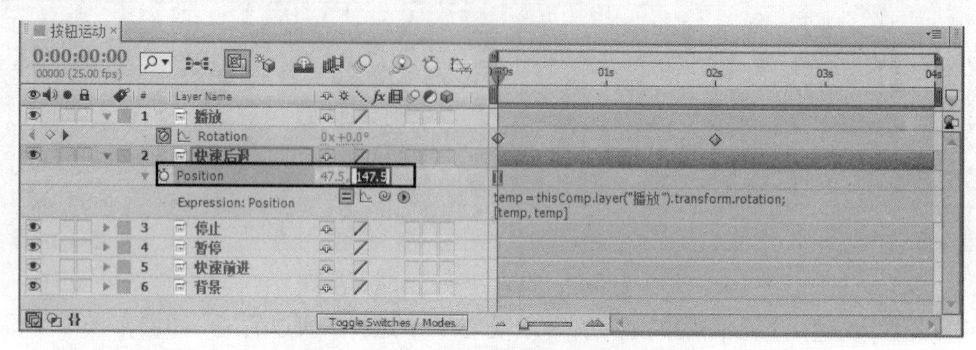

图 12-18　查看“快速后退”图层的坐标

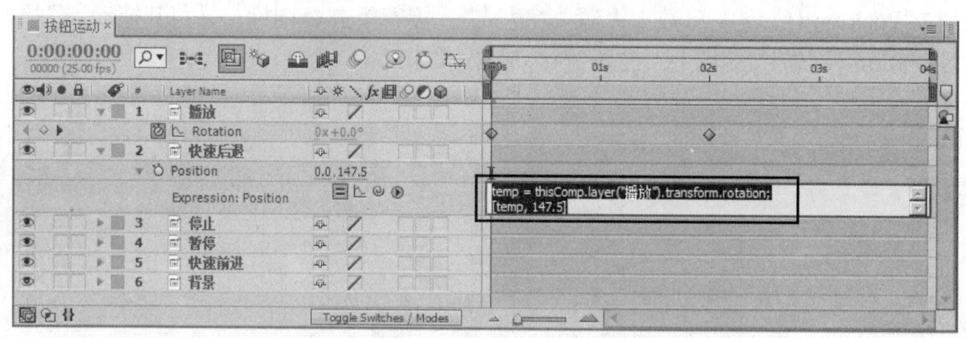

图 12-19　修改“表达式”为“[temp,147.5]”

7）同理，为“停止”“暂停”和“快速前进”图层的“Position (位置)”属性添加“表达式”，然后分别单击图标，拖动到“播放”图层的“Rotation（旋转）”参数上，从而设置链接，如图 12-20 所示。

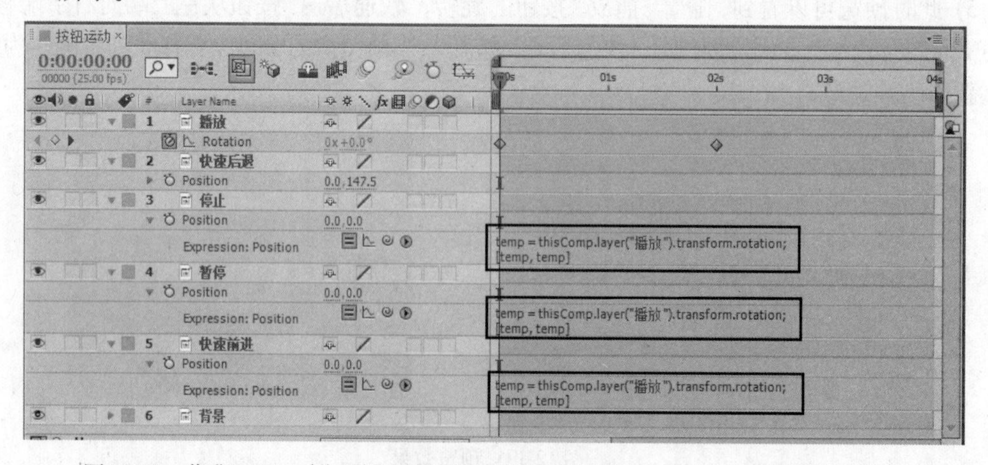

图 12-20　将“Position (位置)”属性链接到“播放”图层的 Rotation (旋转)”参数上

8）此时预览效果，可以看到，“停止”“暂停”和“快速前进”3 个按钮不是水平移动的，分别修改它们的“表达式”为“[temp,147.5]”，如图 12-21 所示。这样 3 个按钮就产生了水平方向从左向右运动，而垂直方向不发生任何变化的效果。

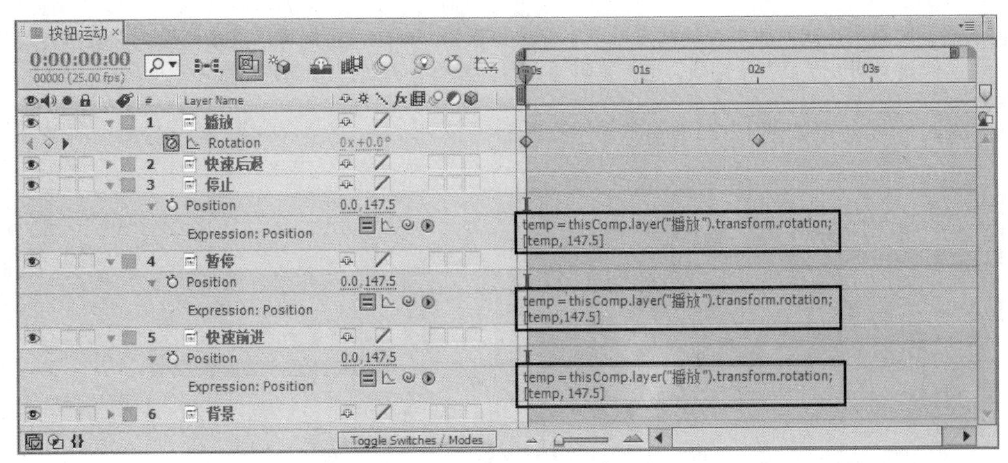

图 12-21　修改“停止”“暂停”和“快速前进”3 个按钮的“Position（位置）”表达式

9）现在，“快速后退”“停止”“暂停”和“快速前进”4 个移动图层的形态已经制作好了。下面介绍利用表达式语言菜单中的 random ( ) 函数制作出使它们整体从左向右移动的同时，以前进/后退/前进的方式运动的效果。

首先选择“快速后退”图层中的“Expression”参数，将鼠标放到“temp = thisComp.layer(" 播放 ").rotation”后，输入“+”。然后单击▶按钮，在弹出的快捷菜单中选择“Random Numbers|random( )”命令，如图 12-22 所示。此时表达式变为：

```
temp = thisComp.layer(" 播放 ").transform.rotation+random();
[temp,147.5]
```

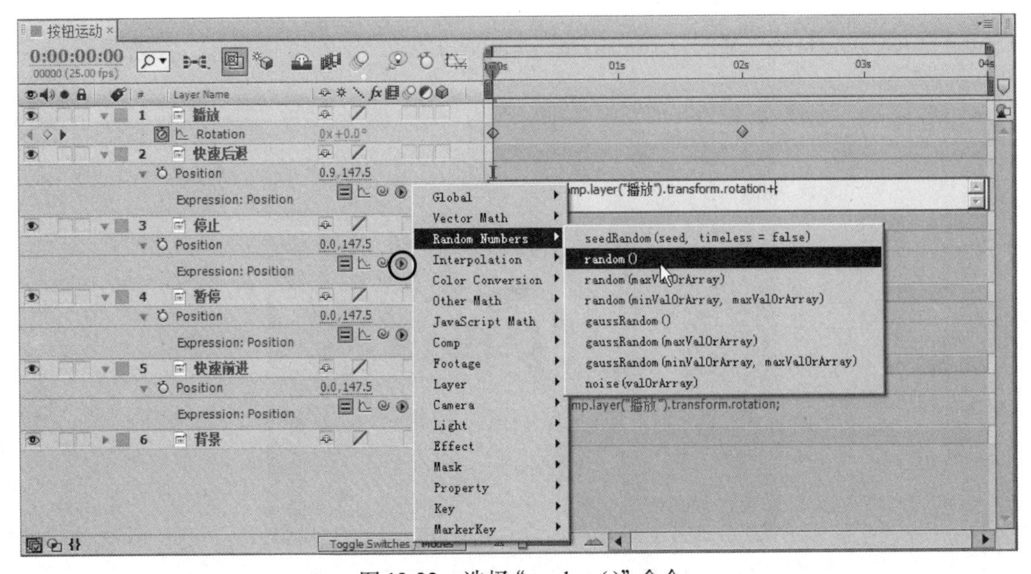

图 12-22　选择“random( )”命令

此时添加了函数并不代表输入已经结束，还必须在 random( ) 函数中输入数值。在此输入“100”，然后预览效果时就可以看到“快速后退”按钮在整体从左向右移动的同时，以前进/后退/前进的方式运动的效果。

提示：不使用表达式而使用关键帧也可以制作出该效果。不过，虽然可以直接使用关键帧进行设置，但是必须设置很多关键帧，也就是需要大量的操作。因此，建议使用表达式。

此时时间线分布如图 12-23 所示。

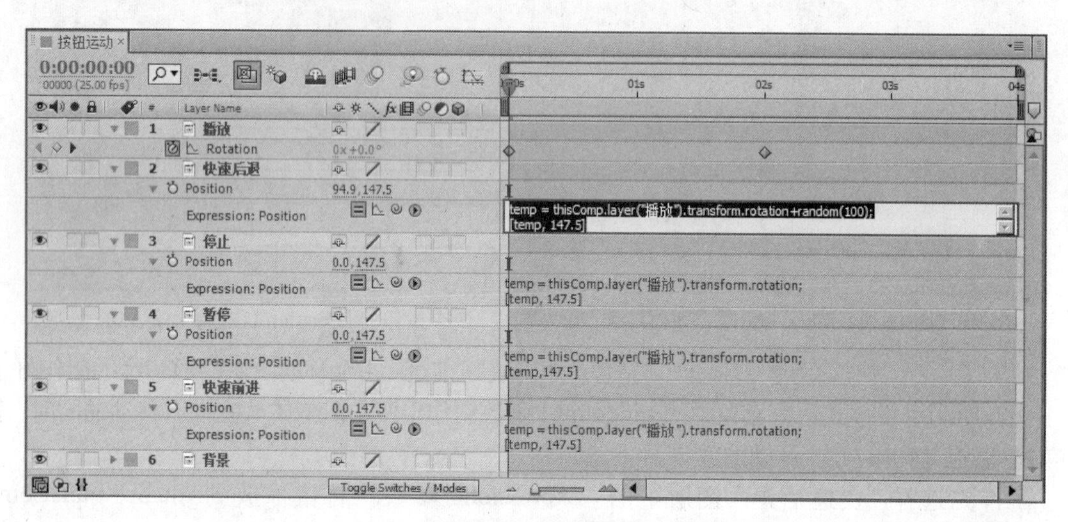

图 12-23　时间线分布

10）此时预览动画会发现 4 个按钮间距很近，如图 12-24 所示，下面对它们的位置关系进行调整，使它们保持原始间距。方法：单击“停止”图层的“位置”属性，显示其初始坐标，然后根据“停止”初始坐标“X：109.5，Y：147.5”，改变表达式为：

```
temp = thisComp.layer("播放").transform.rotation+109.5;
[temp,147.5]
```

图 12-24　4 个按钮间距很近

同理，根据“暂停”的初始坐标“X：360，Y：147.5”，改变其表达式为：

```
temp = thisComp.layer("播放").transform.rotation+360;
[temp,147.5]
```

根据“快速前进”的初始坐标“X：299，Y：147.5”，改变其表达式为：

```
temp = thisComp.layer("播放").transform.rotation+299;
[temp,147.5]
```

此时，时间线分布如图 12-25 所示。

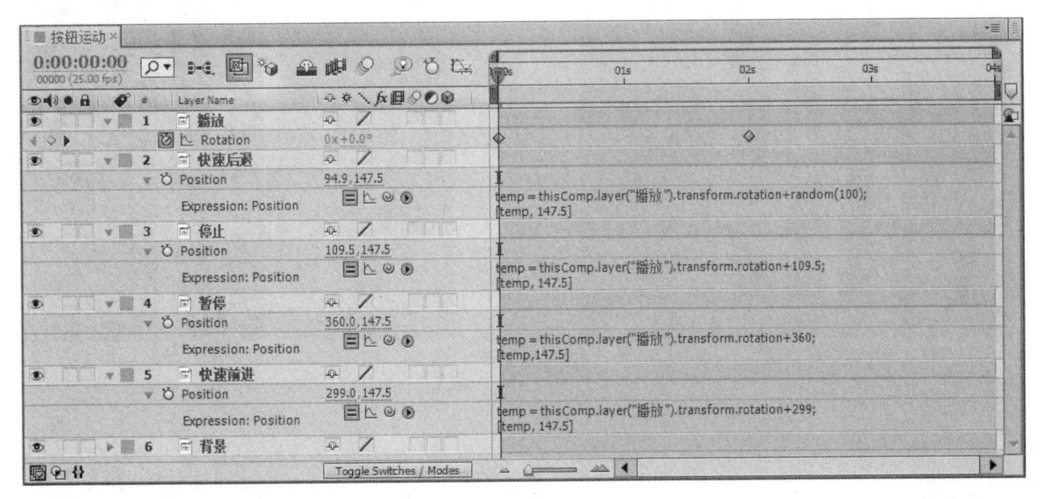

图 12-25　时间线分布

11）下面以前面的制作结果为基础，制作“停止”“暂停”“快速前进”3 个按钮按照前进/后退/前进的方式运动的效果。制作思路为逆向旋转“播放”按钮，使之再次旋转后，影响“停止”“暂停”“快速前进”3 个按钮。前面已经设定了“播放”图层第 1 帧和第 2 秒两个关键帧。现在分别在第 15 帧和第 1 秒设置关键帧，并将第 1 秒的“Rotation（旋转）”参数设置为“0”，如图 12-26 所示。

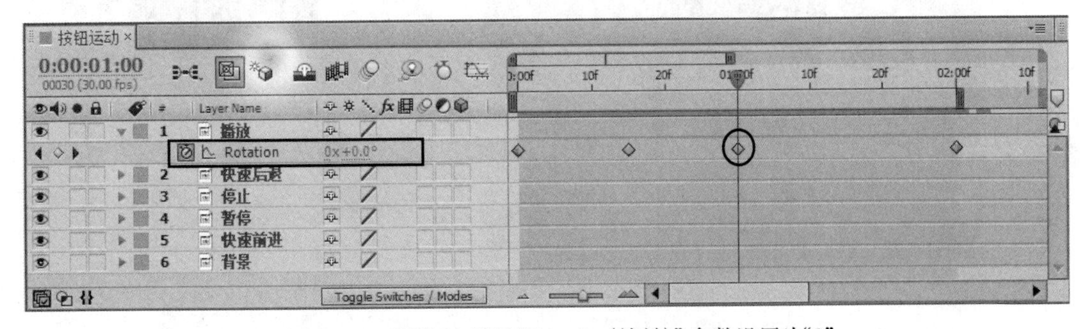

图 12-26　将第 30 帧的“Rotation(旋转)”参数设置为“0”

12）按小键盘上的〈0〉键，预览动画，此时“播放”图层会先按顺时针方向旋转，然后逆时针旋转，接着再顺时针旋转。根据旋转值，被链接的图层也会同时应用前进/后退/前进动作。

13）选择“File (文件) | Save (保存)”命令，将文件进行保存。然后选择“File (文件) | Collect Files (收集文件)”命令，将文件进行打包。

12.3 音频控制

要点：

本例将利用表达式制作播放器中的滑块随音频起伏而上下波动的效果，如图12-27所示。通过对本例的学习，读者应掌握表达式、表达式语言菜单和“Convert Audio to Keyframes（转换音频为关键帧）”命令的应用。

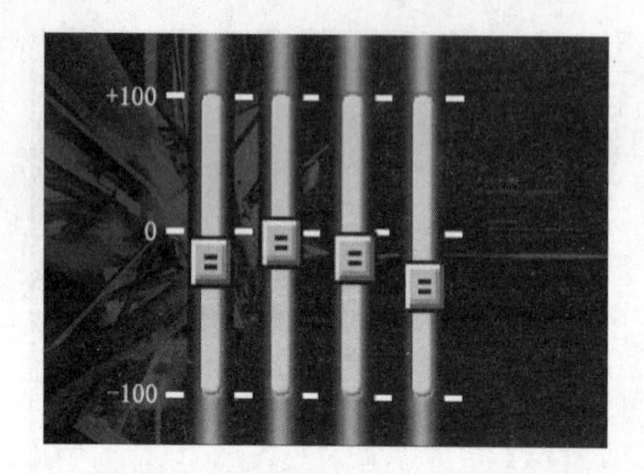

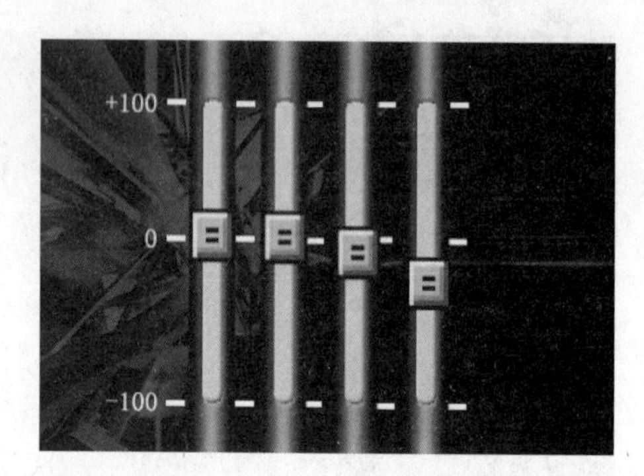

图 12-27 音频控制

操作步骤：

1）首先，在 Photoshop 中制作出 400 × 280 像素的图像，然后创建“背景”“滚动条”和“滑块”3 个图层。如图 12-28 所示为这些图层在 Photoshop 中的图层分布。

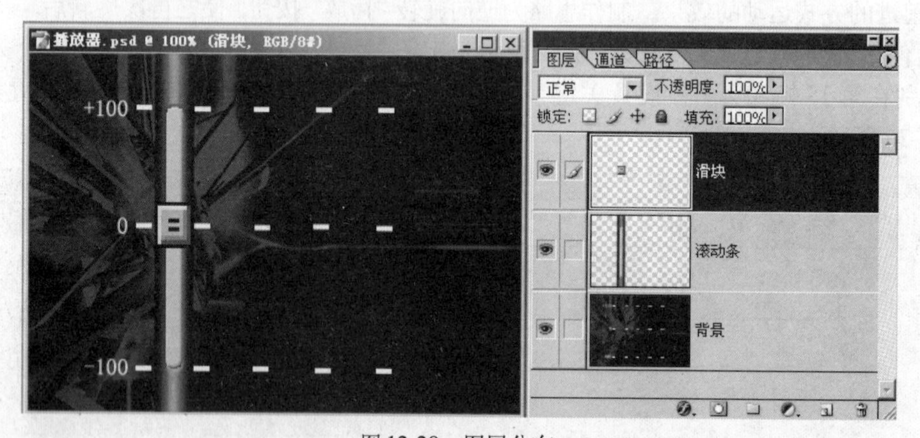

图 12-28 图层分布

2）导入文件。方法为：启动 After Effects CS6，然后选择“File（文件）|Import（导入）|File（文件）”命令，以“Composition-Retain Layer Sizes（合成 - 已裁剪图层）”方式导入配套光盘中的“源文件\第 4 部分 高级技巧\第 12 章 表达式\12.3 音频控制 folder\（Footage）\ 播放器 Comp1\ 播

放器 .psd”文件，如图 12-29 所示。接着导入配套光盘中的““源文件\第 4 部分 高级技巧\第 12 章 表达式\12.3 音频控制 folder\ (Footage)\ 音乐 .wav”文件。

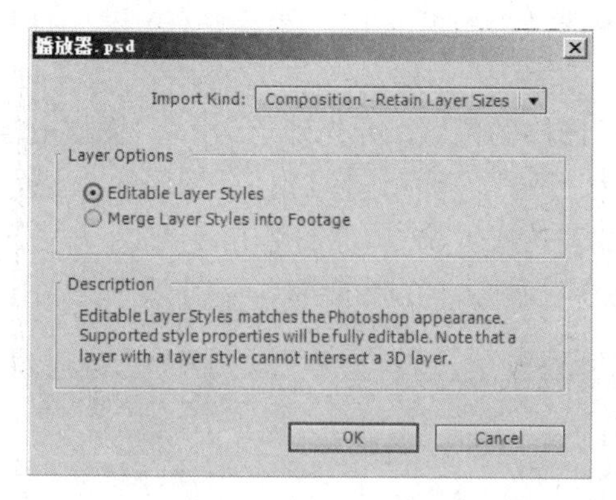

图 12-29　“Project (项目)”窗口

3）双击“Project（项目）”窗口中的“播放器 Comp1”，进入编辑状态。然后将“Project（项目）”窗口中的“音乐 .wav”拖入“时间线”窗口，如图 12-30 所示。

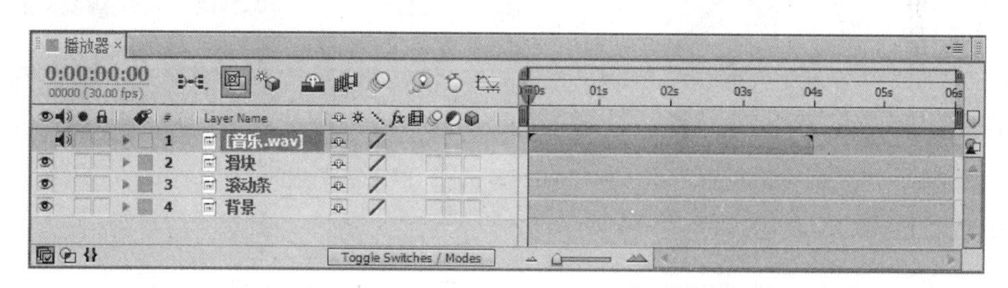

图 12-30　将“Project (项目)”窗口中的“音乐 .wav”拖入“时间线”窗口

4）在“时间线”窗口中选择“音乐 .wav”音频文件，然后选择“Animation (动画) |Keyframe Assistant (关键帧辅助) |Convert Audio to Keyframes (转换音频为关键帧)”命令，按照不同的通道分离音频的波形，并设置关键帧。

5）此时，在“时间线”窗口中查看应用命令后的效果，可以看到多了一个新图层，该图层根据“左声道”“右声道”及“双声道”的波形，制作出了关键帧，如图 12-31 所示。

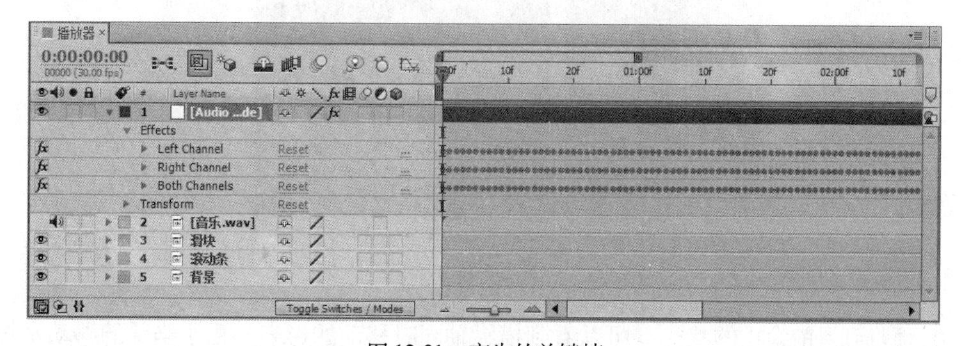

图 12-31　产生的关键帧

6）在“滑块”图层应用此时产生的关键帧时，必须要设置成上、下移动。另外，移动时的音乐的高、低也必须与音频一致。如果想一个一个地设置关键帧，需要花费大量的时间和精力，而使用表达式可以轻松地进行处理。

7）在“时间线”窗口中选择“滑块”图层，然后按〈P〉键，打开“Position（位置）”参数进行设置，接着选择“Position（位置）”图层。

8）要重新设置“滑块”图层的位置，要先确定“滑块”图层的当前位置。在此，当前的位置是 X 轴为“118.5”、Y 轴为“134”。下面选择“滑块”图层的“位置”属性，再选择“Animation（动画）|Add Expression（添加表达式）”命令，然后单击图标，并将其拖动到“Both Channels（双声道）”图层的“Slider（滑块）”属性上，设置链接，如图 12-32 所示。

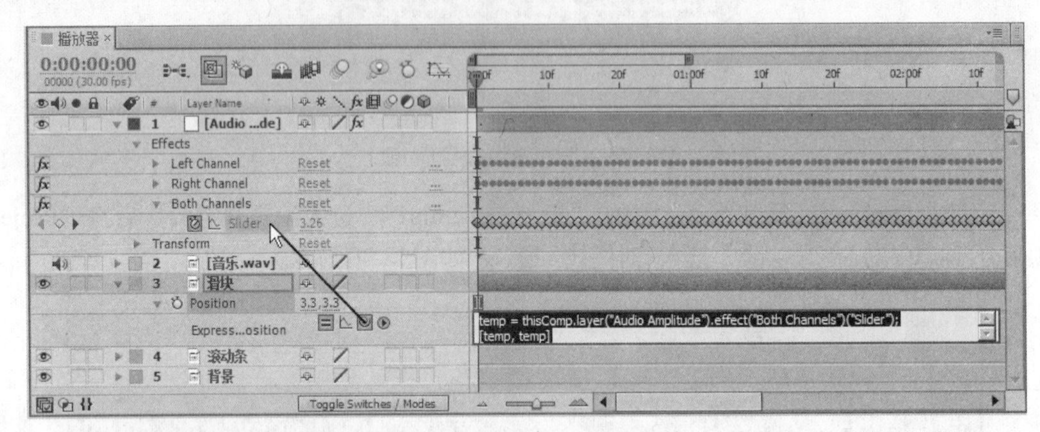

图 12-32　将“Position（位置）”链接到“Both Channels（双声道）”层的“Slider（滑块）”属性上

9）设置链接后，表达式为：

```
temp = thisComp.layer("Audio Amplitucle").effect("Both Channels")("Slider");
[temp, temp]
```

在“合成”窗口中查看“滑块”的位置，可以看到，它位于左侧的上端。这时候的位置会随着音频的值显示出不同的结果，如图 12-33 所示。

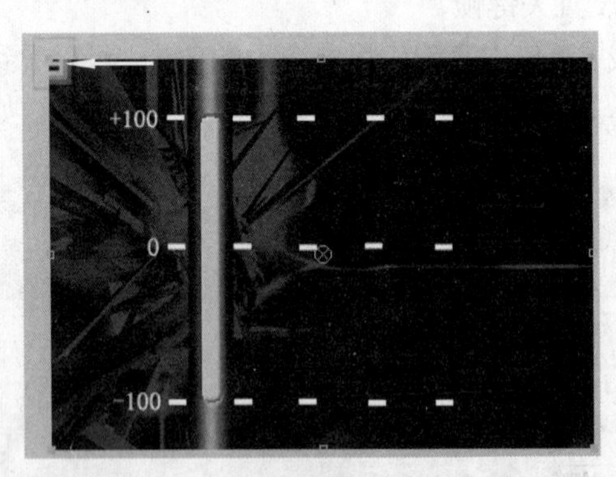

图 12-33　“滑块”位于左侧的上端

10）预览到目前为止的状态，可以看到横纵轴同时移动的形态。由于当前的移动是按照对角线形态移动的，而本例要制作的是在滚动条上进行上、下移动，因此 X 轴的位置必须固定。下面来修改表达式，以便固定横轴。“滑块”的初始坐标 X 为“118.5”，下面将表达式修改为：

```
temp = thisComp.layer("Audio Amplitucle").effect("Both Channels")("Slider");
[118.5, temp]
```

此时，滑块会向右侧移动，如图 12-34 所示。但是这不是本例所需要的位置，因此必须再次移动 Y 轴，设定位置。

11）在表达式中改变 Y 轴的表达式为：

```
temp = thisComp.layer("Audio Amplitucle").effect("Both Channels")("Slider")+130.7;
[118.5, temp]
```

原来的 Y 轴为“134”，在这里，因为音频的第一个关键帧是 3.24，所以计算“134–3.24”后即得到数值“130.7”，效果如图 12-35 所示。此时，第 1 帧被固定在了在 Photoshop 中制作的原来的位置上。

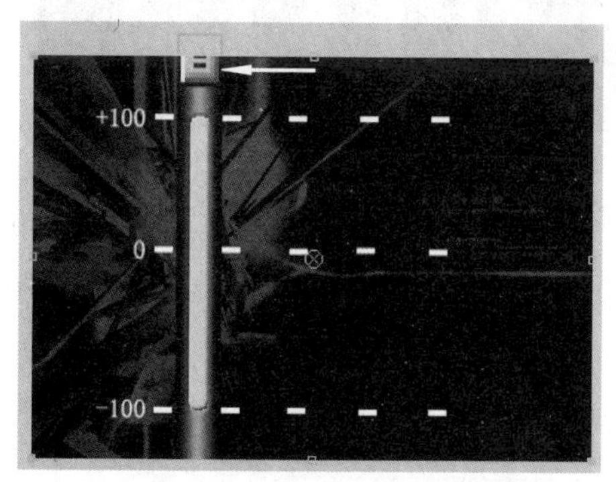

图 12-34　固定 X 轴的位置

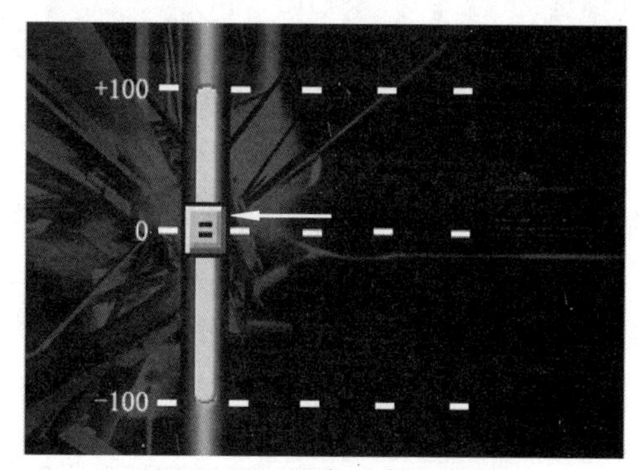

图 12-35　固定 Y 轴的位置

12）下面分别制作 3 个滚动条和滑块。选择“滚动条”图层，按〈Ctrl+D〉组合键 3 次，复制出 3 个滚动条。然后调整间隔，逐个移动到右侧，接着利用“Align（对齐）”面板调整滚动条的位置，如图 12-36 所示。

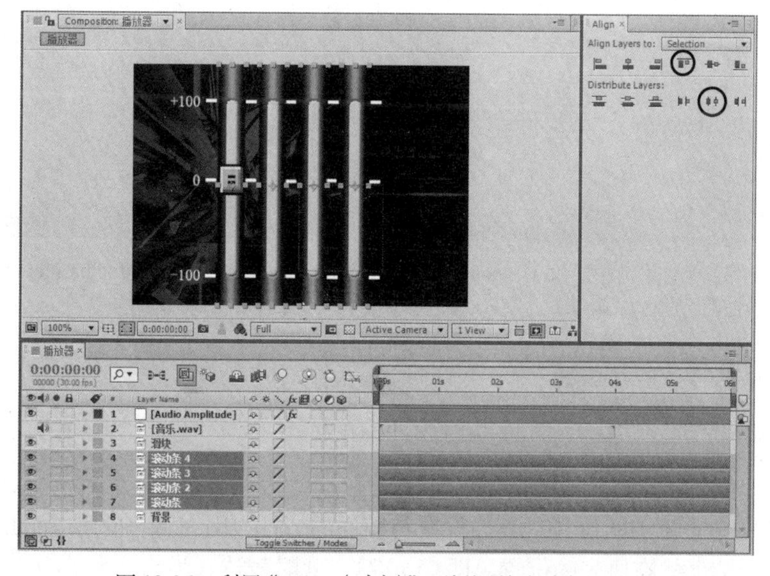

图 12-36　利用“Align（对齐）”面板调整滚动条的位置

选择“滑块”图层，按〈Ctrl+D〉组合键 3 次，复制出 3 个滑块。然后分别选中复制后的 3 个“滑块”图层中的“Position(位置)”属性，选择 “Animation(动画)|Remove Expression(移除表达式)”命令，将应用的表达式全部删除。接着将复制后的“滑块 4”水平向右移动，再将其坐标设置为“X：267，Y：134”，效果如图 12-37 所示。最后在“Align (对齐)”面板中调整滑块的位置，如图 12-38 所示。

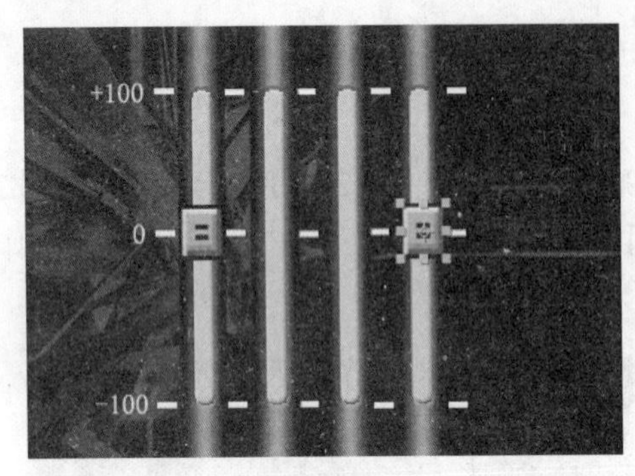

图 12-37　将“滑块 4”水平向右移动

图 12-38　利用“Align (对齐)”面板调整滑块的位置

13）选择“滑块 2”图层中的“Position (位置)”属性，然后选择“Animation (动画) |Add Expression (添加表达式)”命令，接着单击◎图标，并将其拖动到“Both Channels (双声道)”图层的“Slider (滑块)”属性上，设置链接，如图 12-39 所示。

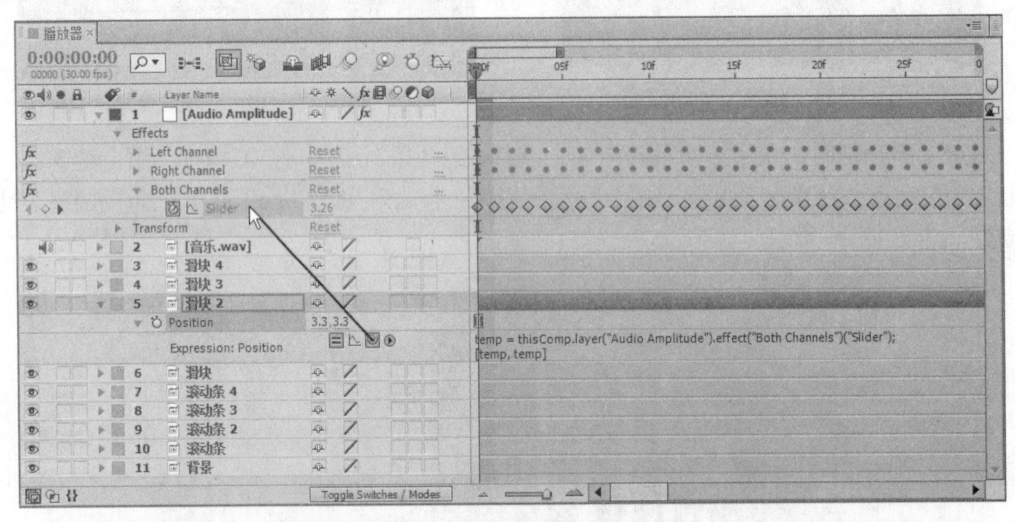

图 12-39　将“滑块 2”图层中的“Position (位置)”属性◎图标拖到“Both Channels (双声道)”层的“Slider (滑块)”属性上

14）链接后表达式变为：

```
temp = thisComp.layer("Audio Amplitucle").effect("Both Channels") ("Slider");
[temp, temp]
```

在此要修改的是 X 轴的位置，其他设置与前面的一样。因为 X 轴的位置为“217.5”，所以输入“217.5”。Y 轴仍然在原来的位置，即“130.7”。此时表达式为：

```
temp = thisComp.layer("Audio Amplitude").effect("Both Channels")("Slider")+130.7;
[217.5, temp]
```

15）同理，对“滑块 3”和“滑块 4”图层的表达式进行处理，重新设置 X 轴的位置。

“滑块 3”的表达式为：

```
temp = thisComp.layer("Audio Amplitude").effect("Both Channels")("Slider")+130.7;
[168, temp]
```

“滑块 4”的表达式为：

```
temp = thisComp.layer("Audio Amplitude").effect("Both Channels")("Slider")+130.7;
[267, temp]
```

16）这样就制作出了 4 个按照相同状态上下移动的图层，此时的“时间线”窗口如图 12-40 所示。

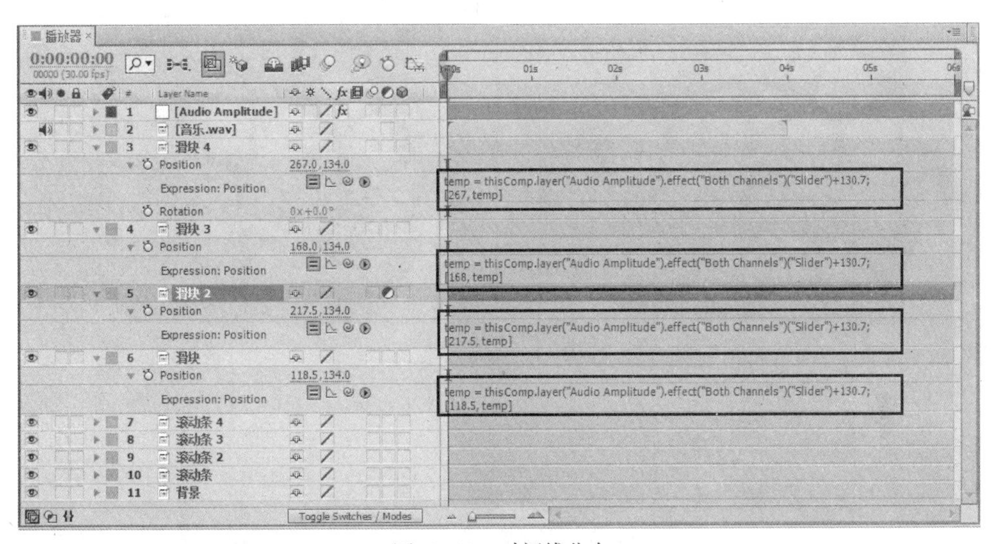

图 12-40　时间线分布

17）在不同的滑块图层添加上面使用过的 random( ) 表达式，从而形成滑块以不同高度上下移动的效果。

“滑块”图层的表达式为：

```
temp = thisComp.layer("Audio Amplitude").effect("Both Channels")("Slider")+130.7+random(50);
[118.5, temp]
```

“滑块 2”图层的表达式为：

```
temp = thisComp.layer("Audio Amplitude").effect("Both Channels")("Slider")+130.7+random(30);
[217.5, temp]
```

“滑块 3”图层的表达式为：

```
temp = thisComp.layer("Audio Amplitude").effect("Both Channels")("Slider")+130.7+random(20);
[168, temp]
```

"滑块 4"图层的表达式为：

```
temp = thisComp.layer("Audio Amplitude").effect("Both Channels")("Slider")+130.7+random(50);
[267, temp]
```

18）按小键盘上的〈0〉键，预览动画，可以看到随着音波的起伏滑块上下波动的效果。

19）选择"File (文件) | Save (保存)"命令，将文件进行保存。然后选择"File (文件) | Collect Files (收集文件)"命令，将文件进行打包。

12.4 课后练习

制作钟表指针转动的效果，如图 12-41 所示。参数可参考配套光盘中的"源文件\第 4 部分 高级技巧\第 12 章 表达式\课后练习\练习\练习 .aep"文件。

图 12-41 练习效果

第5部分　综合实例

第13章　影视广告片头制作

本章重点：

通过前面的学习，读者已经掌握了After Effects CS6 的相关知识。本章将综合运用前面各章的知识来制作 4 个影视广告片头动画。通过对本章的学习，读者应掌握利用 After Effects CS6 制作常见影视广告片头的方法。

13.1　电视画面汇聚效果

本例将制作栏目片头中常见的电视画面汇聚效果，如图13-1所示。通过对本例的学习，读者应掌握“Fractal Noise（分形噪波）”“Curves（曲线）”“Levels（色阶）”和“Card Dance（卡片舞蹈）”特效的综合应用。

图 13-1　电视画面汇聚效果

操作步骤：

1. 制作“渐变”合成图像

1）启动 After Effects CS6，选择“Composition（图像合成）|New Composition（新建合成组）”命令，在弹出的对话框中设置参数，如图 13-2 所示，单击“OK”按钮。

2）选择“Layer（图层）| New（新建）| Solid（固态层）”命令（快捷键为〈Ctrl+Y〉），在弹出的对话框中单击 Make Comp Size （制作为合成大小）按钮，如图 13-3 所示。然后单击“OK”按钮，创建一个与合成图像等大的固态层。

3）制作噪波效果。方法为：在“时间线”窗口中选择“fractal”图层，选择“Effect（效果）| Noise&Grain（噪波与颗粒）| Fractal Noise（分形噪波）”命令，然后在“Effect Controls（特效控制台）”面板中设置参数，如图 13-4 所示，效果如图 13-5 所示。

4）增强明暗对比度。方法为：在“时间线”窗口中选择“fractal”图层，选择“Effect（效果）| Color Correction（色彩校正）|Curves（曲线）”命令，然后在“Effect Controls（特效控制台）”面板中设置参数，如图 13-6 所示，效果如图 13-7 所示。

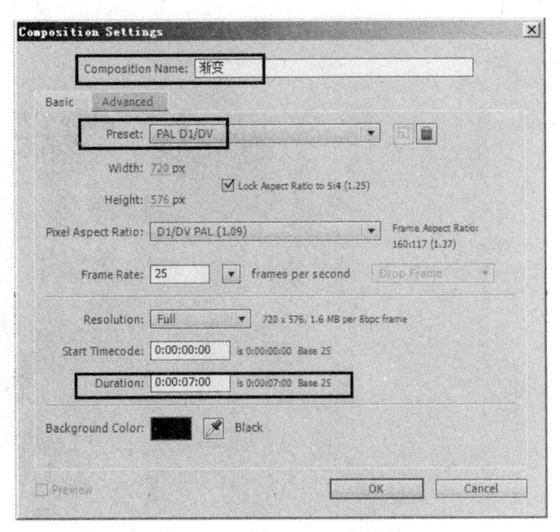

图 13-2　设置合成图像参数

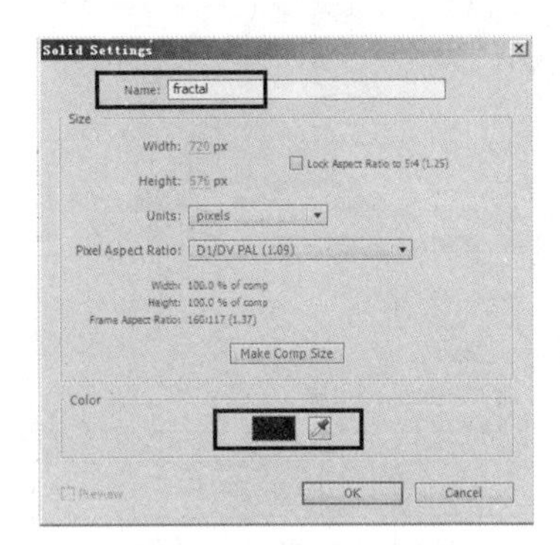

图 13-3　设置固态层参数

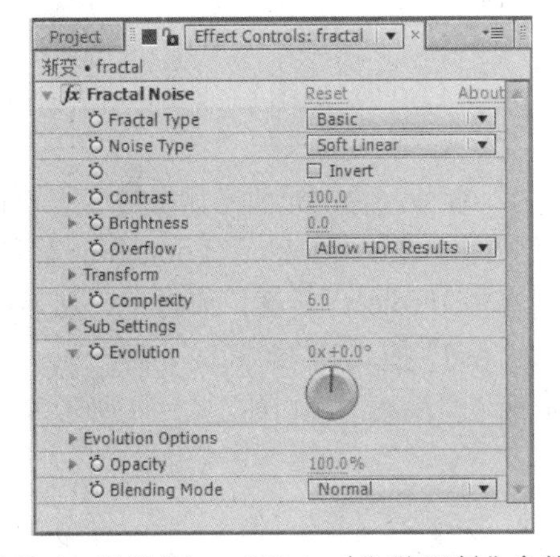

图 13-4　设置“Fractal Noise（分形噪波）”参数

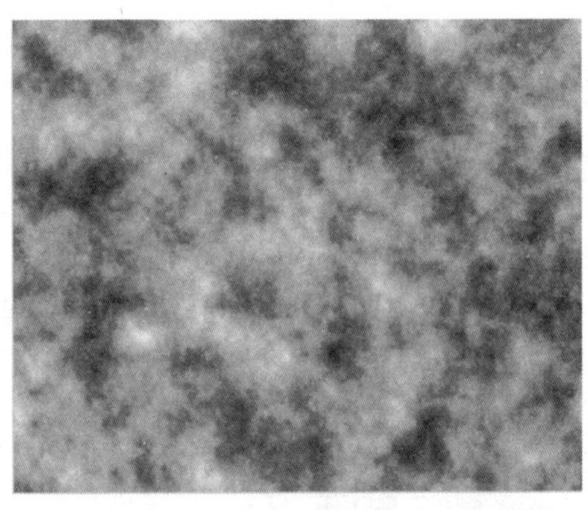

图 13-5　“Fractal Noise（分形噪波）”效果

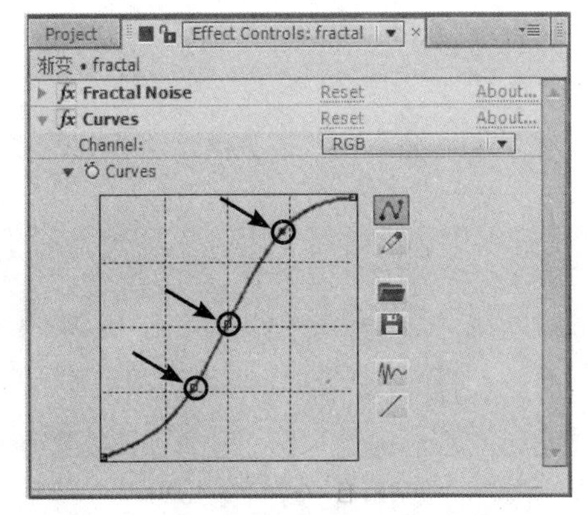

图 13-6　设置“Curves（曲线）”参数

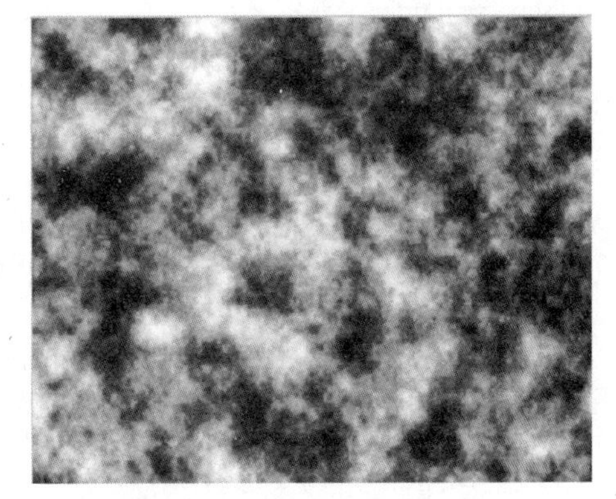

图 13-7　“Curves（曲线）”效果

5）降低整体亮度。方法为：在“时间线”窗口中选择“fractal”图层，然后选择“Effect（效果）| Color Correction（色彩校正）|Levels（色阶）”命令，在“Effect Controls（特效控制台）”面板中设置参数，如图 13-8 所示，效果如图 13-9 所示。

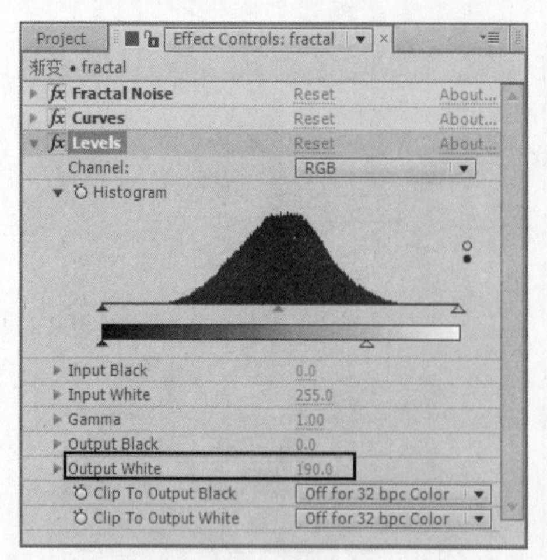

图 13-8　设置“Levels (色阶)”参数

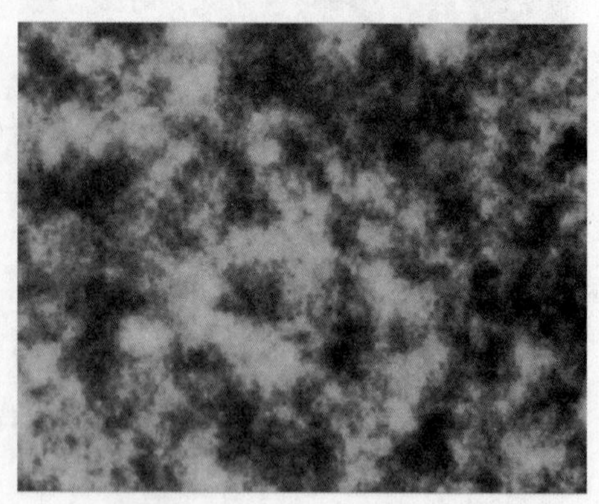

图 13-9　“Levels (色阶)”效果

2. 制作电视画面汇聚效果

1) 选择“Composition (图像合成) |New Composition (新建合成组)”命令，在弹出的对话框中设置参数，如图 10-2 所示，单击“OK”按钮。

2) 选择“File (文件) |Import (导入) |File (文件)”命令，导入配套光盘中的“源文件\第 5 部分 综合实例\第 13 章 影视广告片头制作\13.1 电视画面汇聚效果 folder\(Footage)\背景 .jpg”“电视画面汇聚 1.psd”“电视画面汇聚 2.psd”文件到当前“Project(项目)”窗口中。然后将“渐变 .comp”“电视画面汇聚 1.psd”和“电视画面汇聚 2.psd”拖入到“时间线”窗口中，接着隐藏“图层 1/ 电视画面汇聚 2.psd”和“渐变”图层，此时“时间线”窗口如图 13-11 所示。

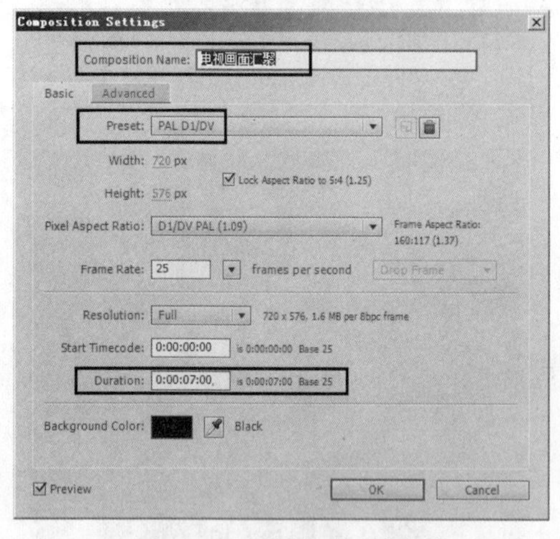

图 13-10　设置合成图像参数

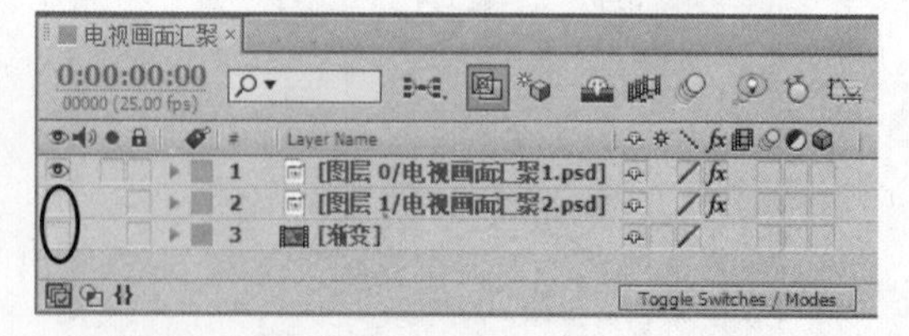

图 13-11　时间线分布

3) 将图片原地旋转一定的角度。方法为：在“时间线”窗口中选择“图层 0/ 电视画面汇聚 1.psd”，然后选择“Effect (效果) |Simulation (模拟仿真) |Card Dance (卡片舞蹈)”命令，在“Effect Controls (特效控制台)”面板中设置参数，如图 13-12 所示，效果如图 13-13 所示。

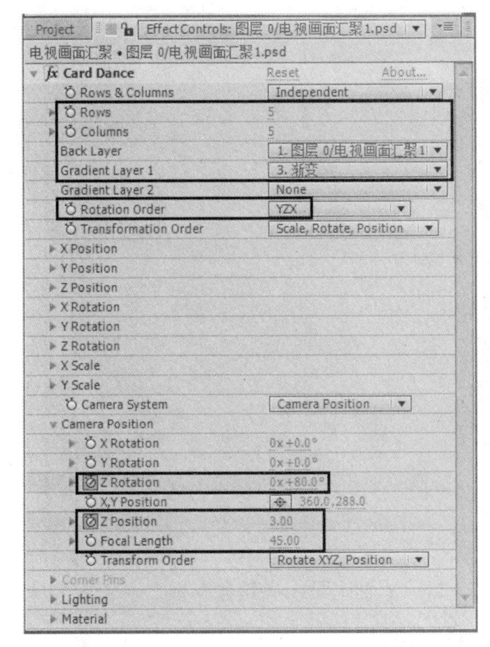

图 13-12 设置“Card Dance（卡片舞蹈）”参数

图 13-13 “Card Dance（卡片舞蹈）”效果

4）设置图片相互交错飞入画面的动画效果。方法为：在“时间线”窗口中展开“Card Dance（卡片舞蹈）”选项组中的“Z Position（Z 轴位置）”属性，将“Source（素材源）”设置为“Intensity 1（强度 1）”，然后分别在第 0 秒和第 5 秒 12 帧处插入关键帧，并设置参数，如图 13-14 所示。

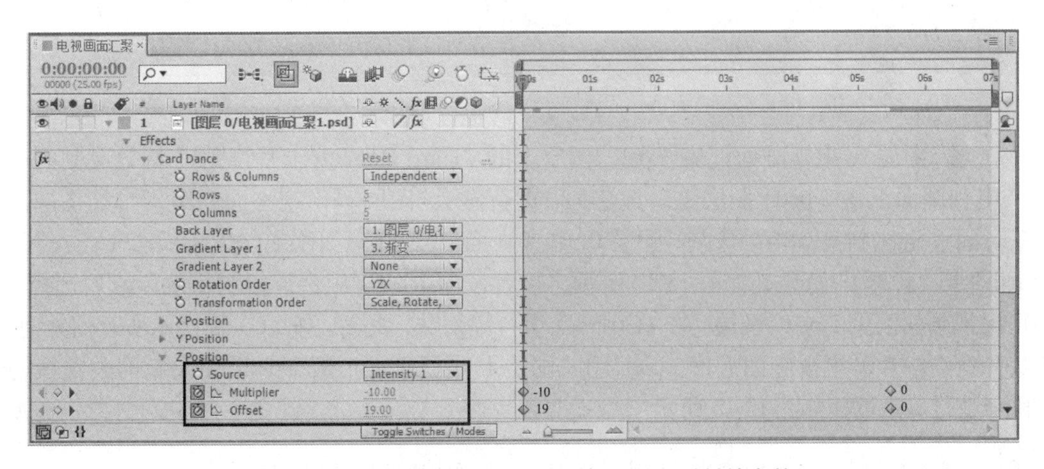

图 13-14 设置“Z Position（Z 轴位置）”关键帧参数

5）设置图片尺寸变化的动画。方法为：展开“X Scale（X 轴比例）”和“Y Scale（Y 轴比例）”属性，分别在第 0 秒和第 5 秒 12 帧处插入关键帧，并设置参数，如图 13-15 所示。

6）设置图片从倾斜到水平的动画效果。方法为：展开“Camera Position（摄像机位置）”属性，分别在第 0 秒和第 5 秒 12 帧处插入关键帧，并设置参数，如图 13-16 所示。

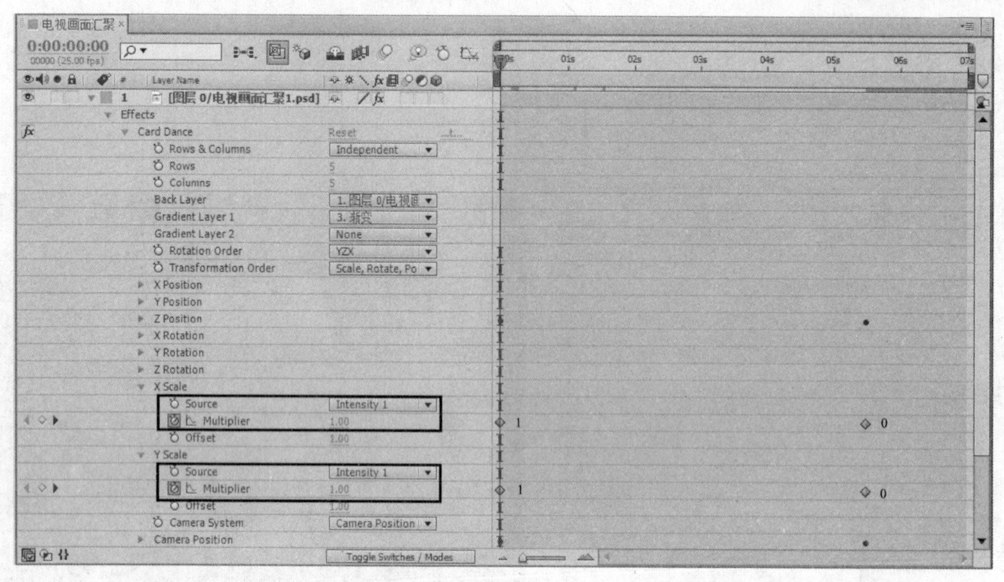

图 13-15 设置“X Scale（X 轴比例）”和“Y Scale（Y 轴比例）”关键帧参数

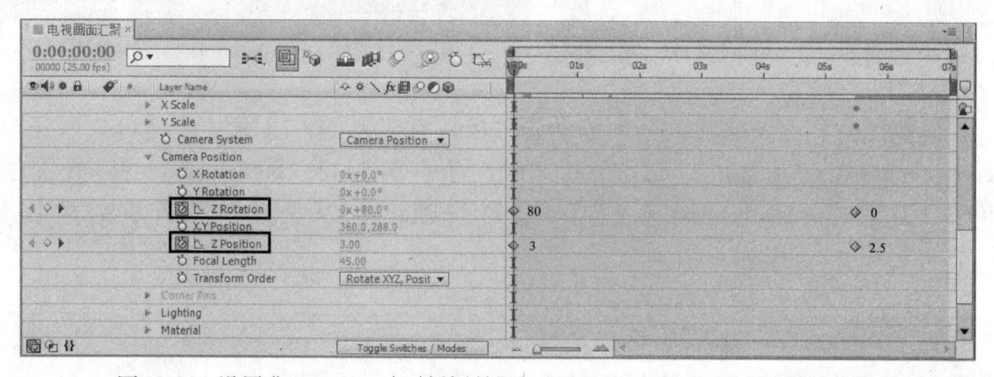

图 13-16 设置“Z Rotation（Z 轴旋转）”和“Z Position（Z 位置）”关键帧参数

7）将“图层 0/ 电视画面汇聚 1.psd”图层上的“Card Dance（卡片舞蹈）”特效复制到“图层 1/ 电视画面汇聚 2.psd”图层上。方法为：重新显示“图层 1/ 电视画面汇聚 2.psd”图层，然后将时间线定位到第 0 帧，选择“图层 0/ 电视画面汇聚 1.psd”图层，按〈E〉键只显示“Card Dance（卡片舞蹈）”特效，如图 13-17 所示。接着按〈Ctrl+C〉组合键复制特效，最后选择“图层 1/ 电视画面汇聚 2.psd”图层，按〈Ctrl+V〉组合键粘贴。此时，按〈U〉键显示所有的关键帧，可以看到“图层 0/ 电视画面汇聚 1.psd”和“图层 1/ 电视画面汇聚 2.psd”图层上的关键帧的位置和参数是一致的，如图 13-18 所示。

提示：在复制“Card Dance（卡片舞蹈）”特效前一定要确认是在第0帧的位置。

8）制作“图层 0/ 电视画面汇聚 1.psd”和“图层 1/ 电视画面汇聚 2.psd”两个素材间的切换效果。方法为：显示出“图层 1/ 电视画面汇聚 2.psd”图层，然后在“时间线”窗口中选中“图层 0/ 电视画面汇聚 1.psd”和“图层 1/ 电视画面汇聚 2.psd”图层，按〈T〉键显示出“Opacity（透明度）”属性，接着分别在第 4 秒、第 5 秒和第 5 秒 12 帧插入关键帧，并设置参数，如图 13-19 所示。

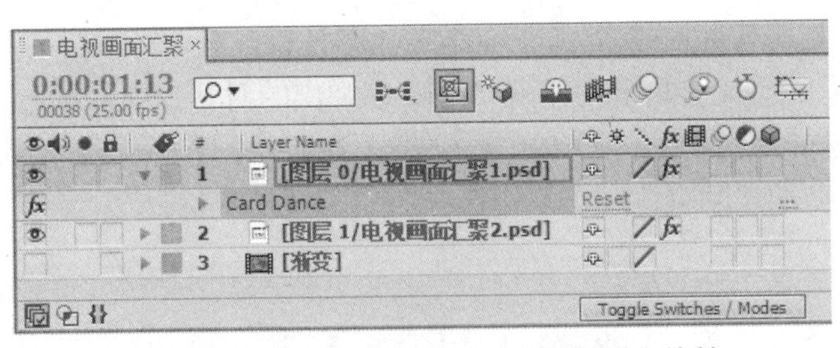

图 13-17　选择“Card Dance（卡片舞蹈）”特效

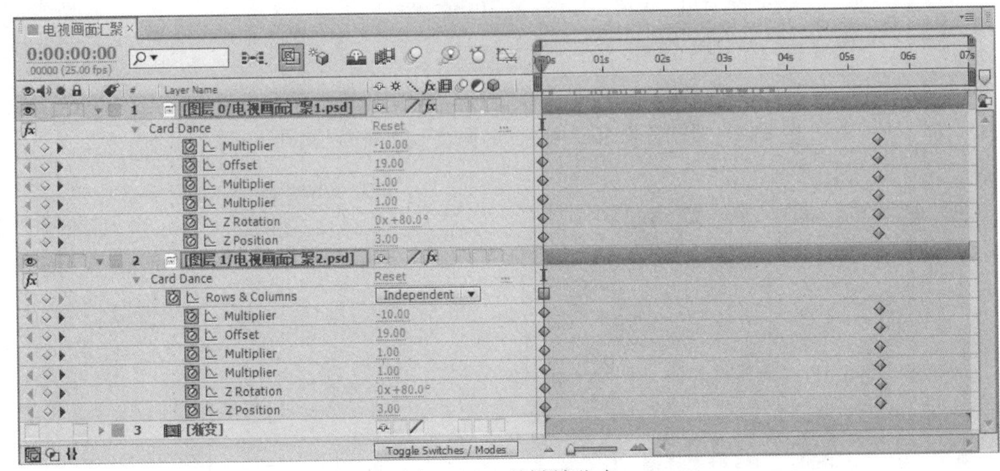

图 13-18　关键帧分布

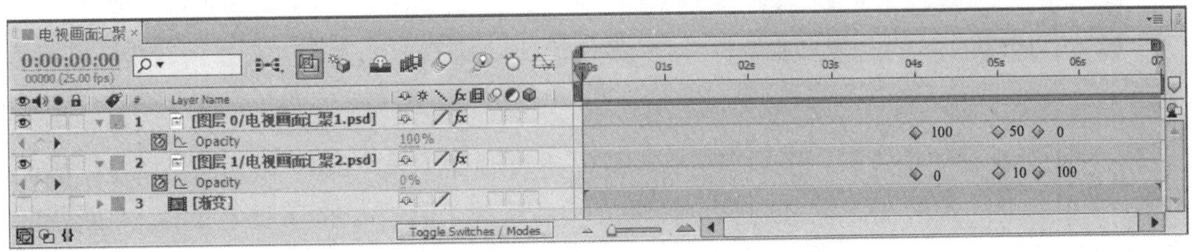

图 13-19　设置“Opacity（透明度）”属性

9）按小键盘上的〈0〉键，即可看到两个素材之间的切换效果，如图 13-20 所示。

图 13-20　两个素材之间的切换效果

3. 制作动态背景效果

1）从“Project（项目）”窗口中将“背景 .jpg”拖入“时间线”窗口并放置到最底层，如图 13-21 所示，效果如图 13-22 所示。

2）为了使背景更具有视觉冲击力，下面添加动态背景。方法为：选择“Layer（图层）|New（新建）| Solid（固态层）”命令（快捷键为〈Ctrl+Y〉），在弹出的对话框中单击 Make Comp Size （制作为合成大小）按钮，如图 13-23 所示。然后单击“确定”按钮，创建一个与合成图像等大的固态层，并将其放置到“背景”图层的上方。

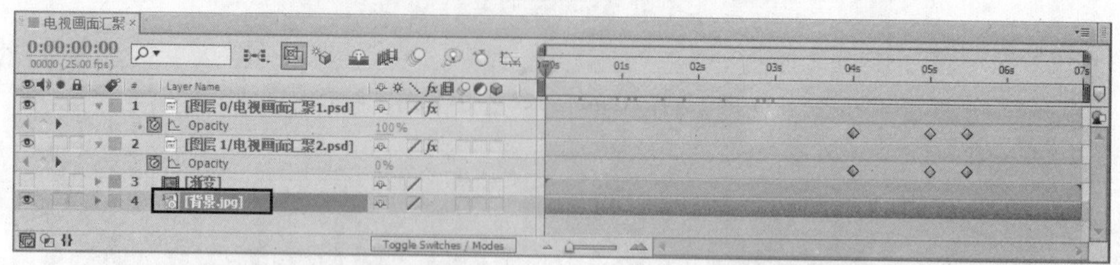

图 13-21　将“背景.jpg”拖入“时间线”窗口并放置到最底层

图 13-22　添加背景效果

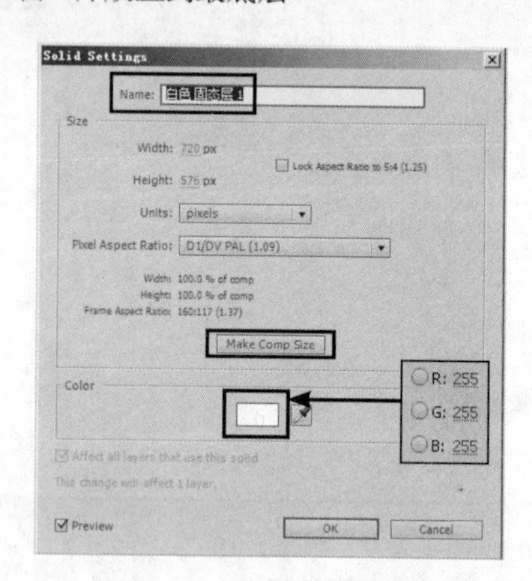

图 13-23　设置固态层参数

3）为便于观看动态背景，下面单击“图层 0/ 电视画面汇聚 1.psd”和“图层 1/ 电视画面汇聚 2.psd”图层前的图标，隐藏这两个图层。然后选择工具栏中的钢笔工具，在新建的固态层上绘制图形，如图 13-24 所示。

提示：此时一定要在新建的固态层上绘制图形。

图 13-24　绘制图形

4）降低图形的不透明度。方法为：选择“白色 固态层 1”图层，按〈T〉键显示“Opacity（透明度）”属性，然后将“透明度”设置为“10%”。

5）设置绘制图形旋转动画。方法为：选择“白色 固态层 1”图层，按〈R〉键显示“Rotation（旋转）”属性，然后分别在第 7 帧和第 6 秒 24 帧插入关键帧，并设置参数，如图 13-25 所示。

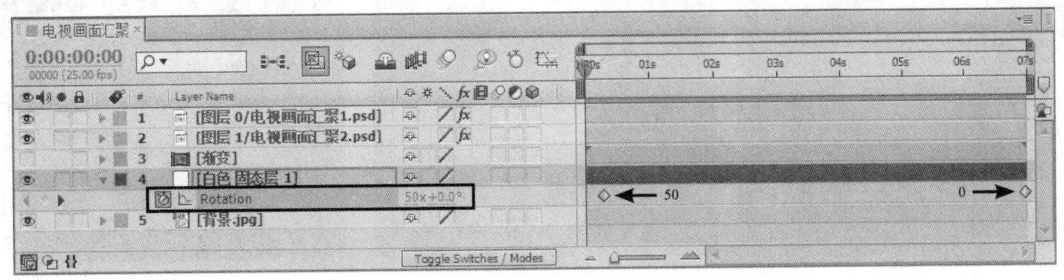

图 13-25　设置“白色 固态层 1”图层的旋转参数

6）为了增加动态效果，选择“白色 固态层 1”图层，按〈Ctrl+D〉组合键复制一个图层，并将其命名为“固态层 2”。然后按〈R〉键显示“Rotation（旋转）”属性，并设置参数，如图 13-26 所示。

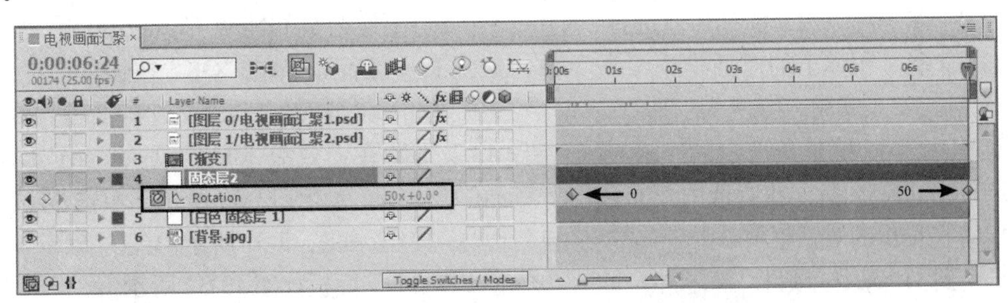

图 13-26　设置“固态层 2”图层的旋转参数

7）至此，整个动画制作完毕。下面重新显示“图层 0/ 电视画面汇聚 1.psd”和“图层 1/ 电视画面汇聚 2.psd”图层，然后按小键盘上的〈0〉键，预览动画，效果如图 13-27 所示。

图 13-27　电视画面汇聚效果

8）选择“File（文件）| Save（保存）”命令，将文件进行保存。然后选择“File（文件）| Collect Files（收集文件）”命令，将文件进行打包。

13.2　飞龙在天效果

要点：

本例将利用After Effects CS6自身的特效，制作月光下天空中的飞龙效果，如图13-28所示。

通过对本例的学习，读者应掌握延长动画长度，“Mask（遮罩）”功能、图层的“Pre-compose（预合成）”功能、运动路径的调节，以及“Particle Playground（粒子运动）”“Fractal Noise（分形噪波）”和“Glow（辉光）”特效的综合应用。

图 13-28　飞龙在天的效果

操作步骤：

1. 制作从右往左飞动的飞龙群效果

1）启动 After Effects CS6，选择“Composition（图像合成）|New Composition（新建合成组）”命令，在弹出的对话框中设置参数，如图 13-29 所示，单击“OK”按钮。

2）导入背景素材。方法为：选择“File（文件）|Import（导入）|File（文件）”命令，在弹出的对话框中选择配套光盘中的“素材及结果 \13.2 飞龙在天效果 folder\（Footage）\dargon1\dargon0000.tga”图片，然后选中“Targa Sequence”复选框，如图 13-30 所示，单击“打开”按钮。接着在弹出的对话框中单击 Guess（自动预测）按钮，如图 13-31 所示，单击“确定”按钮，将其导入到“Project（项目）”面板中，此时“Project（项目）”面板如图 13-32 所示。

3）创建后面代替飞龙的粒子系统。方法为：选择“Layer（图层）| New（新建）| Solid（固态层）”命令，然后在弹出的对话框中单击 Make Comp Size（制作为合成大小）按钮，再单击“OK”按钮，从而创建一个与“飞龙在天”合成图像等大的固态层。接着选择新建的“黑色 固态层 1”图层，选择“Effect（效果）|Simulation（模拟仿真）|Particle Playground（粒子运动）”命令，此时预览动画效果可以在画面中看到从下往上喷射的红色粒子效果，如图 13-33 所示。

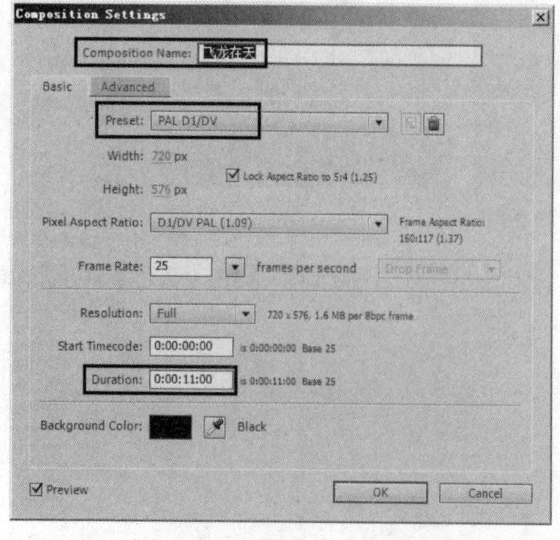

图 13-29　设置合成图像参数

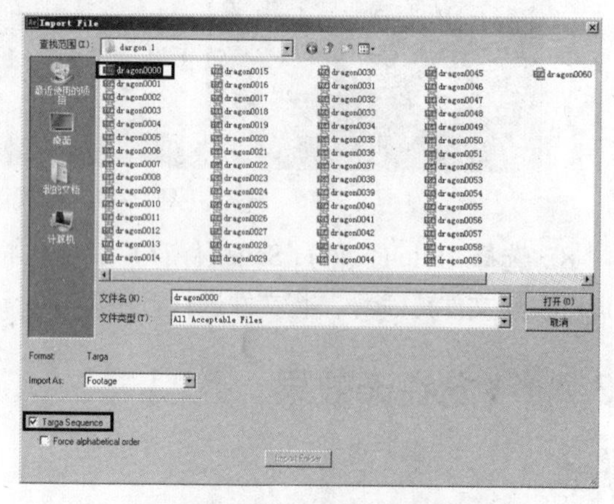

图 13-30　创建“logo 的出现层”

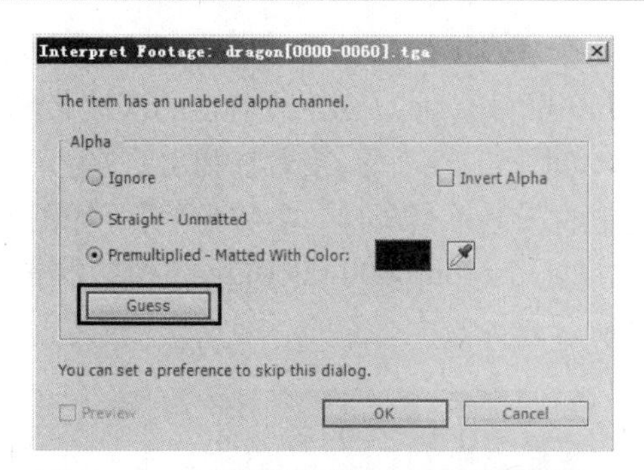

图 13-31　单击 Guess （自动预测）按钮

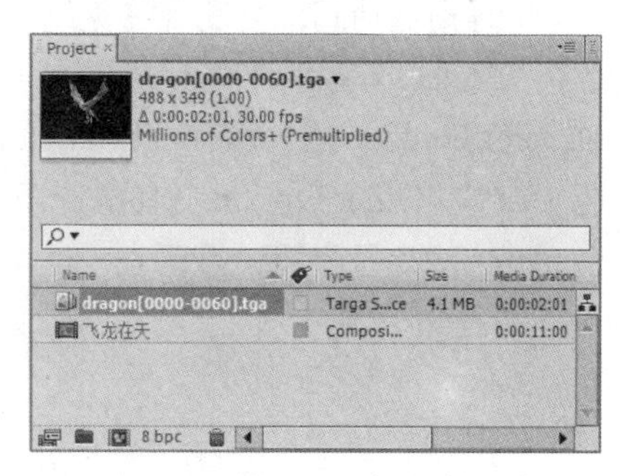

图 13-32　“Project（项目）”面板

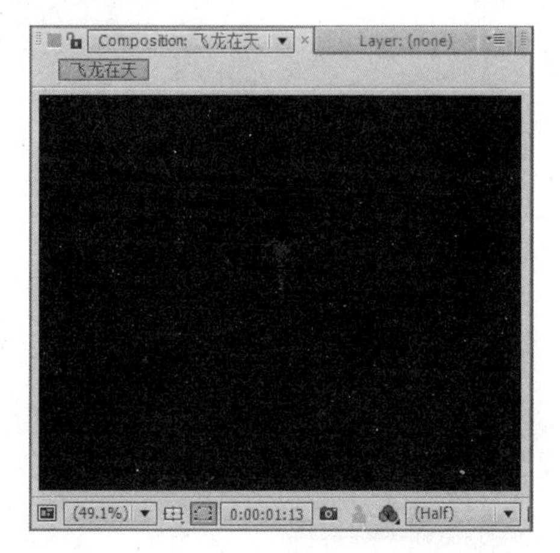

图 13-33　从下往上喷射的红色粒子效果

4）从“Project（项目）”面板中将“dargon[0000-0060].tga”文件拖入“时间线”窗口，放置到最底层，如图 13-34 所示。

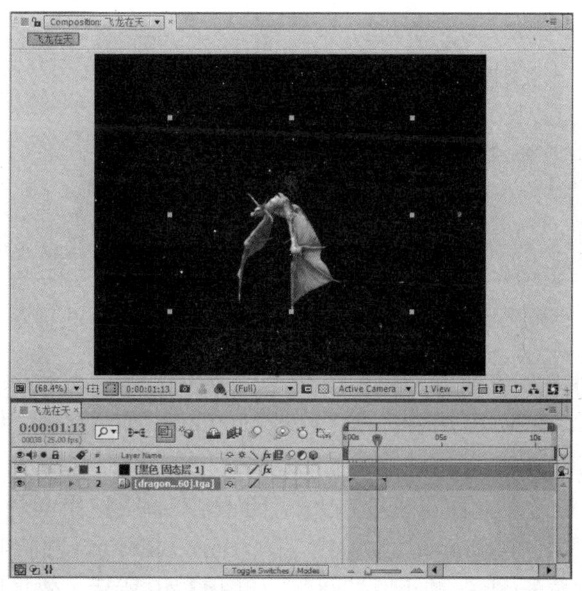

图 13-34　将“dargon[0000-0060].tga”文件拖入“时间线”窗口

5）此时预览动画，会发现飞龙扇动翅膀的时间很短，下面延长飞龙扇动翅膀的时间。方法为：在“Project（项目）”面板中，右击“dargon[0000-0060].tga”，然后在弹出的快捷菜单中选择“Interpret Footage（定义素材）|Main（主要）”命令，如图13-35所示，接着在弹出的“定义素材”对话框中设置“Other Options（其他选项）”选项组中的“Loop（循环）”参数为“5”，如图13-36所示。单击“确定”按钮。最后在“时间线”窗口中将“dargon[0000-0060].tga”图层的长度延长到与“黑色 固态层1”图层的等长，如图13-37所示。

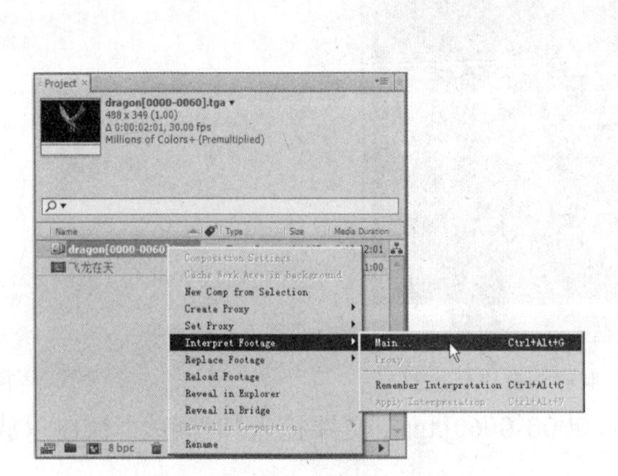

图13-35 选择“Main（主要）”命令

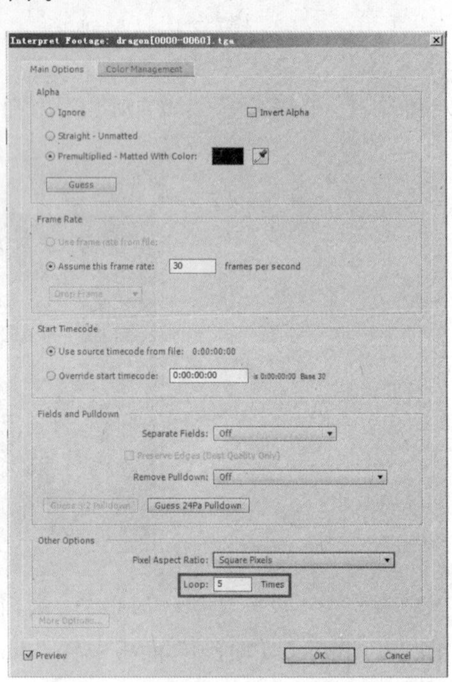

图13-36 设置“Loop（循环）”参数为“5”

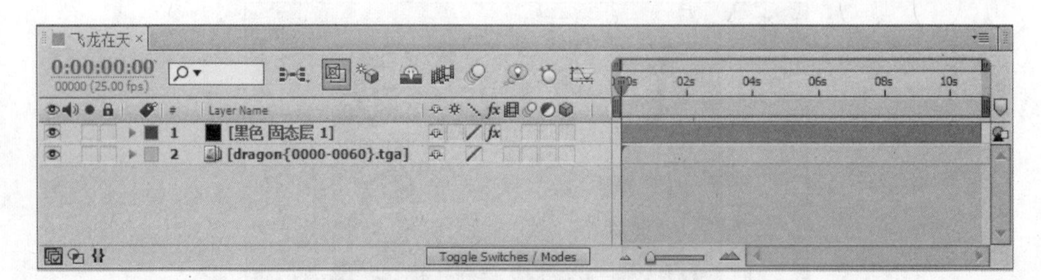

图13-37 将“dargon[0000-0060].tga”图层的长度延长到与“黑色 固态层1”图层的等长

6）将粒子替换为飞龙。方法为：选择“黑色 固态层1”图层，然后在“Effect Controls（特效控制台）”面板中设置“Layer Map（图层映射）”下的“Use Layer（使用图层）”为“2.dargon[0000-0060].tga”，如图13-38所示，此时粒子就替换为了飞龙，效果如图13-39所示。

7）现在飞龙的数量过多，而且密度过大，下面就来解决这个问题。方法为：在“Effect Controls（特效控制台）”中将“Cannon（发射）”下的“Barrel Radius（圆筒半径）”增大到“245.0”，将“Particle Per Second（粒子/秒）”减小为“2.00”，如图13-40所示，效果如图13-41所示。

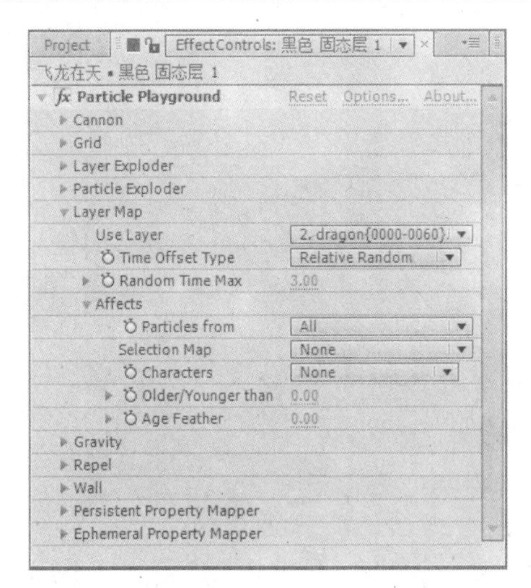

图 13-38　将“Use Layer (使用图层)”设置为“2.dargon[0000-0060].tga”

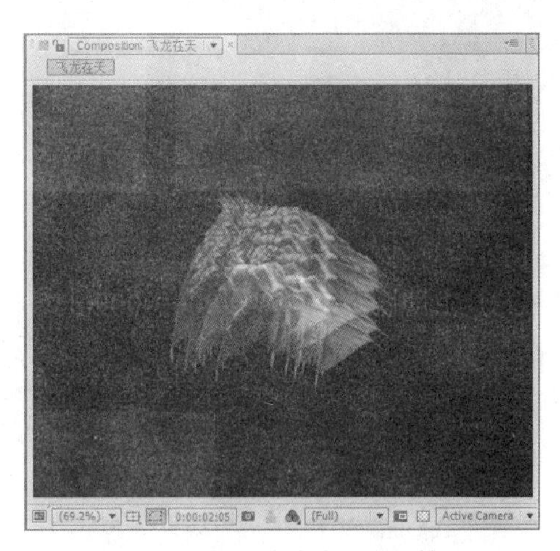

图 13-39　粒子替换为飞龙的效果

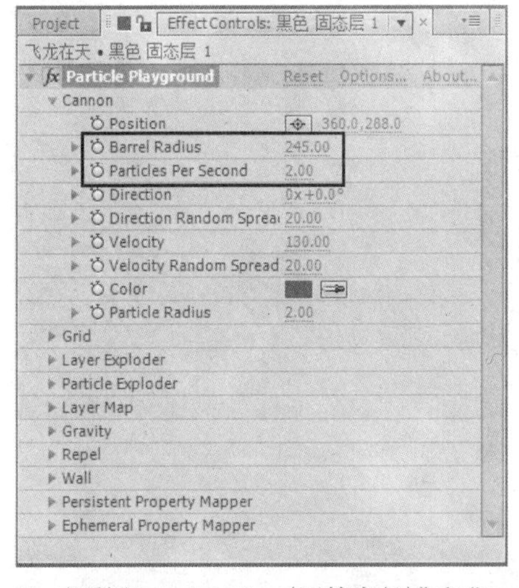

图 13-40　调整“Barrel Radius (圆筒半径)”和“Particle Per Second (粒子/秒)”参数

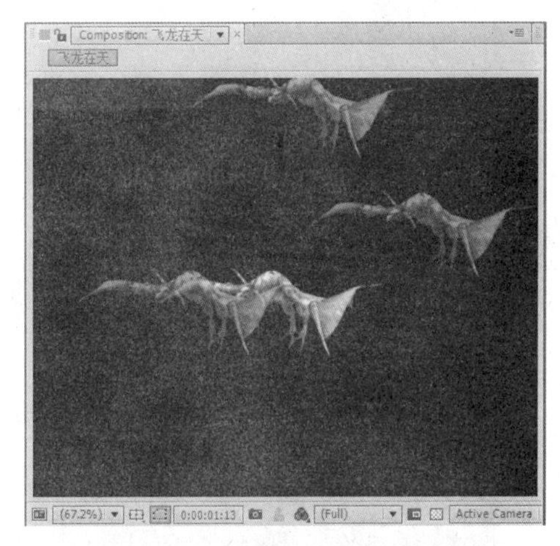

图 13-41　调整“Barrel Radius (圆筒半径)”和“Particle Per Second (粒子/秒)”参数后的效果

8) 设置飞龙的初始位置。方法为：在“Effect Controls (特效控制台)”面板中将“Cannon (发射)”下的“Position (位置)”设置为 (740.0,288.0)，如图 13-42 所示，使飞龙的初始位置位于画面的左侧，如图 13-43 所示。

提示：为了便于观看，此时可暂时隐藏“dargon[0000-0060].tga”图层。

9) 设置飞龙从右往左飞的效果。方法为：在“Effect Controls (特效控制台)”面板中将“Cannon (发射)”下的“Direction (方向)”设置为“0x-90.0°”，如图 13-44 所示，此时预览动画，会发现飞龙是往右下方飞的，而不是往右飞，如图 13-45 所示。这是因为重力过大的原因。下面在“Effect Controls (特效控制台)”面板中将“Gravity (重力)”下的“Force (力)”减小为“25.00”，如图 13-46 所示，此时预览动画即可看到飞龙从右往左飞的效果，如图 13-47 所示。

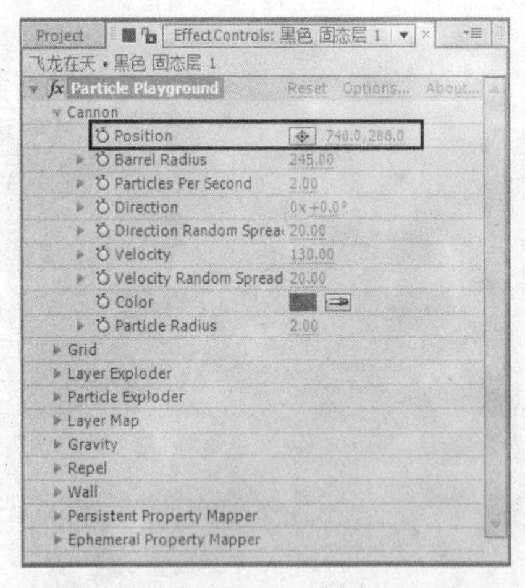

图 13-42　设置“Position (位置)”参数

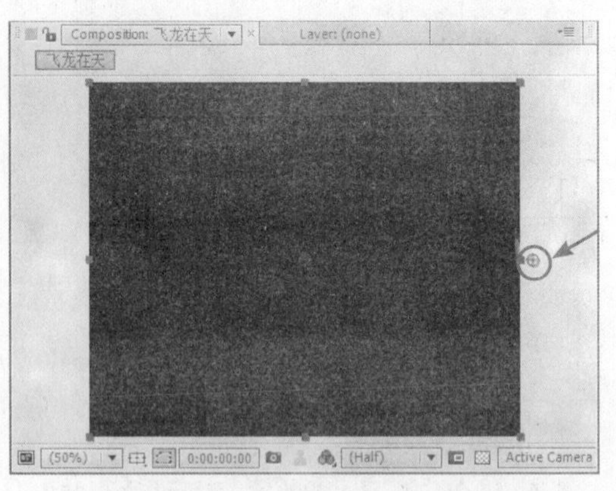

图 13-43　设置“Position (位置)”参数后的效果

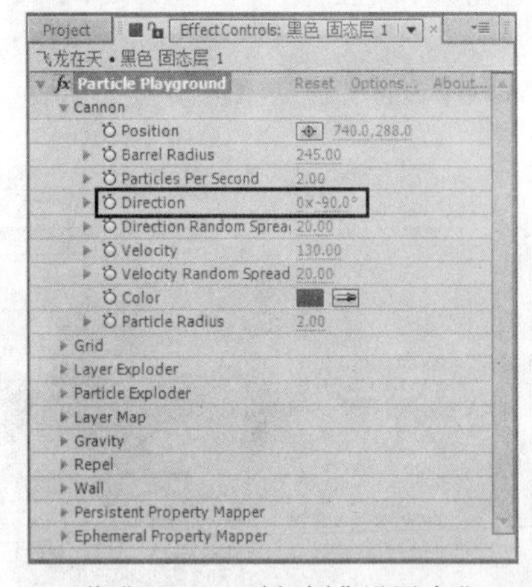

图 13-44　将“Direction (方向)”设置为“0x-90.0°”

图 13-45　将“方向”设置为“0x-90.0°”后的效果

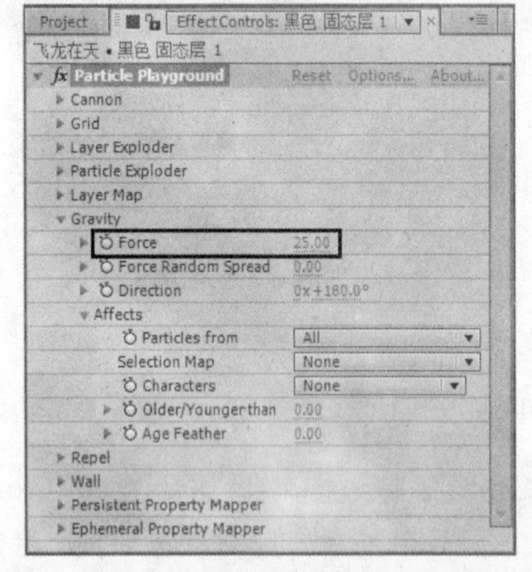

图 13-46　将“Force (力)”减小为“25.00”

图 13-47　将“Force (力)”减小为“25.00”后的效果

10) 此时所有飞龙扇动翅膀的动作是一致的，很不真实，下面就来解决这个问题。方法为：将“Layer Map (图层映射)”下的“Time Offset Type (时间偏移类型)”设置为“Relative

Random（相对随机）”，“Random Time Max（最大随机时间）”设置为“3.00”，如图 13-48 所示，效果如图 13-49 所示。

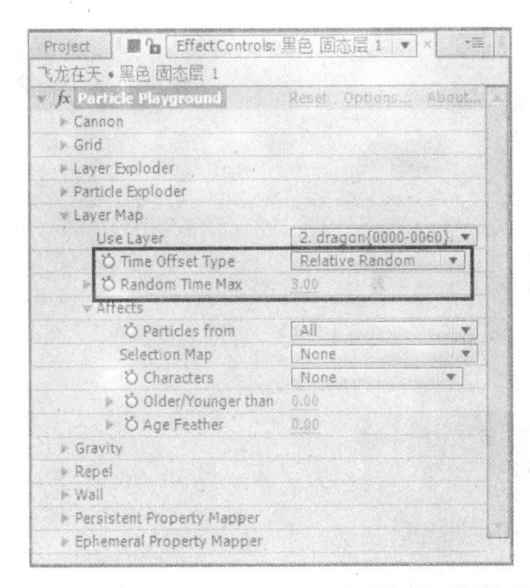

图 13-48　调整“Time Offset Type（时间偏移类型）”和“Random Time Max（最大随机时间）”参数

图 13-49　调整“Time Offset Type（时间偏移类型）”和“Random Time Max（最大随机时间）”参数后的效果

11）此时飞龙的比例过大，下面适当缩小飞龙的尺寸。方法为：显示出“dargon[0000-0060].tga”图层，然后按键盘上的〈S〉键，显示出“Scale（比例）”属性。接着将“Scale（比例）”缩小为“65%”，如图 13-50 所示，效果如图 13-51 所示。

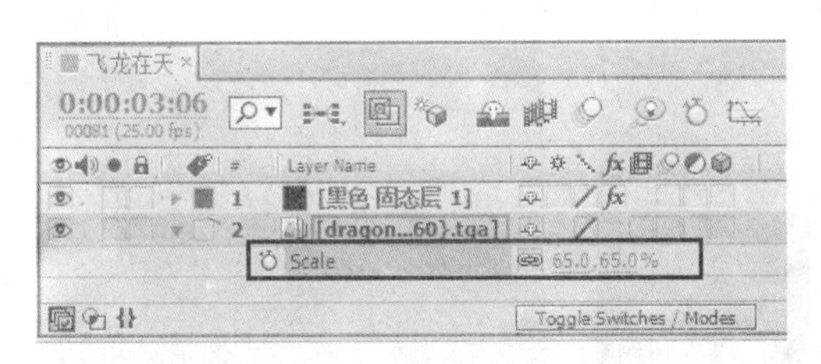

图 13-50　将飞龙“Scale（比例）”缩小为“65%”

图 13-51　将飞龙“Scale（比例）”缩小为“65%”后的效果

12）此时只有一只飞龙的尺寸变小了，而其余飞龙没有受到影响，这是因为没有对缩放后的效果进行合并，使其成为常规状态的原因，下面就来解决这个问题。方法为：选择“dargon[0000-0060].tga”图层下的“Scale（比例）”参数，然后选择“Layer（图层）|Pre-compose（预合成）”命令，在弹出的“Pre-compose（预合成）”对话框中设置相关参数，如图 13-52 所示。单击“OK”按钮，此时时间线分布如图 13-53 所示，效果如图 13-54 所示。

提示：此时通过调节“Particle Playground（粒子运动）”特效下的“Cannon（发射）”中的“Barrel Radius（圆筒半径）”，是无法缩小飞龙群的尺寸的。这是因为我们使用了映射图层。此时飞龙群的尺寸是由映射图层（也就是“dargon[0000-0060].tga”图层）的尺寸来决定的。

图 13-52　设置“Pre-compose（预合成）”参数

图 13-53　时间线分布

图 13-54　飞龙群整体缩放后的效果

13）下面隐藏“dargon[0000-0060].tga”图层，然后按小键盘上的〈0〉键，预览动画，效果如图 13-55 所示。

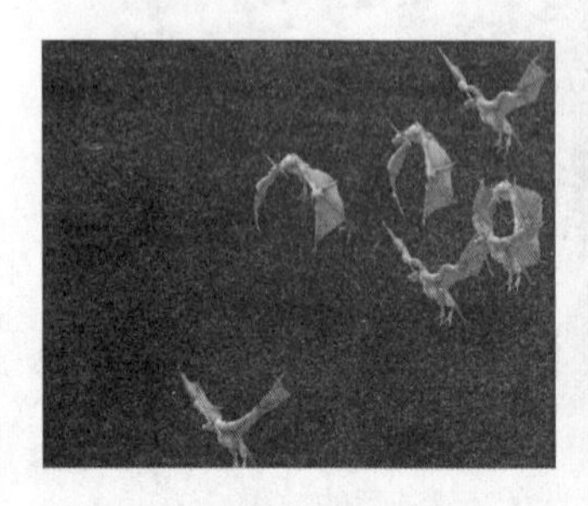

图 13-55　预览效果

2. 制作夜空背景效果

1）　新建“背景”图层。方法为：选择“Layer（图层）| New（新建）| Solid（固态层）”命令，在弹出的对话框中设置“名称”为“背景”，单击 Make Comp Size （制作为合成大小）按钮，再单击“OK”按钮，从而新建一个与“飞龙在天”合成图像等大的固态层。

2）将“背景”图层置于“时间线”窗口的最底层，然后选择“Effect（效果）| Noise&Grain（噪波与颗粒）| Fractal Noise（分形噪波）”命令，在“Effect Controls（特效控制台）”面板中将“Complexity（复杂性）”设置为“6.0”，如图 13-56 所示，效果如图 13-57 所示。

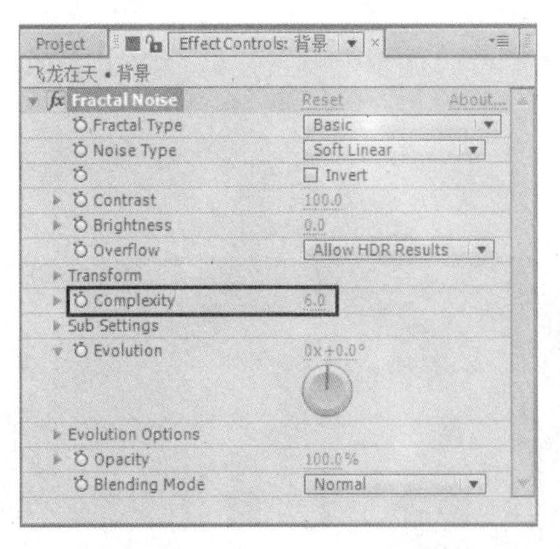

图 13-56　设置“Fractal Noise（分形噪波）”参数

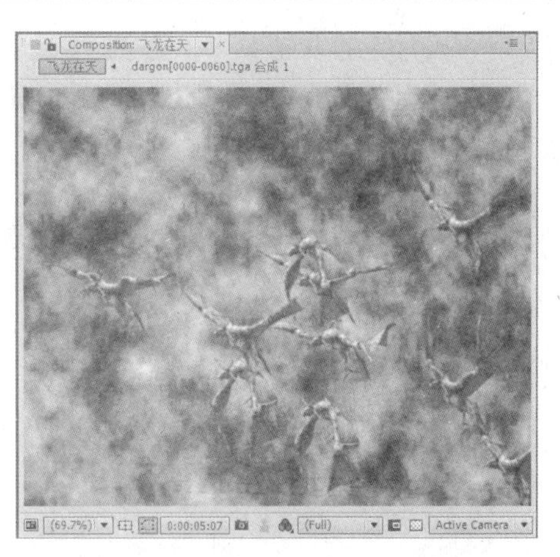

图 13-57　调整“Fractal Noise（分形噪波）”参数后的效果

3）制作出月亮轮廓。方法为：选择“背景”图层，然后利用工具栏中的（椭圆形遮罩工具），配合〈Shift〉键，绘制一个正圆形遮罩，如图 13-58 所示。接着按〈M〉键，展开“Mask 1（遮罩 1）”属性，然后设置“Mask　Feather（遮罩羽化）”值为“10.0”像素，如图 13-59 所示，效果如图 13-60 所示。

图 13-58　绘制正圆形遮罩

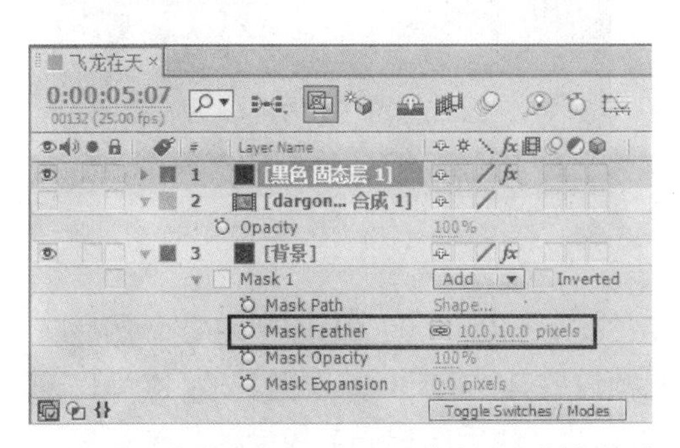

图 13-59　设置“Mask　Feather（遮罩羽化）”值为“10.0”像素

图 13-60　调整“Mask　Feather（遮罩羽化）”参数后的效果

4）制作出月亮的发光效果。方法为：选择“背景”图层，然后选择“Effect（效果）| Stylize（风格化）| Glow（辉光）”命令，在“Effect Controls（特效控制台）”面板中设置参数，如图 13-61 所示，效果如图 13-62 所示。

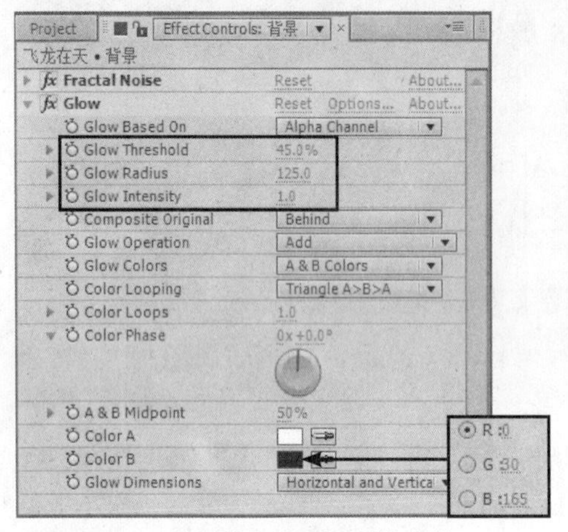

图 13-61 设置“Glow（辉光）”参数

图 13-62 调整“Glow（辉光）”参数后的效果

3. 制作最终效果

此时预览动画会发现飞龙大小一致，而且是从一个点飞出的，很不真实。真实情况应该是飞龙大小有区别，而且飞出的位置有远有近。同时飞行速度为近处快、远处慢，透明度为近处清晰、远处半透明的效果。下面就来制作这些效果。

1）制作近处的飞龙。方法为：从“Project（项目）”面板中将“dargon[0000-0060].tga”拖入“时间线”窗口，放置到“黑色 固态层 1”图层的下方，然后按〈S〉键，显示出其“Scale（比例）”属性，再将其“Scale（比例）”调整为“85%”，如图 13-63 所示，效果如图 13-64 所示。

图 13-63 将“Scale（比例）”调整为“85%”

图 13-64 将“Scale（比例）”调整为“85%”后的效果

2）调整近处飞龙的位置动画。方法为：选择“dargon[0000-0060].tga”图层，然后按〈P〉键，显示出其“Position（位置）”属性。接着在第 0 帧设置其“Position（位置）”为（790.0,300.0），再在第 4 秒设置其“Position（位置）”为（–100.0,280.0）。最后通过调节控制柄，改变其飞行路径的形状，效果如图 13-65 所示。此时“时间线”窗口的关键帧分布如图 13-66 所示。

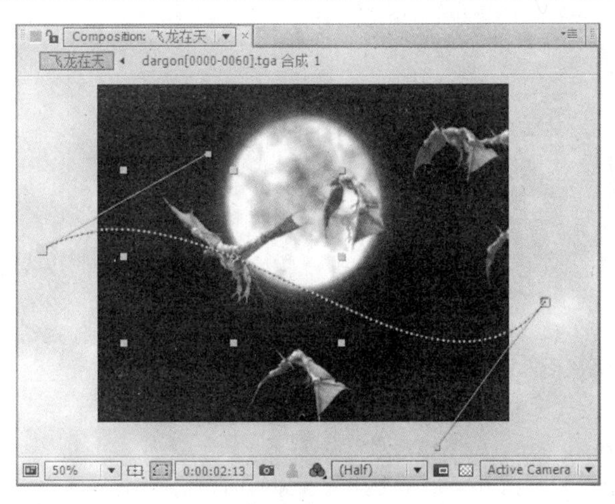

图 13-65　设置飞龙的飞行路径

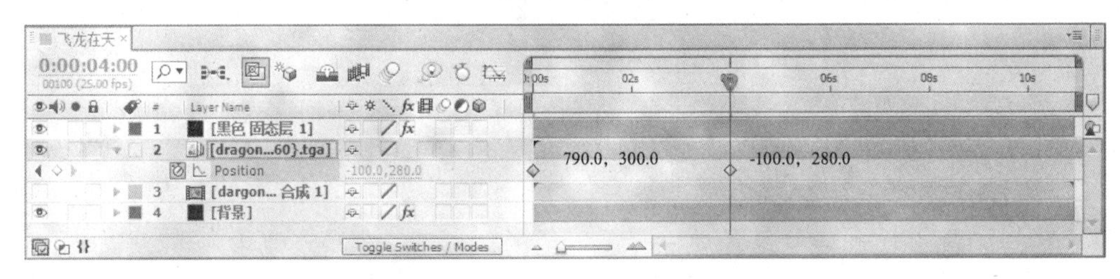

图 13-66 “时间线”窗口的关键帧分布

3）为了便于区分，下面将“dargon[0000-0060].tga”图层重命名为“近处飞龙”。

4）制作远处的飞龙。方法为：选择“近处飞龙”图层，然后按快捷键〈Ctrl+D〉，复制出一个副本，再将其重命名为“远处飞龙”。接着将其放置到“背景”图层的上方。再按〈S〉键，显示出其“Scale（比例）”属性，最后将“Scale（比例）”调整为“45%”，如图 13-67 所示。

图 13-67　将“Scale（比例）”调整为“45%”

5）调整远处飞龙的位置动画。方法为：选择“远处飞龙”图层，整体向上移动，然后通过调节控制柄，改变其飞行路径的形状，效果如图 13-68 所示。接着将第 4 秒的关键帧移动到第 6 秒，此时“时间线”窗口的关键帧分布如图 13-69 所示。

提示：将“近处飞龙”的位置动画设置为4秒、“远处飞龙”的位置动画设置为6秒，从而制作出近处飞行速度快、远处飞行速度慢的效果。

图 13-68　改变其飞行路径的形状

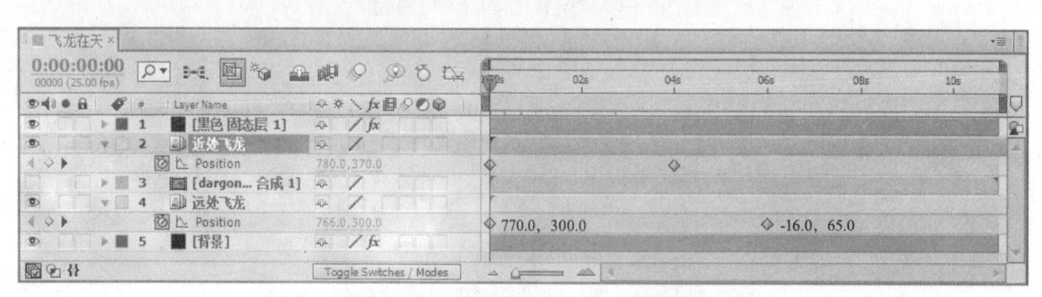

图 13-69 "时间线"窗口的关键帧分布

6）制作出飞龙透明度的变化。方法为：同时选择"黑色 固态层 1""近处飞龙"和"远处飞龙"图层，然后按〈T〉键，显示出它们的"Opacity（透明度）"属性。接着分别设置"黑色 固态层 1"图层的透明度为"65%"，"近处飞龙"图层的透明度为 100%，"远处飞龙"图层的透明度为 55%，如图 13-70 所示，效果如图 13-71 所示。

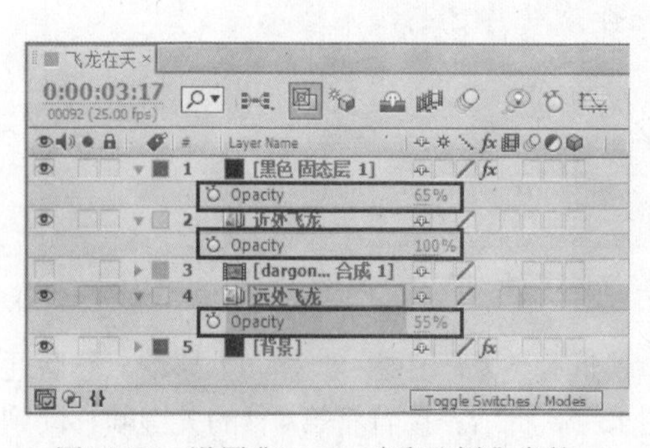

图 13-70　设置"Opacity（透明度）"参数

图 13-71　调节"Opacity（透明度）"参数后的效果

7）至此，飞龙在天效果制作完毕。下面按小键盘上的〈0〉键，预览动画，效果如图 13-72 所示。

图 13-72　飞龙在天的效果

8）选择“File（文件）| Save（保存）”命令，将文件进行保存。然后选择“File（文件）| Collect Files（收集文件）”命令，将文件进行打包。

13.3　逐个字母飞入动画

要点：

本例将制作电视广告中经常见到的字母逐个飞入然后进行扫光的效果，如图13-73所示。通过对本例的学习，读者应掌握After Effects CS6自带的“Shatter（碎片）”“Ramp（渐变）”“Venetian Blinds（百叶窗）”特效，以及“Shine（光芒）”和“Light Factory（光工厂）”外挂特效的综合应用。

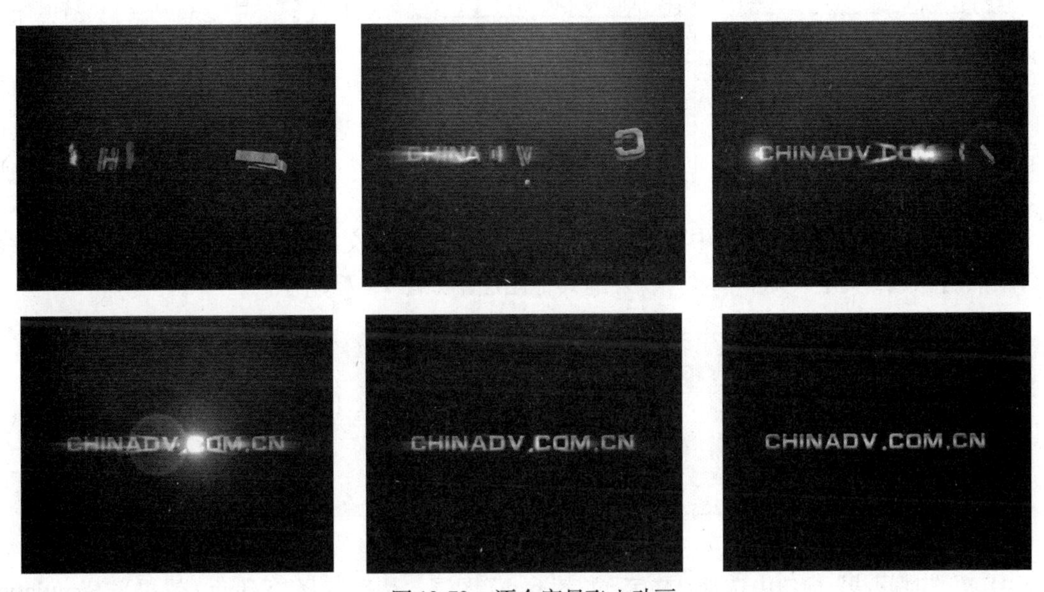

图 13-73　逐个字母飞入动画

操作步骤：

1. 制作字母逐个飞出效果

1）选择“Composition（图像合成）|New Composition（新建合成组）”命令，在弹出的对话框中设置参数，如图 13-74 所示，单击“OK”按钮，新建一个合成图像。

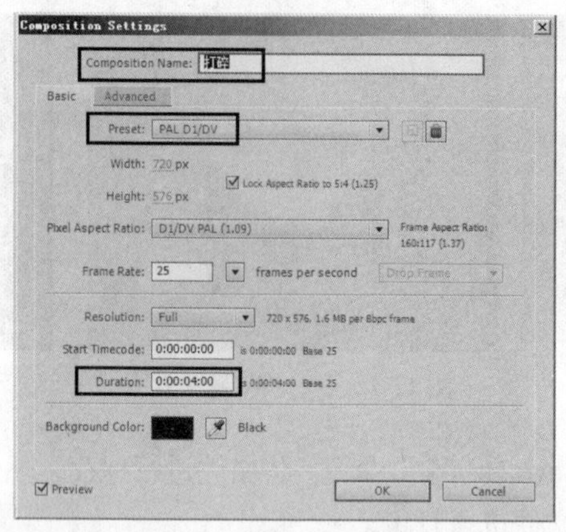

图 13-74　设置合成图像参数

2）选择“File（文件）|Import（导入）|File（文件）”命令，导入配套光盘中的“第 5 部分\第 13 章 影视广告片头制作\13.3 逐个字母飞入动画 folder\(Footage)\底图 .jpg”“文字 .psd”“文字 Alpha.psd”文件，在弹出的对话框中设置参数，如图 13-75 所示，单击“OK”按钮，此时“Project（项目）”面板如图 13-76 所示。

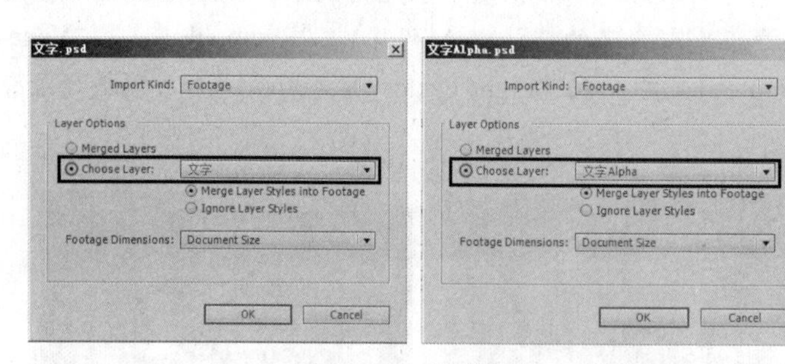

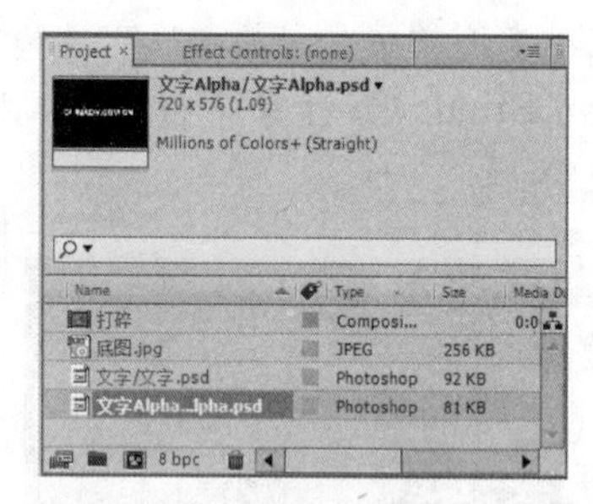

图 13-75　设置图层　　　　图 13-76　“Project（项目）”面板

3）从“Project（项目）”面板中将“底图 .jpg”“文字 .psd ”“文字 Alpha.psd”文件拖入“时间线”窗口。然后隐藏“文字 / 文字 .psd”以外的其他图层，如图 13-77 所示。

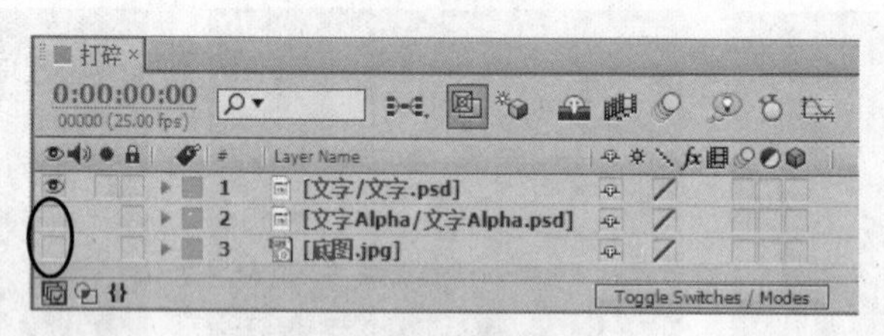

图 13-77　时间线分布

4）在“时间线”窗口中选择“文字/文字 .psd”图层，然后选择“Effect（效果）| Simulation（模拟仿真）| Shatter（碎片）”命令，在“Effect Controls（特效控制台）”面板中设置参数，如图 13-78 所示。此时按小键盘上的〈0〉键，预览动画，效果如图 13-79 所示。

5）此时，字母的飞出效果是从中间开始的，而本例需要文字从右往左进行打碎，下面来解决这个问题。方法为：将“时间线”窗口中的关键帧滑块移动到第 0 帧，然后单击“焦点 1”选项组中“位置”前的按钮，打开动画录制，并设置“位置”为 (720.0,288.0)，如图 13-80 所示。

接着将时间线滑块移动到第 3 秒 24 帧的位置，将“位置”设置为 (0.0,288.0)，如图 13-81 所示。最后按小键盘上的〈0〉键，预览动画，即可看到字母从右往左进行打碎的效果，如图 13-82 所示。

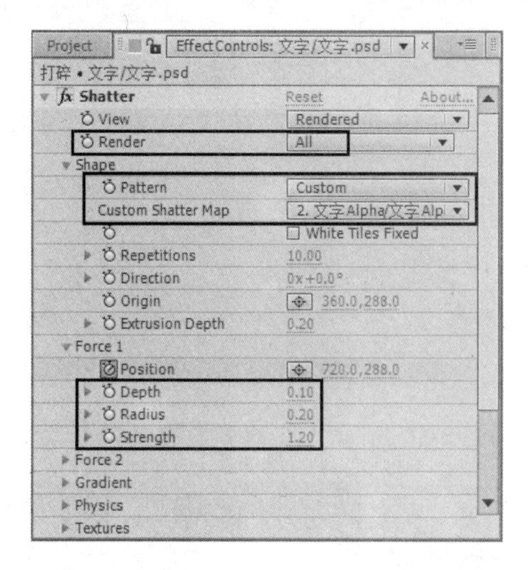

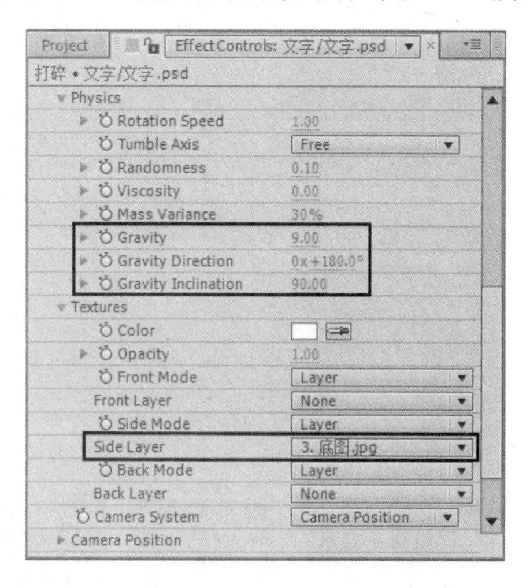

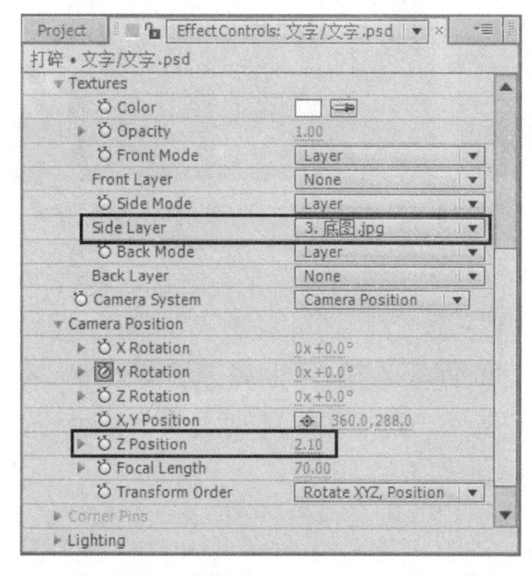

图 13-78　设置“Shatter (碎片)”参数

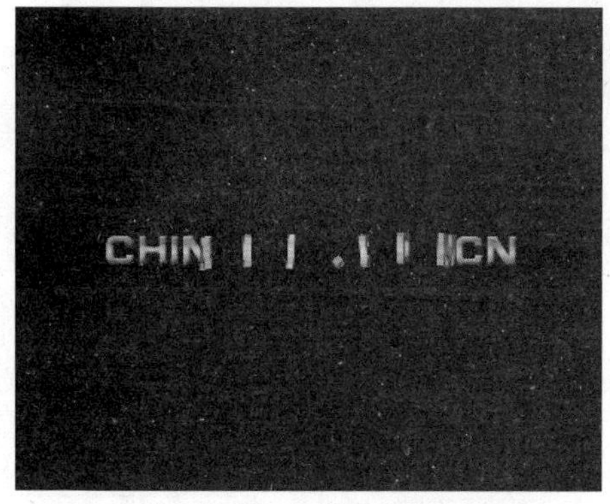

图 13-79　预览动画效果

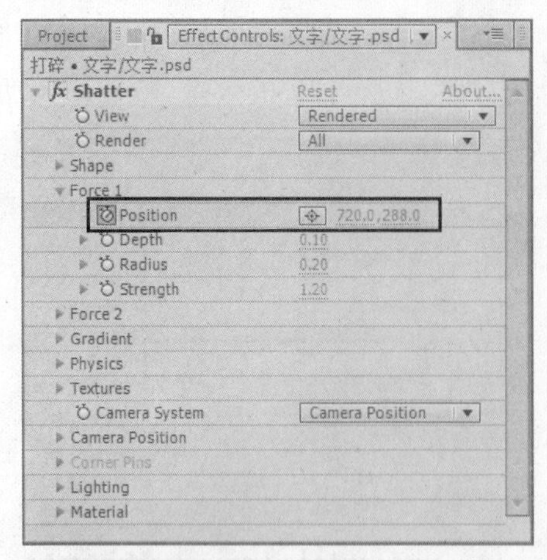

图 13-80　在第 0 帧设置"位置"参数

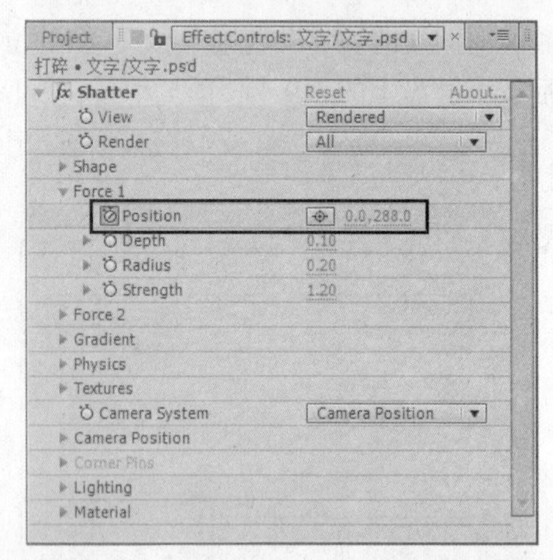

图 13-81　在第 3 秒 24 帧设置"位置"参数

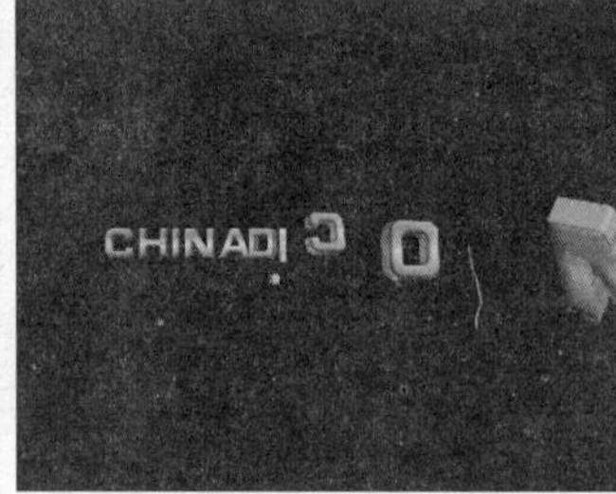

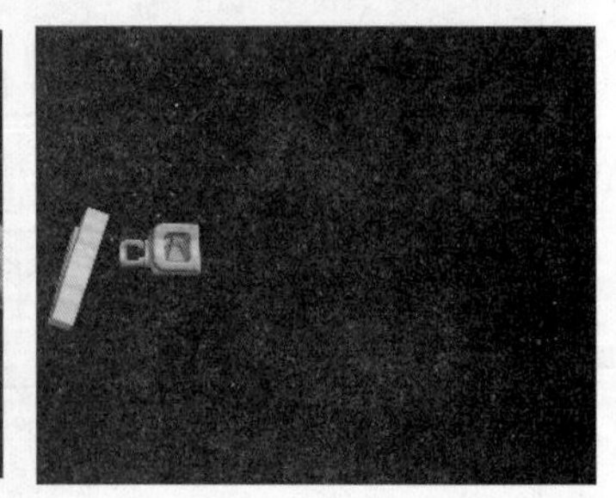

图 13-82　文字从右往左进行打碎的效果

6）制作字母从右往左旋转着飞出视图的效果。方法为：将"时间线"窗口中的滑块移动到第 0 帧，然后单击"摄影机位置"选项组中"Y 轴旋转"前的按钮，打开动画录制，并设置参数，如图 13-83 所示。接着将"时间线"窗口中的关键帧滑块移动到第 3 秒 24 帧的位置，设置"Y 轴旋转"参数，如图 13-84 所示。最后按小键盘上的〈0〉键，预览动画，即可看到文字从右往左旋转着飞出视图的效果，如图 13-85 所示。

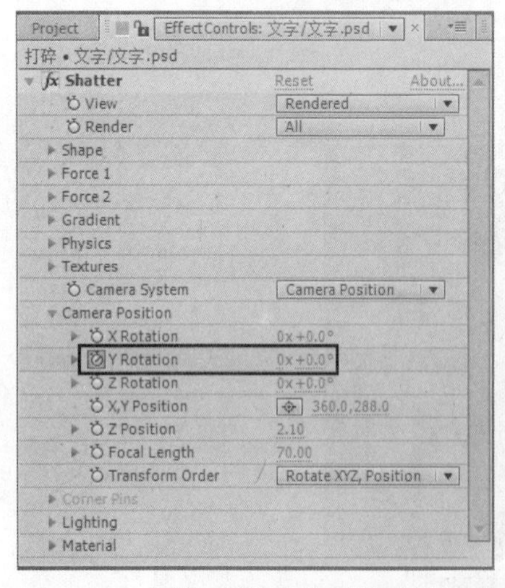

图 13-83　在第 0 帧调整"Y 轴旋转"参数

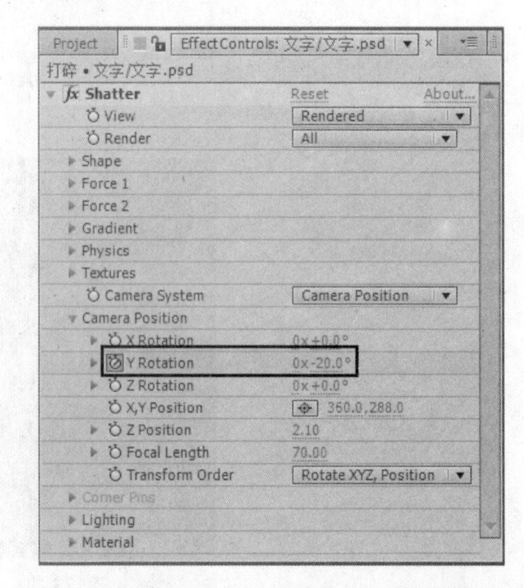

图 13-84　在第 3 秒 24 帧调整"Y 轴旋转"参数

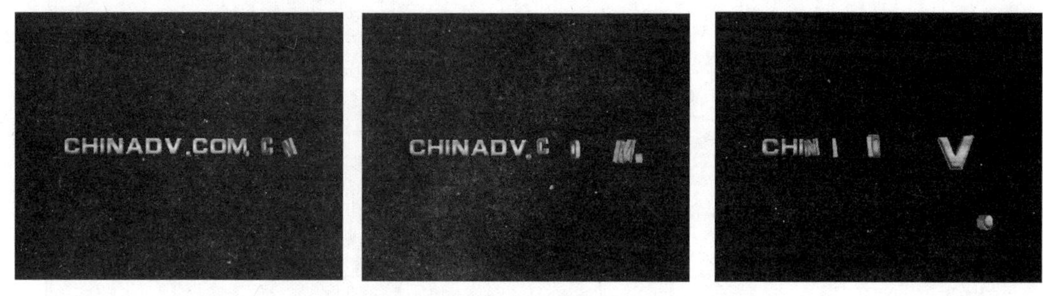

图 13-85　字母从右往左旋转着飞出视图的效果

2. 制作字母逐个飞入并变色的效果

1）选择“Composition（图像合成）|New Composition（新建合成组）”命令，在弹出的对话框中设置参数，如图 13-86 所示，单击“OK”按钮，新建一个合成图像。

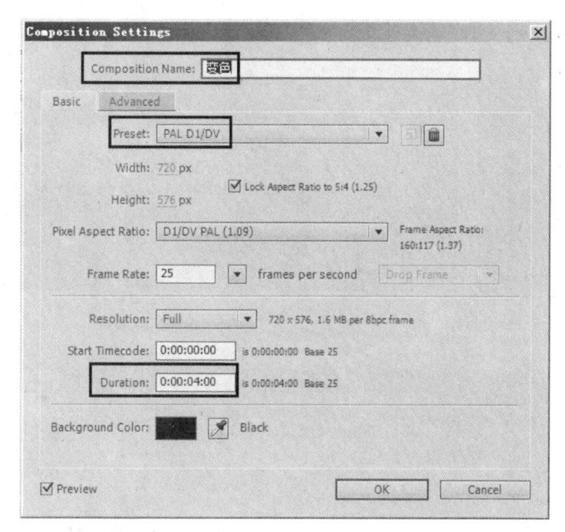

图 13-86　设置合成图像参数

2）制作动画倒放效果（字母逐个飞入画面）。方法为：从“Project（项目）”面板中将“打碎”合成图像拖入“时间线”窗口，然后选择“Layer（图层）|Time（时间）| Enable Time Remapping（启用时间重置）”命令，显示出动画的开始和结束两个关键帧，如图 13-87 所示。然后将第 3 秒 24 帧的关键帧移动到第 2 秒，并将参数设置为 0:00:00:00，如图 13-88 所示。接着将第 0 帧的参数设置为 0:00:03:24，如图 13-89 所示。最后按小键盘上的〈0〉键，预览动画，即可看到动画倒放效果（字母逐个飞入画面），如图 13-90 所示。

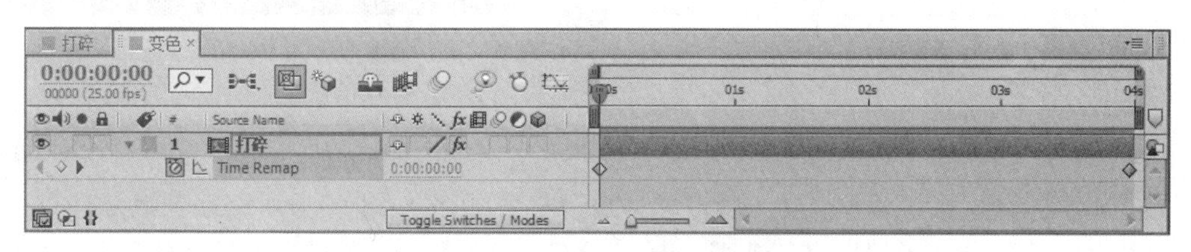

图 13-87　显示开始和结束两个关键帧

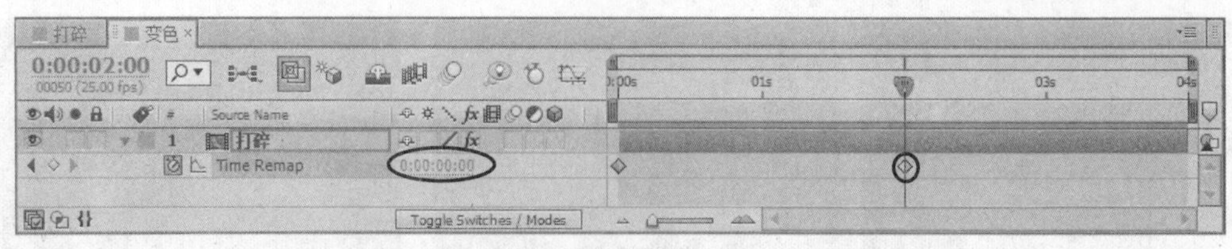

图 13-88　将第 2 秒的参数设置为 0:00:00:00

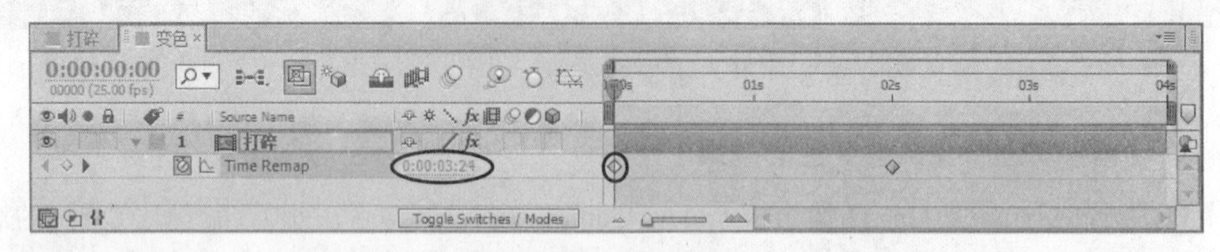

图 13-89　将第 0 帧的参数设置为 0:00:03:24

图 13-90　字母逐个飞入画面的效果

3）调整文字颜色。方法为：选择“Effect（效果）|Color Correction（色彩校正）|Color Balance（色彩平衡）”命令，然后在“Effect Controls（特效控制台）”面板中设置参数，如图 13-91 所示，效果如图 13-92 所示。

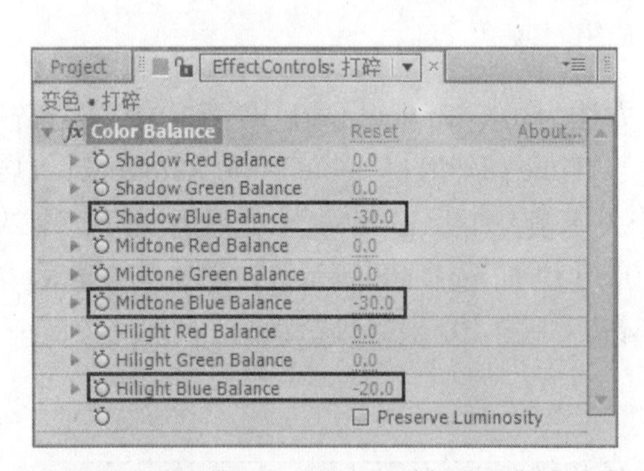

图 13-91　设置“Color Balance（色彩平衡）”参数

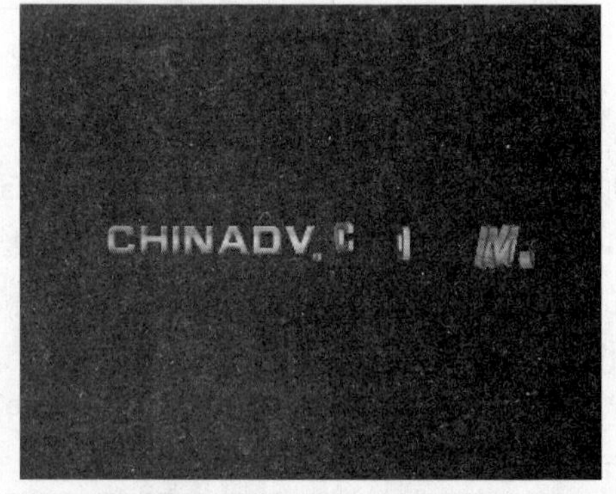

图 13-92　调整“Color Balance（色彩平衡）”参数后的效果

4）制作文字在第 2 秒之后略微放大的效果。方法为：在“时间线”窗口中选择“打碎”图层，然后按〈S〉键，显示出比例参数。再将“时间线”窗口中的关键帧滑块移动到第 2 秒，单击“Scale（比例）”前的按钮，打开动画录制，如图 13-93 所示。接着将“时间线”窗口中的关键帧滑块移动到第 3 秒 24 帧，将“Scale（比例）”设置为（106.0%,106.0%），如图 13-94 所示。最后按小键盘上的〈0〉键，预览动画，即可看到文字在第 2 秒之后略微放大的效果。

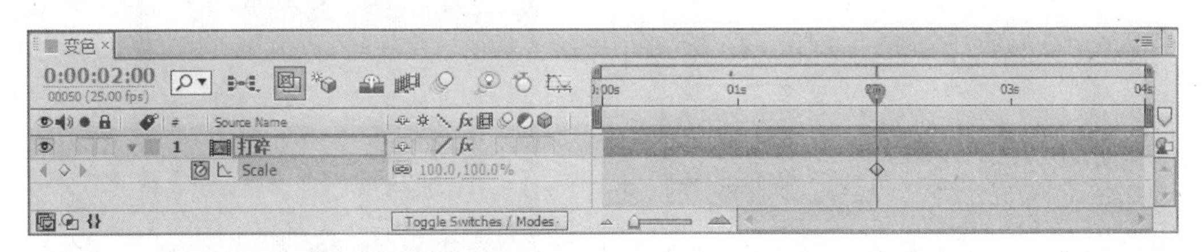

图 13-93　在第 2 秒设置“Scale（比例）”关键帧为“100%”

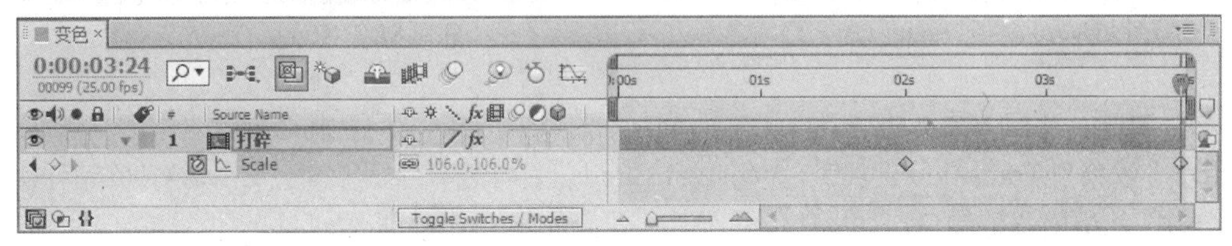

图 13-94　在第 3 秒 24 帧设置“Scale（比例）”关键帧为“106%”

3. 制作背景

1）选择“Composition（图像合成）|New Composition（新建合成组）”命令，在弹出的对话框中设置参数，如图 13-95 所示，单击“OK”按钮，新建一个合成图像。

2）选择“Layer（图层）| New（新建）| Solid（固态层）”命令（快捷键为〈Ctrl+Y〉），在弹出的对话框中单击 Make Comp Size （制作为合成大小）按钮，如图 13-96 所示，然后单击“OK”按钮，创建一个与合成图像等大的固态层。

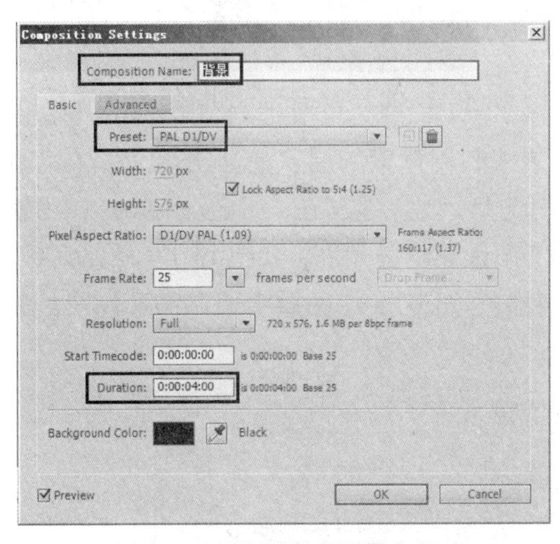

图 13-95　设置合成图像参数

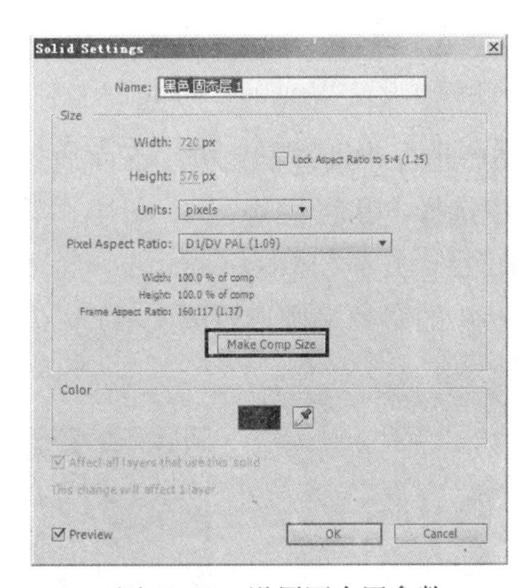

图 13-96　设置固态层参数

3）在“时间线”窗口中选择“黑色 固态层 1”图层，然后选择“Effect（效果）| Generate（生成）| Ramp（渐变）”命令，接着在“Effect Controls（特效控制台）”面板中调整颜色，如图 13-97 所示，效果如图 13-98 所示。

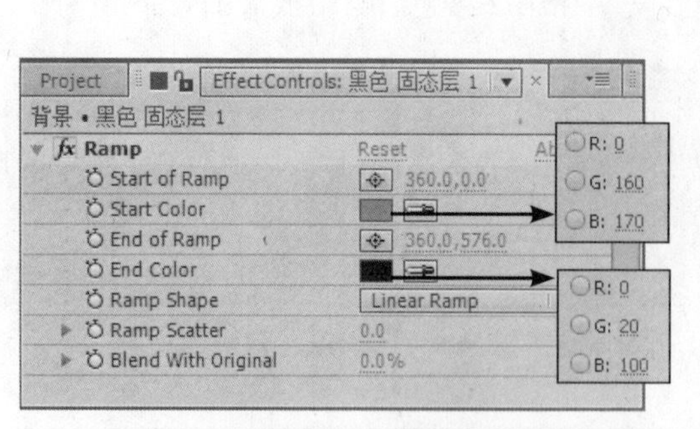

图 13-97　设置“Ramp (渐变)”参数

图 13-98　“Ramp (渐变)”效果

4）制作百叶窗效果。方法为：在“时间线”窗口中选择“黑色 固态层 1”图层，然后选择“Effect（效果）| Transition (过渡) |Venetian Blinds (百叶窗)”命令，在“Effect Controls（特效控制台)”面板中调整颜色，如图 13-99 所示，效果如图 13-100 所示。

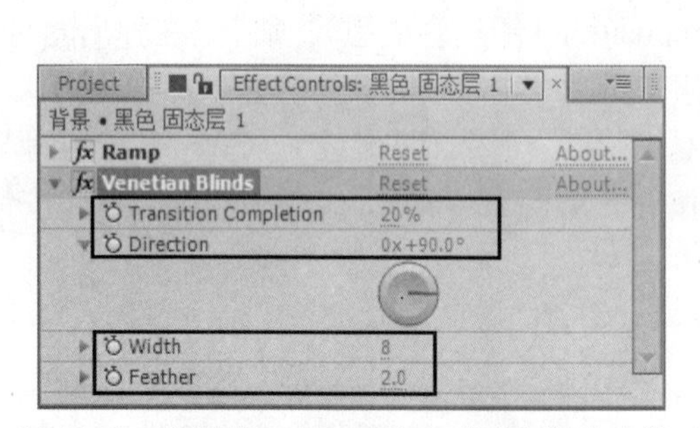

图 13-99　设置“Venetian Blinds (百叶窗)”参数

图 13-100　“Venetian Blinds (百叶窗)”效果

5）此时背景过于呆板，下面通过添加遮罩来制作背景的层次感。方法为：在“时间线”窗口中选择“黑色 固态层 1”图层，然后按〈Ctrl+D〉组合键，在“黑色 固态层 1”图层下方复制一层，并在“Effect Controls（特效控制台)”面板中调整颜色，如图 13-101 所示。接着利用工具栏中的（椭圆形遮罩工具）在最上方的“黑色 固态层 1”图层中绘制圆形遮罩，如图 13-102 所示。

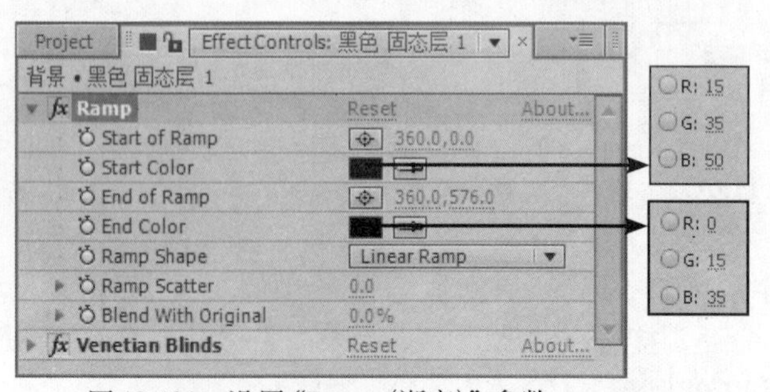

图 13-101　设置“Ramp (渐变)”参数

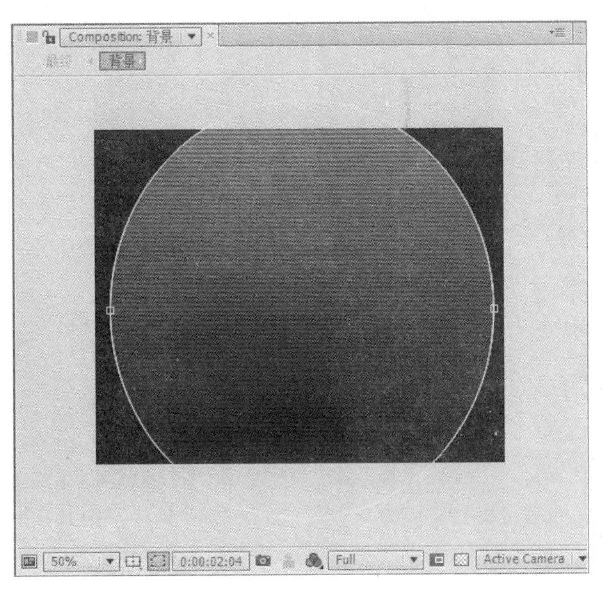

图 13-102　调整“Ramp（渐变）”参数后的效果

6）在“时间线”窗口中选择最上方的“黑色 固态层 1”图层，按〈M〉键两次，展开“Mask 1（遮罩 1）”属性，然后设置参数，如图 13-103 所示，效果如图 13-104 所示。

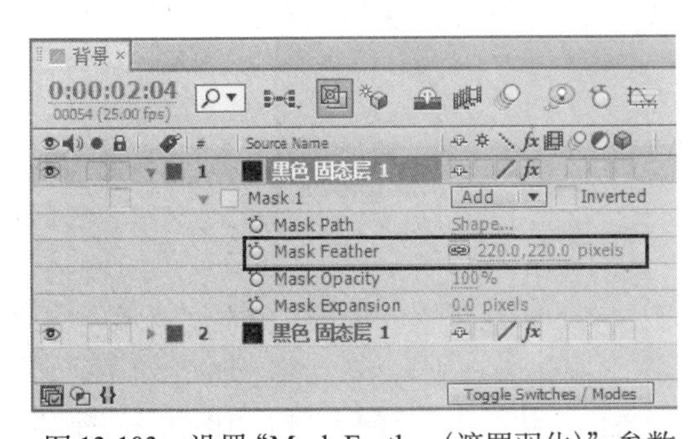

图 13-103　设置“Mask Feather（遮罩羽化）”参数

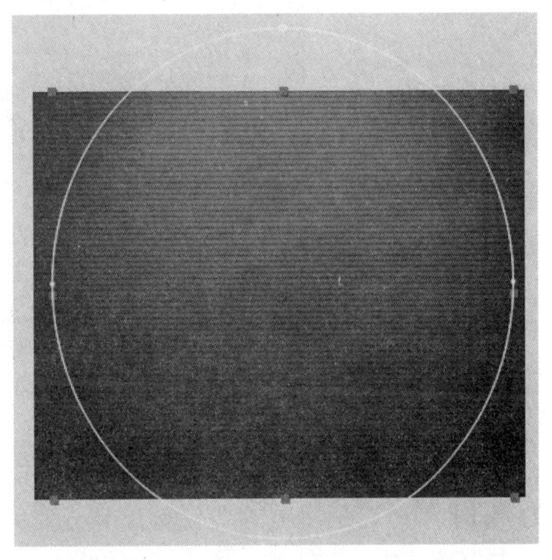

图 13-104　调整“Mask Feather（遮罩羽化）”参数后的效果

4. 制作最终效果

1）选择“Composition（图像合成）|New Composition（新建合成组）”命令，在弹出的对话框中设置参数，如图 13-105 所示，然后单击“OK”按钮，新建一个合成图像。

2）从“Project（项目）”面板中将“背景”和“变色”合成图像拖入“最终”合成图像中，放置到如图 13-106 所示的位置，效果如图 13-107 所示。

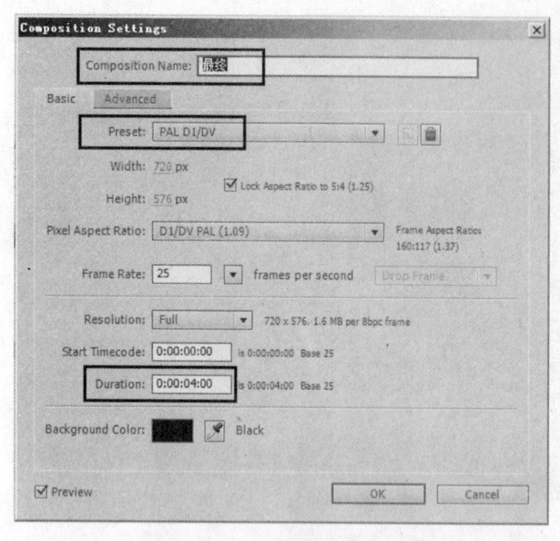

图 13-105 设置合成图像参数

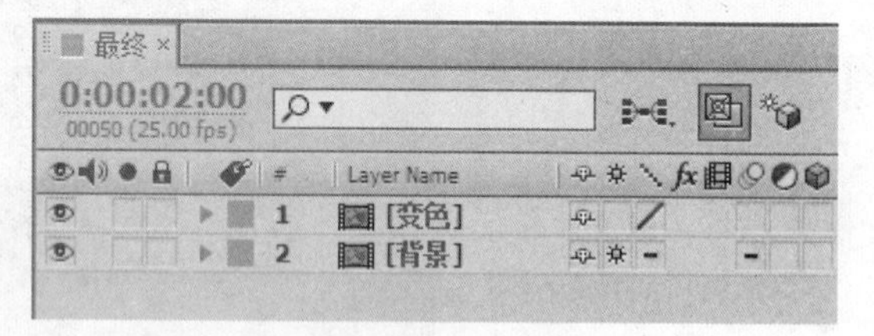

图 13-106 时间线分布

图 13-107 合成效果

3）制作光晕效果。方法为：选择“Layer（图层）| New（新建）| Solid（固态层）”命令（快捷键为〈Ctrl+Y〉），在弹出的对话框中单击 Make Comp Size （制作为合成大小）按钮，如图 13-108 所示，再单击“OK”按钮，创建一个与合成图像等大的固态层。然后在“时间线”窗口中选择新建的“黑色 固态层 2”，再选择“Effect（效果）| Knoll Light Factory | Light Factory（光工厂）”命令，效果如图 13-109 所示。

4）此时光晕效果不是很理想，下面从外部载入新的光晕。方法为：在“Effect Controls（特效控制台）”面板中单击“Options...（选项）选项”，如图 13-110 所示。然后在弹出的对话框中单击 Load... 按钮，如图 13-111 所示。接着在弹出的对话框中选择配套光盘中的“源文件\第 5 部分 综合实例\第 13 章 影视广告片头制作\13.3 逐个字母飞入动画 folder\（Footage）\Lensflare.lfp”文件，如图 13-112 所示，单击 打开(O) 按钮，效果如图 13-113 所示。

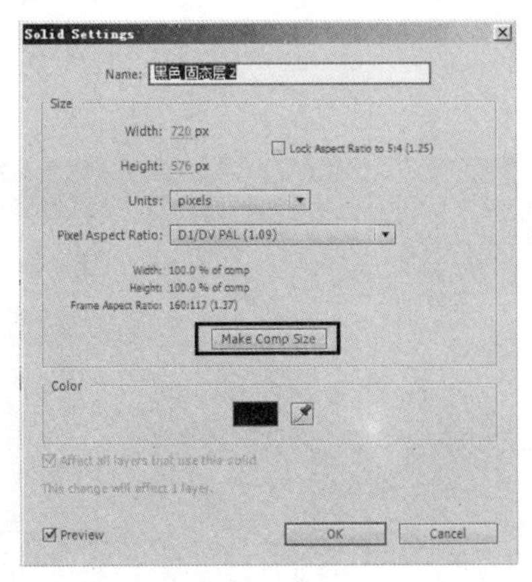

图 13-108　设置固态层参数

图 13-109　“Light Factory (光工厂)” 效果

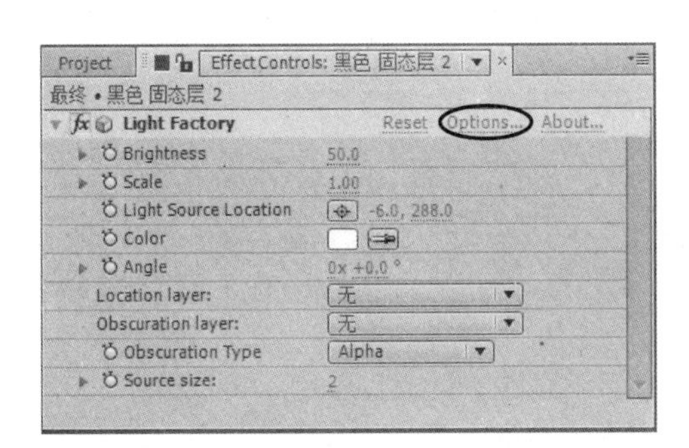

图 13-110　单击“Options... (选项)” 选项

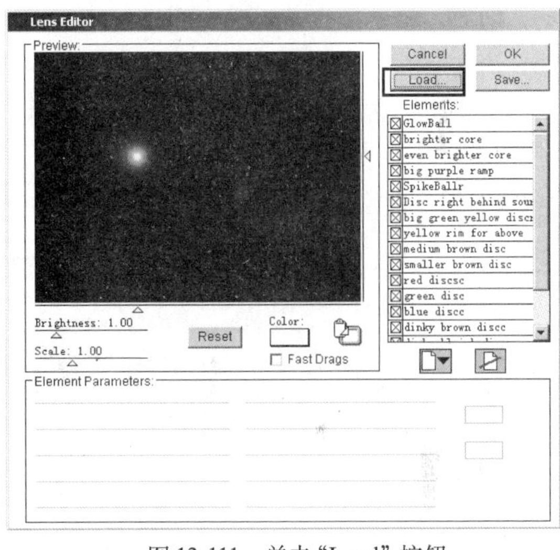

图 13-111　单击“Load” 按钮

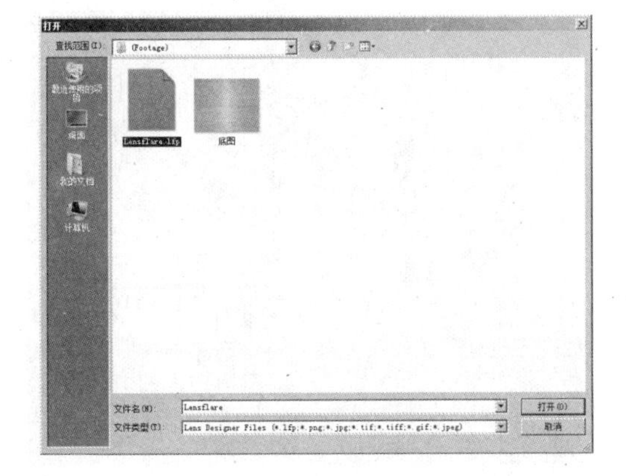

图 13-112　选择“Lensflare.lfp” 文件

图 13-113　新的光晕效果

5）将“黑色 固态层 2”图层的混合模式设置为“Add（添加）”，如图 13-114 所示，从而透过光晕显示出其背景和文字，效果如图 13-115 所示。

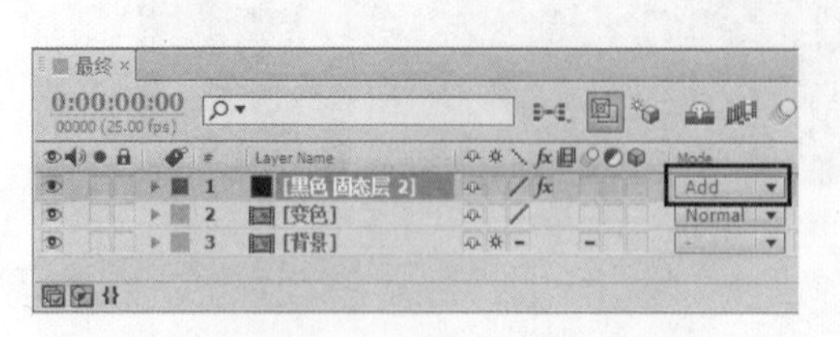

图 13-114　改变图层混合模式

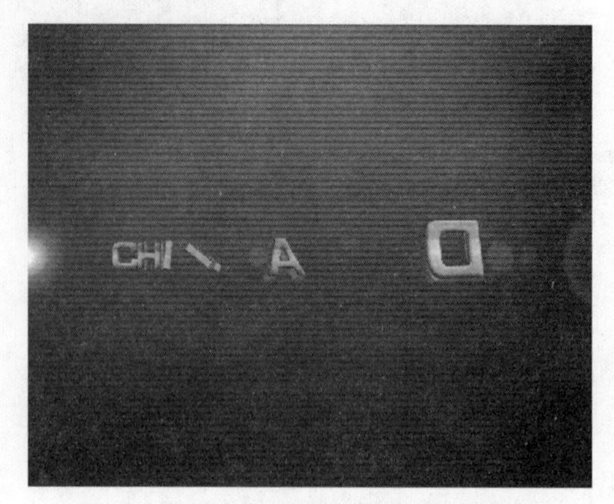

图 13-115　改变图层混合模式后的效果

6）给文字添加“Shine（光芒）”特效。方法为：选择“变色”图层，然后按〈Ctrl+D〉组合键复制一层。再将原来的“变色”图层命名为“光芒”，如图 13-116 所示。接着选择“光芒”图层，再选择“Effect（效果）| Trapcode | Shine（光芒）”命令，在“Effect Controls（特效控制台）”面板中设置参数，如图 13-117 所示，效果如图 13-118 所示。

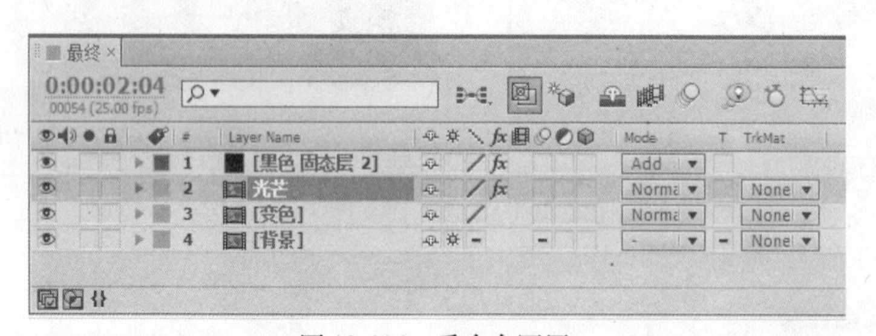

图 13-116　重命名图层

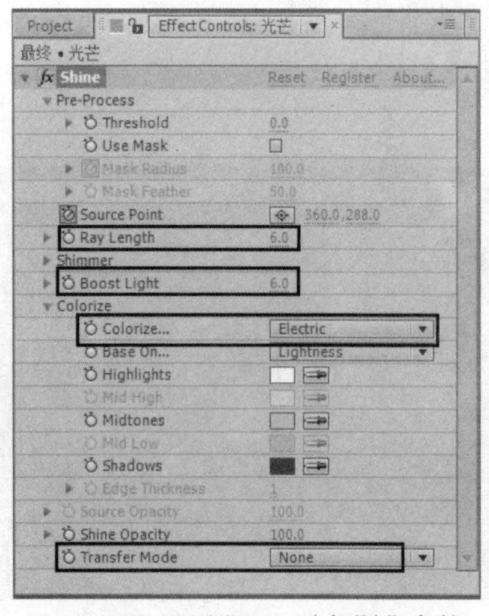

图 13-117　设置“Shine（光芒）”参数

图 13-118　调整“Shine（光芒）”参数后的效果

7）制作扫光位置变化的动画。方法为：分别将“时间线”窗口中的关键帧滑块定位在第 0 帧、第 1 秒 22 帧和第 2 秒，然后设置“Source Point（源点）”参数，如图 13-119 所示。接着按小键盘上的〈0〉键，预览动画，即可看到扫光效果，如图 13-120 所示。

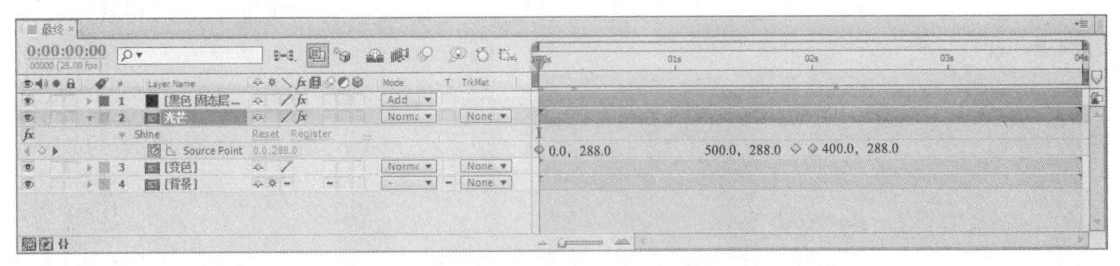

图 13-119　在不同帧设置“Source Point（源点）”参数

图 13-120　扫光效果

8）制作扫光结束前光芒区域加大的动画。方法为：选择“光芒”图层，然后在“Effect Controls（特效控制台）”面板中选中“Use Mask（使用遮罩）”复选框，再将“时间线”窗口中的关键帧滑块定位在第 1 秒 22 帧的位置，单击“Mask Radius（遮罩半径）”前的按钮，将数值设置为“180.0”，如图 13-121 所示。接着将“时间线”窗口中的关键帧滑块定位在第 2 秒 2 帧的位置，将数值设置为“300.0”。此时按小键盘上的〈0〉键，预览动画，效果如图 13-122 所示。

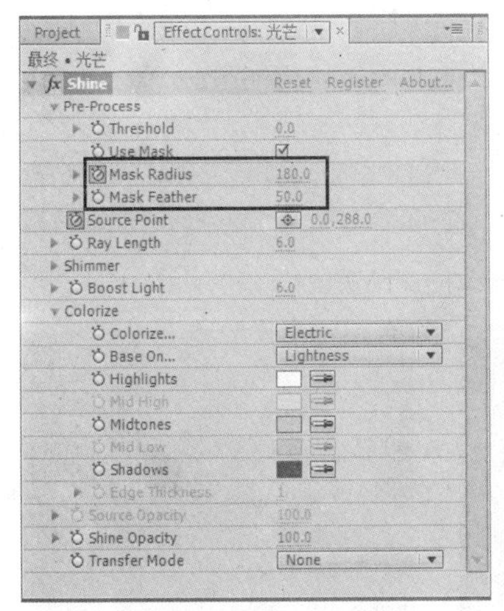

图 13-121　设置“Mask Radius（遮罩半径）”参数

图 13-122　扫光结束前光芒区域加大的效果

9）制作扫光不透明度的变化。方法为：选择“光芒”图层，按〈T〉键显示出该图层的“Opacity（透明度）”参数。然后分别在第 2 秒和第 3 秒 6 帧设置关键帧，并将第 2 秒的“Opacity（透明度）”设置为“100%”，将第 3 秒 6 帧的“Opacity（透明度）”设置为“0%”，如图 13-123 所示。接着按小键盘上的〈0〉键，预览动画，即可看到扫光逐渐消失的效果，如图 13-124 所示。

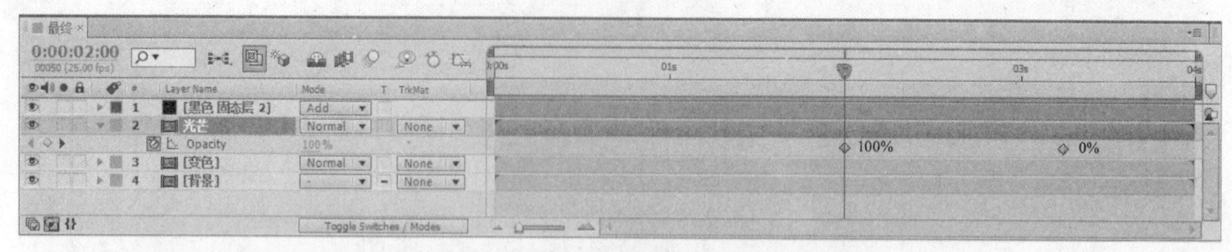

图 13-123 设置“Opacity（透明度）”参数

图 13-124 扫光逐渐消失的效果

10）制作光晕位置变化的动画。方法为：选择“黑色 固态层 2”图层，然后分别在“Light Source Location（光源位置）”的第 1 秒 14 帧和第 2 秒 7 帧设置关键帧，如图 13-125 所示。接着按小键盘上的〈0〉键，预览动画，即可看到光晕从左到右的运动效果，如图 13-126 所示。

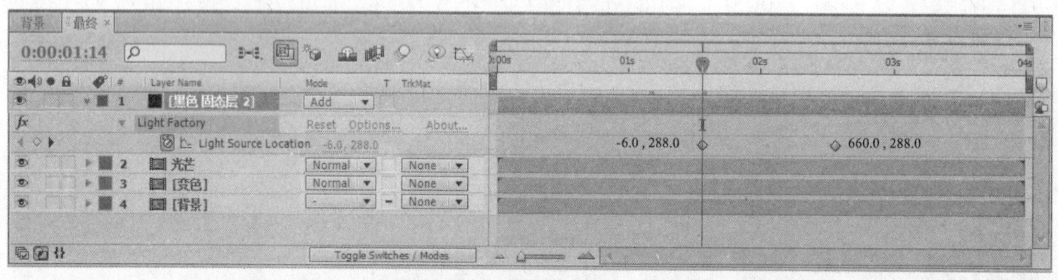

图 13-125 设置“Light Source Location（光源位置）”关键帧

图 13-126 光晕从左到右的运动效果

11）制作光晕明亮度变化的动画。方法为：选择“黑色 固态层 2”图层，然后分别在“Brightness（明亮度）”属性的第 1 秒 14 帧、第 2 秒和第 2 秒 7 帧设置关键帧，并设置参数，如图 13-127 所示。再按小键盘上的〈0〉键预览动画，即可看到光晕从暗到亮再到暗的变化效果，如图 13-128 所示。

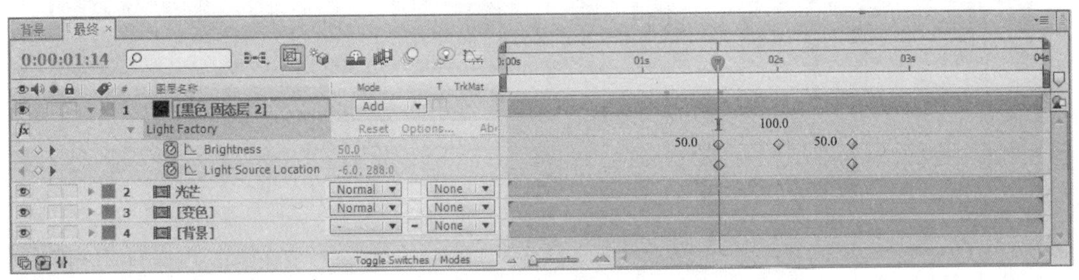

图 13-127　设置“Brightness（明亮度）”关键帧

图 13-128　光晕从暗到亮再到暗的变化效果

12）制作光晕透明度变化的动画。方法为：选择“黑色 固态层 1”图层，按〈T〉键显示出该图层的“Opacity（透明度）”参数。然后分别在第 1 秒 14 帧、第 1 秒 17 帧、第 2 秒 4 帧和第 2 秒 7 帧设置关键帧，并将第 1 秒 14 帧和第 2 秒 7 帧的“Opacity（透明度）”设置为“0%”，将第 1 秒 17 帧和第 2 秒 4 帧的“Opacity（透明度）”设置为“100%”，如图 13-129 所示。接着按小键盘上的〈0〉键，预览动画，如图 13-130 所示。

13）制作背景不透明度的变化。方法为：选择“背景”图层，按〈T〉键显示出该图层的“Opacity（透明度）”参数。然后在第 0 帧设置“Opacity（透明度）”为“60%”、在第 1 秒设置“Opacity（透明度）”为“100%”、在第 1 秒 7 帧设置“Opacity（透明度）”为“100%”，在第 3 秒设置“Opacity（透明度）”为“0%”，如图 13-131 所示。

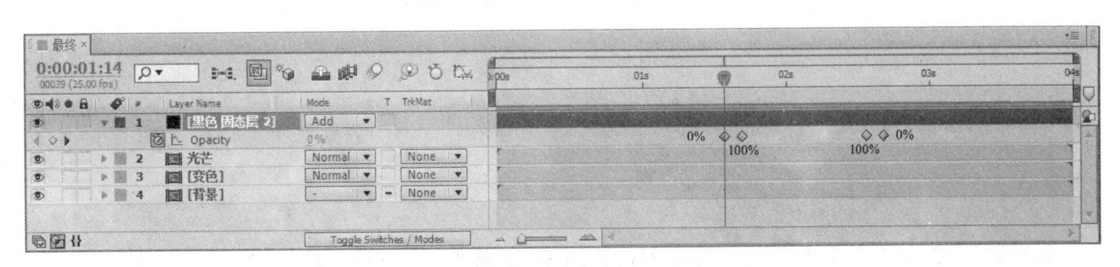

图 13-129　设置光晕“Opacity（透明度）”关键帧

图 13-130　光晕透明度变化的动画

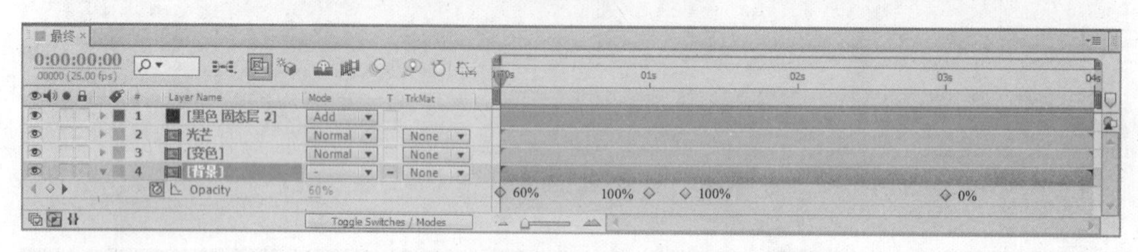

图 13-131　设置背景“Opacity（透明度）”关键帧

14）至此，整个动画制作完毕。按小键盘上的〈0〉键，预览动画，即可看到逐个字母飞入的动画，如图 13-132 所示。

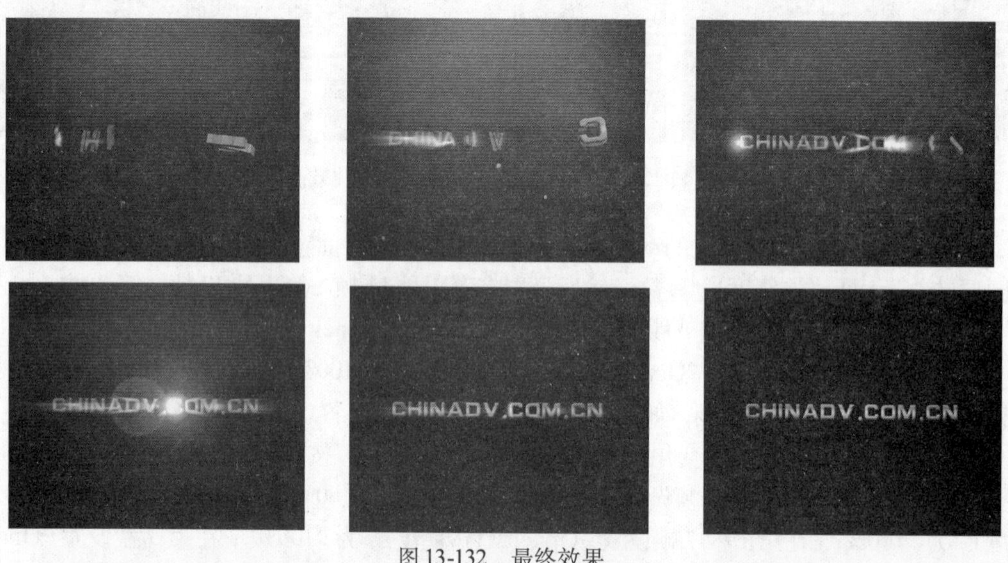

图 13-132　最终效果

15）选择“File（文件）| Save（保存）”命令，将文件进行保存。然后选择“File（文件）| Collect Files（收集文件）”命令，将文件进行打包。

13.4　彩色粒子生成图像效果

要点：

本例将制作电视广告中常见的彩色粒子生成图像效果，如图13-133所示。通过对本例的学习，读者应掌握“Ramp（渐变）”“Fractal Noise（分形噪波）”“Colorama（彩色光）”“Shatter

（碎片）”特效，以及图层混合模式、“Enable Time Remapping（启用时间重置）”命令和摄像机动画的综合应用。

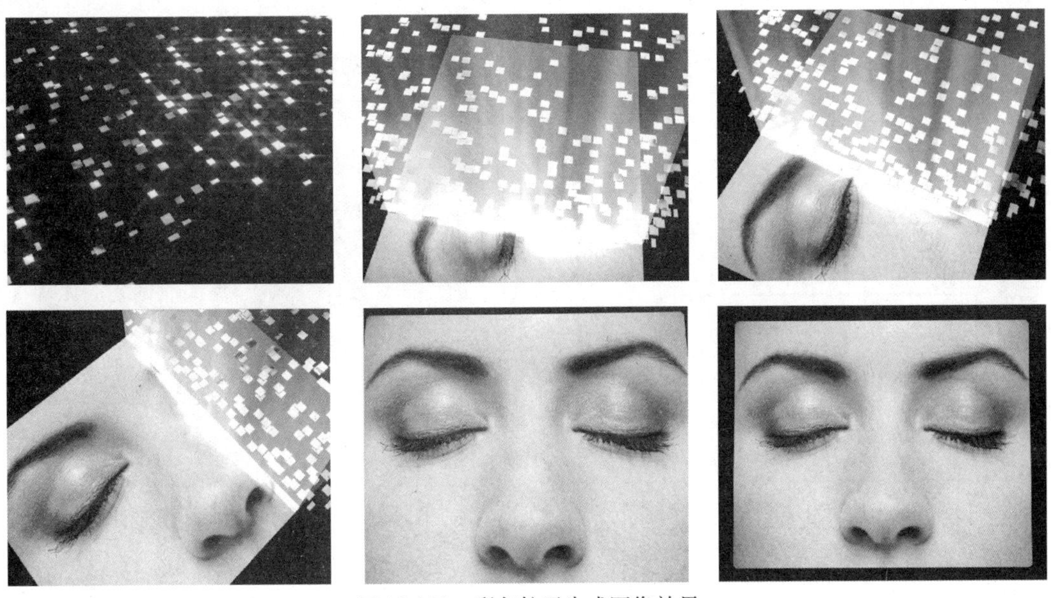

图 13-133　彩色粒子生成图像效果

操作步骤：

1. 创建“渐变”合成图像

1）启动 After Effects CS6，选择“Composition（图像合成）|New Composition（新建合成组）”命令，在弹出的对话框中设置参数，如图 13-134 所示，单击“OK”按钮。

2）选择“Layer（图层）| New（新建）| Solid（固态层）”命令（快捷键为〈Ctrl+Y〉），在弹出的对话框中单击 Make Comp Size（制作为合成大小）按钮，如图 13-135 所示，然后单击“OK”按钮，创建一个与合成图像等大的固态层。

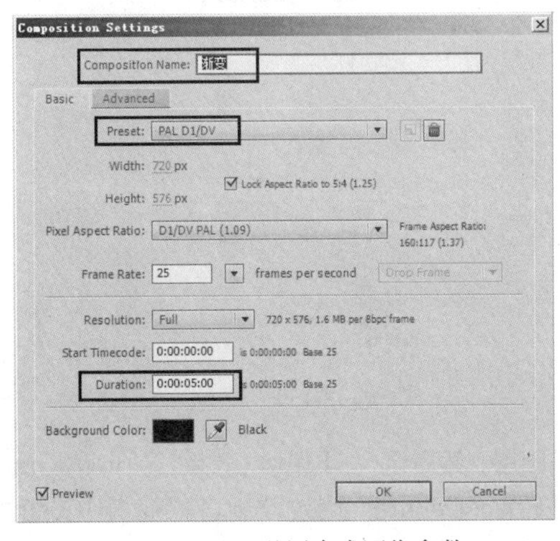

图 13-134　设置合成图像参数

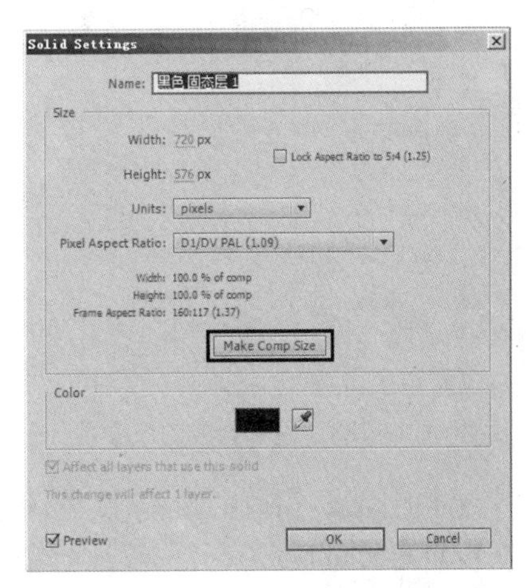

图 13-135　设置固态层参数

3）在“时间线”窗口中选择固态层，然后选择“Effect（效果）| Generate（生成）| Ramp（渐变）”命令，在“Effect Controls（特效控制台）”面板中设置参数，如图 13-136 所示，效果如图 13-137 所示。

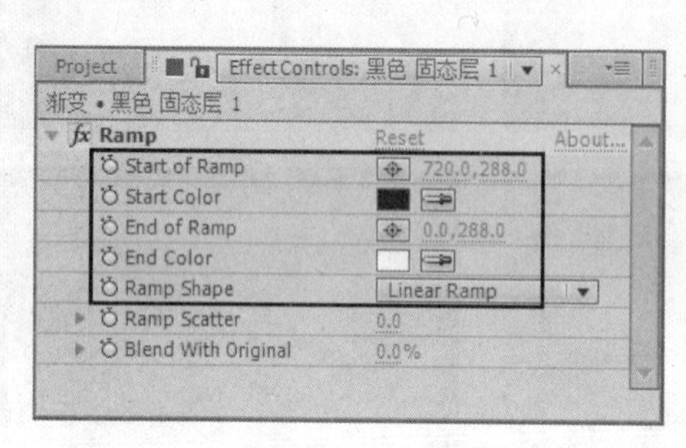

图 13-136　设置“Ramp（渐变）”参数

图 13-137　“Ramp（渐变）”效果

2. 创建“彩色”合成图像

1）选择“Composition（图像合成）|New Composition（新建合成组）”命令，在弹出的对话框中设置参数，如图 13-138 所示，单击“OK”按钮。

2）从“Project（项目）”面板中将“渐变”合成图像拖入“时间线”窗口。然后选择“Layer（图层）| New（新建）| Solid（固态层）”命令（快捷键为〈Ctrl+Y〉），在弹出的对话框中单击 Make Comp Size （制作为合成大小）按钮，如图 13-139 所示，再单击“OK”按钮，创建一个与合成图像等大的固态层。

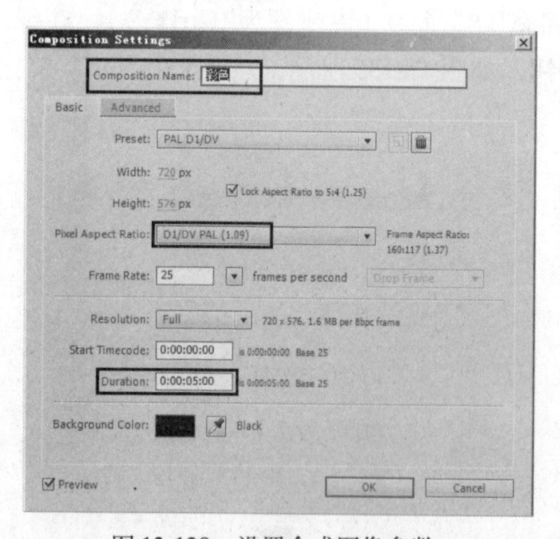

图 13-138　设置合成图像参数

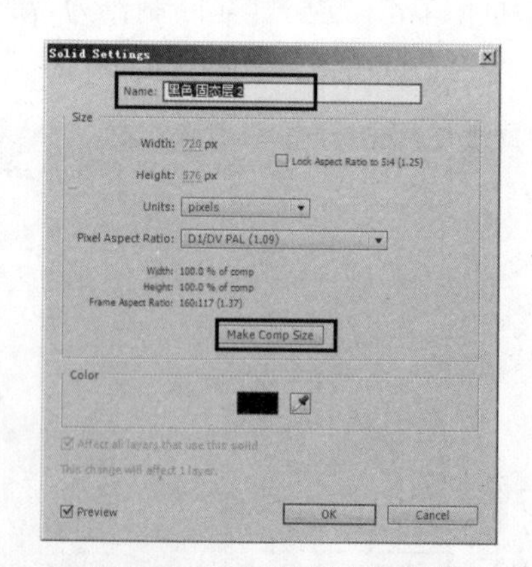

图 13-139　设置固态层参数

3）在“时间线”窗口中选择“黑色 固态层 2”图层，然后选择“Effect（效果）| Noise&Grain（噪波与颗粒）| Fractal Noise（分形噪波）”命令，在“Effect Controls（特效控制台）”面板中设置参数，如图 13-140 所示，效果如图 13-141 所示。

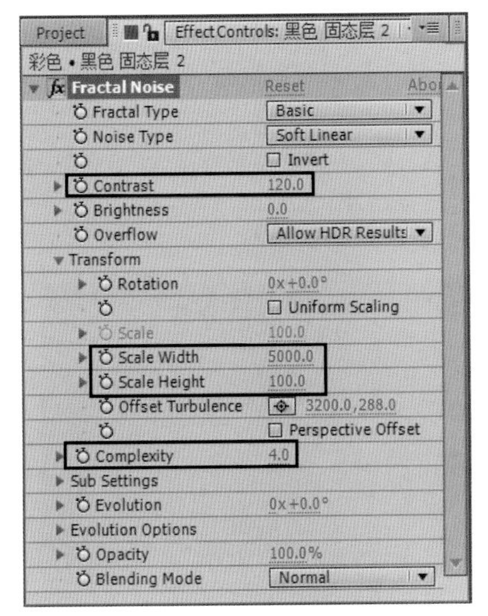

图 13-140　设置“Fractal Noise (分形噪波)”参数

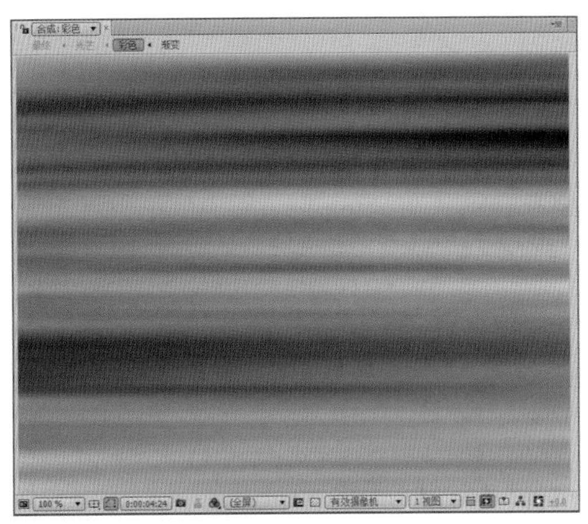

图 13-141　调整“Fractal Noise (分形噪波)”参数后的效果

4) 分别在“Offset Turbulence (乱流偏移)”和“Evolution (演变)”属性的第 0 秒和第 4 秒 24 帧插入关键帧，并设置参数，如图 13-142 所示。

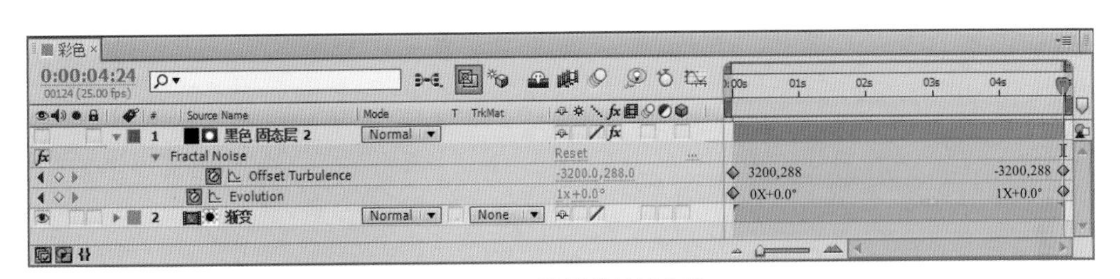

图 13-142　设置关键帧参数

5) 在“时间线”窗口中选择“渐变”图层，然后设置轨道蒙版为“Lama Matte‘黑色 固态层 2’”，如图 13-143 所示，效果如图 13-144 所示。

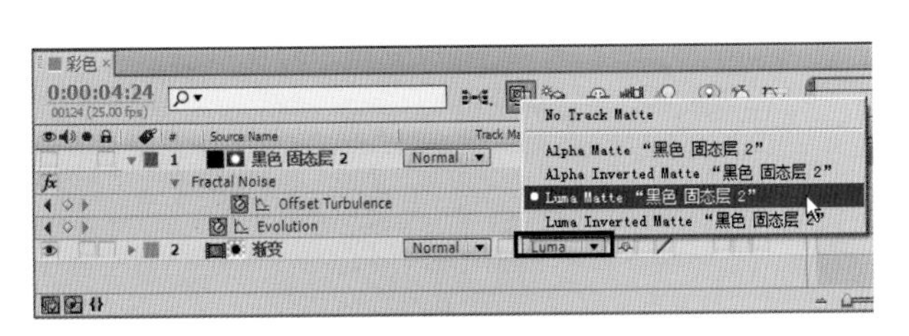

图 13-143　设置轨道蒙版

图 13-144　轨道蒙版效果

6）选择“Layer（图层）| New（新建）| Solid（固态层）”命令（快捷键为〈Ctrl+Y〉），在弹出的对话框中单击 Make Comp Size （制作为合成大小）按钮，如图 13-145 所示，单击“OK”按钮，从而创建一个与合成图像等大的固态层。然后在“时间线”窗口中选择“黑色 固态层 3”图层，选择“Effect（效果）| Generate（生成）|Ramp（渐变）”命令，并保持默认参数，效果如图 13-146 所示。

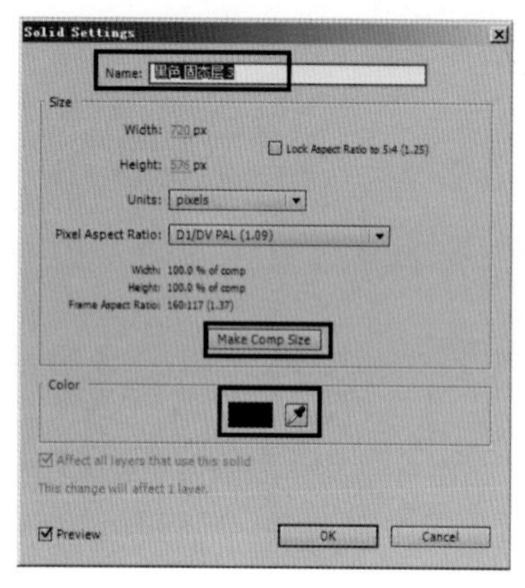

图 13-145　设置固态层参数

图 13-146　“Ramp（渐变）”效果

7）选择“黑色 固态层 3”图层，然后选择“Effect（效果）|Color Correction（色彩校正）| Colorama（彩色光）”命令，在“Effect Controls（特效控制台）”面板中设置参数，如图 13-147 所示，效果如图 13-148 所示。

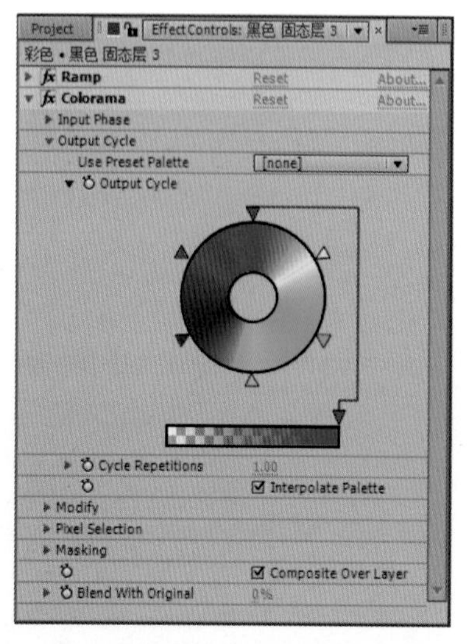

图 13-147　设置“Colorama（彩色光）”参数

图 13-148　调整“Colorama（彩色光）”参数后的效果

8）在“时间线”窗口中将“黑色 固态层 3”图层的混合模式设置为“Color（颜色）”，如图 13-149 所示，效果如图 13-150 所示。

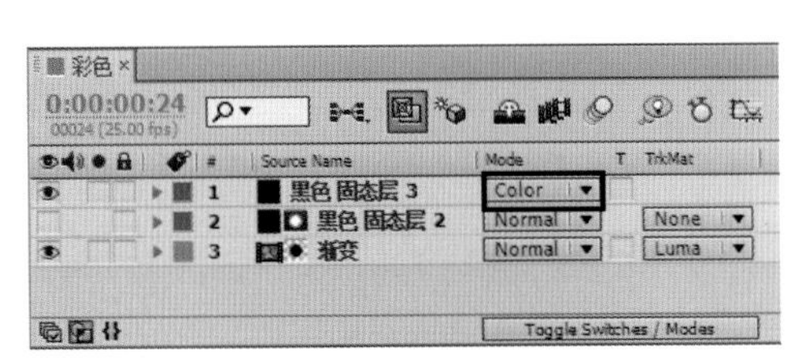

图 13-149　设置图层混合模式为“Color（颜色）”

图 13-150　将图层混合模式设置为“Color（颜色）”的效果

9）选择“Layer（图层）| New（新建）| Solid（固态层）”命令（快捷键为〈Ctrl+Y〉），在弹出的对话框中单击 Make Comp Size （制作为合成大小）按钮，如图 13-151 所示，单击“OK”按钮，从而创建一个与合成图像等大的固态层（固态层的颜色可以为任意色）。然后利用工具栏中的（矩形遮罩工具）在“黑色 固态层 4”图层中绘制矩形遮罩，如图 13-152 所示。接着展开“黑色 固态层 4”的“Mask Feather（遮罩羽化）”属性，设置数值为（200.0, 0.0），如图 13-153 所示，效果如图 13-154 所示。

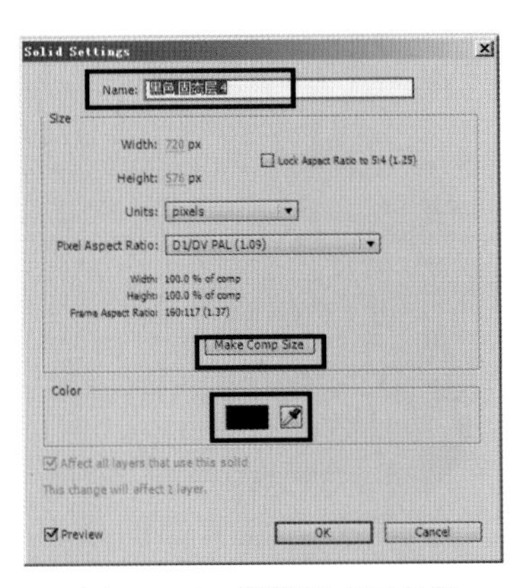

图 13-151　设置固态层参数

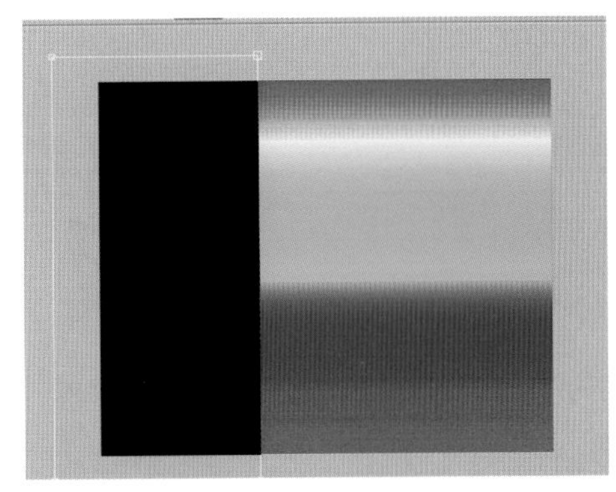

图 13-152　绘制矩形遮罩

图 13-153　设置“Mask Feather（遮罩羽化）”参数

图 13-154　调整“Mask Feather（遮罩羽化）”参数后的效果

提示：在绘制“矩形遮罩”后，如果要调整其大小，可以选择工具栏中的 (选择工具) 双击选取矩形遮罩后进行再次修改。

10）选择“黑色 固态层 3”图层，将其轨道蒙版设置为“Alpha Matte‘黑色 固态层 4’”，如图 13-155 所示，效果如图 13-156 所示。

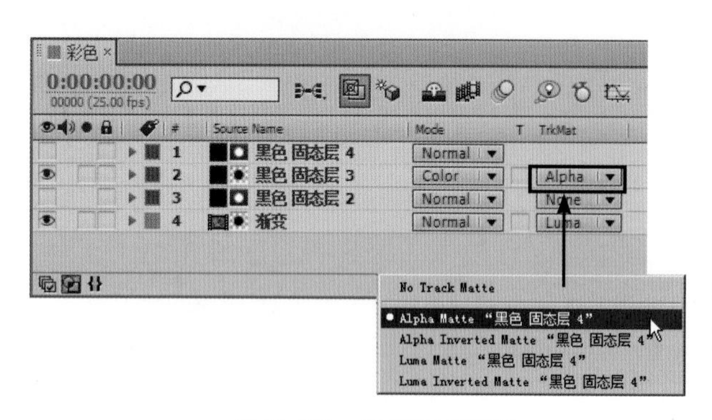

图 13-155 设置轨道蒙版

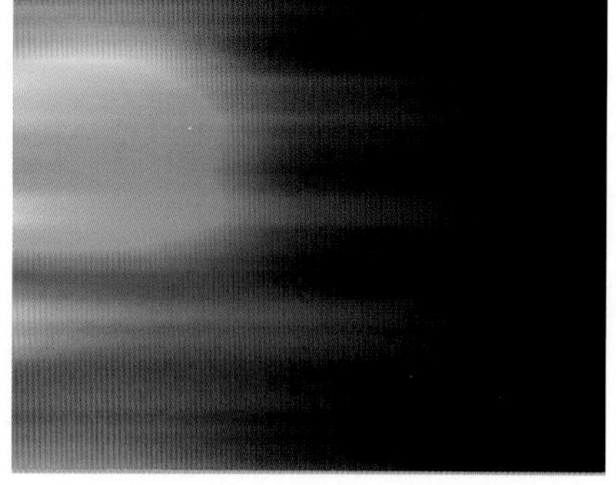

图 13-156 轨道蒙版效果

3. 制作图片静止被打碎的效果

1）选择“Composition (图像合成) |New Composition（新建合成组）”命令，在弹出的对话框中设置参数，如图 13-157 所示，单击“确定”按钮。

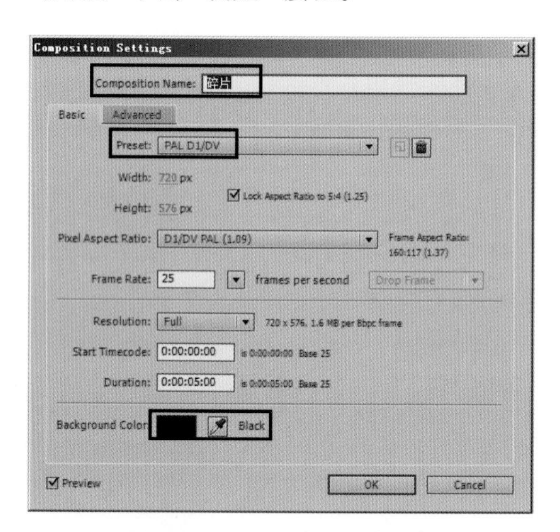

图 13-157 设置合成图像参数

2）选择“File (文件) |Import (导入) |File (文件)”命令，导入配套光盘中的“源文件\第 5 部分 综合实例\第 13 章 影视广告片头制作\13.4 彩色粒子生成图像效果 folder\ (Footage) \face.jpg” 图片。然后从“Project (项目)”面板中将“渐变”合成图像和“face.jpg”拖入到“时间线”窗口中，并隐藏“渐变”合成图像。

3）添加摄像机。方法为：选择“Layer (图层) | New (新建) | Camera (摄像机)”命令，然后在弹出的对话框中设置参数，如图 13-158 所示，单击“确定”按钮，此时“时间线”窗口分布如图 13-159 所示。

提示：此时是将“Preset（预置）”设置为“50毫米”，而不是将“Zoom（变焦）”设置为“50”。

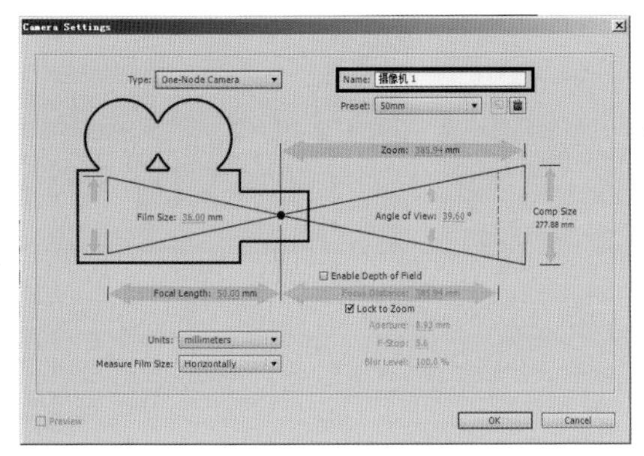

图 13-158　设置“Camera（摄像机）”参数　　　　图 13-159　时间线分布

4）制作破碎效果。方法为：选择“face.jpg”图层，然后选择“Effect（效果）| Simulation（模拟仿真）| Shatter（碎片）”命令，在“Effect Controls（特效控制台）”面板中设置参数，如图 13-160 所示。接着选择“Shatter Threshold（碎片界限值）”属性，分别在第 2 秒和第 4 秒插入关键帧，并设置相关参数，如图 13-161 所示。最后按小键盘上的〈0〉键，预览动画，效果如图 13-162 所示。

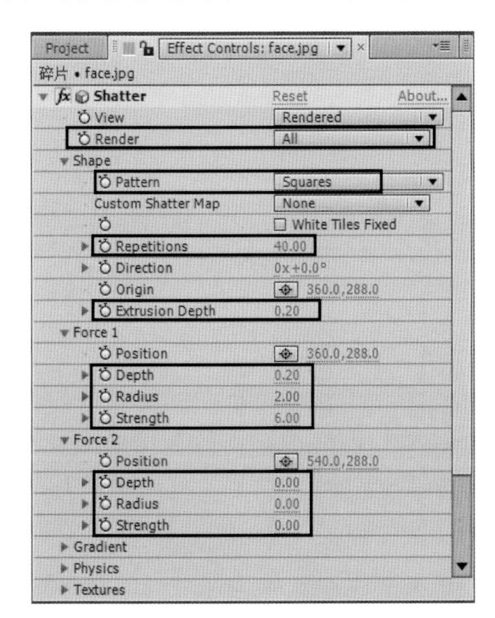

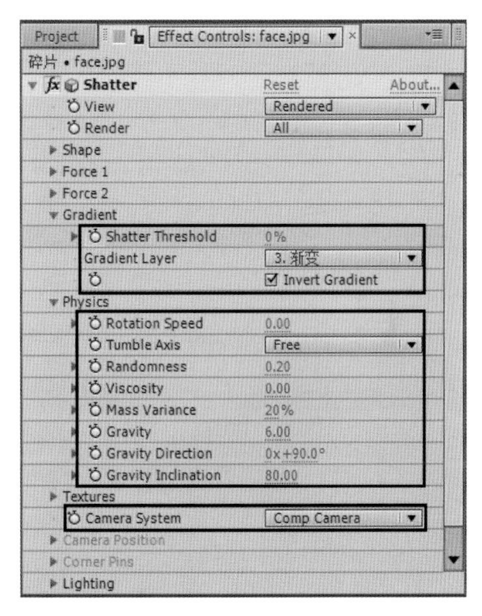

图 13-160　设置“Shatter（碎片）”参数

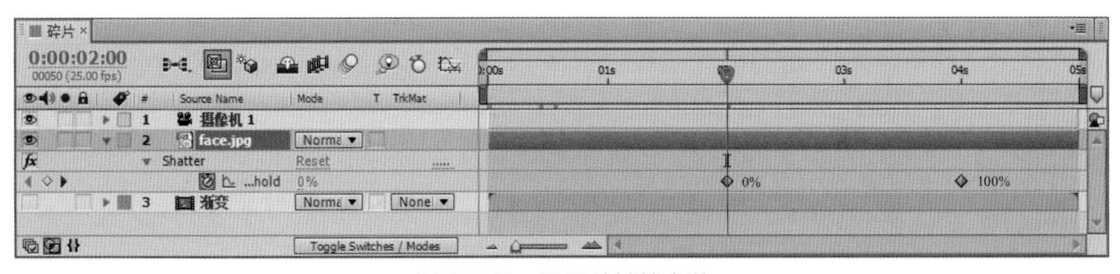

图 13-161　设置关键帧参数

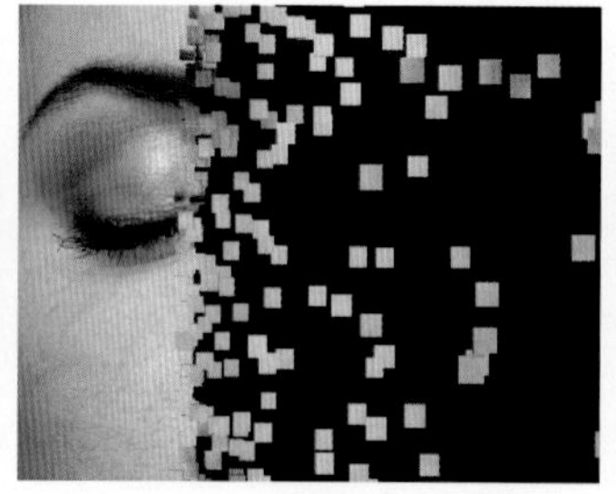
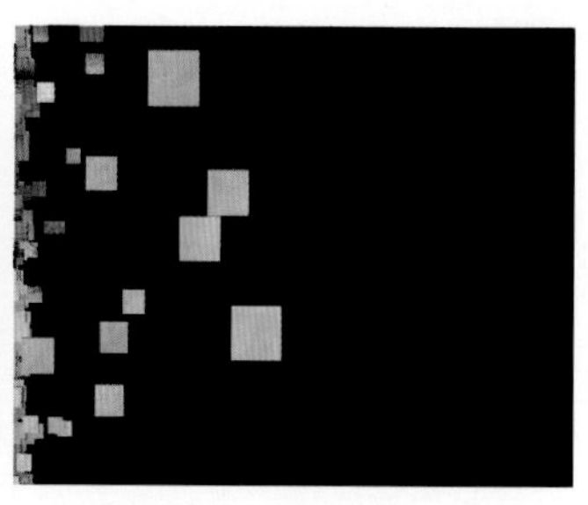

图 13-162 预览动画效果

提示：此时一定要将“Camera System（摄像机系统）”由默认的“Camera System（摄像机系统）”调整为“Comp Camera（合成摄像机）”，否则，在下一步将摄像机链接到红色固态层后，图像不会进行旋转。

4. 制作图片旋转的同时被打碎的效果

1）选择“Composition（图像合成）|New Composition（新建合成组）”命令，在弹出的对话框中设置参数，如图 13-163 所示，单击“确定”按钮。

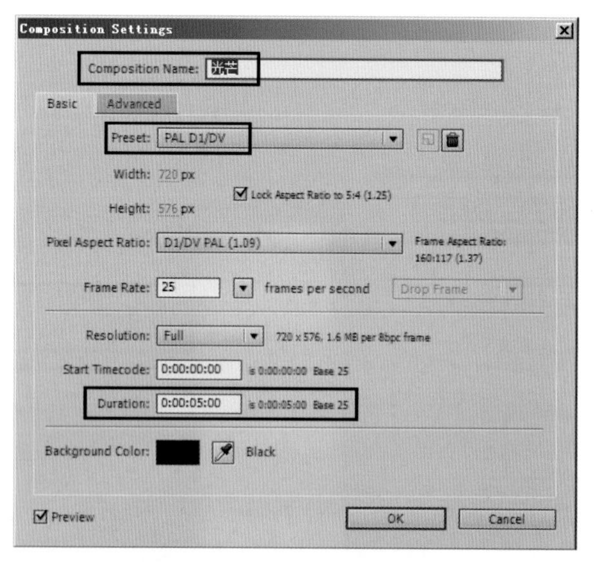

图 13-163 设置合成图像参数

2）将“碎片”合成图像的图层复制到当前合成图像中。方法为：单击“时间线”窗口中的“渐变”选项，进入其编辑状态，然后选择所有图层，再选择“Edit（编辑）|Copy（复制）”命令。接着单击“时间线”窗口中的“光芒”选项，切换到其编辑状态，最后选择“Edit（编辑）|Paste（粘贴）”命令，效果如图 13-164 所示。

3）在“光芒”合成图像中选择“face.jpg”图层，然后在“Effect Controls（特效控制台）”面板中调整参数，如图 13-165 所示。

提示：此时一定要将“Gradient Layer（倾斜图层）”重新进行设置，否则，看不到碎片效果。另外，要确认“Camera System（摄像机系统）”为“Comp Camera（合成摄像机）”，以便使摄像机随固态层一同旋转。

图 13-164　粘贴图层效果

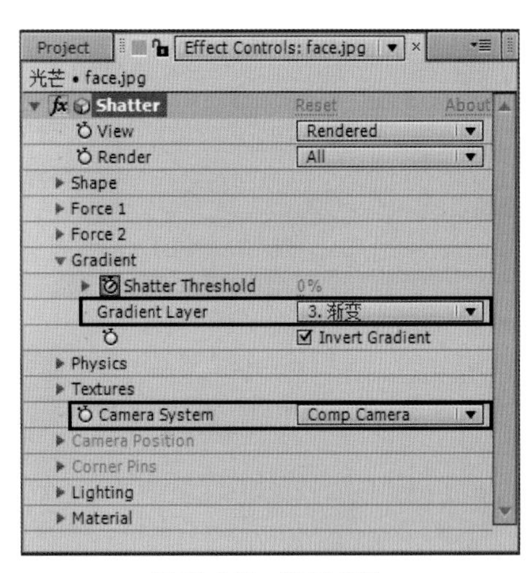

图 13-165　调整参数

4）选择“Layer（图层）| New（新建）| Solid（固态层）”命令（快捷键为〈Ctrl+Y〉），在弹出的对话框中单击 Make Comp Size（制作为合成大小）按钮，如图 13-166 所示，然后单击“OK”按钮，创建一个与合成图像等大的固态层。

提示：将固态层的颜色设为红色只是为了使其更醒目，其颜色不会影响最终画面效果。

5）将“红色 固态层 1”图层转换为 3D 图层，然后将其隐藏。接着设置“摄像机 1”图层的父层为“1. 红色 固态层 1”，如图 13-167 所示。

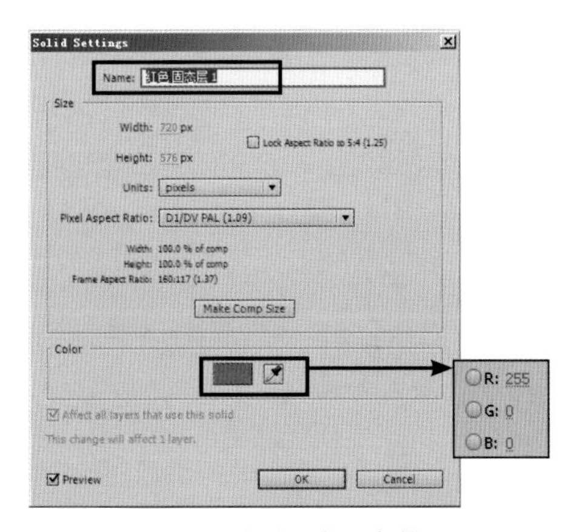

图 13-166　设置固态层参数

图 13-167　设置“摄像机 1”图层的父层为“1. 红色 固态层 1”

6）设置“红色 固态层 1”图层的参数。方法为：在“时间线”窗口中选择“红色 固态层 1”图层，然后按〈R〉键显示其属性。将“Orientation（方向）”属性设为（90.0,0.0,0.0），然后分别在“Y Rotation（Y 轴旋转）”的第 0 帧和第 4 秒 24 帧插入关键帧，并设置参数，如图 13-168 所示。接着同时选择这两个关键帧，右击，从弹出的快捷菜单中选择“Keyframe Assistantn（关键帧辅助）| Easy Ease（柔缓曲线）”命令，此时单击“时间线”窗口中的 （图形编辑器）按钮，可以看到如图 13-169 所示的效果。

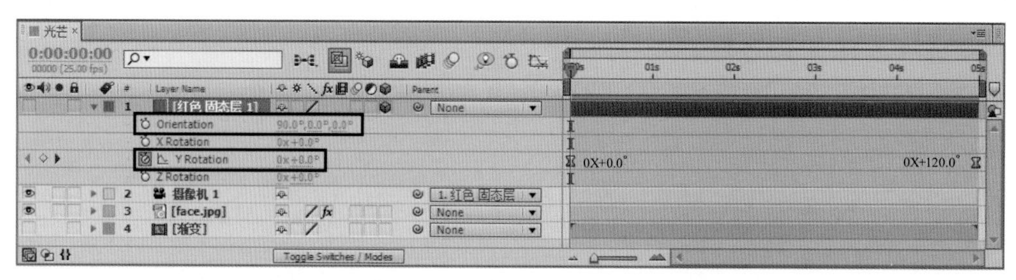

图 13-168　设置“红色 固态层 1”图层的关键帧参数

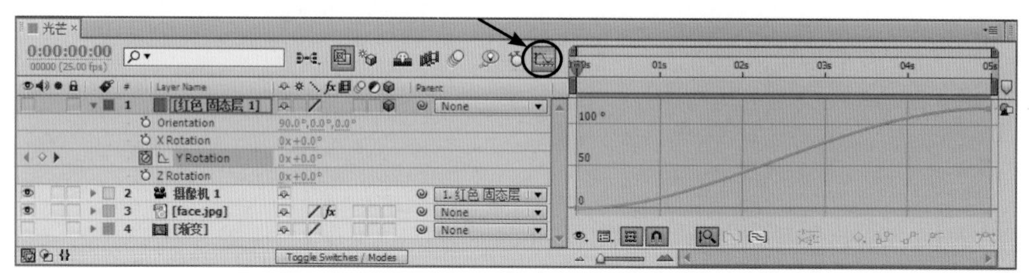

图 13-169　查看关键帧曲线

7）设置“摄像机 1”图层的位置关键帧。方法为：在“时间线”窗口中选择“摄像机 1”图层，然后按〈P〉键显示其“Position（位置）”属性。接着分别在第 0 秒、第 1 秒 12 帧、第 4 秒 24 帧插入关键帧，并设置参数，如图 13-170 所示。最后分别选择第 1 秒 11 帧和第 4 秒 24 帧两个关键帧，右击，从弹出的快捷菜单中分别选择“Keyframe Assistant（关键帧辅助）| Easy Ease（柔缓曲线）”和“Keyframe Assistant（关键帧辅助）| Easy Ease In（柔缓曲线入点）”命令，此时单击“时间线”窗口中的 （图形编辑器）按钮，可以看到如图 13-171 所示的效果。

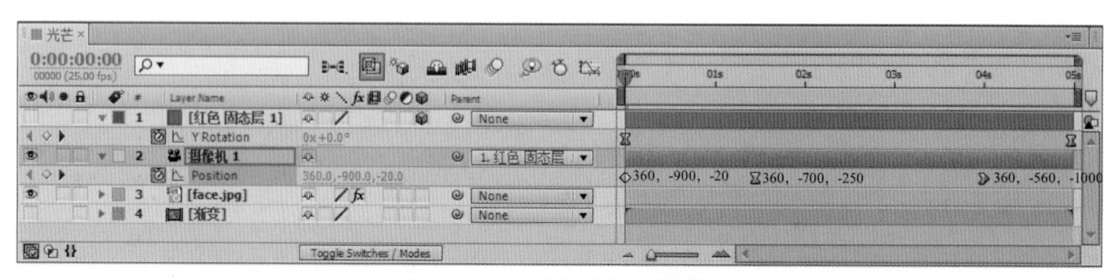

图 13-170　设置关键帧参数

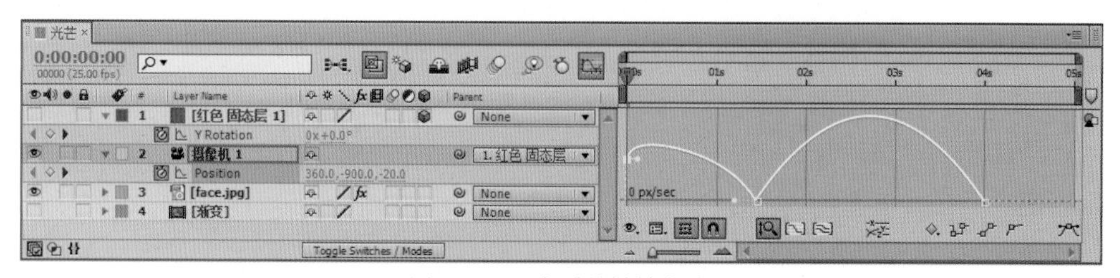

图 13-171　查看关键帧曲线

8）按小键盘上的〈0〉键，预览动画，即可看到图像旋转着被打碎的效果，如图 13-172 所示。

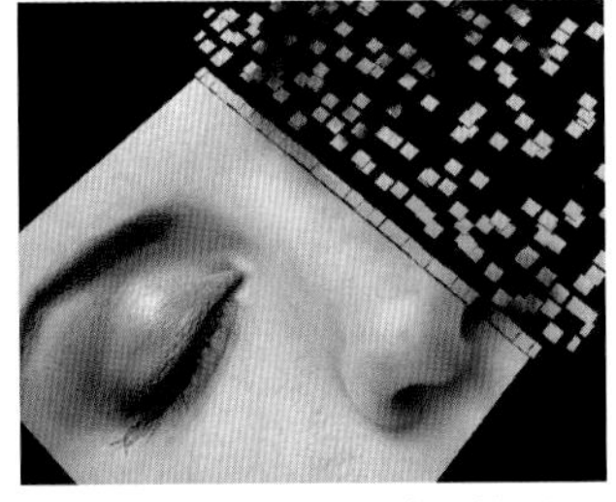

图 13-172　预览动画效果

5. 制作图片旋转被打碎时的彩光效果

1）选择“File（文件）|Import（导入）|File（文件）”命令，导入配套光盘中的“源文件\第 5 部分 综合实例\第 13 章 影视广告片头制作\13.4 彩色粒子生成图像效果 folder\（Footage）\光芒.jpg”图片。然后从“Project（项目）”面板中将“彩色”合成图像和“光芒.jpg”拖入“时间线”窗口，接着将它们的图层混合模式设置为“Add（添加）”，如图 13-173 所示。最后单击 Toggle Switches / Modes （切换开关/模式）按钮，切换模式，再将这两个图层转换为 3D 图层，如图 13-174 所示。

提示：此时一定要将“彩色”和“光芒.jpg”图层的图层混合模式设置为“Add（添加）”，否则会看不到其他图像。

图 13-173　将图层混合模式设置为“Add（添加）”

图 13-174　转换为 3D 图层

2）展开“彩光”图层，参数设置如图 13-175 所示。

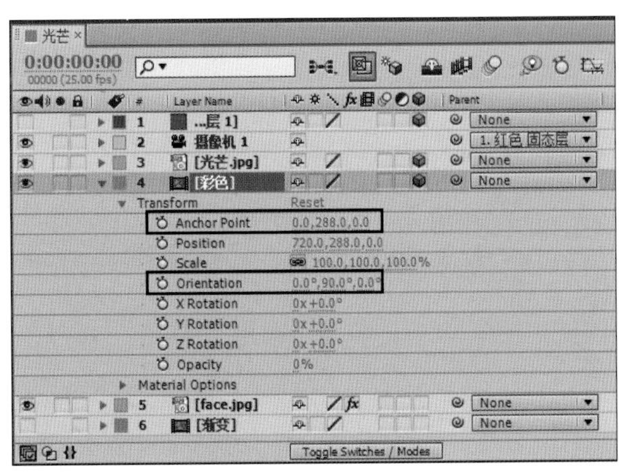

图 13-175　设置参数

3）光芒动画是通过“彩色”和“光芒.jpg”两个图层产生的，由于它们的位置相同，因此可以同时设置它们的位置关键帧。方法为：同时选择“彩色”和“光芒.jpg”两个图层，然后按〈P〉

键显示出“Position(位置)”属性。接着分别在第 1 秒 11 帧、第 4 秒插入关键帧,并设置相关参数,如图 13-176 所示。

提示：在第1秒11帧和第4秒插入关键帧是为了使时间和照片打碎相对应。将第1秒11帧的“彩色”和“光芒.jpg”的位置设置为（720.0,288.0,0.0），将第4秒的“颜色”和“光芒.jpg”的位置设置为（0.0,288.0,0.0），是为了使光芒和照片打碎同步。

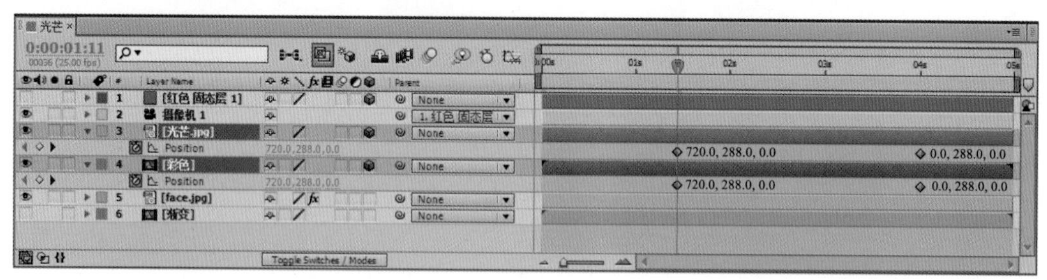

图 13-176　在第 1 秒 11 帧、第 4 秒插入“Position (位置)”关键帧并设置参数

4）设置光芒的不透明度动画。方法为：同时选择“彩色”和“光芒.jpg”两个图层，然后按〈T〉键显示出“Opacity (透明度)”属性。接着分别在第 1 秒 11 帧、第 2 秒、第 3 秒 18 帧、第 4 秒插入关键帧，并设置参数，如图 13-177 所示。

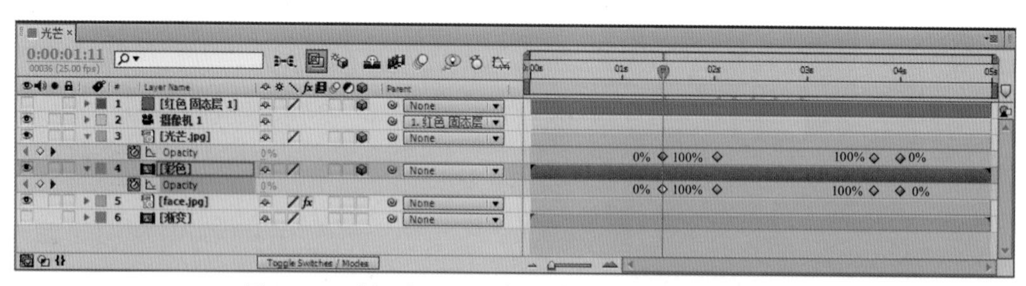

图 13-177　插入“Opacity (透明度)”关键帧并设置参数

提示：插入“Opacity (透明度)”的位置是根据图片打碎的位置来确定的。第 1 秒 12 帧和第 4 秒分别为图片刚要开始打碎和图片完全被打碎的状态，如图 13-178 所示。此时没有光芒，因此，将“Opacity (透明度)”属性设置为“0”。

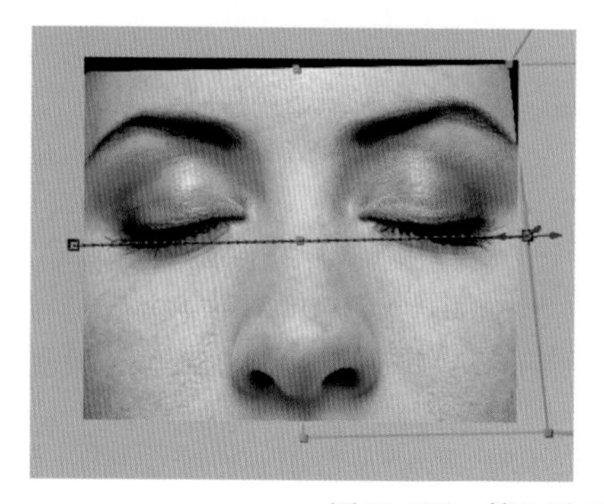

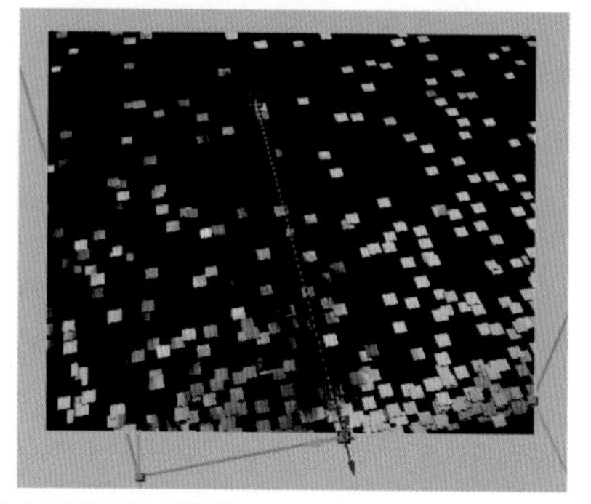

图 13-178　第 1 秒 11 帧和第 4 秒的画面效果

5）按小键盘上的〈0〉键，预览动画，即可看到图像在旋转的同时被打碎的彩光效果，如图 13-179 所示。

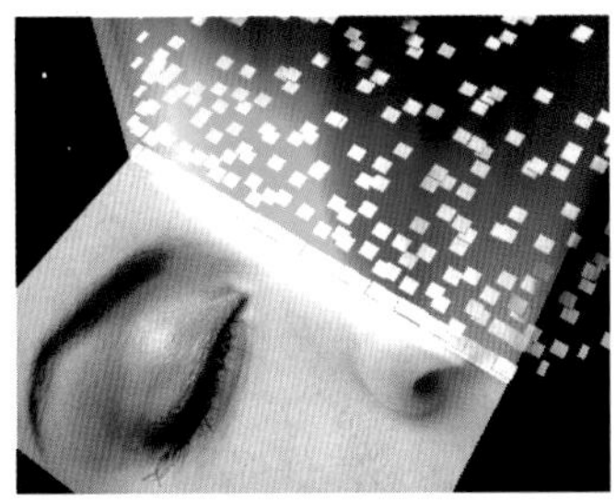

图 13-179　预览动画效果

6）制作图片被打碎后留下的灰色底纹效果。方法为：选择“Layer（图层）| New（新建）| Solid（固态层）”命令（快捷键为〈Ctrl+Y〉），在弹出的对话框中单击 Make Comp Size （制作为合成大小）按钮，如图 13-180 所示，然后单击“OK”按钮，创建一个与合成图像等大的固态层。再将其放置到最底层，并将其转换为 3D 图层，如图 13-181 所示。接着分别在第 4 秒和第 4 秒 29 帧插入“Position（位置）”和“Opacity（透明度）”关键帧，并设置参数，如图 13-182 所示。

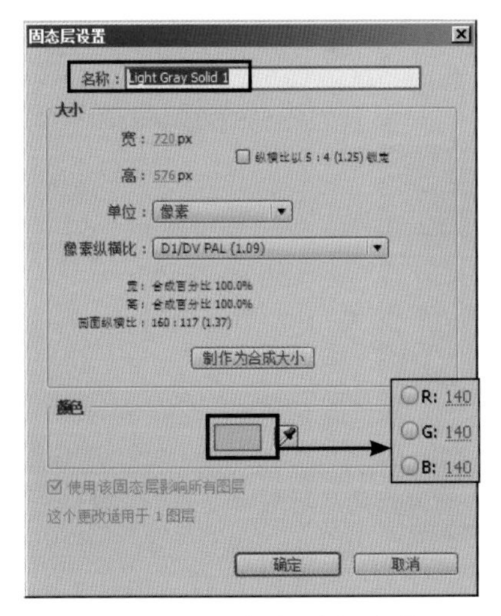

图 13-180　设置固态层参数

图 13-181　放置到最底层并将其转换为 3D 图层

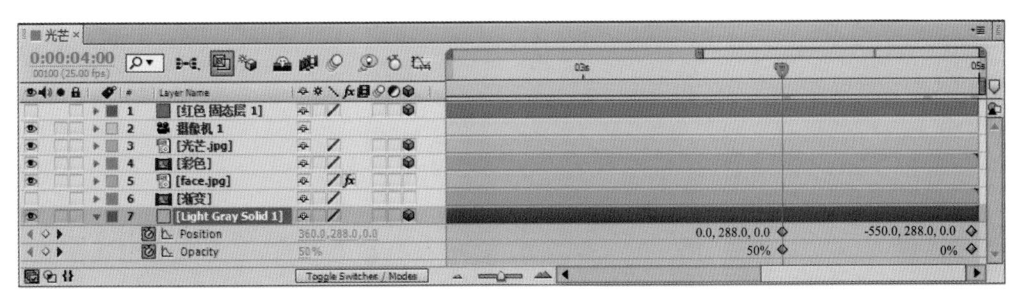

图 13-182　设置“Position（位置）”和“Opacity（透明度）”关键帧参数

7）添加背景。方法为：选择“File（文件）|Import（导入）|File（文件）”命令，导入配套光盘中的“源文件\第 5 部分 综合实例\第 13 章 影视广告片头制作\13.4 彩色粒子生成图像效果 folder\（Footage）\背景.jpg”图片。然后从“Project（项目）”面板中将“背景.jpg”拖入“时间线”窗口，并放置在最底层。

8）此时背景左上方为黑色，如图 13-183 所示，而本例需要背景右下方为黑色，下面就来解决这个问题。方法为：在“时间线”窗口中选择“背景.jpg”图层，然后按〈S〉键显示出“Scale（比例）”属性，接着将数值改为（–100,–100%），如图 13-184 所示。此时背景右下方变成了黑色，如图 13-185 所示。

图 13-183　背景左上方为黑色

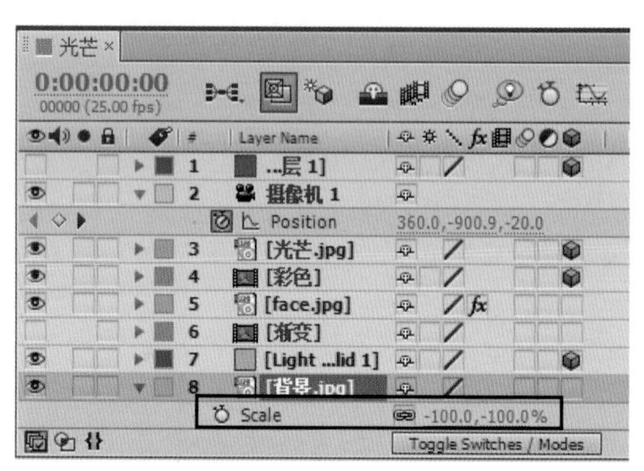

图 13-184　将“Scale（比例）”数值改为“–100”

图 13-185　背景右下方变成了黑色

9）按小键盘上的〈0〉键，预览动画，即可看到添加背景后的效果，如图 13-186 所示。

图 13-186　预览动画效果

6. 制作反转动画和粒子发光效果

1）选择“Composition（图像合成）|New Composition（新建合成组）”命令，在弹出的对话框中设置参数，如图 13-187 所示，然后单击“OK”按钮。

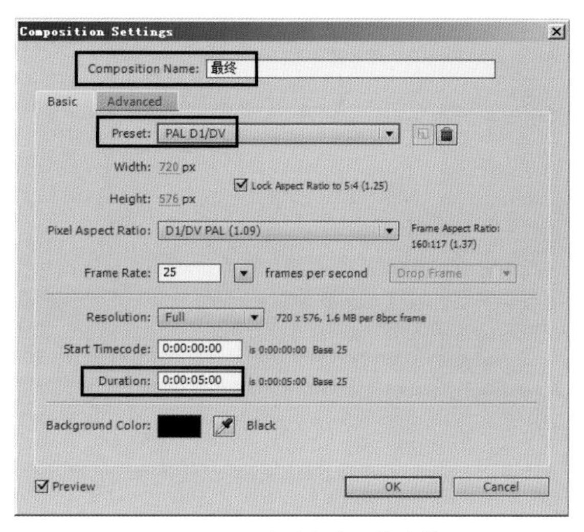

图 13-187　设置合成图像参数

2）制作反转动画。方法为：从“Project（项目）”面板中将“光芒”合成图像拖入“时间线”面板中。然后选择“Layer（图层）|Time（时间）| Enable Time Remapping（启用时间重置）”命令，接着分别在第 0 帧和第 4 秒 24 帧插入关键帧，并调整参数，如图 13-188 所示。此时按小键盘上的〈0〉键，预览动画，可以看到整个动画被反转了，如图 13-189 所示。

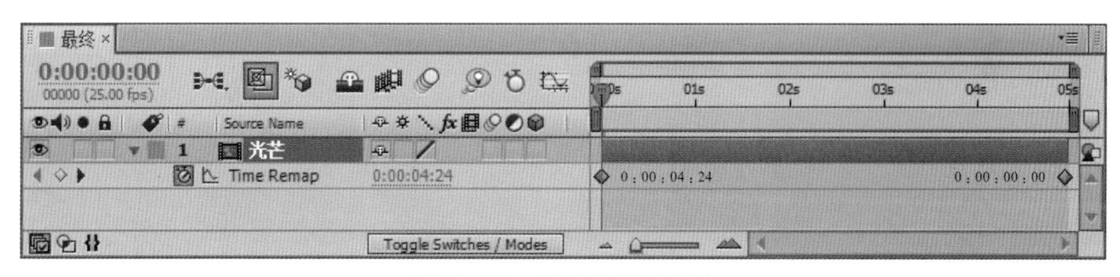

图 13-188　设置关键帧参数

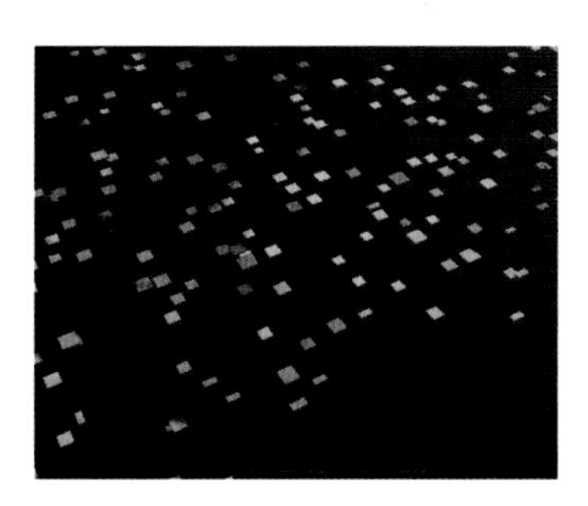
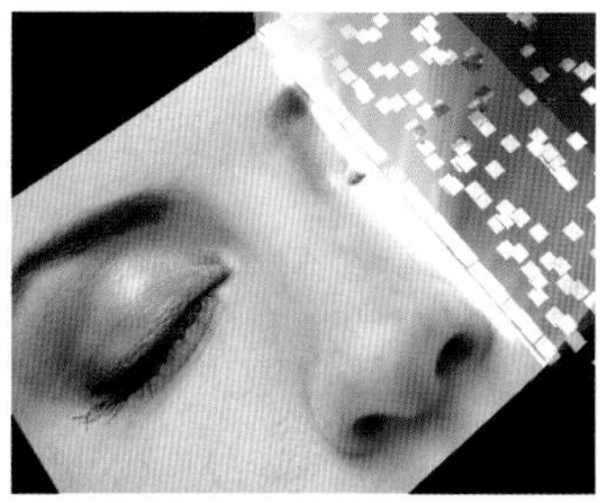
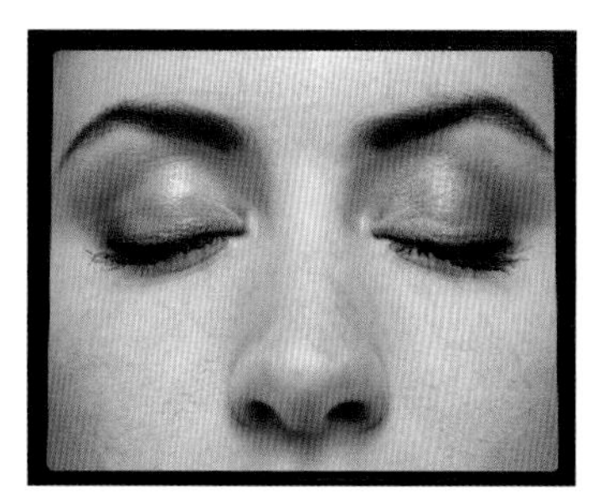

图 13-189　反转动画效果

3）制作星光效果。方法为：选择“光芒”图层，然后选择“Effect（效果）| Trapcode | Starglow（星光）”命令，在“Effect Controls（特效控制台）”面板中设置参数，如图 13-190 所示。接着选择“Threshold”属性，分别在第 0 帧和第 4 秒 24 帧插入关键帧，并设置参数，如图 13-191 所示。

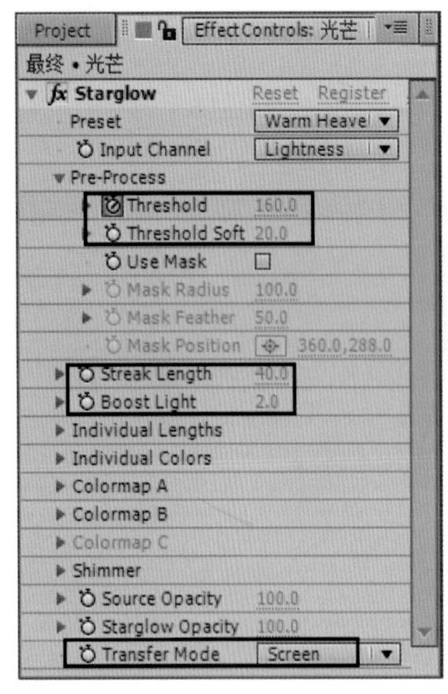

图 13-190　设置“Starglow（星光）”参数

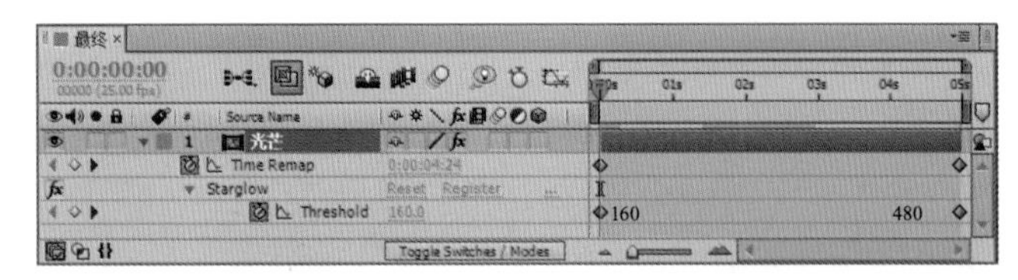

图 13-191　插入并设置关键帧参数

4）至此，整个动画制作完毕。按小键盘上的〈0〉键，预览动画，如图 13-192 所示。

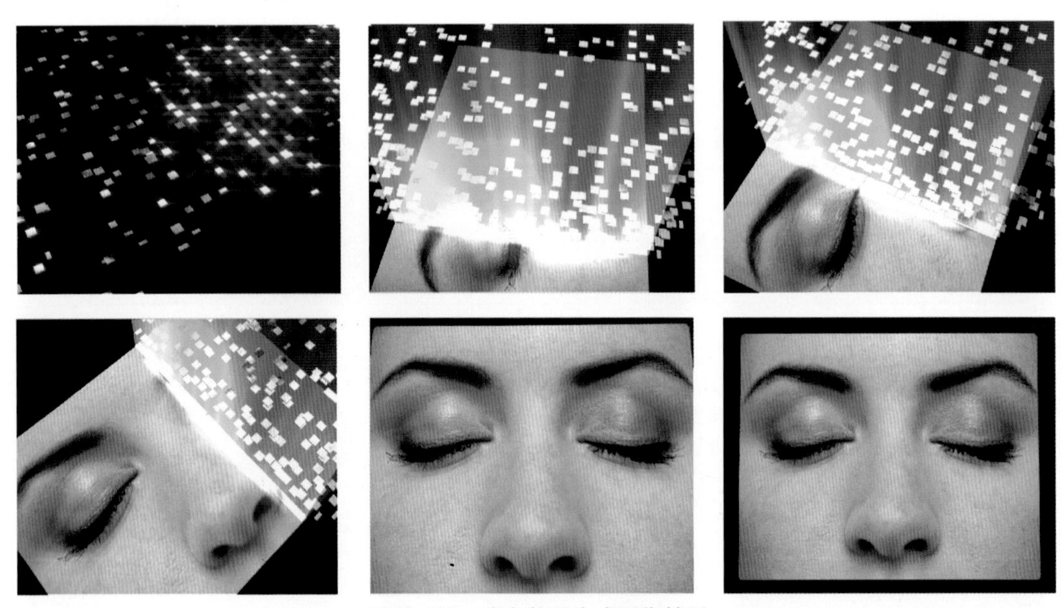

图 13-192　彩色粒子生成图像效果

5）选择“File（文件）| Save（保存）”命令，将文件进行保存。然后选择“File（文件）| Collect Files（收集文件）”命令，将文件进行打包。

13.5 课后练习

1. 制作宣传片头效果，如图 13-193 所示。参数可参考配套光盘中的“源文件\第 5 部分 综合实例\第 13 章 影视广告片头制作\课后练习\练习 1\练习 1.aep”文件。

图 13-193　练习 1 效果

2. 制作宣传片头效果，如图 13-194 所示。参数可参考配套光盘中的“源文件\第 5 部分 综合实例\第 13 章 影视广告片头制作\课后练习\练习 2\练习 2.aep”文件。

图 13-194　练习 2 效果

精品教材推荐目录

序号	书号	书名	作者	定价	配套资源
1	978-7-111-39525-6	多媒体技术应用教程(第 7 版) ——“十二五”本科国家级规划教材	赵子江	39.00	配光盘、电子教案、素材
2	978-7-111-47814-0	Photoshop CC 中文版基础与实例教程(第 7 版) ——北京高等教育精品教材	张　凡	49.90	配光盘、素材、电子教案、教学视频
3	978-7-111-42032-3	Photoshop CS6 中文版基础与实例教程(第 6 版) ——北京高等教育精品教材	张　凡	45.00	配光盘、素材、电子教案、教学视频
4	978-7-111-46603-1	Photoshop CS6 中文版实用教程(第 6 版)	张　凡	49.90	配光盘、素材、电子教案、教学视频
5	978-7-111-35877-0	Photoshop CS5 中文版实用教程(第 5 版)	张　凡	46.00	配光盘、素材、电子教案、教学视频
6	978-7-111-41370-7	Flash CS6 中文版基础与实例教程(第 5 版) ——北京高等教育精品教材	张　凡	46.00	配光盘、素材、电子教案、教学视频
7	978-7-111-37095-6	Flash CS5 中文版实用教程	张　凡	38.00	配光盘、素材、电子教案、教学视频
8	978-7-111-38660-5	3ds max 2012 中文版基础与实例教程(第 5 版) ——北京高等教育精品教材	张　凡	45.00	配光盘、素材、电子教案、教学视频
9	978-7-111-48639-8	Premiere Pro CS6 中文版基础与实例教程(第 3 版)	张　凡	48.00	配光盘、素材、电子教案、教学视频
10	978-7-111-50161-9	After Effects CS6 基础与实例教程(第 4 版)	张　凡	49.90	配光盘、素材、电子教案、教学视频
11	978-7-111-31834-7	After Effects CS4 中文版基础与实例教程(第 3 版)	张　凡	47.00	配光盘、素材、电子教案、教学视频
12	978-7-111-45901-9	Illustrator CS6 中文版基础与实例教程(第 4 版)	张　凡	45.00	配光盘、素材、电子教案、教学视频
13	978-7-111-48655-8	CorelDraw X6 中文版基础与实例教程(第 2 版)	张　凡	46.00	配光盘、素材、电子教案、教学视频
14	978-7-111-30208-7	Dreamwerver CS3 中文版基础与实例教程(第 2 版)	张　凡	39.00	配光盘、素材、电子教案、教学视频
15	978-7-111-47896-6	InDesign CS6 中文版基础与实例教程	张　凡	55.00	配光盘、素材、电子教案、教学视频
16	978-7-111-43256-2	Flash 动画设计(第 3 版)	张　凡	39.90	配光盘、素材、电子教案、教学视频
17	978-7-111-45655-1	3ds max+Photoshop 游戏场景设计(第 4 版)	张　凡	55.00	配光盘、素材、电子教案、教学视频
18	978-7-111-42406-2	3ds max+Photoshop 游戏角色设计(第 2 版)	张　凡	55.00	配光盘、素材、电子教案、教学视频
19	978-7-111-44863-1	3ds max 游戏动画设计(第 2 版)	张　凡	49.00	配光盘、素材、电子教案、教学视频
20	978-7-111-37531-9	分镜头设计	张　凡	62.00	配光盘、视频文件
21	978-7-111-41956-3	动画角色设计	李喜龙	22.00	
22	978-7-111--09435-7	多媒体技术应用教程(第 6 版) ——“十二五”本科国家级规划教材	赵子江	35.00	配光盘、电子教案、素材
23	978-7-111-26505-4	多媒体技术基础(第 2 版) ——北京高等教育精品教材	赵子江	36.00	配光盘、电子教案、素材
24	978-7-111-24805-7	数字媒体应用教程 ——北京高等教育精品教材	刘惠芬	39.00	配光盘